国家地下水监测工程（水利部分）项目建设与管理文件汇编

水利部国家地下水监测工程项目建设办公室 编

中国水利水电出版社
www.waterpub.com.cn
·北京·

图书在版编目（ＣＩＰ）数据

国家地下水监测工程（水利部分）项目建设与管理文
件汇编 / 水利部国家地下水监测工程项目建设办公室编
. -- 北京 : 中国水利水电出版社，2016.7
ISBN 978-7-5170-4573-1

Ⅰ．①国… Ⅱ．①水… Ⅲ．①地下水－环境监测－文
件－汇编－中国 Ⅳ．①X832

中国版本图书馆CIP数据核字(2016)第166772号

书　　名	**国家地下水监测工程（水利部分）项目建设与管理文件汇编** GUOJIA DIXIASHUI JIANCE GONGCHENG（SHUILI BUFEN） XIANGMU JIANSHE YU GUANLI WENJIAN HUIBIAN
作　　者	水利部国家地下水监测工程项目建设办公室　编
出版发行	中国水利水电出版社 （北京市海淀区玉渊潭南路 1 号 D 座　100038） 网址：www. waterpub. com. cn E - mail：sales@waterpub. com. cn 电话：(010) 68367658（营销中心）
经　　售	北京科水图书销售中心（零售） 电话：(010) 88383994、63202643、68545874 全国各地新华书店和相关出版物销售网点
排　　版	中国水利水电出版社微机排版中心
印　　刷	北京瑞斯通印务发展有限公司
规　　格	210mm×297mm　16 开本　22.75 印张　689 千字
版　　次	2016 年 7 月第 1 版　2016 年 7 月第 1 次印刷
印　　数	0001—3000 册
定　　价	**118.00 元**

本书编委会

审　　定：邓　坚　林祚顶　英爱文　章树安

汇编人员：严宇红　曹昌辉　高俊杰　金喜来　王光生

　　　　　魏延玲　刘庆涛　贺丰年　赵　兆　周政辉

　　　　　张淑娜　王红霞　赵庆鲁　袁　浩　于　钋

　　　　　杨春生　杨桂莲

前　言

2014 年 7 月，国家发展改革委员会批复了《国家地下水监测工程可行性研究报告》（发改投〔2014〕1660 号）。2015 年 6 月，水利部与国土资源部联合印发了《水利部 国土资源部关于国家地下水监测工程初步设计报告的批复》（水总〔2015〕250 号）。工程共建设地下水自动监测站 20401 个，其中水利部门 10298 个，国土资源部门 10103 个。工程总投资约 22 亿元，水利部、国土资源部各约 11 亿元。

国家地下水监测工程得到党和国家高度重视。2015 年，党的十八届五中全会通过的"十三五"规划建议提出"建设国家地下水监测系统，开展地下水超采区综合治理"。2016 年，全国人大通过的"十三五"规划纲要提出"完善国家地下水监测系统，开展地下水超采区综合治理"。国家地下水监测系统被上升到国家战略高度。水利部高度重视项目工程建设管理工作，陈雷部长等部领导多次对项目建设管理工作作出重要指示。水利部和国土资源部多次召开两部协调领导小组会或联合发文，指导项目建设管理工作。

国家地下水监测工程建成后，将建立比较完整的国家级地下水监测站网，基本建成国家地下水监测系统。通过对地下水的实时监测与快速评价，为地下水资源开发利用红线控制、地下水超采区综合治理、南水北调受水区地下水控制管理等提供重要技术支撑。通过对地下水水质全面监控和自动监测，为地下水污染、海水入侵防控和生态环境保护提供决策依据。通过建设地下水业务和信息系统，提高地下水分析、预测预警和信息服务能力，向国家有关部门、科研部门、高校和社会公众提供优质、高效的地下水信息服务。

为了指导工程的建设管理工作，确保工程质量，提高投资效益，执行好项目法人负责制、招标投标制、工程项目监理制和合同管理制，使工程做到规范组织、规范管理、规范建设，我们收集、整理了涉及国家地下水监测工程建设管理有关的国家法律、部门规章和文件，于 2016 年 4 月编辑完成《国家地下水监测工程（水利部分）项目建设与管理文件汇编》一书。

本书内容分四个部分，分别是建设管理、招标投标管理、质量安全管理、批复文件。内容较为全面，实用性强，可以作为水文人员特别是从事国家地下水监测工程项目建设管理人员的参考书，也可供从事其他水利工程建设管理人员借鉴使用。

水利部国家地下水监测工程项目建设办公室

2016 年 4 月

目　　录

第二部分　招标投标管理

第三部分　质量安全管理

第四部分 批 复 文 件

第一部分

建设管理

中华人民共和国合同法

（中华人民共和国主席令第 15 号　2005 年 10 月 27 日）

总　　则

第一章　一　般　规　定

第一条　为了保护合同当事人的合法权益，维护社会经济秩序，促进社会主义现代化建设，制定本法。

第二条　本法所称合同是平等主体的自然人、法人、其他组织之间设立、变更、终止民事权利义务关系的协议。

婚姻、收养、监护等有关身份关系的协议，适用其他法律的规定。

第三条　合同当事人的法律地位平等，一方不得将自己的意志强加给另一方。

第四条　当事人依法享有自愿订立合同的权利，任何单位和个人不得非法干预。

第五条　当事人应当遵循公平原则确定各方的权利和义务。

第六条　当事人行使权利、履行义务应当遵循诚实信用原则。

第七条　当事人订立、履行合同，应当遵守法律、行政法规，尊重社会公德，不得扰乱社会经济秩序，损害社会公共利益。

第八条　依法成立的合同，对当事人具有法律约束力。当事人应当按照约定履行自己的义务，不得擅自变更或者解除合同。

依法成立的合同，受法律保护。

第二章　合　同　的　订　立

第九条　当事人订立合同，应当具有相应的民事权利能力和民事行为能力。

当事人依法可以委托代理人订立合同。

第十条　当事人订立合同，有书面形式、口头形式和其他形式。

法律、行政法规规定采用书面形式的，应当采用书面形式。当事人约定采用书面形式的，应当采用书面形式。

第十一条　书面形式是指合同书、信件和数据电文（包括电报、电传、传真、电子数据交换和电子邮件）等可以有形地表现所载内容的形式。

第十二条　合同的内容由当事人约定，一般包括以下条款：

（一）当事人的名称或者姓名和住所；

（二）标的；

（三）数量；

（四）质量；

（五）价款或者报酬；

（六）履行期限、地点和方式；

（七）违约责任；

（八）解决争议的方法。

当事人可以参照各类合同的示范文本订立合同。

第十三条 当事人订立合同，采取要约、承诺方式。

第十四条 要约是希望和他人订立合同的意思表示，该意思表示应当符合下列规定：

（一）内容具体确定；

（二）表明经受要约人承诺，要约人即受该意思表示约束。

第十五条 要约邀请是希望他人向自己发出要约的意思表示。寄送的价目表、拍卖公告、招标公告、招股说明书、商业广告等为要约邀请。

商业广告的内容符合要约规定的视为要约。

第十六条 要约到达受要约人时生效。

采用数据电文形式订立合同，收件人指定特定系统接收数据电文的，该数据电文进入该特定系统的时间视为到达时间；未指定特定系统的，该数据电文进入收件人的任何系统的首次时间视为到达时间。

第十七条 要约可以撤回。撤回要约的通知应当在要约到达受要约人之前或者与要约同时到达受要约人。

第十八条 要约可以撤销。撤销要约的通知应当在受要约人发出承诺通知之前到达受要约人。

第十九条 有下列情形之一的，要约不得撤销：

（一）要约人确定了承诺期限或者以其他形式明示要约不可撤销；

（二）受要约人有理由认为要约是不可撤销的，并已经为履行合同作了准备工作。

第二十条 有下列情形之一的要约失效：

（一）拒绝要约的通知到达要约人；

（二）要约人依法撤销要约；

（三）承诺期限届满，受要约人未作出承诺；

（四）受要约人对要约的内容作出实质性变更。

第二十一条 承诺是受要约人同意要约的意思表示。

第二十二条 承诺应当以通知的方式作出，但根据交易习惯或者要约表明可以通过行为作出承诺的除外。

第二十三条 承诺应当在要约确定的期限内到达要约人。

要约没有确定承诺期限的，承诺应当依照下列规定到达：

（一）要约以对话方式作出的，应当及时作出承诺，但当事人另有约定的除外；

（二）要约以非对话方式作出的，承诺应当在合理期限内到达。

第二十四条 要约以信件或者电报作出的，承诺期限自信件载明的日期或者电报交发之日开始计算。信件未载明日期的，自投寄该信件的邮戳日期开始计算。要约以电话、传真等快速通信方式作出的，承诺期限自要约到达受要约人时开始计算。

第二十五条 承诺生效时合同成立。

第二十六条 承诺通知到达要约人时生效。承诺不需要通知的，根据交易习惯或者要约的要求作出承诺的行为时生效。

采用数据电文形式订立合同的，承诺到达的时间适用本法第十六条第二款的规定。

第二十七条 承诺可以撤回。撤回承诺的通知应当在承诺通知到达要约人之前或者与承诺通知同时到达要约人。

第二十八条 受要约人超过承诺期限发出承诺的，除要约人及时通知受要约人该承诺有效的以外，为新要约。

第二十九条 受要约人在承诺期限内发出承诺，按照通常情形能够及时到达要约人，但因其他原因承诺到达要约人时超过承诺期限的，除要约人及时通知受要约人因承诺超过期限不接受该承诺的以外，该承诺有效。

第三十条　承诺的内容应当与要约的内容一致。受要约人对要约的内容作出实质性变更的为新要约。有关合同标的、数量、质量、价款或者报酬、履行期限、履行地点和方式、违约责任和解决争议方法等的变更，是对要约内容的实质性变更。

第三十一条　承诺对要约的内容作出非实质性变更的，除要约人及时表示反对或者要约表明承诺不得对要约的内容作出任何变更的以外，该承诺有效，合同的内容以承诺的内容为准。

第三十二条　当事人采用合同书形式订立合同的，自双方当事人签字或者盖章时合同成立。

第三十三条　当事人采用信件、数据电文等形式订立合同的，可以在合同成立之前要求签订确认书。签订确认书时合同成立。

第三十四条　承诺生效的地点为合同成立的地点。

采用数据电文形式订立合同的，收件人的主营业地为合同成立的地点；没有主营业地的，其经常居住地为合同成立的地点。当事人另有约定的，按照其约定。

第三十五条　当事人采用合同书形式订立合同的，双方当事人签字或者盖章的地点为合同成立的地点。

第三十六条　法律、行政法规规定或者当事人约定采用书面形式订立合同，当事人未采用书面形式但一方已经履行主要义务，对方接受的，该合同成立。

第三十七条　采用合同书形式订立合同，在签字或者盖章之前，当事人一方已经履行主要义务，对方接受的，该合同成立。

第三十八条　国家根据需要下达指令性任务或者国家订货任务的，有关法人、其他组织之间应当依照有关法律、行政法规规定的权利和义务订立合同。

第三十九条　采用格式条款订立合同的，提供格式条款的一方应当遵循公平原则确定当事人之间的权利和义务，并采取合理的方式提请对方注意免除或者限制其责任的条款，按照对方的要求对该条款予以说明。

格式条款是当事人为了重复使用而预先拟定，并在订立合同时未与对方协商的条款。

第四十条　格式条款具有本法第五十二条和第五十三条规定情形的，或者提供格式条款一方免除其责任、加重对方责任、排除对方主要权利的，该条款无效。

第四十一条　对格式条款的理解发生争议的，应当按照通常理解予以解释。对格式条款有两种以上解释的，应当作出不利于提供格式条款一方的解释。格式条款和非格式条款不一致的，应当采用非格式条款。

第四十二条　当事人在订立合同过程中有下列情形之一，给对方造成损失的，应当承担损害赔偿责任：

（一）假借订立合同，恶意进行磋商；

（二）故意隐瞒与订立合同有关的重要事实或者提供虚假情况；

（三）有其他违背诚实信用原则的行为。

第四十三条　当事人在订立合同过程中知悉的商业秘密，无论合同是否成立，不得泄露或者不正当地使用。泄露或者不正当地使用该商业秘密给对方造成损失的，应当承担损害赔偿责任。

第三章　合同的效力

第四十四条　依法成立的合同，自成立时生效。

法律、行政法规规定应当办理批准、登记等手续生效的，依照其规定。

第四十五条　当事人对合同的效力可以约定附条件。附生效条件的合同，自条件成就时生效。附解除条件的合同，自条件成就时失效。

当事人为自己的利益不正当地阻止条件成就的，视为条件已成就；不正当地促成条件成就的，视为条件不成就。

第四十六条 当事人对合同的效力可以约定附期限。附生效期限的合同，自期限届至时生效。附终止期限的合同，自期限届满时失效。

第四十七条 限制民事行为能力人订立的合同，经法定代理人追认后，该合同有效，但纯获利益的合同或者与其年龄、智力、精神健康状况相适应而订立的合同，不必经法定代理人追认。

相对人可以催告法定代理人在一个月内予以追认。法定代理人未作表示的，视为拒绝追认。合同被追认之前，善意相对人有撤销的权利。撤销应当以通知的方式作出。

第四十八条 行为人没有代理权、超越代理权或者代理权终止后以被代理人名义订立的合同，未经被代理人追认，对被代理人不发生效力，由行为人承担责任。

相对人可以催告被代理人在一个月内予以追认。被代理人未作表示的，视为拒绝追认。合同被追认之前，善意相对人有撤销的权利。撤销应当以通知的方式作出。

第四十九条 行为人没有代理权、超越代理权或者代理权终止后以被代理人名义订立合同，相对人有理由相信行为人有代理权的，该代理行为有效。

第五十条 法人或者其他组织的法定代表人、负责人超越权限订立的合同，除相对人知道或者应当知其超越权限的以外，该代表行为有效。

第五十一条 无处分权的人处分他人财产，经权利人追认或者无处分权的人订立合同后取得处分权的，该合同有效。

第五十二条 有下列情形之一的，合同无效：

（一）一方以欺诈、胁迫的手段订立合同，损害国家利益；

（二）恶意串通，损害国家、集体或者第三人利益；

（三）以合法形式掩盖非法目的；

（四）损害社会公共利益；

（五）违反法律、行政法规的强制性规定。

第五十三条 合同中的下列免责条款无效：

（一）造成对方人身伤害的；

（二）因故意或者重大过失造成对方财产损失的。

第五十四条 下列合同，当事人一方有权请求人民法院或者仲裁机构变更或者撤销：

（一）因重大误解订立的；

（二）在订立合同时显失公平的。

一方以欺诈、胁迫的手段或者乘人之危，使对方在违背真实意思的情况下订立的合同，受损害方有权请求人民法院或者仲裁机构变更或者撤销。

当事人请求变更的，人民法院或者仲裁机构不得撤销。

第五十五条 有下列情形之一的，撤销权消灭：

（一）具有撤销权的当事人自知道或者应当知道撤销事由之日起一年内没有行使撤销权；

（二）具有撤销权的当事人知道撤销事由后明确表示或者以自己的行为放弃撤销权。

第五十六条 无效的合同或者被撤销的合同自始没有法律约束力。合同部分无效，不影响其他部分效力的，其他部分仍然有效。

第五十七条 合同无效、被撤销或者终止的，不影响合同中独立存在的有关解决争议方法的条款的效力。

第五十八条 合同无效或者被撤销后，因该合同取得的财产，应当予以返还；不能返还或者没有必要返还的，应当折价补偿。有过错的一方应当赔偿对方因此所受到的损失，双方都有过错的，应当各自承担相应的责任。

第五十九条　当事人恶意串通，损害国家、集体或者第三人利益的，因此取得的财产收归国家所有或者返还集体、第三人。

第四章　合同的履行

第六十条　当事人应当按照约定全面履行自己的义务。

当事人应当遵循诚实信用原则，根据合同的性质、目的和交易习惯履行通知、协助、保密等义务。

第六十一条　合同生效后，当事人就质量、价款或者报酬、履行地点等内容没有约定或者约定不明确的，可以协议补充；不能达成补充协议的，按照合同有关条款或者交易习惯确定。

第六十二条　当事人就有关合同内容约定不明确，依照本法第六十一条的规定仍不能确定的，适用下列规定：

（一）质量要求不明确的，按照国家标准、行业标准履行；没有国家标准、行业标准的，按照通常标准或者符合合同目的的特定标准履行。

（二）价款或者报酬不明确的，按照订立合同时履行地的市场价格履行；依法应当执行政府定价或者政府指导价的，按照规定履行。

（三）履行地点不明确，给付货币的，在接受货币一方所在地履行；交付不动产的，在不动产所在地履行；其他标的，在履行义务一方所在地履行。

（四）履行期限不明确的，债务人可以随时履行，债权人也可以随时要求履行，但应当给对方必要的准备时间。

（五）履行方式不明确的，按照有利于实现合同目的的方式履行。

（六）履行费用的负担不明确的，由履行义务一方负担。

第六十三条　执行政府定价或者政府指导价的，在合同约定的交付期限内政府价格调整时，按照交付时的价格计价。逾期交付标的物的，遇价格上涨时，按照原价格执行；价格下降时，按照新价格执行。逾期提取标的物或者逾期付款的，遇价格上涨时，按照新价格执行；价格下降时，按照原价格执行。

第六十四条　当事人约定由债务人向第三人履行债务的，债务人未向第三人履行债务或者履行债务不符合约定，应当向债权人承担违约责任。

第六十五条　当事人约定由第三人向债权人履行债务的，第三人不履行债务或者履行债务不符合约定，债务人应当向债权人承担违约责任。

第六十六条　当事人互负债务，没有先后履行顺序的，应当同时履行。一方在对方履行之前有权拒绝其履行要求。一方在对方履行债务不符合约定时，有权拒绝其相应的履行要求。

第六十七条　当事人互负债务，有先后履行顺序，先履行一方未履行的，后履行一方有权拒绝其履行要求。先履行一方履行债务不符合约定的，后履行一方有权拒绝其相应的履行要求。

第六十八条　应当先履行债务的当事人，有确切证据证明对方有下列情形之一的，可以中止履行：

（一）经营状况严重恶化；

（二）转移财产、抽逃资金，以逃避债务；

（三）丧失商业信誉；

（四）有丧失或者可能丧失履行债务能力的其他情形。

当事人没有确切证据中止履行的，应当承担违约责任。

第六十九条　当事人依照本法第六十八条的规定中止履行的，应当及时通知对方。对方提供适当担保时，应当恢复履行。中止履行后，对方在合理期限内未恢复履行能力并且未提供适当担保的，中止履行的一方可以解除合同。

第七十条 债权人分立、合并或者变更住所没有通知债务人，致使履行债务发生困难的，债务人可以中止履行或者将标的物提存。

第七十一条 债权人可以拒绝债务人提前履行债务，但提前履行不损害债权人利益的除外。

债务人提前履行债务给债权人增加的费用，由债务人负担。

第七十二条 债权人可以拒绝债务人部分履行债务，但部分履行不损害债权人利益的除外。

债务人部分履行债务给债权人增加的费用，由债务人负担。

第七十三条 因债务人怠于行使其到期债权，对债权人造成损害的，债权人可以向人民法院请求以自己的名义代位行使债务人的债权，但该债权专属于债务人自身的除外。

代位权的行使范围以债权人的债权为限。债权人行使代位权的必要费用由债务人负担。

第七十四条 因债务人放弃其到期债权或者无偿转让财产，对债权人造成损害的，债权人可以请求人民法院撤销债务人的行为。债务人以明显不合理的低价转让财产，对债权人造成损害，并且受让人知道该情形的，债权人也可以请求人民法院撤销债务人的行为。

撤销权的行使范围以债权人的债权为限。债权人行使撤销权的必要费用，由债务人负担。

第七十五条 撤销权自债权人知道或者应当知道撤销事由之日起一年内行使。自债务人的行为发生之日起五年内没有行使撤销权的，该撤销权消灭。

第七十六条 合同生效后，当事人不得因姓名、名称的变更或者法定代表人、负责人、承办人的变动而不履行合同义务。

第五章 合同的变更和转让

第七十七条 当事人协商一致，可以变更合同。法律、行政法规规定变更合同应当办理批准、登记等手续的，依照其规定。

第七十八条 当事人对合同变更的内容约定不明确的，推定为未变更。

第七十九条 债权人可以将合同的权利全部或者部分转让给第三人，但有下列情形之一的除外：

（一）根据合同性质不得转让；

（二）按照当事人约定不得转让；

（三）依照法律规定不得转让。

第八十条 债权人转让权利的，应当通知债务人。未经通知，该转让对债务人不发生效力。债权人转让权利的通知不得撤销，但经受让人同意的除外。

第八十一条 债权人转让权利的，受让人取得与债权有关的从权利，但该从权利专属于债权人自身的除外。

第八十二条 债务人接到债权转让通知后，债务人对让与人的抗辩，可以向受让人主张。

第八十三条 债务人接到债权转让通知时，债务人对让与人享有债权，并且债务人的债权先于转让的债权到期或者同时到期的，债务人可以向受让人主张抵消。

第八十四条 债务人将合同的义务全部或者部分转移给第三人的，应当经债权人同意。

第八十五条 债务人转移义务的，新债务人可以主张原债务人对债权人的抗辩。

第八十六条 债务人转移义务的，新债务人应当承担与主债务有关的从债务，但该从债务专属于原债务人自身的除外。

第八十七条 法律、行政法规规定转让权利或者转移义务应当办理批准、登记等手续的，依照其规定。

第八十八条 当事人一方经对方同意，可以将自己在合同中的权利和义务一并转让给第三人。

第八十九条 权利和义务一并转让的，适用本法第七十九条、第八十一条至第八十三条、第八十五条至第八十七条的规定。

第九十条 当事人订立合同后合并的，由合并后的法人或者其他组织行使合同权利，履行合同义务。当事人订立合同后分立的，除债权人和债务人另有约定的以外，由分立的法人或者其他组织对合同的权利和义务享有连带债权，承担连带债务。

第六章　合同的权利义务终止

第九十一条　有下列情形之一的，合同的权利义务终止：

（一）债务已经按照约定履行；

（二）合同解除；

（三）债务相互抵消：

（四）债务人依法将标的物提存；

（五）债权人免除债务；

（六）债权债务同归于一人；

（七）法律规定或者当事人约定终止的其他情形。

第九十二条　合同的权利义务终止后，当事人应当遵循诚实信用原则，根据交易习惯履行通知、协助、保密等义务。

第九十三条　当事人协商一致，可以解除合同。当事人可以约定一方解除合同的条件。解除合同的条件成就时，解除权人可以解除合同。

第九十四条　有下列情形之一的，当事人可以解除合同：

（一）因不可抗力致使不能实现合同目的；

（二）在履行期限届满之前，当事人一方明确表示或者以自己的行为表明不履行主要债务；

（三）当事人一方迟延履行主要债务，经催告后在合理期限内仍未履行；

（四）当事人一方迟延履行债务或者有其他违约行为致使不能实现合同目的；

（五）法律规定的其他情形。

第九十五条　法律规定或者当事人约定解除权行使期限，期限届满当事人不行使的，该权利消灭。

法律没有规定或者当事人没有约定解除权行使期限，经对方催告后在合理期限内不行使的，该权利消灭。

第九十六条　当事人一方依照本法第九十三条第二款、第九十四条的规定主张解除合同的，应当通知对方。合同自通知到达对方时解除。对方有异议的，可以请求人民法院或者仲裁机构确认解除合同的效力。

法律、行政法规规定解除合同应当办理批准、登记等手续的，依照其规定。

第九十七条　合同解除后，尚未履行的，终止履行；已经履行的，根据履行情况和合同性质，当事人可以要求恢复原状、采取其他补救措施，并有权要求赔偿损失。

第九十八条　合同的权利义务终止，不影响合同中结算和清理条款的效力。

第九十九条　当事人互负到期债务，该债务的标的物种类、品质相同的，任何一方可以将自己的债务与对方的债务抵消，但依照法律规定或者按照合同性质不得抵消的除外。

当事人主张抵消的，应当通知对方。通知自到达对方时生效。抵消不得附条件或者附期限。

第一百条　当事人互负债务，标的物种类、品质不相同的，经双方协商一致，也可以抵消。

第一百零一条　有下列情形之一，难以履行债务的，债务人可以将标的物提存：

（一）债权人无正当理由拒绝受领；

（二）债权人下落不明；

（三）债权人死亡未确定继承人或者丧失民事行为能力未确定监护人；

（四）法律规定的其他情形。

标的物不适于提存或者提存费用过高的，债务人依法可以拍卖或者变卖标的物，提存所得的价款。

第一百零二条 标的物提存后，除债权人下落不明的以外，债务人应当及时通知债权人或者债权人的继承人、监护人。

第一百零三条 标的物提存后，毁损、灭失的风险由债权人承担。提存期间，标的物的孳息归债权人所有，提存费用由债权人负担。

第一百零四条 债权人可以随时领取提存物，但债权人对债务人负有到期债务的，在债权人未履行债务或者提供担保之前，提存部门根据债务人的要求应当拒绝其领取提存物。

债权人领取提存物的权利，自提存之日起五年内不行使而消灭，提存物扣除提存费用后归国家所有。

第一百零五条 债权人免除债务人部分或者全部债务的，合同的权利义务部分或者全部终止。

第一百零六条 债权和债务同归于一人的，合同的权利义务终止，但涉及第三人利益的除外。

第七章 违 约 责 任

第一百零七条 当事人一方不履行合同义务或者履行合同义务不符合约定的，应当承担继续履行、采取补救措施或者赔偿损失等违约责任。

第一百零八条 当事人一方明确表示或者以自己的行为表明不履行合同义务的，对方可以在履行期限届满之前要求其承担违约责任。

第一百零九条 当事人一方未支付价款或者报酬的，对方可以要求其支付价款或者报酬。

第一百一十条 当事人一方不履行非金钱债务或者履行非金钱债务不符合约定的，对方可以要求履行，但有下列情形之一的除外：

（一）法律上或者事实上不能履行；

（二）债务的标的不适于强制履行或者履行费用过高；

（三）债权人在合理期限内未要求履行。

第一百一十一条 质量不符合约定的，应当按照当事人的约定承担违约责任。对违约责任没有约定或者约定不明确，依照本法第六十一条的规定仍不能确定的，受损害方根据标的的性质以及损失的大小，可以合理选择要求对方承担修理、更换、重作、退货、减少价款或者报酬等违约责任。

第一百一十二条 当事人一方不履行合同义务或者履行合同义务不符合约定的，在履行义务或者采取补救措施后，对方还有其他损失的，应当赔偿损失。

第一百一十三条 当事人一方不履行合同义务或者履行合同义务不符合约定，给对方造成损失的，损失赔偿额应当相当于因违约所造成的损失，包括合同履行后可以获得的利益，但不得超过违反合同一方订立合同时预见到或者应当预见到的因违反合同可能造成的损失。

经营者对消费者提供商品或者服务有欺诈行为的，依照《中华人民共和国消费者权益保护法》的规定承担损害赔偿责任。

第一百一十四条 当事人可以约定一方违约时应当根据违约情况向对方支付一定数额的违约金，也可以约定因违约产生的损失赔偿额的计算方法。

约定的违约金低于造成的损失的，当事人可以请求人民法院或者仲裁机构予以增加；约定的违约金过分高于造成的损失的，当事人可以请求人民法院或者仲裁机构予以适当减少。

当事人就迟延履行约定违约金的，违约方支付违约金后，还应当履行债务。

第一百一十五条 当事人可以依照《中华人民共和国担保法》约定一方向对方给付定金作为债权的担保。债务人履行债务后，定金应当抵作价款或者收回。给付定金的一方不履行约定的债务的，无权要求返还定金；收受定金的一方不履行约定的债务的，应当双倍返还定金。

第一百一十六条 当事人既约定违约金，又约定定金的，一方违约时，对方可以选择适用违约金或者定金条款。

第一百一十七条　因不可抗力不能履行合同的，根据不可抗力的影响，部分或者全部免除责任，但法律另有规定的除外。当事人迟延履行后发生不可抗力的，不能免除责任。本法所称不可抗力，是指不能预见、不能避免并不能克服的客观情况。

第一百一十八条　当事人一方因不可抗力不能履行合同的，应当及时通知对方，以减轻可能给对方造成的损失，并应当在合理期限内提供证明。

第一百一十九条　当事人一方违约后，对方应当采取适当措施防止损失的扩大；没有采取适当措施致使损失扩大的，不得就扩大的损失要求赔偿。

当事人因防止损失扩大而支出的合理费用，由违约方承担。

第一百二十条　当事人双方都违反合同的，应当各自承担相应的责任。

第一百二十一条　当事人一方因第三人的原因造成违约的，应当向对方承担违约责任。当事人一方和第三人之间的纠纷，依照法律规定或者按照约定解决。

第一百二十二条　因当事人一方的违约行为，侵害对方人身、财产权益的，受损害方有权选择依照本法要求其承担违约责任或者依照其他法律要求其承担侵权责任。

第八章　其他规定

第一百二十三条　其他法律对合同另有规定的，依照其规定。

第一百二十四条　本法分则或者其他法律没有明文规定的合同，适用本法总则的规定，并可以参照本法分则或者其他法律最相类似的规定。

第一百二十五条　当事人对合同条款的理解有争议的，应当按照合同所使用的词句、合同的有关条款、合同的目的、交易习惯以及诚实信用原则，确定该条款的真实意思。

合同文本采用两种以上文字订立并约定具有同等效力的，对各文本使用的词句推定具有相同含义。各文本使用的词句不一致的，应当根据合同的目的予以解释。

第一百二十六条　涉外合同的当事人可以选择处理合同争议所适用的法律，但法律另有规定的除外。涉外合同的当事人没有选择的，适用与合同有最密切联系的国家的法律。

在中华人民共和国境内履行的中外合资经营企业合同、中外合作经营企业合同、中外合作勘探开发自然资源合同，适用中华人民共和国法律。

第一百二十七条　工商行政管理部门和其他有关行政主管部门在各自的职权范围内，依照法律、行政法规的规定，对利用合同危害国家利益、社会公共利益的违法行为，负责监督处理；构成犯罪的，依法追究刑事责任。

第一百二十八条　当事人可以通过和解或者调解解决合同争议。

当事人不愿和解、调解或者和解、调解不成的，可以根据仲裁协议向仲裁机构申请仲裁。涉外合同的当事人可以根据仲裁协议向中国仲裁机构或者其他仲裁机构申请仲裁。当事人没有订立仲裁协议或者仲裁协议无效的，可以向人民法院起诉。当事人应当履行发生法律效力的判决、仲裁裁决、调解书；拒不履行的，对方可以请求人民法院执行。

第一百二十九条　因国际货物买卖合同和技术进出口合同争议提起诉讼或者申请仲裁的期限为四年，自当事人知道或者应当知道其权利受到侵害之日起计算。因其他合同争议提起诉讼或者申请仲裁的期限，依照有关法律的规定。

分　则

第九章　买卖合同

第一百三十条　买卖合同是出卖人转移标的物的所有权于买受人，买受人支付价款的合同。

第一百三十一条　买卖合同的内容除依照本法第十二条的规定以外，还可以包括包装方式、检验标准和方法、结算方式、合同使用的文字及其效力等条款。

第一百三十二条 出卖的标的物应当属于出卖人所有或者出卖人有权处分。

法律、行政法规禁止或者限制转让的标的物，依照其规定。

第一百三十三条 标的物的所有权自标的物交付时起转移，但法律另有规定或者当事人另有约定的除外。

第一百三十四条 当事人可以在买卖合同中约定买受人未履行支付价款或者其他义务的，标的物的所有权属于出卖人。

第一百三十五条 出卖人应当履行向买受人交付标的物或者交付提取标的物的单证，并转移标的物所有权的义务。

第一百三十六条 出卖人应当按照约定或者交易习惯向买受人交付提取标的物单证以外的有关单证和资料。

第一百三十七条 出卖具有知识产权的计算机软件等标的物的，除法律另有规定或者当事人另有约定的以外，该标的物的知识产权不属于买受人。

第一百三十八条 出卖人应当按照约定的期限交付标的物。约定交付期间的，出卖人可以在该交付期间内的任何时间交付。

第一百三十九条 当事人没有约定标的物的交付期限或者约定不明确的，适用本法第六十一条、第六十二条第四项的规定。

第一百四十条 标的物在订立合同之前已为买受人占有的，合同生效的时间为交付时间。

第一百四十一条 出卖人应当按照约定的地点交付标的物。

当事人没有约定交付地点或者约定不明确，依照本法第六十一条规定仍不能确定的，适用下列规定：

（一）标的物需要运输的，出卖人应当将标的物交付给第一承运人以运交给买受人；

（二）标的物不需要运输，出卖人和买受人订立合同时知道标的物在某一地点的，出卖人应当在该地点交付标的物；不知道标的物在某一地点的，应当在出卖人订立合同时的营业地交付标的物。

第一百四十二条 标的物毁损、灭失的风险，在标的物交付之前由出卖人承担，交付之后由买受人承担，但法律另有规定或者当事人另有约定的除外。

第一百四十三条 因买受人的原因致使标的物不能按照约定的期限交付的，买受人应当自违反约定之日起承担标的物毁损、灭失的风险。

第一百四十四条 出卖人出卖交由承运人运输的在途标的物，除当事人另有约定的以外，毁损、灭失的风险自合同成立时起由买受人承担。

第一百四十五条 当事人没有约定交付地点或者约定不明确，依照本法第一百四十一条第二款第一项的规定标的物需要运输的，出卖人将标的物交付给第一承运人后，标的物毁损、灭失的风险由买受人承担。

第一百四十六条 出卖人按照约定或者依照本法第一百四十一条第二款第二项的规定将标的物置于交付地点，买受人违反约定没有收取的，标的物毁损、灭失的风险自违反约定之日起由买受人承担。

第一百四十七条 出卖人按照约定未交付有关标的物的单证和资料的，不影响标的物毁损、灭失风险的转移。

第一百四十八条 因标的物质量不符合质量要求，致使不能实现合同目的的，买受人可以拒绝接受标的物或者解除合同。买受人拒绝接受标的物或者解除合同的，标的物毁损、灭失的风险由出卖人承担。

第一百四十九条 标的物毁损、灭失的风险由买受人承担的，不影响因出卖人履行债务不符合约定，买受人要求其承担违约责任的权利。

第一百五十条　出卖人就交付的标的物，负有保证第三人不得向买受人主张任何权利的义务，但法律另有规定的除外。

第一百五十一条　买受人订立合同时知道或者应当知道第三人对买卖的标的物享有权利的，出卖人不承担本法第一百五十条规定的义务。

第一百五十二条　买受人有确切证据证明第三人可能就标的物主张权利的，可以中止支付相应的价款，但出卖人提供适当担保的除外。

第一百五十三条　出卖人应当按照约定的质量要求交付标的物。出卖人提供有关标的物质量说明的，交付的标的物应当符合该说明的质量要求。

第一百五十四条　当事人对标的物的质量要求没有约定或者约定不明确，依照本法第六十一条规定仍不能确定的，适用本法第六十二条第一项的规定。

第一百五十五条　出卖人交付的标的物不符合质量要求的，买受人可以依照本法第一百一十一条规定要求承担违约责任。

第一百五十六条　出卖人应当按照约定的包装方式交付标的物。对包装方式没有约定或者约定不明确，依照本法第六十一条规定仍不能确定的，应当按照通用的方式包装，没有通用方式的，应当采取足以保护标的物的包装方式。

第一百五十七条　买受人收到标的物时应当在约定的检验期间内检验。没有约定检验期间的，应当及时检验。

第一百五十八条　当事人约定检验期间的，买受人应当在检验期间内将标的物的数量或者质量不符合约定的情形通知出卖人。买受人怠于通知的，视为标的物的数量或者质量符合约定。

当事人没有约定检验期间的，买受人应当在发现或者应当发现标的物的数量或者质量不符合约定的合理期间内通知出卖人。买受人在合理期间内未通知或者自标的物收到之日起两年内未通知出卖人的，视为标的物的数量或者质量符合约定，但对标的物有质量保证期的，适用质量保证期，不适用该两年的规定。

出卖人知道或者应当知道提供的标的物不符合约定的，买受人不受前两款规定的通知时间的限制。

第一百五十九条　买受人应当按照约定的数额支付价款。对价款没有约定或者约定不明确的，适用本法第六十一条、第六十二条第二项的规定。

第一百六十条　买受人应当按照约定的地点支付价款。对支付地点没有约定或者约定不明确，依照本法第六十一条规定仍不能确定的，买受人应当在出卖人的营业地支付，但约定支付价款以交付标的物或者交付提取标的物单证为条件的，在交付标的物或者交付提取标的物单证的所在地支付。

第一百六十一条　买受人应当按照约定的时间支付价款。对支付时间没有约定或者约定不明确，依照本法第六十一条规定仍不能确定的，买受人应当在收到标的物或者提取标的物单证的同时支付。

第一百六十二条　出卖人多交标的物的，买受人可以接收或者拒绝接收多交的部分。买受人接收多交部分的，按照合同的价格支付价款；买受人拒绝接收多交部分的，应当及时通知出卖人。

第一百六十三条　标的物在交付之前产生的孳息，归出卖人所有，交付之后产生的孳息，归买受人所有。

第一百六十四条　因标的物的主物不符合约定而解除合同的，解除合同的效力及于从物。因标的物的从物不符合约定被解除的，解除的效力不及于主物。

第一百六十五条　标的物为数物，其中一物不符合约定的，买受人可以就该物解除，但该物与他物分离使标的物的价值显受损害的，当事人可以就数物解除合同。

第一百六十六条　出卖人分批交付标的物的，出卖人对其中一批标的物不交付或者交付不符合约定，致使该批标的物不能实现合同目的的，买受人可以就该批标的物解除。

出卖人不交付其中一批标的物或者交付不符合约定，致使今后其他各批标的物的交付不能实现合同目的的，买受人可以就该批以及今后其他各批标的物解除。

买受人如果就其中一批标的物解除，该批标的物与其他各批标的物相互依存的，可以就已经交付和未交付的各批标的物解除。

第一百六十七条 分期付款的买受人未支付到期价款的金额达到全部价款的五分之一的，出卖人可以要求买受人支付全部价款或者解除合同。

出卖人解除合同的，可以向买受人要求支付该标的物的使用费。

第一百六十八条 凭样品买卖的当事人应当封存样品，并可以对样品质量予以说明。出卖人交付的标的物应当与样品及其说明的质量相同。

第一百六十九条 凭样品买卖的买受人不知道样品有隐蔽瑕疵的，即使交付的标的物与样品相同，出卖人交付的标的物的质量仍然应当符合同种物的通常标准。

第一百七十条 试用买卖的当事人可以约定标的物的试用期间。对试用期间没有约定或者约定不明确，依照本法第六十一条规定仍不能确定的，由出卖人确定。

第一百七十一条 试用买卖的买受人在试用期内可以购买标的物，也可以拒绝购买。试用期间届满，买受人对是否购买标的物未作表示的，视为购买。

第一百七十二条 招标投标买卖的当事人的权利和义务以及招标投标程序等，依照有关法律、行政法规的规定。

第一百七十三条 拍卖的当事人的权利和义务以及拍卖程序等，依照有关法律、行政法规的规定。

第一百七十四条 法律对其他有偿合同有规定的，依照其规定；没有规定的，参照买卖合同的有关规定。

第一百七十五条 当事人约定易货交易，转移标的物的所有权的，参照买卖合同的有关规定。

第十章 供用电、水、气、热力合同

第一百七十六条 供用电合同是供电人向用电人供电，用电人支付电费的合同。

第一百七十七条 供用电合同的内容包括供电的方式、质量、时间，用电容量、地址、性质，计量方式，电价、电费的结算方式，供用电设施的维护责任等条款。

第一百七十八条 供用电合同的履行地点按照当事人约定；当事人没有约定或者约定不明确的，供电设施的产权分界处为履行地点。

第一百七十九条 供电人应当按照国家规定的供电质量标准和约定安全供电。供电人未按照国家规定的供电质量标准和约定安全供电，造成用电人损失的，应当承担损害赔偿责任。

第一百八十条 供电人因供电设施计划检修、临时检修、依法限电或者用电人违法用电等原因，需要中断供电时，应当按照国家有关规定事先通知用电人。未事先通知用电人中断供电，造成用电人损失的，应当承担损害赔偿责任。

第一百八十一条 因自然灾害等原因断电，供电人应当按照国家有关规定及时抢修。未及时抢修，造成用电人损失的，应当承担损害赔偿责任。

第一百八十二条 用电人应当按照国家有关规定和当事人的约定及时交付电费。用电人逾期不交付电费的，应当按照约定支付违约金。经催告用电人在合理期限内仍不交付电费和违约金的，供电人可以按照国家规定的程序中止供电。

第一百八十三条 用电人应当按照国家有关规定和当事人的约定安全用电。用电人未按照国家有关规定和当事人的约定安全用电，造成供电人损失的，应当承担损害赔偿责任。

第一百八十四条 供用水、供用气、供用热力合同，参照供用电合同的有关规定。

第十一章 赠 与 合 同

第一百八十五条 赠与合同是赠与人将自己的财产无偿给予受赠人，受赠人表示接受赠与的合同。

第一百八十六条　赠与人在赠与财产的权利转移之前可以撤销赠与。

具有救灾、扶贫等社会公益、道德义务性质的赠与合同或者经过公证的赠与合同，不适用前款规定。

第一百八十七条　赠与的财产依法需要办理登记等手续的，应当办理有关手续。

第一百八十八条　具有救灾、扶贫等社会公益、道德义务性质的赠与合同或者经过公证的赠与合同，赠与人不交付赠与的财产的，受赠人可以要求交付。

第一百八十九条　因赠与人故意或者重大过失致使赠与的财产毁损、灭失的，赠与人应当承担损害赔偿责任。

第一百九十条　赠与可以附义务。

赠与附义务的，受赠人应当按照约定履行义务。

第一百九十一条　赠与的财产有瑕疵的，赠与人不承担责任。附义务的赠与，赠与的财产有瑕疵的，赠与人在附义务的限度内承担与出卖人相同的责任。

赠与人故意不告知瑕疵或者保证无瑕疵，造成受赠人损失的，应当承担损害赔偿责任。

第一百九十二条　受赠人有下列情形之一的，赠与人可以撤销赠与：

（一）严重侵害赠与人或者赠与人的近亲属；

（二）对赠与人有扶养义务而不履行；

（三）不履行赠与合同约定的义务。

赠与人的撤销权，自知道或者应当知道撤销原因之日起一年内行使。

第一百九十三条　因受赠人的违法行为致使赠与人死亡或者丧失民事行为能力的，赠与人的继承人或者法定代理人可以撤销赠与。

赠与人的继承人或者法定代理人的撤销权，自知道或者应当知道撤销原因之日起六个月内行使。

第一百九十四条　撤销权人撤销赠与的，可以向受赠人要求返还赠与的财产。

第一百九十五条　赠与人的经济状况显著恶化，严重影响其生产经营或者家庭生活的，可以不再履行赠与义务。

第十二章　借　款　合　同

第一百九十六条　借款合同是借款人向贷款人借款，到期返还借款并支付利息的合同。

第一百九十七条　借款合同采用书面形式，但自然人之间借款另有约定的除外。

借款合同的内容包括借款种类、币种、用途、数额、利率、期限和还款方式等条款。

第一百九十八条　订立借款合同，贷款人可以要求借款人提供担保。担保依照《中华人民共和国担保法》的规定。

第一百九十九条　订立借款合同，借款人应当按照贷款人的要求提供与借款有关的业务活动和财务状况的真实情况。

第二百条　借款的利息不得预先在本金中扣除。利息预先在本金中扣除的，应当按照实际借款数额返还借款并计算利息。

第二百零一条　贷款人未按照约定的日期、数额提供借款造成借款人损失的，应当赔偿损失。借款人未按照约定的日期、数额收取借款的，应当按照约定的日期、数额支付利息。

第二百零二条　贷款人按照约定可以检查、监督借款的使用情况。借款人应当按照约定向贷款人定期提供有关财务会计报表等资料。

第二百零三条　借款人未按照约定的借款用途使用借款的，贷款人可以停止发放借款，提前收回借款或者解除合同。

第二百零四条　办理贷款业务的金融机构贷款的利率，应当按照中国人民银行规定的贷款利率的上下限确定。

第二百零五条 借款人应当按照约定的期限支付利息。对支付利息的期限没有约定或者约定不明确，依照本法第六十一条规定仍不能确定，借款期间不满一年的，应当在返还借款时一并支付；借款期间一年以上的，应当在每届满一年时支付，剩余期间不满一年的，应当在返还借款时一并支付。

第二百零六条 借款人应当按照约定的期限返还借款。对借款期限没有约定或者约定不明确，依照本法第六十一条规定仍不能确定的，借款人可以随时返还；贷款人可以催告借款人在合理期限内返还。

第二百零七条 借款人未按照约定的期限返还借款的，应当按照约定或者国家有关规定支付逾期利息。

第二百零八条 借款人提前偿还借款的，除当事人另有约定的以外，应当按照实际借款的期间计算利息。

第二百零九条 借款人可以在还款期限届满之前向贷款人申请展期。贷款人同意的，可以展期。

第二百一十条 自然人之间的借款合同，自贷款人提供借款时生效。

第二百一十一条 自然人之间的借款合同对支付利息没有约定或者约定不明确的，视为不支付利息。

自然人之间的借款合同约定支付利息的，借款的利率不得违反国家有关限制借款利率的规定。

第十三章 租 赁 合 同

第二百一十二条 租赁合同是出租人将租赁物交付承租人使用、收益，承租人支付租金的合同。

第二百一十三条 租赁合同的内容包括租赁物的名称、数量、用途、租赁期限、租金及其支付期限和方式、租赁物维修等条款。

第二百一十四条 租赁期限不得超过二十年。超过二十年的，超过部分无效。

租赁期间届满，当事人可以续订租赁合同，但约定的租赁期限自续订之日起不得超过二十年。

第二百一十五条 租赁期限六个月以上的，应当采用书面形式。当事人未采用书面形式的，视为不定期租赁。

第二百一十六条 出租人应当按照约定将租赁物交付承租人，并在租赁期间保持租赁物符合约定的用途。

第二百一十七条 承租人应当按照约定的方法使用租赁物。对租赁物的使用方法没有约定或者约定不明确，依照本法第六十一条规定仍不能确定的，应当按照租赁物的性质使用。

第二百一十八条 承租人按照约定的方法或者租赁物的性质使用租赁物，致使租赁物受到损耗的，不承担损害赔偿责任。

第二百一十九条 承租人未按照约定的方法或者租赁物的性质使用租赁物，致使租赁物受到损失的，出租人可以解除合同并要求赔偿损失。

第二百二十条 出租人应当履行租赁物的维修义务，但当事人另有约定的除外。

第二百二十一条 承租人在租赁物需要维修时可以要求出租人在合理期限内维修。出租人未履行维修义务的，承租人可以自行维修，维修费用由出租人负担。因维修租赁物影响承租人使用的，应当相应减少租金或者延长租期。

第二百二十二条 承租人应当妥善保管租赁物，因保管不善造成租赁物毁损、灭失的，应当承担损害赔偿责任。

第二百二十三条 承租人经出租人同意，可以对租赁物进行改善或者增设他物。

承租人未经出租人同意，对租赁物进行改善或者增设他物的，出租人可以要求承租人恢复原状或者赔偿损失。

第二百二十四条 承租人经出租人同意，可以将租赁物转租给第三人。承租人转租的，承租人与出租人之间的租赁合同继续有效，第三人对租赁物造成损失的，承租人应当赔偿损失。

承租人未经出租人同意转租的，出租人可以解除合同。

第二百二十五条　在租赁期间因占有、使用租赁物获得的收益，归承租人所有，但当事人另有约定的除外。

第二百二十六条　承租人应当按照约定的期限支付租金。对支付期限没有约定或者约定不明确，依照本法第六十一条规定仍不能确定，租赁期间不满一年的，应当在租赁期间届满时支付；租赁期间一年以上的，应当在每届满一年时支付，剩余期间不满一年的，应当在租赁期间届满时支付。

第二百二十七条　承租人无正当理由未支付或者迟延支付租金的，出租人可以要求承租人在合理期限内支付。承租人逾期不支付的，出租人可以解除合同。

第二百二十八条　因第三人主张权利，致使承租人不能对租赁物使用、收益的，承租人可以要求减少租金或者不支付租金。

第三人主张权利的，承租人应当及时通知出租人。

第二百二十九条　租赁物在租赁期间发生所有权变动的，不影响租赁合同的效力。

第二百三十条　出租人出卖租赁房屋的，应当在出卖之前的合理期限内通知承租人，承租人享有以同等条件优先购买的权利。

第二百三十一条　因不可归责于承租人的事由，致使租赁物部分或者全部毁损、灭失的，承租人可以要求减少租金或者不支付租金；因租赁物部分或者全部毁损、灭失，致使不能实现合同目的的，承租人可以解除合同。

第二百三十二条　当事人对租赁期限没有约定或者约定不明确，依照本法第六十一条规定仍不能确定的，视为不定期租赁。当事人可以随时解除合同，但出租人解除合同应当在合理期限之前通知承租人。

第二百三十三条　租赁物危及承租人的安全或者健康的，即使承租人订立合同时明知该租赁物质量不合格，承租人仍然可以随时解除合同。

第二百三十四条　承租人在房屋租赁期间死亡的，与其生前共同居住的人可以按照原租赁合同租赁该房屋。

第二百三十五条　租赁期间届满，承租人应当返还租赁物。返还的租赁物应当符合按照约定或者租赁物的性质使用后的状态。

第二百三十六条　租赁期间届满，承租人继续使用租赁物，出租人没有提出异议的，原租赁合同继续有效，但租赁期限为不定期。

第十四章　融资租赁合同

第二百三十七条　融资租赁合同是出租人根据承租人对出卖人、租赁物的选择，向出卖人购买租赁物，提供给承租人使用，承租人支付租金的合同。

第二百三十八条　融资租赁合同的内容包括租赁物名称、数量、规格、技术性能、检验方法、租赁期限、租金构成及其支付期限和方式、币种、租赁期间届满租赁物的归属等条款。

融资租赁合同应当采用书面形式。

第二百三十九条　出租人根据承租人对出卖人、租赁物的选择订立的买卖合同，出卖人应当按照约定向承租人交付标的物，承租人享有与受领标的物有关的买受人的权利。

第二百四十条　出租人、出卖人、承租人可以约定，出卖人不履行买卖合同义务的，由承租人行使索赔的权利。承租人行使索赔权利的，出租人应当协助。

第二百四十一条　出租人根据承租人对出卖人、租赁物的选择订立的买卖合同，未经承租人同意，出租人不得变更与承租人有关的合同内容。

第二百四十二条　出租人享有租赁物的所有权。承租人破产的，租赁物不属于破产财产。

第二百四十三条　融资租赁合同的租金，除当事人另有约定的以外，应当根据购买租赁物的大部分或者全部成本以及出租人的合理利润确定。

第二百四十四条　租赁物不符合约定或者不符合使用目的的，出租人不承担责任，但承租人依赖出租人的技能确定租赁物或者出租人干预选择租赁物的除外。

第二百四十五条　出租人应当保证承租人对租赁物的占有和使用。

第二百四十六条　承租人占有租赁物期间，租赁物造成第三人的人身伤害或者财产损害的，出租人不承担责任。

第二百四十七条　承租人应当妥善保管、使用租赁物。

承租人应当履行占有租赁物期间的维修义务。

第二百四十八条　承租人应当按照约定支付租金。承租人经催告后在合理期限内仍不支付租金的，出租人可以要求支付全部租金；也可以解除合同，收回租赁物。

第二百四十九条　当事人约定租赁期间届满租赁物归承租人所有，承租人已经支付大部分租金，但无力支付剩余租金，出租人因此解除合同收回租赁物的，收回的租赁物的价值超过承租人欠付的租金以及其他费用的，承租人可以要求部分返还。

第二百五十条　出租人和承租人可以约定租赁期间届满租赁物的归属。对租赁物的归属没有约定或者约定不明确，依照本法第六十一条规定仍不能确定的，租赁物的所有权归出租人。

第十五章　承　揽　合　同

第二百五十一条　承揽合同是承揽人按照定作人的要求完成工作，交付工作成果，定作人给付报酬的合同。

承揽包括加工、定作、修理、复制、测试、检验等工作。

第二百五十二条　承揽合同的内容包括承揽的标的、数量、质量、报酬、承揽方式、材料的提供、履行期限、验收标准和方法等条款。

第二百五十三条　承揽人应当以自己的设备、技术和劳力，完成主要工作，但当事人另有约定的除外。

承揽人将其承揽的主要工作交由第三人完成的，应当就该第三人完成的工作成果向定作人负责；未经定作人同意的，定作人也可以解除合同。

第二百五十四条　承揽人可以将其承揽的辅助工作交由第三人完成。承揽人将其承揽的辅助工作交由第三人完成的，应当就该第三人完成的工作成果向定作人负责。

第二百五十五条　承揽人提供材料的，承揽人应当按照约定选用材料，并接受定作人检验。

第二百五十六条　定作人提供材料的，定作人应当按照约定提供材料。承揽人对定作人提供的材料应当及时检验，发现不符合约定时，应当及时通知定作人更换、补齐或者采取其他补救措施。

承揽人不得擅自更换定作人提供的材料，不得更换不需要修理的零部件。

第二百五十七条　承揽人发现定作人提供的图纸或者技术要求不合理的，应当及时通知定作人。因定作人怠于答复等原因造成承揽人损失的，应当赔偿损失。

第二百五十八条　定作人中途变更承揽工作的要求，造成承揽人损失的，应当赔偿损失。

第二百五十九条　承揽工作需要定作人协助的，定作人有协助的义务。定作人不履行协助义务致使承揽工作不能完成的，承揽人可以催告定作人在合理期限内履行义务，并可以顺延履行期限；定作人逾期不履行的，承揽人可以解除合同。

第二百六十条　承揽人在工作期间应当接受定作人必要的监督检验。定作人不得因监督检验妨碍承揽人的正常工作。

第二百六十一条　承揽人完成工作的，应当向定作人交付工作成果，并提交必要的技术资料和有关质量证明。定作人应当验收该工作成果。

第二百六十二条　承揽人交付的工作成果不符合质量要求的，定作人可以要求承揽人承担修理、重作、减少报酬、赔偿损失等违约责任。

第二百六十三条　定作人应当按照约定的期限支付报酬。对支付报酬的期限没有约定或者约定不明确，依照本法第六十一条规定仍不能确定的，定作人应当在承揽人交付工作成果时支付；工作成果部分交付的，定作人应当相应支付。

第二百六十四条　定作人未向承揽人支付报酬或者材料费等价款的，承揽人对完成的工作成果享有留置权，但当事人另有约定的除外。

第二百六十五条　承揽人应当妥善保管定作人提供的材料以及完成的工作成果，因保管不善造成毁损、灭失的，应当承担损害赔偿责任。

第二百六十六条　承揽人应当按照定作人的要求保守秘密，未经定作人许可，不得留存复制品或者技术资料。

第二百六十七条　共同承揽人对定作人承担连带责任，但当事人另有约定的除外。

第二百六十八条　定作人可以随时解除承揽合同，造成承揽人损失的，应当赔偿损失。

第十六章　建设工程合同

第二百六十九条　建设工程合同是承包人进行工程建设，发包人支付价款的合同。

建设工程合同包括工程勘察、设计、施工合同。

第二百七十条　建设工程合同应当采用书面形式。

第二百七十一条　建设工程的招标投标活动，应当依照有关法律的规定公开、公平、公正进行。

第二百七十二条　发包人可以与总承包人订立建设工程合同，也可以分别与勘察人、设计人、施工人订立勘察、设计、施工承包合同。发包人不得将应当由一个承包人完成的建设工程肢解成若干部分发包给几个承包人。

总承包人或者勘察、设计、施工承包人经发包人同意，可以将自己承包的部分工作交由第三人完成。第三人就其完成的工作成果与总承包人或者勘察、设计、施工承包人向发包人承担连带责任。承包人不得将其承包的全部建设工程转包给第三人或者将其承包的全部建设工程肢解以后以分包的名义分别转包给第三人。

禁止承包人将工程分包给不具备相应资质条件的单位。禁止分包单位将其承包的工程再分包。建设工程主体结构的施工必须由承包人自行完成。

第二百七十三条　国家重大建设工程合同，应当按照国家规定的程序和国家批准的投资计划、可行性研究报告等文件订立。

第二百七十四条　勘察、设计合同的内容包括提交有关基础资料和文件（包括概预算）的期限、质量要求、费用以及其他协作条件等条款。

第二百七十五条　施工合同的内容包括工程范围、建设工期、中间交工工程的开工和竣工时间、工程质量、工程造价、技术资料交付时间、材料和设备供应责任、拨款和结算、竣工验收、质量保修范围和质量保证期、双方相互协作等条款。

第二百七十六条　建设工程实行监理的，发包人应当与监理人采用书面形式订立委托监理合同。发包人与监理人的权利和义务以及法律责任，应当依照本法委托合同以及其他有关法律、行政法规的规定。

第二百七十七条　发包人在不妨碍承包人正常作业的情况下，可以随时对作业进度、质量进行检查。

第二百七十八条　隐蔽工程在隐蔽以前，承包人应当通知发包人检查。发包人没有及时检查的，承包人可以顺延工程日期，并有权要求赔偿停工、窝工等损失。

第二百七十九条　建设工程竣工后，发包人应当根据施工图纸及说明书、国家颁发的施工验收规范和质量检验标准及时进行验收。验收合格的，发包人应当按照约定支付价款，并接收该建设工程。

建设工程竣工经验收合格后方可交付使用；未经验收或者验收不合格的，不得交付使用。

第二百八十条　勘察、设计的质量不符合要求或者未按照期限提交勘察、设计文件拖延工期，造成发包人损失的，勘察人、设计人应当继续完善勘察、设计，减收或者免收勘察、设计费并赔偿损失。

第二百八十一条　因施工人的原因致使建设工程质量不符合约定的，发包人有权要求施工人在合理期限内无偿修理或者返工、改建。经过修理或者返工、改建后，造成逾期交付的，施工人应当承担违约责任。

第二百八十二条　因承包人的原因致使建设工程在合理使用期限内造成人身和财产损害的，承包人应当承担损害赔偿责任。

第二百八十三条　发包人未按照约定的时间和要求提供原材料、设备、场地、资金、技术资料的，承包人可以顺延工程日期，并有权要求赔偿停工、窝工等损失。

第二百八十四条　因发包人的原因致使工程中途停建、缓建的，发包人应当采取措施弥补或者减少损失，赔偿承包人因此造成的停工、窝工、倒运、机械设备调迁、材料和构件积压等损失和实际费用。

第二百八十五条　因发包人变更计划，提供的资料不准确，或者未按照期限提供必需的勘察、设计工作条件而造成勘察、设计的返工、停工或者修改设计，发包人应当按照勘察人、设计人实际消耗的工作量增付费用。

第二百八十六条　发包人未按照约定支付价款的，承包人可以催告发包人在合理期限内支付价款。发包人逾期不支付的，除按照建设工程的性质不宜折价、拍卖的以外，承包人可以与发包人协议将该工程折价，也可以申请人民法院将该工程依法拍卖。建设工程的价款就该工程折价或者拍卖的价款优先受偿。

第二百八十七条　本章没有规定的，适用承揽合同的有关规定。

第十七章　运　输　合　同

第一节　一　般　规　定

第二百八十八条　运输合同是承运人将旅客或者货物从起运地点运输到约定地点，旅客、托运人或者收货人支付票款或者运输费用的合同。

第二百八十九条　从事公共运输的承运人不得拒绝旅客、托运人、通常合理的运输要求。

第二百九十条　承运人应当在约定期间或者合理期间内将旅客、货物安全运输到约定地点。

第二百九十一条　承运人应当按照约定的或者通常的运输路线将旅客、货物运输到约定地点。

第二百九十二条　旅客、托运人或者收货人应当支付票款或者运输费用。承运人未按照约定路线或者通常路线运输增加票款或者运输费用的，旅客、托运人或者收货人可以拒绝支付增加部分的票款或者运输费用。

第二节　客　运　合　同

第二百九十三条　客运合同自承运人向旅客交付客票时成立，但当事人另有约定或者另有交易习惯的除外。

第二百九十四条　旅客应当持有效客票乘运。旅客无票乘运、超程乘运、越级乘运或者持失效客票乘运的，应当补交票款，承运人可以按照规定加收票款。旅客不交付票款的，承运人可以拒绝运输。

第二百九十五条　旅客因自己的原因不能按照客票记载的时间乘坐的，应当在约定的时间内办理退票或者变更手续。逾期办理的，承运人可以不退票款，并不再承担运输义务。

第二百九十六条 旅客在运输中应当按照约定的限量携带行李。超过限量携带行李的，应当办理托运手续。

第二百九十七条 旅客不得随身携带或者在行李中夹带易燃、易爆、有毒、有腐蚀性、有放射性以及有可能危及运输工具上人身和财产安全的危险物品或者其他违禁物品。

旅客违反前款规定的，承运人可以将违禁物品卸下、销毁或者送交有关部门。旅客坚持携带或者夹带违禁物品的，承运人应当拒绝运输。

第二百九十八条 承运人应当向旅客及时告知有关不能正常运输的重要事由和安全运输应当注意的事项。

第二百九十九条 承运人应当按照客票载明的时间和班次运输旅客。承运人迟延运输的，应当根据旅客的要求安排改乘其他班次或者退票。

第三百条 承运人擅自变更运输工具而降低服务标准的，应当根据旅客的要求退票或者减收票款；提高服务标准的，不应当加收票款。

第三百零一条 承运人在运输过程中，应当尽力救助患有急病、分娩、遇险的旅客。

第三百零二条 承运人应当对运输过程中旅客的伤亡承担损害赔偿责任，但伤亡是旅客自身健康原因造成的或者承运人证明伤亡是旅客故意、重大过失造成的除外。

前款规定适用于按照规定免票、持优待票或者经承运人许可搭乘的无票旅客。

第三百零三条 在运输过程中旅客自带物品毁损、灭失，承运人有过错的，应当承担损害赔偿责任。

旅客托运的行李毁损、灭失的，适用货物运输的有关规定。

第三节 货 运 合 同

第三百零四条 托运人办理货物运输，应当向承运人准确表明收货人的名称或者姓名或者凭指示的收货人，以及货物的名称、性质、重量、数量、收货地点等有关货物运输的必要情况。

因托运人申报不实或者遗漏重要情况，造成承运人损失的，托运人应当承担损害赔偿责任。

第三百零五条 货物运输需要办理审批、检验等手续的，托运人应当将办理完有关手续的文件提交承运人。

第三百零六条 托运人应当按照约定的方式包装货物。对包装方式没有约定或者约定不明确的，适用本法第一百五十六条规定。

托运人违反前款规定的，承运人可以拒绝运输。

第三百零七条 托运人托运易燃、易爆、有毒、有腐蚀性、有放射性等危险物品的，应当按照国家有关危险物品运输的规定对危险物品妥善包装，作出危险物标志和标签，并将有关危险物品的名称、性质和防范措施的书面材料提交承运人。

托运人违反前款规定的，承运人可以拒绝运输，也可以采取相应措施以避免损失的发生，因此产生的费用由托运人承担。

第三百零八条 在承运人将货物交付收货人之前，托运人可以要求承运人中止运输、返还货物、变更到达地或者将货物交给其他收货人，但应当赔偿承运人因此受到的损失。

第三百零九条 货物运输到达后，承运人知道收货人的，应当及时通知收货人，收货人应当及时提货。收货人逾期提货的，应当向承运人支付保管费等费用。

第三百一十条 收货人提货时应当按照约定的期限检验货物。对检验货物的期限没有约定或者约定不明确，依照本法第六十一条规定仍不能确定的，应当在合理期限内检验货物。收货人在约定的期限或者合理期限内对货物的数量、毁损等未提出异议的，视为承运人已经按照运输单证的记载交付的初步证据。

第三百一十一条 承运人对运输过程中货物的毁损、灭失承担损害赔偿责任，但承运人证明货物的毁损、灭失是因不可抗力、货物本身的自然性质或者合理损耗以及托运人、收货人的过错造成的，不承担损害赔偿责任。

第三百一十二条 货物的毁损、灭失的赔偿额，当事人有约定的，按照其约定；没有约定或者约定不明确，依照本法第六十一条规定仍不能确定的，按照交付或者应当交付时货物到达地的市场价格计算。法律、行政法规对赔偿额的计算方法和赔偿限额另有规定的，依照其规定。

第三百一十三条 两个以上承运人以同一运输方式联运的，与托运人订立合同的承运人应当对全程运输承担责任。损失发生在某一运输区段的，与托运人订立合同的承运人和该区段的承运人承担连带责任。

第三百一十四条 货物在运输过程中因不可抗力灭失，未收取运费的，承运人不得要求支付运费；已收取运费的，托运人可以要求返还。

第三百一十五条 托运人或者收货人不支付运费、保管费以及其他运输费用的，承运人对相应的运输货物享有留置权，但当事人另有约定的除外。

第三百一十六条 收货人不明或者收货人无正当理由拒绝受领货物的，依照本法第一百零一条规定，承运人可以提存货物。

第四节 多式联运合同

第三百一十七条 多式联运经营人负责履行或者组织履行多式联运合同，对全程运输享有承运人的权利，承担承运人的义务。

第三百一十八条 多式联运经营人可以与参加多式联运的各区段承运人就多式联运合同的各区段运输约定相互之间的责任，但该约定不影响多式联运经营人对全程运输承担的义务。

第三百一十九条 多式联运经营人收到托运人交付的货物时，应当签发多式联运单据。按照托运人的要求，多式联运单据可以是可转让单据，也可以是不可转让单据。

第三百二十条 因托运人托运货物时的过错造成多式联运经营人损失的，即使托运人已经转让多式联运单据，托运人仍然应当承担损害赔偿责任。

第三百二十一条 货物的毁损、灭失发生于多式联运的某一运输区段的，多式联运经营人的赔偿责任和责任限额，适用调整该区段运输方式的有关法律规定。货物毁损、灭失发生的运输区段不能确定的，依照本章规定承担损害赔偿责任。

第十八章 技 术 合 同

第一节 一 般 规 定

第三百二十二条 技术合同是当事人就技术开发、转让、咨询或者服务订立的确立相互之间权利和义务的合同。

第三百二十三条 订立技术合同，应当有利于科学技术的进步，加速科学技术成果的转化、应用和推广。

第三百二十四条 技术合同的内容由当事人约定，一般包括以下条款：

（一）项目名称；

（二）标的的内容、范围和要求；

（三）履行的计划、进度、期限、地点、地域和方式；

（四）技术情报和资料的保密；

（五）风险责任的承担；

（六）技术成果的归属和收益的分成办法；

（七）验收标准和方法；

（八）价款、报酬或者使用费及其支付方式；

（九）违约金或者损失赔偿的计算方法；

（十）解决争议的方法；

（十一）名词和术语的解释。

与履行合同有关的技术背景资料、可行性论证和技术评价报告、项目任务书和计划书、技术标准、技术规范、原始设计和工艺文件，以及其他技术文档，按照当事人的约定可以作为合同的组成部分。

技术合同涉及专利的，应当注明发明创造的名称、专利申请人和专利权人、申请日期、申请号、专利号以及专利权的有效期限。

第三百二十五条 技术合同价款、报酬或者使用费的支付方式由当事人约定，可以采取一次总算、一次总付或者一次总算、分期支付，也可以采取提成支付或者提成支付附加预付入门费的方式。

约定提成支付的，可以按照产品价格、实施专利和使用技术秘密后新增的产值、利润或者产品销售额的一定比例提成，也可以按照约定的其他方式计算。提成支付的比例可以采取固定比例、逐年递增比例或者逐年递减比例。

约定提成支付的，当事人应当在合同中约定查阅有关会计账目的办法。

第三百二十六条 职务技术成果的使用权、转让权属于法人或者其他组织的，法人或者其他组织可以就该项职务技术成果订立技术合同。法人或者其他组织应当从使用和转让该项职务技术成果所取得的收益中提取一定比例，对完成该项职务技术成果的个人给予奖励或者报酬。法人或者其他组织订立技术合同转让职务技术成果时，职务技术成果的完成人享有以同等条件优先受让的权利。

职务技术成果是执行法人或者其他组织的工作任务，或者主要是利用法人或者其他组织的物质技术条件所完成的技术成果。

第三百二十七条 非职务技术成果的使用权、转让权属于完成技术成果的个人，完成技术成果的个人可以就该项非职务技术成果订立技术合同。

第三百二十八条 完成技术成果的个人有在有关技术成果文件上写明自己是技术成果完成者的权利和取得荣誉证书、奖励的权利。

第三百二十九条 非法垄断技术、妨碍技术进步或者侵害他人技术成果的技术合同无效。

第二节 技术开发合同

第三百三十条 技术开发合同是指当事人之间就新技术、新产品、新工艺或者新材料及其系统的研究开发所订立的合同。

技术开发合同包括委托开发合同和合作开发合同。

技术开发合同应当采用书面形式。

当事人之间就具有产业应用价值的科技成果实施转化订立的合同，参照技术开发合同的规定。

第三百三十一条 委托开发合同的委托人应当按照约定支付研究开发经费和报酬；提供技术资料、原始数据；完成协作事项；接受研究开发成果。

第三百三十二条 委托开发合同的研究开发人应当按照约定制定和实施研究开发计划；合理使用研究开发经费；按期完成研究开发工作，交付研究开发成果，提供有关的技术资料和必要的技术指导，帮助委托人掌握研究开发成果。

第三百三十三条 委托人违反约定造成研究开发工作停滞、延误或者失败的，应当承担违约责任。

第三百三十四条 研究开发人违反约定造成研究开发工作停滞、延误或者失败的，应当承担违约责任。

第三百三十五条　合作开发合同的当事人应当按照约定进行投资，包括以技术进行投资；分工参与研究开发工作；协作配合研究开发工作。

第三百三十六条　合作开发合同的当事人违反约定造成研究开发工作停滞、延误或者失败的，应当承担违约责任。

第三百三十七条　因作为技术开发合同标的的技术已经由他人公开，致使技术开发合同的履行没有意义的，当事人可以解除合同。

第三百三十八条　在技术开发合同履行过程中，因出现无法克服的技术困难，致使研究开发失败或者部分失败的，该风险责任由当事人约定。没有约定或者约定不明确，依照本法第六十一条规定仍不能确定的，风险责任由当事人合理分担。

当事人一方发现前款规定的可能致使研究开发失败或者部分失败的情形时，应当及时通知另一方并采取适当措施减少损失。没有及时通知并采取适当措施，致使损失扩大的，应当就扩大的损失承担责任。

第三百三十九条　委托开发完成的发明创造，除当事人另有约定的以外，申请专利的权利属于研究开发人。研究开发人取得专利权的，委托人可以免费实施该专利。

研究开发人转让专利申请权的，委托人享有以同等条件优先受让的权利。

第三百四十条　合作开发完成的发明创造，除当事人另有约定的以外，申请专利的权利属于合作开发的当事人共有。当事人一方转让其共有的专利申请权的，其他各方享有以同等条件优先受让的权利。

合作开发的当事人一方声明放弃其共有的专利申请权的，可以由另一方单独申请或者由其他各方共同申请。申请人取得专利权的，放弃专利申请权的一方可以免费实施该专利。

合作开发的当事人一方不同意申请专利的，另一方或者其他各方不得申请专利。

第三百四十一条　委托开发或者合作开发完成的技术秘密成果的使用权、转让权以及利益的分配办法，由当事人约定。没有约定或者约定不明确，依照本法第六十一条规定仍不能确定的，当事人均有使用和转让的权利，但委托开发的研究开发人不得在向委托人交付研究开发成果之前将研究开发成果转让给第三人。

第三节　技术转让合同

第三百四十二条　技术转让合同包括专利权转让、专利申请权转让、技术秘密转让、专利实施许可合同。

技术转让合同应当采用书面形式。

第三百四十三条　技术转让合同可以约定让与人和受让人实施专利或者使用技术秘密的范围，但不得限制技术竞争和技术发展。

第三百四十四条　专利实施许可合同只在该专利权的存续期间内有效。专利权有效期限届满或者专利权被宣布无效的，专利权人不得就该专利与他人订立专利实施许可合同。

第三百四十五条　专利实施许可合同的让与人应当按照约定许可受让人实施专利，交付实施专利有关的技术资料，提供必要的技术指导。

第三百四十六条　专利实施许可合同的受让人应当按照约定实施专利，不得许可约定以外的第三人实施该专利，并按照约定支付使用费。

第三百四十七条　技术秘密转让合同的让与人应当按照约定提供技术资料，进行技术指导，保证技术的实用性、可靠性，承担保密义务。

第三百四十八条　技术秘密转让合同的受让人应当按照约定使用技术，支付使用费，承担保密义务。

第三百四十九条　技术转让合同的让与人应当保证自己是所提供的技术的合法拥有者，并保证所提供的技术完整、无误、有效，能够达到约定的目标。

第三百五十条　技术转让合同的受让人应当按照约定的范围和期限，对让与人提供的技术中尚未公开的秘密部分，承担保密义务。

第三百五十一条　让与人未按照约定转让技术的，应当返还部分或者全部使用费，并应当承担违约责任；实施专利或者使用技术秘密超越约定的范围的，违反约定擅自许可第三人实施该项专利或者使用该项技术秘密的，应当停止违约行为，承担违约责任；违反约定的保密义务的，应当承担违约责任。

第三百五十二条　受让人未按照约定支付使用费的，应当补交使用费并按照约定支付违约金；不补交使用费或者支付违约金的，应当停止实施专利或者使用技术秘密，交还技术资料，承担违约责任；实施专利或者使用技术秘密超越约定的范围的，未经让与人同意擅自许可第三人实施该专利或者使用该技术秘密的，应当停止违约行为，承担违约责任；违反约定的保密义务的，应当承担违约责任。

第三百五十三条　受让人按照约定实施专利、使用技术秘密侵害他人合法权益的，由让与人承担责任，但当事人另有约定的除外。

第三百五十四条　当事人可以按照互利的原则，在技术转让合同中约定实施专利、使用技术秘密后续改进的技术成果的分享办法。没有约定或者约定不明确，依照本法第六十一条规定仍不能确定的，一方后续改进的技术成果，其他各方无权分享。

第三百五十五条　法律、行政法规对技术进出口合同或者专利、专利申请合同另有规定的，依照其规定。

第四节　技术咨询合同和技术服务合同

第三百五十六条　技术咨询合同包括就特定技术项目提供可行性论证、技术预测、专题技术调查、分析评价报告等合同。

技术服务合同是指当事人一方以技术知识为另一方解决特定技术问题所订立的合同，不包括建设工程合同和承揽合同。

第三百五十七条　技术咨询合同的委托人应当按照约定阐明咨询的问题，提供技术背景材料及有关技术资料、数据；接受受托人的工作成果，支付报酬。

第三百五十八条　技术咨询合同的受托人应当按照约定的期限完成咨询报告或者解答问题；提出的咨询报告应当达到约定的要求。

第三百五十九条　技术咨询合同的委托人未按照约定提供必要的资料和数据，影响工作进度和质量，不接受或者逾期接受工作成果的，支付的报酬不得追回，未支付的报酬应当支付。

技术咨询合同的受托人未按期提出咨询报告或者提出的咨询报告不符合约定的，应当承担减收或者免收报酬等违约责任。

技术咨询合同的委托人按照受托人符合约定要求的咨询报告和意见作出决策所造成的损失由委托人承担，但当事人另有约定的除外。

第三百六十条　技术服务合同的委托人应当按照约定提供工作条件，完成配合事项，接受工作成果并支付报酬。

第三百六十一条　技术服务合同的受托人应当按照约定完成服务项目，解决技术问题，保证工作质量，并传授解决技术问题的知识。

第三百六十二条　技术服务合同的委托人不履行合同义务或者履行合同义务不符合约定，影响工作进度和质量，不接受或者逾期接受工作成果的，支付的报酬不得追回，未支付的报酬应当支付。

技术服务合同的受托人未按照合同约定完成服务工作的，应当承担免收报酬等违约责任。

第三百六十三条　在技术咨询合同、技术服务合同履行过程中，受托人利用委托人提供的技术资料和工作条件完成的新的技术成果，属于受托人。委托人利用受托人的工作成果完成的新的技术成果，属于委托人。当事人另有约定的，按照其约定。

第三百六十四条 法律、行政法规对技术中介合同、技术培训合同另有规定的，依照其规定。

第十九章 保 管 合 同

第三百六十五条 保管合同是保管人保管寄存人交付的保管物，并返还该物的合同。

第三百六十六条 寄存人应当按照约定向保管人支付保管费。

当事人对保管费没有约定或者约定不明确，依照本法第六十一条规定仍不能确定的，保管是无偿的。

第三百六十七条 保管合同自保管物交付时成立，但当事人另有约定的除外。

第三百六十八条 寄存人向保管人交付保管物的，保管人应当给付保管凭证，但另有交易习惯的除外。

第三百六十九条 保管人应当妥善保管保管物。

当事人可以约定保管场所或者方法。除紧急情况或者为了维护寄存人利益的以外，不得擅自改变保管场所或者方法。

第三百七十条 寄存人交付的保管物有瑕疵或者按照保管物的性质需要采取特殊保管措施的，寄存人应当将有关情况告知保管人。寄存人未告知，致使保管物受损失的，保管人不承担损害赔偿责任；保管人因此受损失的，除保管人知道或者应当知道并且未采取补救措施的以外，寄存人应当承担损害赔偿责任。

第三百七十一条 保管人不得将保管物转交第三人保管，但当事人另有约定的除外。

保管人违反前款规定，将保管物转交第三人保管，对保管物造成损失的，应当承担损害赔偿责任。

第三百七十二条 保管人不得使用或者许可第三人使用保管物，但当事人另有约定的除外。

第三百七十三条 第三人对保管物主张权利的，除依法对保管物采取保全或者执行的以外，保管人应当履行向寄存人返还保管物的义务。

第三人对保管人提起诉讼或者对保管物申请扣押的，保管人应当及时通知寄存人。

第三百七十四条 保管期间，因保管人保管不善造成保管物毁损、灭失的，保管人应当承担损害赔偿责任，但保管是无偿的，保管人证明自己没有重大过失的，不承担损害赔偿责任。

第三百七十五条 寄存人寄存货币、有价证券或者其他贵重物品的，应当向保管人声明，由保管人验收或者封存。寄存人未声明的，该物品毁损、灭失后，保管人可以按照一般物品予以赔偿。

第三百七十六条 寄存人可以随时领取保管物。

当事人对保管期间没有约定或者约定不明确的，保管人可以随时要求寄存人领取保管物；约定保管期间的，保管人无特别事由，不得要求寄存人提前领取保管物。

第三百七十七条 保管期间届满或者寄存人提前领取保管物的，保管人应当将原物及其孳息归还寄存人。

第三百七十八条 保管人保管货币的，可以返还相同种类、数量的货币。保管其他可替代物的，可以按照约定返还相同种类、品质、数量的物品。

第三百七十九条 有偿的保管合同，寄存人应当按照约定的期限向保管人支付保管费。

当事人对支付期限没有约定或者约定不明确，依照本法第六十一条规定仍不能确定的，应当在领取保管物的同时支付。

第三百八十条 寄存人未按照约定支付保管费以及其他费用的，保管人对保管物享有留置权，但当事人另有约定的除外。

第二十章　仓储合同

第三百八十一条　仓储合同是保管人储存存货人交付的仓储物，存货人支付仓储费的合同。

第三百八十二条　仓储合同自成立时生效。

第三百八十三条　储存易燃、易爆、有毒、有腐蚀性、有放射性等危险物品或者易变质物品，存货人应当说明该物品的性质，提供有关资料。

存货人违反前款规定的，保管人可以拒收仓储物，也可以采取相应措施以避免损失的发生，因此产生的费用由存货人承担。

保管人储存易燃、易爆、有毒、有腐蚀性、有放射性等危险物品的，应当具备相应的保管条件。

第三百八十四条　保管人应当按照约定对入库仓储物进行验收。保管人验收时发现入库仓储物与约定不符合的，应当及时通知存货人。保管人验收后，发生仓储物的品种、数量、质量不符合约定的，保管人应当承担损害赔偿责任。

第三百八十五条　存货人交付仓储物的，保管人应当给付仓单。

第三百八十六条　保管人应当在仓单上签字或者盖章。仓单包括下列事项：

（一）存货人的名称或者姓名和住所；

（二）仓储物的品种、数量、质量、包装、件数和标记；

（三）仓储物的损耗标准；

（四）储存场所；

（五）储存期间；

（六）仓储费；

（七）仓储物已经办理保险的，其保险金额、期间以及保险人的名称；

（八）填发人、填发地和填发日期。

第三百八十七条　仓单是提取仓储物的凭证。存货人或者仓单持有人在仓单上背书并经保管人签字或者盖章的，可以转让提取仓储物的权利。

第三百八十八条　保管人根据存货人或者仓单持有人的要求，应当同意其检查仓储物或者提取样品。

第三百八十九条　保管人对入库仓储物发现有变质或者其他损坏的，应当及时通知存货人或者仓单持有人。

第三百九十条　保管人对入库仓储物发现有变质或者其他损坏，危及其他仓储物的安全和正常保管的，应当催告存货人或者仓单持有人作出必要的处置。因情况紧急，保管人可以作出必要的处置，但事后应当将该情况及时通知存货人或者仓单持有人。

第三百九十一条　当事人对储存期间没有约定或者约定不明确的，存货人或者仓单持有人可以随时提取仓储物，保管人也可以随时要求存货人或者仓单持有人提取仓储物，但应当给予必要的准备时间。

第三百九十二条　储存期间届满，存货人或者仓单持有人应当凭仓单提取仓储物。存货人或者仓单持有人逾期提取的，应当加收仓储费；提前提取的，不减收仓储费。

第三百九十三条　储存期间届满，存货人或者仓单持有人不提取仓储物的，保管人可以催告其在合理期限内提取，逾期不提取的，保管人可以提存仓储物。

第三百九十四条　储存期间，因保管人保管不善造成仓储物毁损、灭失的，保管人应当承担损害赔偿责任。

因仓储物的性质、包装不符合约定或者超过有效储存期造成仓储物变质、损坏的，保管人不承担损害赔偿责任。

第三百九十五条　本章没有规定的，适用保管合同的有关规定。

第二十一章 委 托 合 同

第三百九十六条 委托合同是委托人和受托人约定，由受托人处理委托人事务的合同。

第三百九十七条 委托人可以特别委托受托人处理一项或者数项事务，也可以概括委托受托人处理一切事务。

第三百九十八条 委托人应当预付处理委托事务的费用。受托人为处理委托事务垫付的必要费用，委托人应当偿还该费用及其利息。

第三百九十九条 受托人应当按照委托人的指示处理委托事务。需要变更委托人指示的，应当经委托人同意；因情况紧急，难以和委托人取得联系的，受托人应当妥善处理委托事务，但事后应当将该情况及时报告委托人。

第四百条 受托人应当亲自处理委托事务。经委托人同意，受托人可以转委托。转委托经同意的，委托人可以就委托事务直接指示转委托的第三人，受托人仅就第三人的选任及其对第三人的指示承担责任。转委托未经同意的，受托人应当对转委托的第三人的行为承担责任，但在紧急情况下受托人为维护委托人的利益需要转委托的除外。

第四百零一条 受托人应当按照委托人的要求，报告委托事务的处理情况。委托合同终止时，受托人应当报告委托事务的结果。

第四百零二条 受托人以自己的名义，在委托人的授权范围内与第三人订立的合同，第三人在订立合同时知道受托人与委托人之间的代理关系的，该合同直接约束委托人和第三人，但有确切证据证明该合同只约束受托人和第三人的除外。

第四百零三条 受托人以自己的名义与第三人订立合同时，第三人不知道受托人与委托人之间的代理关系的，受托人因第三人的原因对委托人不履行义务，受托人应当向委托人披露第三人，委托人因此可以行使受托人对第三人的权利，但第三人与受托人订立合同时如果知道该委托人就不会订立合同的除外。

受托人因委托人的原因对第三人不履行义务，受托人应当向第三人披露委托人，第三人因此可以选择受托人或者委托人作为相对人主张其权利，但第三人不得变更选定的相对人。

委托人行使受托人对第三人的权利的，第三人可以向委托人主张其对受托人的抗辩。第三人选定委托人作为其相对人的，委托人可以向第三人主张其对受托人的抗辩以及受托人对第三人的抗辩。

第四百零四条 受托人处理委托事务取得的财产应当转交给委托人。

第四百零五条 受托人完成委托事务的，委托人应当向其支付报酬。因不可归责于受托人的事由，委托合同解除或者委托事务不能完成的，委托人应当向受托人支付相应的报酬。当事人另有约定的，按照其约定。

第四百零六条 有偿的委托合同，因受托人的过错给委托人造成损失的，委托人可以要求赔偿损失。无偿的委托合同，因受托人的故意或者重大过失给委托人造成损失的，委托人可以要求赔偿损失。

受托人超越权限给委托人造成损失的，应当赔偿损失。

第四百零七条 受托人处理委托事务时，因不可归责于自己的事由受到损失的，可以向委托人要求赔偿损失。

第四百零八条 委托人经受托人同意，可以在受托人之外委托第三人处理委托事务。因此给受托人造成损失的，受托人可以向委托人要求赔偿损失。

第四百零九条 两个以上的受托人共同处理委托事务的，对委托人承担连带责任。

第四百一十条 委托人或者受托人可以随时解除委托合同。因解除合同给对方造成损失的，除不可归责于该当事人的事由以外，应当赔偿损失。

第四百一十一条 委托人或者受托人死亡、丧失民事行为能力或者破产的，委托合同终止，但当事人另有约定或者根据委托事务的性质不宜终止的除外。

第四百一十二条 因委托人死亡、丧失民事行为能力或者破产，致使委托合同终止将损害委托人利益的，在委托人的继承人、法定代理人或者清算组织承受委托事务之前，受托人应当继续处理委托事务。

第四百一十三条 因受托人死亡、丧失民事行为能力或者破产，致使委托合同终止的，受托人的继承人、法定代理人或者清算组织应当及时通知委托人。因委托合同终止将损害委托人利益的，在委托人作出善后处理之前，受托人的继承人、法定代理人或者清算组织应当采取必要措施。

第二十二章 行 纪 合 同

第四百一十四条 行纪合同是行纪人以自己的名义为委托人从事贸易活动，委托人支付报酬的合同。

第四百一十五条 行纪人处理委托事务支出的费用由行纪人负担，但当事人另有约定的除外。

第四百一十六条 行纪人占有委托物的，应当妥善保管委托物。

第四百一十七条 委托物交付给行纪人时有瑕疵或者容易腐烂、变质的，经委托人同意，行纪人可以处分该物；和委托人不能及时取得联系的，行纪人可以合理处分。

第四百一十八条 行纪人低于委托人指定的价格卖出或者高于委托人指定的价格买入的，应当经委托人同意。未经委托人同意，行纪人补偿其差额的，该买卖对委托人发生效力。

行纪人高于委托人指定的价格卖出或者低于委托人指定的价格买入的，可以按照约定增加报酬。没有约定或者约定不明确，依照本法第六十一条规定仍不能确定的，该利益属于委托人。

委托人对价格有特别指示的，行纪人不得违背该指示卖出或者买入。

第四百一十九条 行纪人卖出或者买入具有市场定价的商品，除委托人有相反的意思表示的以外，行纪人自己可以作为买受人或者出卖人。

行纪人有前款规定情形的，仍然可以要求委托人支付报酬。

第四百二十条 行纪人按照约定买入委托物，委托人应当及时受领。经行纪人催告，委托人无正当理由拒绝受领的，行纪人依照本法第一百零一条规定可以提存委托物。

委托物不能卖出或者委托人撤回出卖，经行纪人催告，委托人不取回或者不处分该物的，行纪人依照本法第一百零一条规定可以提存委托物。

第四百二十一条 行纪人与第三人订立合同的，行纪人对该合同直接享有权利、承担义务。

第三人不履行义务致使委托人受到损害的，行纪人应当承担损害赔偿责任，但行纪人与委托人另有约定的除外。

第四百二十二条 行纪人完成或者部分完成委托事务的，委托人应当向其支付相应的报酬。委托人逾期不支付报酬的，行纪人对委托物享有留置权，但当事人另有约定的除外。

第四百二十三条 本章没有规定的，适用委托合同的有关规定。

第二十三章 居 间 合 同

第四百二十四条 居间合同是居间人向委托人报告订立合同的机会或者提供订立合同的媒介服务，委托人支付报酬的合同。

第四百二十五条 居间人应当就有关订立合同的事项向委托人如实报告。

居间人故意隐瞒与订立合同有关的重要事实或者提供虚假情况，损害委托人利益的，不得要求支付报酬并应当承担损害赔偿责任。

第四百二十六条 居间人促成合同成立的，委托人应当按照约定支付报酬。对居间人的报酬没有约定或者约定不明确，依照本法第六十一条规定仍不能确定的，根据居间人的劳务合理确定。因居间人提供订立合同的媒介服务而促成合同成立的，由该合同的当事人平均负担居间人的报酬。

居间人促成合同成立的，居间活动的费用由居间人负担。

第四百二十七条 居间人未促成合同成立的，不得要求支付报酬，但可以要求委托人支付从事居间活动支出的必要费用。

附　　则

第四百二十八条 本法自 1999 年 10 月 1 日起施行，《中华人民共和国经济合同法》《中华人民共和国涉外经济合同法》《中华人民共和国技术合同法》同时废止。

关于贯彻落实《国务院批转国家计委、财政部、水利部、建设部关于加强公益性水利工程建设管理若干意见的通知》的实施意见

(水利部　水建管〔2001〕74号　2001年7月4日)

为贯彻落实《国务院批转国家计委、财政部、水利部、建设部关于加强公益性水利工程建设管理若干意见的通知》(国发〔2000〕20号,以下简称《若干意见》)精神,进一步加强公益性水利工程的建设管理,提高水利工程建设管理水平,确保工程质量和投资效益,现提出如下实施意见。

一、进一步理顺和明确建设管理体制

(一) 项目类别

1. 按照《若干意见》规定,凡报送水利部、国家发展计划委员会审批及核报国务院审批的公益性水利工程建设项目,在报送项目建议书或可行性研究报告中,应增加项目类别(中央项目、地方项目)的建议内容,如项目中有不同类别的子项目也应提出子项目类别的建议内容。项目审批部门在批准文件中明确项目类别。

2. 项目类别一般按以下原则划分:

(1) 中央项目是指跨省(自治区、直辖市)的重大水利项目及大江大河的骨干治理工程项目,跨省(自治区、直辖市)、跨流域的引水和国际河流工程项目及水资源综合利用等对国民经济全局有重大影响的项目。

(2) 地方项目是指局部受益的防洪除涝、灌溉排水、河道整治、蓄滞洪区建设、水土保持、水资源保护等项目。

3. 在《若干意见》发布之前已经开工或已经审批但未划分类别的项目,应根据项目类别划分原则,由流域机构与项目所在地省级水行政主管部门协商后提出项目类别意见,报水利部核准。

(二) 项目法人组建

1. 项目主管部门应在可行性研究报告批复后,施工准备工程开工前完成项目法人组建。

2. 组建项目法人要按项目的管理权限报上级主管部门审批和备案。

中央项目由水利部(或流域机构)负责组建项目法人。流域机构负责组建项目法人的报水利部备案。

地方项目由县级以上人民政府或其委托的同级水行政主管部门负责组建项目法人并报上级人民政府或其委托的水行政主管部门审批,其中总投资在2亿元以上的地方大型水利工程项目由项目所在地的省(自治区、直辖市及计划单列市)人民政府或其委托的水行政主管部门负责组建项目法人,任命法定代表人(以下简称法人代表)。

新建项目一般应按建管一体的原则组建项目法人。除险加固、续建配套、改建扩建等建设项目,原管理单位基本具备项目法人条件的,原则上由原管理单位作为项目法人或以其为基础组建项目法人。

一级、二级堤防工程的项目法人可承担多个子项目的建设管理,项目法人的组建应报项目所在流域的流域机构备案。

3. 组建项目法人需上报材料的主要内容：

（1）项目主管部门名称。

（2）项目法人名称、办公地址。

（3）法人代表姓名、年龄、文化程度、专业技术职称、参加工程建设简历。

（4）技术负责人姓名、年龄、文化程度、专业技术职称、参加工程建设简历。

（5）机构设置、职能及管理人员情况。

（6）主要规章制度。

4. 长江重要堤防隐蔽工程按照《若干意见》的有关规定执行。

5. 大中型建设项目的项目法人应具备的基本条件：

（1）法人代表应为专职人员。法人代表应熟悉有关水利工程建设的方针、政策和法规，有丰富的建设管理经验和较强的组织协调能力。

（2）技术负责人应具有高级专业技术职称，有丰富的技术管理经验和扎实的专业理论知识，负责过中型以上水利工程的建设管理，能独立处理工程建设中的重大技术问题。

（3）人员结构合理，应包括满足工程建设需要的技术、经济、财务、招标、合同管理等方面的管理人员。大型工程项目法人具有高级专业技术职称的人员不少于总人数的 10％，具有中级专业技术职称的人员不少于总人数的 25％，具有各类专业技术职称的人员一般不少于总人数的 50％。中型工程项目法人具有各级专业技术职称的人员比例可根据工程规模的大小参照执行。

（4）有适应工程需要的组织机构，并建立完善的规章制度。

项目法人的建设管理定员编制，按照水利部的有关规定执行。

（三）项目法人的职责

1. 项目法人是项目建设的责任主体，对项目建设的工程质量、工程进度、资金管理和生产安全负总责，并对项目主管部门负责。

项目法人在建设阶段的主要职责是：

（1）组织初步设计文件的编制、审核、申报等工作。

（2）按照基本建设程序和批准的建设规模、内容、标准组织工程建设。

（3）根据工程建设需要组建现场管理机构并负责任免其主要行政及技术、财务负责人。

（4）负责办理工程质量监督、工程报建和主体工程开工报告报批手续。

（5）负责与项目所在地地方人民政府及有关部门协调解决好工程建设外部条件。

（6）依法对工程项目的勘察、设计、监理、施工和材料及设备等组织招标，并签订有关合同。

（7）组织编制、审核、上报项目年度建设计划，落实年度工程建设资金，严格按照概算控制工程投资，用好、管好建设资金。

（8）负责监督检查现场管理机构建设管理情况，包括工程投资、工期、质量、生产安全和工程建设责任制情况等。

（9）负责组织制订、上报在建工程度汛计划、相应的安全度汛措施，并对在建工程安全度汛负责。

（10）负责组织编制竣工决算。

（11）负责按照有关验收规程组织或参与验收工作。

（12）负责工程档案资料的管理，包括对各参建单位所形成档案资料的收集、整理，归档工作进行监督、检查。

2. 现场建设管理机构是项目法人的派出机构，其职责应根据实际情况由项目法人制定，一般应包括以下主要内容：

（1）协助、配合地方政府征地、拆迁和移民等工作。

（2）组织施工用水、电、通讯、道路和场地平整等准备工作及必要的生产、生活临时设施的建设。

（3）编制、上报年度建设计划，负责按批准后的年度建设计划组织实施。

（4）加强施工现场管理，严格禁止转包、违法分包行为。

（5）按照项目法人与参建各方签订的合同进行合同管理。

（6）及时组织研究和处理建设过程中出现的技术、经济和管理问题，按时办理工程结算。

（7）组织编制度汛方案，落实有关安全度汛措施。

（8）负责建设项目范围内的环境保护、劳动卫生和安全生产等管理工作。

（9）按时编制和上报计划、财务、工程建设情况等统计报表。

（10）按规定做好工程验收工作。

（11）负责现场应归档材料的收集、整理和归档工作。

（四）对项目法人的考核管理

1. 项目主管部门负责对项目法人及其法定代表人和技术、经济负责人的考核管理工作。

2. 项目主管部门要根据项目法定代表人、技术负责人和经济负责人等岗位的特点，确定考核内容、考核指标和考核标准，对其实行年度考核和任期考核，重点考核工作业绩，并建立业绩档案。

3. 考核的主要内容包括：

（1）遵守国家颁布的固定资产投资、资金管理与建设管理的法律、法规和规章的情况。

（2）年度建设计划和批准的设计文件的执行情况。

（3）建设工期、工程质量和生产安全情况。

（4）概算控制、资金使用和工程组织管理情况。

（5）生产能力和国有资产形成及投资效益情况。

（6）土地、环境保护和国有资源利用情况。

（7）精神文明建设情况。

（8）信息管理、工程档案资料管理情况。

（9）其他需考核的事项。

4. 建立奖惩制度。根据项目建设的考核情况，项目主管部门可在工程造价、工期和生产安全得到有效控制，工程质量优良的前提下，对为建设项目作出突出成绩的项目法定代表人及有关人员进行奖励，奖金可在工程建设结余中列支；对在项目建设中出现较大工程质量和生产安全事故的项目法定代表人及有关人员进行处罚。

（五）地方人民政府在公益性水利工程建设中的作用

1. 工程项目所在地人民政府应负责协调工程建设外部条件和与地方有关的征地移民等重大问题。

2. 负责按工程投资计划落实地方配套资金。

二、加强工程项目的前期管理工作

（一）加强设计文件审批管理

工程项目的建设，要严格执行国家的基本建设程序，杜绝边勘察、边设计、边施工的"三边"工程。项目建议书、可行性研究报告、初步设计和开工报告等各阶段文件的审批权限按照有关规定执行。要按照有关编制规程审查设计文件，并注意审查建设管理体制是否明确，筹资方案是否落实等。

（二）项目报建按照《水利工程建设项目报建管理办法》（水建〔1998〕275号）有关规定执行

三、加强建设管理

（一）加强各级水行政主管部门的建设管理

各级水行政主管部门要认真履行建设管理职责，严格监督、检查基建程序、招标投标、建设监理、工程质量和资金管理等有关法规、规章的执行情况，对违反规定的要及时纠正和查处。

对在项目建设管理中因人为失误给工程项目造成重大损失以及严重违反国家有关法律、法规和规章的人员给予必要的经济和行政处罚，构成犯罪的要依法追究刑事责任。

（二）加强招标投标管理

1. 建设项目招标活动应按照《中华人民共和国招标投标法》《国务院办公厅印发国务院有关部门实施招标投标活动行政监督职责分工意见的通知》（国办发〔2000〕34 号）和国家发展计划委员会、水利部的有关规定执行。

2. 项目法人应合理划分标段，分标不得过细。标段的划分应有利于现场管理，有利于公平竞争。

3. 项目法人要严格核验勘测、设计、施工、监理等单位的资质等级，不得让无资质或资质等级不够的单位参与投标。

4. 自行组织招标和不宜进行招标的项目，项目法人应按国家有关规定在项目可研报告中注明报上级主管部门审批。

5. 水利部和地方水行政主管部门要依法对水利工程招标投标活动进行行政监督，对招标过程不规范、标段划分不合理、中标单位不符合资质要求、转包和违法分包等问题要依法进行处理。

（三）加强建设监理管理

1. 承担水利工程监理的监理单位必须具备经水利部批准并与所监理工程相适应的资格等级。监理单位应采用招标方式择优选定。

2. 项目法人应与监理单位签订工程建设监理合同，授予监理单位全面开展监理工作的职责，保证监理单位权利和责任的统一，充分发挥监理单位的作用。

3. 监理单位要依据监理合同选派有资格的监理人员组成工程项目监理机构，派驻施工现场。监理工作实行总监理工程师负责制。项目监理机构要按照"公正、独立、自主"的原则和合同规定的职责开展监理工作，并承担相应的监理责任。

4. 监理人员要严格履行职责，根据合同的约定，对工程的关键工序和关键部位采取旁站方式进行监督检查。要强化施工过程中的质量控制，上一工序施工质量不合格，监理人员不得签字，不准进行下一工序施工。

5. 监理单位应按国家有关取费标准和与项目法人签订的合同收取费用，项目法人不得以任何形式和借口压减监理费用。

6. 监理单位从事工程监理活动，应遵循守法、诚信、公平、科学的准则。监理人员应遵守职业道德，廉洁从业、公正办事，严禁以权谋私。

（四）加强和完善合同管理

1. 编制监理、施工合同文件应采用已颁发的《水利工程建设监理合同示范文本》（水建管〔2000〕47 号）、《水利水电工程施工合同和招标文件示范文本》（水建管〔2000〕62 号）和《堤防和疏浚工程施工合同范本》（水建管〔1999〕765 号）。

2. 签订合同各方应严格履行合同，加强合同管理。

3. 在水利工程中推行合同争议调解制度。

（五）加强施工管理

1. 加强施工企业资质管理。

（1）施工企业承担水利工程施工业务，必须持有水利水电工程施工企业资质证书。按照《若干意见》，"各级建设行政主管部门在审批施工企业的水利水电施工资质前，须征得水行政主管部门的同意。"

（2）对未经水行政主管部门同意已取得水利水电工程施工企业资质证书的施工企业，在参加水利工程施工投标前，必须到水行政主管部门确认（备案）。水利部负责一级水利水电工程施工企业资质证书的确认（备案），省级水行政主管部门负责二级及其以下水利水电工程施工企业资质证书的确认（备案）。

（3）加强对施工企业资格的预审。水利工程建设项目在招标前，项目法人必须加强对投标企业的资格预审。即要核验施工企业的施工资质证书和确认证明，还要核查施工企业是否具有承建同类工程的业绩和技术力量，又要核查所需的施工设备是否落实。

2. 施工企业在签订承包合同时，必须以书面形式对工程质量及施工现场生态环境保护作出承诺，建立质量承诺制度及生态环境保护承诺制度。

3. 施工企业要严格执行《水利工程建设项目施工分包管理暂行规定》（水建管〔1998〕481号），严禁转包和违法分包。

4. 施工企业必须按照承包合同的约定，派出满足工程施工需要的施工人员及机械从事中标项目施工，不得用从事修造、房建、服务等施工为主的非水利专业施工队伍，防止以次充好从事水利工程建设。

5. 承担一级堤防工程施工的项目经理必须具备二级以上项目经理资质，承担二级堤防工程施工的项目经理必须具备三级以上项目经理资质。上述项目经理同时应具有三年以上从事堤防工程或土石坝施工经历。一级、二级堤防施工单位技术负责人应具有中级以上技术职称，且在中级职称技术岗位上有三年以上工作经历。项目经理及技术负责人必须是投标书中填报并经招标单位审查确认的人员。

6. 项目经理原则上只能承担一个堤防工程项目的管理工作。确因工作需要，经项目法人同意，可允许一级、二级项目经理同时承担不超过两个相近堤防标段施工的管理工作。项目经理应对承建的堤防工程施工质量负直接责任。

7. 施工单位施工中应严格执行国家和水利部颁布的技术标准和档案资料管理规定；施工单位应按照有关规定配备现场检测人员和设备，完善质量保证体系，保证工程质量。

（六）加强对群众投工投劳参加堤防工程建设的管理

1. 一级、二级、三级堤防工程应由符合资质要求的专业施工队伍承建。如确需群众投工投劳参加堤防工程建设，地方人民政府（或项目法人）须向上级水行政主管部门提出《群众投工投劳参加堤防工程建设申请报告》，经上级水行政主管部门批准后方可组织施工。群众投工投劳只限于取料、运料的施工，摊铺、碾压必须由承包工程的专业施工队伍承担。

2.《群众投工投劳参加堤防工程建设申请报告》的内容包括：地方人民政府（或项目法人）所指定责任人的基本情况，拟投劳建设堤防工程的范围（堤段桩号）、内容、投劳人数、机械设备名称和数量，施工组织和安排，质量控制措施以及现场技术管理人员的配备情况。申请报告及其批复文件作为工程施工依据并纳入工程竣工验收资料档案。群众投工投劳施工的工序（取料、运输）须与项目法人签定工序承包协议并接受堤防工程建设施工责任单位的管理。

3. 群众投工投劳为主的四级和五级堤防工程建设，由地方人民政府负责组建专门的建设管理机构，并指定责任人对工程建设负全责。建设管理机构应编制详细的施工方案和施工工序报水利主管部门或项目法人批准。建设管理机构应指派专业技术人员对取料、运料、摊铺、碾压等工序施工进行指导、质量检测记录并负责保存资料。对未按设计及规程、规范要求进行施工的，项目法人和质量监督机构有权要求整改、返工直至停止施工。

4. 群众投工投劳进行建设的堤防工程，必须按堤防工程施工规范要求进行质量检测（如土料的含水量、土方的干密度等指标），并形成质量检测资料或报告等。未按规定进行质量检测和检测资料不完整的堤防工程，不得进行验收。

5. 地方人民政府对群众投工投劳进行堤防工程建设的工程质量负总责，责任人负终身责任。

6. 对群众投工投劳参加建设的工程项目，是否实行招标投标制和建设监理制，由项目上级主管部门决定。

（七）加强质量管理

1. 项目法人、监理、设计、施工、材料和设备供应等单位要严格按照《水利工程质量管理规定》（水利部第7号令），建立和健全质量管理体系。各单位要对因本单位的工作质量所产生的工程质量承担责任。

2. 质量监督机构要严格按照《水利工程质量监督管理规定》（水建〔1997〕339号）开展质量监督工作。

3. 中央项目原则上由水利部水利工程质量监督总站或其流域分站实施质量监督，地方项目由地方水利工程质量监督机构实施质量监督，也可采取联合质量监督的方式，但必须明确责任方。

由水利部水利工程质量监督总站组织实施质量监督的项目范围为：

（1）水利部直接组织建设的项目。

（2）流域机构主要负责人兼任项目法人代表的建设项目。

（3）国家重点水利建设项目（包括中央项目和地方项目）。

（4）水利部和地方政府要求水利部水利工程质量监督总站进行质量监督的项目。

（5）建设过程中出现重大质量问题需要重新调整工程质量监督职责（权限）的水利建设项目。

4. 建立质量缺陷备案及检查处理制度。

（1）对因特殊原因，使得工程个别部位或局部达不到规范和设计要求（不影响使用），且未能及时进行处理的工程质量缺陷问题（质量评定仍为合格），必须以工程质量缺陷备案形式进行记录备案。

（2）质量缺陷备案的内容包括：质量缺陷产生的部位、原因，对质量缺陷是否处理和如何处理，以及对建筑物使用的影响等。内容必须真实、全面、完整，参建单位（人员）必须在质量缺陷备案表上签字，有不同意见应明确记载。

（3）质量缺陷备案资料必须按竣工验收的标准制备，作为工程竣工验收备查资料存档。质量缺陷备案表由监理单位组织填写。

（4）工程项目竣工验收时，项目法人必须向验收委员会汇报并提交历次质量缺陷的备案资料。

四、严格工程验收制度

（一）验收工作要严格按照《水利水电建设工程验收规程》（SL 223—1999）、《堤防工程施工质量评定与验收规程》（SL 239—1999）和《水利基本建设项目竣工财务决算编制规程》（SL 19—2001）的有关规定执行。

（二）建设项目应在验收前进行竣工决算审计，审计工作按照《审计机关对国家建设项目竣工决算审计实施办法》（审投发〔1996〕346号）执行。

（三）长江重要堤防隐蔽工程验收按有关规定执行。

（四）初验工作组和竣工验收委员会的组成人员中，应包括各相关专业的专家，其人数初验工作组不少于总人数的2/3，竣工验收委员会不少于总人数的1/3。

（五）验收人员要严格把住工程验收关，并对所签署的验收意见承担个人责任。

五、加强对水利工程建设的稽察

（一）水利部水利工程建设稽察办公室应按照《水利基本建设项目稽察暂行办法》（水利部令第11号）及有关规定，负责对中央投资为主的水利基本建设项目的工程质量、建设进度、资金管理以及执行基本建设程序和"三项制度"情况进行稽察和监督，对稽察中发现的问题及时提出整改意见。

（二）工程项目主管部门对稽察中发现的问题，要明确责任，并督促有关项目法人落实整改意见。

（三）流域机构和省级水行政主管部门设有工程建设稽察机构的可参照《水利基本建设项目稽察暂行办法》开展工作。

（四）水利部和各省级水行政主管部门应设立公开举报电话，制订举报问题处理办法，完善举报管理制度。

六、其他

（一）原水利部颁发的有关文件，如有与本实施意见不一致的，以本实施意见为准。

（二）本实施意见由水利部负责解释。

（三）本实施意见自印发之日起施行。

国家地下水监测工程（水利部分）
项目建设管理办法

（水利部 水文〔2015〕57号 2015年2月9日）

第一章 总 则

第一条 为切实加强国家地下水监测工程（水利部分）（以下简称本工程）项目的建设和管理，规范建设程序，保证工程质量、进度和安全，提高管理效率，根据国家有关法律法规和政策，依据《水利工程建设项目管理规定》等有关规定，结合本工程实际，制定本办法。

第二条 本办法适用于本工程范围内所有项目的建设和管理工作。

第三条 本工程建设应严格执行国家有关法律、法规、政策和技术标准。

第四条 本工程为中央直属项目，应严格按照国家基本建设程序组织实施，执行项目法人责任制、招标投标制、建设监理制、合同管理制和竣工验收等制度。

第五条 本工程的单项工程为国家地下水监测中心建设项目和各流域机构、各省（自治区、直辖市）和新疆生产建设兵团分别承担的本级工程所有建设项目。

第二章 机 构 与 职 责

第六条 水利部成立水利部国家地下水监测工程项目建设领导小组（以下简称部领导小组），主要职责是指导、监督本工程的项目建设工作，协调国土资源部建立两部联席会议制度，研究解决项目建设中的重大问题。部领导小组办公室设在水利部水文局（以下简称部水文局），承担领导小组的日常工作。

第七条 部水文局为本工程项目法人，全面负责本工程的建设管理，对工程的计划执行、项目实施、资金使用、质量控制、进度控制、安全生产等负总责，确保工程安全、资金安全、干部安全、生产安全。并负责与国土资源部项目法人的协调。

第八条 在部水文局组建水利部国家地下水监测工程项目建设办公室（以下简称部项目办），按照项目法人的要求，具体负责本工程项目建设管理工作。部项目办可根据需要成立专家委员会。

第九条 各流域机构水文局（以下简称流域水文局）及各省、自治区、直辖市和新疆生产建设兵团水文部门（以下简称省级水文部门）按照项目法人授权或委托，做好项目建设管理工作。

第十条 各流域水文局成立相应的国家地下水监测工程（水利部分）项目建设部（以下简称流域项目部），配合做好本级工程项目的建设管理工作，协助部项目办监督检查流域片内省级项目的建设管理工作。

第三章 投 资 计 划 管 理

第十一条 各流域水文局和省级水文部门在项目初步设计基础上编制本级工程的总体和年度实施方案，由部项目办组织审查，项目法人批准实施。

第十二条 部项目办根据本工程建设任务和进度，组织各流域机构、各省编制本工程的年度投资建议计划，由项目法人报送水利部。

第十三条 项目法人根据水利部下达的年度投资计划，做好投资计划的分解，明确年度建设任务。

第十四条　项目法人要切实加强投资计划管理，确保投资计划执行的进度、质量和效益。流域水文局和省级水文部门协助做好本级工程建设的投资计划管理工作。

第十五条　流域水文局和省级水文部门根据相应年度建设任务及工程进展情况，组织编制本级工程的年度投资建议计划，按要求及时报送部项目办。同时，加强对本级项目建设年度计划执行进度的管理。

第十六条　项目建设应严格按照批准的初步设计进行，不得擅自改变建设规模、内容、标准和年度投资计划。因技术进步、建设条件变化、价格变化等因素确需要修订技术方案和设备选型等设计的，按以下要求办理：

（一）根据建设过程中出现的问题，施工单位、监理单位、省级水文部门、流域水文局及部项目办等单位可以提出变更设计建议。项目法人应当对变更设计建议和理由进行评估，必要时组织设计单位、施工单位、监理单位及有关专家对变更建设进行论证。

（二）建设规模、建设标准、技术方案等发生变化，对工程质量、安全、工期、投资、效益产生重大影响的设计变更，由部项目办报项目法人，项目法人按规定报原初步设计审批单位审批。

（三）站网局部调整、重要仪器设备和材料技术指标等一般设计变更，由相应的流域水文局、省级水文部门提出设计变更建议，经部项目办审查通过后，由项目法人批准实施并报水利部核备。

第四章　工　程　建　设

第十七条　本工程具备开工条件后，由项目法人确定工程开工时间，报水利部备案。

第十八条　部项目办具体组织本工程的招标投标工作，项目法人审签合同。

第十九条　本工程招标投标应依照水利部《关于推进水利工程建设项目招标投标进入公共资源交易市场的指导意见》进入当地公共交易市场，进行交易。

第二十条　各流域水文局、省级水文部门按照项目法人授权或委托协助承办本级工程建设内容的招标投标有关工作，主要工作内容有：

（一）提出符合要求的招标代理机构，报部项目办审核，项目法人审批。

（二）组织编制招标文件，招标文件编制完成后提交部项目办审核。

（三）协助项目法人在中国采购与招标网、中国政府采购网、中华人民共和国水利部等网站发布招标信息。

（四）协助组织招标的开标、评标工作。

（五）拟定中标合同并审核签字后报部项目办审核，由项目法人审签。

第二十一条　本工程所需的通用软件开发等集中采购事项，根据需要由部项目办组织。

第二十二条　项目法人制定工程建设情况报告制度。部项目办、各流域项目部、各省级水文部门按照基建项目有关规定收集整理项目建设情况并及时上报。流域项目部协助做好流域片内省级项目进度控制管理。

第五章　质量控制与安全生产管理

第二十三条　水利部负责本工程质量监督管理工作，各流域机构和省级水行政主管部门组织开展本级工程的质量监督工作。

第二十四条　项目法人对本工程的质量控制、安全生产负总责，主动接受水利工程质量监督机构对本工程质量的监督检查。

第二十五条　部项目办定期对本工程质量和安全生产情况进行检查，并不定期进行抽查。

第二十六条　流域水文局按照项目法人的授权组织做好本级工程的质量控制、安全生产工作。流域项目部配合部项目办监督流域片内省级项目的质量控制、安全生产工作。

第二十七条　流域项目部定期对本级工程质量和安全生产情况进行检查，并配合部项目办进行检查、抽查等工作。

第二十八条　省级水文部门按照项目法人的委托组织做好本级工程的质量控制、安全生产工作，对本级工程施工期的各阶段定期进行质量和安全生产现场检查和不定期抽查，发现问题要及时处理、上报，并向流域项目部和部项目办报送有关情况。

第二十九条　项目的设计、施工、监理以及设备、材料供应等有关单位应按照国家有关规定和合同约定对所承担工作的质量和安全生产负责，实行质量责任终身制。

第三十条　本工程实行监理制。根据项目特点和建设内容，工程监理方式依照水利部《水文基础设施项目建设管理办法》（水文〔2014〕70号）相关规定执行。

第三十一条　参与建设的单位和个人有责任和义务向部项目办、流域项目部、省级水文部门或有关单位报告工程质量与安全生产问题。

第三十二条　质量管理应有专人负责，定期报告工程质量，质量管理责任人要签字负责。

第三十三条　工程建设实行质量一票否决制。质量不合格的工程必须返工，否则验收单位有权拒绝验收，项目法人有权拒付工程款。

第三十四条　工程涉及的材料、仪器、设备等必须经过现场质量检验，不合格的不得用于工程建设。

第六章　资　金　管　理

第三十五条　水利部负责本工程投资计划下达和预算拨付。

第三十六条　本工程资金由项目法人集中管理、统一支付。流域水文局和省级水文部门按照项目法人授权或委托协助对资金进行监督与管理。

第三十七条　项目法人根据下达的年度投资计划，组织编制年度预算上报水利部。项目预算一经审批下达，一般不得调整。确须调整的，应按有关程序报批。

第三十八条　项目法人、各流域水文局、各省级水文部门应于当年投资计划下达前，按照报送的项目实施方案，开展工程建设前期准备工作，保障工程资金支付进度。

第三十九条　项目建设要严格按照批准的建设规模、建设标准、建设内容和投资概算实施，不得随意调整概算和投资使用范围。本工程建设资金管理应严格按照基本建设程序、国家有关财务管理制度和合同条款规定执行。

第四十条　项目法人审核单项工程竣工财务决算，审核部项目办报送的报表、报告，组织本工程资金的使用与资产管理情况的自查工作，上报水利部审查、审计和审核本工程竣工财务决算。

第四十一条　部项目办负责编制单项工程的竣工财务决算，汇总、编制本工程竣工财务决算，具体实施本工程资金使用与资产管理的自查工作，并配合上级和有关部门的检查与审计。

第四十二条　流域水文局、省级水文部门按照项目法人授权或委托提出本级工程建设用款申请，组织编制并上报各类报表、报告，协助编制竣工财务决算，具体实施本级工程资金使用与资产管理的自查工作，并配合上级和有关部门的检查与审计。

第七章　项　目　验　收

第四十三条　本工程项目验收按照《水利工程建设项目验收管理规定》《水文设施工程验收管理办法》等有关规定执行。

第四十四条　项目法人配合做好本工程的竣工验收工作，负责组织各单项工程验收工作。

流域水文局和省级水文部门按照项目法人授权或委托组织本级工程合同验收工作，配合项目法人做好单项工程验收。

第四十五条　部项目办承办本级工程合同验收和单项工程验收工作，指导检查流域和省级合同验收工作。

第四十六条 本项目的档案验收按照《水利工程建设项目档案验收管理办法》等有关规定执行。

第八章 监 督 与 检 查

第四十七条 水利部负责本工程的监督与检查工作，纪检、监察、审计、稽察、建管、安监等部门应提前介入，全程跟踪。

第四十八条 本工程招标采购活动应接受有关部门的监督。

第四十九条 项目法人、各流域水文局、各省级水文部门要组织力量定期深入现场对项目建设进度、质量控制和资金管理等情况进行监督检查。

第五十条 任何单位或个人不得截留、挪用、转移建设资金。违反规定的予以通报批评，情节严重的依法依纪追究有关责任人的责任，涉嫌犯罪的依照国家法律和纪律移交有关部门处理。

第九章 附 则

第五十一条 本办法由水利部水文局负责解释。

第五十二条 本办法自发布之日起施行。

国家地下水监测工程（水利部分）
项目资金使用管理办法

（水利部 水文〔2015〕57 号 2015 年 2 月 9 日）

第一章 总 则

第一条 为规范和加强国家地下水监测工程（水利部分）项目（以下简称本工程）资金使用管理，提高投资效益，根据《中华人民共和国预算法》《中华人民共和国会计法》、财政部《基本建设财务管理规定》（财建〔2002〕394 号）和《水利基本建设项目竣工财务决算编制规程》（SL 19—2014）等有关法律法规和部门规章，结合本工程实际，制定本办法。

第二条 本办法适用于本工程资金的使用和管理。

第三条 本办法所称本工程资金是指纳入中央水利建设投资计划，用于本工程建设的项目资金。

第四条 本工程资金使用管理的基本原则是：

（一）集中管理，统一支付原则。本工程资金由项目法人集中管理、统一支付。流域水文局和省级水文部门按照项目法人授权或委托协助对资金进行监督与管理。

（二）专款专用原则。本工程资金必须按规定用于经批准的工程项目，不得截留、挤占和挪用，做到专款专用。

（三）效益原则。本工程资金的使用和管理必须厉行节约，降低工程成本，防止损失浪费，提高资金使用效益。

第五条 本工程资金使用管理的基本任务是：贯彻执行国家有关法律、法规及规章制度；依法合理使用项目建设资金，严格控制项目建设成本，做到会计资料真实、可靠；编制项目建设资金计划、预算、执行、控制情况；做好会计核算，正确、及时反映和监督项目建设资金收支情况；组织项目建设的招投标，组织政府采购工作；依法履行合同，按照规定的程序支付资金；工程完工及时编制竣工财务决算，办理资产移交。

第二章 管 理 职 责

第六条 水利部负责本工程资金的下达、检查、监督与协调工作，主要工作包括：

（一）组织制定本工程资金使用管理制度。

（二）审核项目法人申报的年度投资建议计划及预算。

（三）指导、检查、监督资金使用与管理。

（四）组织审查、审计与审核本工程竣工财务决算。

第七条 项目法人是资金使用管理的责任主体，主要职责包括：

（一）组织本工程年度投资计划及预算的申请。

（二）根据基本建设程序、年度投资计划、年度基本建设支出预算及工程进度，办理工程与设备价款结算，控制费用性支出，合理、有效使用资金。

（三）审核部项目办编制的单项工程竣工财务决算。

（四）审核本工程竣工财务决算，上报水利部。

（五）根据项目建设情况建立资产台账及资产登记卡片，办理资产交付使用手续。

（六）组织对本工程资金使用与管理的自查工作。

（七）按照政府采购和国库集中支付的有关规定，加强资金使用管理。

第八条　部项目办对本工程资金使用管理的主要职责包括：

（一）建立健全本工程资金内部管理制度并实施。

（二）承担本工程年度投资计划及预算的申请。

（三）开展资金使用和资产管理等培训工作。

（四）制定统一格式的财务报告和报表。

（五）编制单项工程竣工财务决算，汇总编制本工程竣工财务决算，报项目法人审核。

（六）管理本级工程建设过程中的资产，汇总本工程资产相关报表，报项目法人审核。

（七）指导、检查流域水文局和省级水文部门项目资产管理工作，审核流域、省级资产登记报表。

（八）具体承担对本工程资金使用与管理情况的自查工作。

（九）配合上级和有关部门的审计与检查。

（十）按照政府采购和国库集中支付的有关规定，加强资金使用管理。

第九条　流域水文局的主要工作包括：

（一）建立、健全本级工程资金内部管理制度，监督本级工程资金使用和资产管理。

（二）建立备查账簿，实行会计监督。

（三）按时完成各种报表、报告的编写工作，对发生合同纠纷、违规事件、经济索赔等情况，应及时处理并报告。

（四）协助部项目办编制本级单项工程竣工财务决算。

（五）建立相应的资产台账及资产登记卡片。

（六）配合上级和有关部门的审计与检查。

（七）配合部项目办监督检查流域片内单项工程资金使用与管理情况。

（八）按照政府采购和国库集中支付的有关规定，加强资金使用管理。

第十条　流域项目部的主要工作包括：配合做好本级工程项目的建设管理工作，协助部项目办监督检查流域片内省级项目的资金使用与资产管理工作。

第十一条　省级水文部门的主要工作包括：

（一）建立健全本级工程资金内部管理制度，监督本级工程资金使用和资产管理。

（二）建立备查账簿，实行会计监督。

（三）按时完成各种报表、报告的编写工作，对发生合同纠纷、违规事件、经济索赔等情况应及时处理并报告。

（四）协助部项目办编制本级单项工程竣工财务决算。

（五）建立相应的资产台账及资产登记卡片。

（六）配合上级和有关部门的审计与检查。

（七）按照政府采购和国库集中支付的有关规定，加强资金使用管理。

第十二条　项目法人、流域水文局、省级水文部门对项目建设过程中的材料、设备采购、存货、各项财产物资及时做好原始记录；及时掌握工程进度，定期进行财产物资清查。

第十三条　项目法人、流域水文局、省级水文部门按照归档的要求，对会计档案装订成册、整理立卷、妥善保管。

第三章　预　算　管　理

第十四条　水利部按预算管理规定，负责审核批复本工程年度预算、预算调整、用款计划等申请；及时掌握本工程预算执行动态。

第十五条　项目法人组织编制本工程年度预算、用款计划和直接支付申请等工作，部项目办具体承办。

第十六条　本工程年度预算在执行中一般不予调整。确需调整的，项目法人应按规定上报水利部申请调整预算。

第十七条　项目法人、流域水文局、省级水文部门应于当年投资计划下达前，按照报送的年度工程实施方案，做好工程建设前期准备工作，预算一经下达，资金及时支付，保障预算执行进度。

第四章　资 金 使 用

第十八条　本工程资金根据基本建设程序，按照国库集中支付程序进行支付。

第十九条　签订合同的项目按照合同要求支付和管理，其他的项目开支实行报账制。

（一）流域水文局、省级水文部门根据工程实际建设情况和合同支付条款要求，组织提交合同进度款支付申请表（见附件1）及相关原始单据，报部项目办审核，由项目法人按照国库集中支付制度等有关规定办理支付。

（二）实行报账制的项目工作经费，由流域水文局、省级水文部门于每季度初10个工作日内，提交专项支出用款申请书（见附件2）及相关原始单据，报部项目办审核，由项目法人按照国库集中支付制度等有关规定办理支付。

第二十条　凡存在下列情况之一的，财务部门不予支付资金：

（一）违反国家法律、法规和财经纪律的。

（二）不符合批准的建设内容的。

（三）不符合合同条款规定的。

（四）结算手续不完备，支付审批程序不规范的。

（五）发票查验不合格的。

（六）不合理的摊派等费用。

第二十一条　工程价款按照建设工程合同规定条款、实际完成的工程量及工程监理报告结算与支付，具体参照《建设工程价款结算暂行办法》（财建〔2004〕369号）执行。

第二十二条　设备、材料货款按采购合同规定的条款支付。

第五章　竣 工 财 务 决 算

第二十三条　单项工程竣工具备交付使用条件的，应编制单项工程竣工财务决算。建设项目全部竣工后应编制竣工财务总决算。具体按照《水利部基本建设项目竣工财务决算管理暂行办法》（水财务〔2014〕73号）和《水利基本建设项目竣工财务决算编制规程》（SL 19—2014）执行。

第二十四条　流域水文局、省级水文部门应协助部项目办在单项工程竣工后3个月内完成竣工财务决算的编制工作，报项目法人审核。

第二十五条　项目法人组织审计部项目办报送的单项工程竣工财务决算；审核部项目办编制的本工程竣工财务决算并上报；按照水利部审查、审计和验收意见进行整改，并调整本工程竣工财务决算。

第二十六条　水利部组织审查、审计与审核本工程竣工财务决算。

第二十七条　在编制基本建设项目竣工财务决算前，项目法人、流域水文局、省级水文部门要认真做好各项清理工作。清理工作主要包括基本建设项目档案资料的归集整理、账务处理、财产物资的盘点核实及债权债务的清偿，做到账账、账证、账实、账表相符。各种材料、设备、仪器等要逐项盘点核实、填列清单、妥善保管，或按照国家规定进行处理，不得任意侵占、挪用。

第六章　资 产 管 理

第二十八条　水利部负责本工程资产的统一管理和产权登记工作，严格执行《事业单位国有资产管理暂行办法》和《水利国有资产监督管理暂行办法》的有关规定。

第二十九条 项目法人应建立资产台账及资产登记卡片，审核部项目办报送的资产管理报表及报告。

第三十条 项目法人、流域水文局、省级水文部门应建立本级资产台账及资产登记卡片，按规定填报资产登记的相关报表和报告。

第三十一条 部项目办汇总资产登记的相关报表和报告，报项目法人审核；不定期检查流域水文局和省级水文部门资产管理情况；配合水利部的检查与监督工作。

第三十二条 流域水文局应审核本级工程和流域片内的省级水文部门资产报表及报告并上报，至少每半年检查一次本级工程的资产管理情况，报部项目办备案。

第三十三条 项目法人、流域水文局、省级水文部门应确保账账、账证、账实、账表相符。

第七章 报 告 制 度

第三十四条 项目法人、流域水文局、省级水文部门应重视和加强建设项目财务信息管理，建立信息反馈制度，指定专人负责信息收集、汇总及报送。报送的信息资料主要包括反映资金到位、使用情况的月报、季报、年报，工程进度报告、项目竣工财务决算等。

第三十五条 各种信息资料要求内容完整、数字真实准确、报送及时。

第三十六条 建立重大事项报告制度。工程建设过程中出现下列情况之一的，应按程序逐级上报：

（一）重大事故。

（二）较大金额索赔。

（三）审计发现重大违纪问题。

（四）工期延误时间较长。

（五）其他重大事项。

第八章 监 督 与 检 查

第三十七条 水利部、流域机构和省级水行政主管部门应加强对项目资金使用的监督与检查，及时了解掌握资金使用和工程建设进度情况，督促建设单位加强资金使用管理，发现问题及时处理或报告。

第三十八条 项目法人、流域水文局、省级水文部门应配合上级和有关部门的审计与检查，并做好自查工作。

第三十九条 监督检查的重点内容如下：

（一）有无截留、挤占和挪用。

（二）是否存在改变内容和标准的工程建设。

（三）建设单位管理费是否按规定开支。

（四）财务管理制度是否健全。

（五）应上缴的各种款项是否按规定上缴。

（六）是否建立并坚持重大事项报告制度。

（七）检查与审计整改落实情况。

（八）资产管理情况。

（九）政府采购法和招标投标法等法律法规执行情况。

第四十条 对违反国家规定使用本工程资金的，财务人员应及时向有关领导汇报。

第四十一条 对截留、挤占和挪用本工程资金，擅自变更投资计划和基本建设支出预算、改变建设内容和标准以及因工作失职造成资金损失浪费的，要追究当事人和有关领导的责任。涉嫌犯罪的，依照国家法律和纪律移交有关部门处理。

第九章　附　　则

第四十二条　本办法由水利部水文局负责解释。

第四十三条　本办法自发布之日起施行。

附件1

表1　　　　　　　　　　　　　　　合同进度款支付申请表（流域）

合同名称			合同编号	
施工（供货）单位名称				
合同总价		已执行合同额		本期应付款额	
监理单位意见				
流域项目部意见				
流域水文局审核				
部项目办审核				
项目法人审定				
本次付款执行金额	人民币（大写）：　　　　　　　　　　　　　　　￥：			

表2　　　　　　　　　　　　　　　合同进度款支付申请表（省级）

合同名称			合同编号	
施工（供货）单位名称				
合同总价		已执行合同额		本期应付款额	
监理单位意见				
项目承办部门意见				
省级水文局审核				
部项目办审核				
项目法人审定				
本次付款执行金额	人民币（大写）：　　　　　　　　　　　　　　　￥：			

附件 2

表1   专项支出用款申请书（流域）

申请单位：   申请日期：   单位：元

序号	摘 要	收 款 人			申请金额	核定金额
		全 称	银行账号	开户银行		
合计：						
核定金额合计（大写）：						
申请单位（公章）： 流域项目部负责人（签字）： 流域水文局负责人（签字）：		审核单位（公章）： 单位负责人（签字）： 部门负责人（签字）： 财务负责人（签字）： 年 月 日					

联系人：   联系电话：

表2   专项支出用款申请书（省级）

申请单位：   申请日期：   单位：元

序号	摘 要	收 款 人			申请金额	核定金额
		全 称	银行账号	开户银行		
合计：						
核定金额合计（大写）：						
申请单位（公章）： 项目承办部门负责人（签字）： 省级水文部局负责人（签字）：		审核单位（公章）： 单位负责人（签字）： 部门负责人（签字）： 财务负责人（签字）： 年 月 日					

联系人：   联系电话：

国家地下水监测工程（水利部分）
项目廉政建设办法

（水利部　水文〔2015〕57号　2015年2月9日）

第一条　为保障国家地下水监测工程（水利部分）项目（以下简称本工程）建设的顺利实施，防止违法违纪行为的发生，确保工程安全、资金安全、干部安全、生产安全，根据国家有关法律法规和部门规章，结合本工程实际，制定本办法。

第二条　本办法适用于参与本工程建设与管理的有关单位和工作人员。

第三条　水利部水文局党委对本工程建设全过程的廉政建设负总责，各流域机构水文局党委（党组）对本单位的工程建设过程中的廉政建设负责，参与本工程建设与管理的各单位党委（党组）对本单位的工程建设过程中的廉政建设负责，确保本工程建设管理过程中严格执行廉政建设有关法律法规，自觉接受有关部门的监督。

第四条　各级项目办（部）应建立健全岗位权力运行监督制约机制。

（一）将廉政建设列入本工程建设管理全过程，逐级签订廉政建设责任书、承诺书，有关人员应将本人在工程建设管理过程中的廉政建设情况纳入年度考核述职。

（二）建立工作人员职责档案，实行工程质量和廉政建设终身负责制。各级项目办（部）工作人员职责档案随工程文件一并归档保存。

（三）定期开展廉政学习教育，提高工作人员廉政意识，防止贪污受贿、徇私舞弊及截留、挪用、转移建设资金，玩忽职守等违法违纪行为发生。

（四）加强对工程设计及施工过程的监督检查，特别是加强对打井等重点环节和隐蔽工程建设过程的监管，以规范工程建设，促进廉政建设。

（五）积极支持和配合建管、安监、审计等部门开展监督检查，自觉接受监察部门的监督，对工程建设中存在的问题要及时发现，认真整改。

第五条　参与本工程建设与管理的各单位工作人员，应严格遵守廉洁自律有关规定，认真贯彻执行中央八项规定精神，坚决杜绝"四风"。

（一）不准接受与本工程建设有关的任何单位和个人的宴请及娱乐活动等。

（二）不准收受与本工程建设有关的任何单位和个人赠送的礼品、礼金、有价证券、支付凭证和商业预付卡等。

（三）不准利用知悉或者掌握的内部信息为自己或特定关系人谋取利益。

（四）不准在工程招标投标中有意偏袒某一投标人，确保招标投标工作公开、公平、公正。

第六条　参与本工程建设的各承建单位、供货商和监理单位均须与项目法人签定廉政建设承诺书，承诺不请客送礼、不围标串标、不转包、不违法分包、不弄虚作假，抵制各种商业贿赂行为，严格执行项目建设管理办法及有关规定，主动接受项目主管部门的监督检查，否则不予认可其投标资格。

第七条　水利部水文局每年要组织1～2次对工程项目进行的监督检查，及时发现问题，督促落实整改。流域机构要协助做好流域片区内工程项目的监督检查，确保工程安全、资金安全、生产安全、干部安全。

第八条　水利部建设与管理司、安全监督司和审计室要按照各自职责，每年定期或不定期对工的招标投标、工程监理、工程质量、安全生产、资金使用、竣工决算等重点环节进行专项检查和抽查，对发现的问题要责令整改，对违规违纪问题线索要移交纪检监察部门。

第九条　水利系统各级纪检监察部门要加强对本工程廉政建设的监督，对存在问题整改不力，或因违规违纪行为影响工程建设或造成不良后果的，要严肃追究相关责任人的责任，并按照干部管理权限移交相关部门追究领导责任。

第十条　本办法由水利部水文局负责解释。

第十一条　本办法自颁布之日起施行。

水利部关于加强国家地下水监测工程
（水利部分）项目建设管理工作的通知

（水利部　水文〔2015〕58 号　2015 年 2 月 9 日）

各流域机构，各省、自治区、直辖市水利（水务）厅（局），新疆生产建设兵团水利局，各有关单位：

地下水是我国宝贵水资源的重要组成部分。加强地下水监测是贯彻落实习近平总书记重要治水思路、实施最严格水资源管理制度、加强水生态文明建设、保障国家水安全的战略性、基础性、长期性工作。2014 年 7 月，水利部和国土资源部联合编制的《国家地下水监测工程可行性研究报告》得到国家发展改革委批复。国家地下水监测工程为中央直属项目，建设资金全部为中央预算内投资，建设工期为 3 年。为切实做好本工程建设管理工作，现将有关要求通知如下，请结合实际情况，抓好贯彻落实。

一、提高认识，切实加强组织领导

目前，我国地下水监测工作总体还很薄弱，存在站网密度低、监测手段落后、信息传输时效性差等突出问题。国家地下水监测工程的建设将极大提高我国地下水监测水平，大幅提升各流域、各地区地下水管理能力，对于支撑实施最严格水资源管理制度、促进水资源可持续利用、推进生态文明建设、保障经济社会可持续发展具有十分重要的意义。

国家地下水监测工程项目点多面广，建设完成的时间紧、任务重、技术要求高、协调头绪多，必须充分依托各地区各单位的全力支持和通力合作，充分发挥各级水文部门作用，形成上下联动、协调统一的建管格局，以确保项目顺利实施并尽早发挥效益。各流域机构、各地水行政主管部门要充分认识本工程建设的重要性和紧迫性，将其作为加强水利建设、加强水资源管理的重点工作，列入重要议事日程，成立相应的项目建设领导小组，加强领导，精心组织，强化项目建设的组织协调、监督检查和安全生产管理，确保项目按期高质高效完成。

二、明确工作机构，全力完成建管任务

水利部高度重视本工程建设，已成立了项目建设领导小组，组建了水利部国家地下水监测工程项目建设办公室（以下简称部项目办）。为切实落实本工程项目建设管理各项工作，各流域机构水文局要积极配合部水文局开展相关工作，按要求成立相应的国家地下水监测工程项目部（以下简称流域项目部）；各省、自治区、直辖市和新疆生产建设兵团水文部门（以下简称省级水文部门）要积极支持部水文局开展相关工作，根据情况明确相应的国家地下水监测工程项目建设管理机构（以下简称省级项目机构）。流域项目部和省级项目机构的组建要积极争取相关部门支持，邀请水资源等部门参与。

水利部水文局作为项目法人，应认真完成项目建设任务，切实履行项目法人职责；根据项目建设情况，积极协调各流域机构水文局配合做好项目建设管理工作，并努力获得省级水文部门的支持。流域水文局和省级水文部门应按照项目法人授权或委托，做好项目的建设管理工作。流域项目部要配合做好本级工程的建设管理工作，同时协助部项目办监督检查流域片内省级项目的建设管理工作；省级项目机构要支持做好本级工程的建设管理工作。各单位要严格按照项目管理办法要求，细化任务，落实责任，完成任务。

三、强化监管,务必确保"四个安全"

各单位要切实加强项目监督管理,确保工程安全、资金安全、干部安全、生产安全。水利部专门印发了本工程的项目建设管理办法、资金使用管理办法和廉政建设办法等三项管理办法,各单位要组织认真学习,严格贯彻执行,加强项目设计、招标投标、施工建设、质量监督、投资计划执行和资金管理等工作。要严格规范招投标活动,确保招投标工作顺利实施;加强安全生产检查工作,确保项目安全实施;加强项目资金的监管和审计工作,确保资金使用安全;项目管理单位和参建各方要全面落实项目廉政建设责任,纪检、监察、审计、稽察、安监等部门要全程跟踪,加强监督检查。通过各级各方面的共同努力,把本工程建设成为优质工程、廉政工程。

水利部　国土资源部关于
支持国家地下水监测工程建设的通知

（水利部　国土资源部　水文〔2015〕350号　2015年9月29日）

各省、自治区、直辖市、计划单列市、新疆生产建设兵团水行政主管部门、国土资源主管部门：

2015年6月，国家发展改革委批复了国家地下水监测工程初步设计概算（发改投资〔2015〕1282号），水利部和国土资源部联合批复了国家地下水监测工程初步设计报告（水总〔2015〕250号），工程建设进入实施阶段。国家地下水监测工程建设周期三年，水利部水文局和中国地质环境监测院为项目法人单位，按照初步设计的统一要求，分别负责本部门的工作。为使各级水行政主管部门和国土资源主管部门及其业务支撑机构更好地支持配合国家地下水监测工程的实施，保障工程顺利推进，按期完成建设任务，尽早发挥效益，现将有关事项通知如下。

一、建立支持配合国家地下水监测工程实施的协调沟通机制

地下水监测工作是各级政府有关部门履行水资源管理、地质环境保护与地质灾害防治等职责的基础支撑，对推进生态文明建设和实施最严格水资源管理制度具有重要意义。国家地下水监测工程是加强地下水监测工作的重要举措，对完善全国地下水监测网络具有重要带动和促进作用。各级水行政主管部门和国土资源主管部门应高度重视地下水监测工作，积极支持国家地下水监测工程建设，建立省级和市县级推进地下水监测工作的协调机制，研究解决本辖区地下水监测工程建设中的困难和问题。

二、协调落实地下水监测站点占地事宜

国家地下水监测工程的主体是在全国范围内建设20401个地下水监测站点，其中水利部门10298个，国土资源部门10103个。地下水监测站点单点占地规模小（4～9m²），且高度分散。请各省级水行政主管部门和国土资源主管部门协调指导市县（区）水行政主管部门和国土资源主管部门，按照选址尽量不占用耕地的原则，依据两个项目法人单位统筹提出的地下水监测站点拟布设地域一览表（见附件），分别协助落实两部门地下水监测站点的具体位置和土地类型，然后由县级国土资源部门牵头、水利部门配合，协调落实监测站点占地事宜。如地下水监测站点确需占用基本农田和耕地，按规定和程序逐级报批。

三、明确国家地下水监测工程监测井建设不需办理取水（凿井）许可

地下水监测站点建设的目的是监测地下水位、水质等的动态变化，而不能用于生产、生活等的取水。请各省级水行政主管部门协调指导市县水行政主管部门及其他有关机构简化程序，为项目建设提供支持，监测井施工建设毋须办理取水（凿井）许可手续。

水利部关于组建国家地下水监测工程（水利部分）项目建设管理机构的通知

（水利部　水人事〔2014〕398号　2014年12月1日）

部机关相关司局，各流域机构，各省、自治区、直辖市水利（水务）厅（局），各计划单列市水利（水务）局，新疆生产建设兵团水利局：

加强地下水监测是贯彻落实习近平总书记重要治水思路、加强水生态文明建设、保障国家水安全的战略性、基础性、长期性工作。根据《国家发展改革委关于国家地下水监测工程可行性研究报告的批复》（发改投资〔2014〕1660号），为加强对国家地下水监测工程（水利部分）项目建设的组织领导，保障项目建设工作的顺利进行，经研究，决定成立水利部国家地下水监测工程项目建设领导小组和水利部国家地下水监测工程项目建设办公室，现将有关事项通知如下。

一、关于水利部国家地下水监测工程项目建设领导小组

成立水利部国家地下水监测工程项目建设领导小组（以下简称领导小组），主要职责是指导、监督国家地下水监测工程项目建设工作，协调国土资源部建立两部联席会议制度，研究解决项目建设中的重大问题。领导小组组成人员如下：

组　长：刘　宁　水利部副部长

副组长：陈明忠　水资源司司长

　　　　邓　坚　水文局局长

成　员：汪安南　规划计划司常务副司长（正司级）

　　　　高　军　财务司巡视员

　　　　段　虹　人事司副司长

　　　　骆　涛　建设与管理司副司长（正司级）

　　　　赵　卫　水利建设管理督察专员（正司级）

　　　　李肇桀　监察部驻水利部监察局副局长

　　　　林祚顶　水文局副局长

领导小组办公室设在水利部水文局（以下简称水文局），承担领导小组的日常工作，办公室主任由邓坚兼任。

二、关于水利部国家地下水监测工程项目建设办公室

在水文局组建水利部国家地下水监测工程项目建设办公室（以下简称项目办），其主要职责是在领导小组及办公室的指导协调下，在水文局（项目法人）的支持领导下，具体负责国家地下水监测工程（水利部分）项目建设工作。

项目办设主任1名（由林祚顶兼任）、常务副主任1名（由水文局总工程师英爱文同志兼任）、副主任2名（由水文局相关业务处正处级干部兼任），其他工作人员从水文局及流域机构、地方水文部门等相关单位抽调。

项目办内设综合处、财务处、技术处、建设管理处等4个处室。

国家地下水监测工程（水利部分）项目档案管理办法

（水利部　办档〔2015〕186号　2015年9月7日）

第一章　总　　则

第一条　为规范国家地下水监测工程（水利部分）项目（以下简称本工程）档案管理工作，根据《中华人民共和国档案法》《国家电子政务工程建设项目档案管理暂行办法》《水利工程建设项目档案管理规定》《国家地下水监测工程（水利部分）项目建设管理办法》等法规制度，结合本工程实际，制定本办法。

第二条　本工程档案是指在本工程项目前期、实施、验收等建设阶段过程中形成的，具有保存价值的文字、图表、声像等不同形式与载体的历史记录。

第三条　本工程档案工作是项目建设与管理工作的重要组成部分。各级项目建设与管理单位应加强领导，将档案管理工作纳入项目建设与管理工作程序，明确档案管理负责部门与人员的岗位职责，建立、健全管理制度，确保本工程档案工作正常开展。

第四条　本工程档案工作遵循"统一领导、分级负责、同步管理"原则，通过加强领导、强化监督、明确责任等措施，落实工程档案与工程建设进程同步管理规定，确保整体工程完成时，本工程档案达到完整、准确、系统与安全的工作目标。

第二章　职　责　与　任　务

第五条　本工程档案工作由项目法人单位水利部水文局负总责，由各流域机构水文局及各省、自治区、直辖市、新疆生产建设兵团水文部门、陕西地下水管理监测局（以下简称流域及省级水文部门）分级负责，按照项目法人的工作部署与要求，做好本级项目档案管理工作，并接受水利部档案业务主管部门监督指导。

第六条　水利部国家地下水监测工程项目建设办公室（以下简称部项目办）按照项目法人要求，负责建立、完善本工程档案管理制度，并履行如下职责：对流域及省级水文部门贯彻落实本办法情况进行监督、检查；承担部项目办和国家地下水监测中心应归档的文件材料收集、整理与归档工作；接收流域及省级水文部门提交的工程档案。

第七条　流域及省级水文部门是本级工程档案管理工作的责任主体。具体职责如下：认真落实本办法的各项要求；负责本级工程应归档文件材料的收集、整理、归档和上报工作；对各承建单位应归档材料的收集、整理工作进行监督、指导；运用部项目办提供的档案管理系统做好已归档文件材料信息的著录和项目实施过程中电子文件信息的管理，并接受部项目办和同级档案主管部门的监督指导。

第八条　档案管理应按同步管理要求贯穿本工程建设管理各阶段。即从前期准备阶段就应同时开展文件材料的收集、整理；在签订有关合同、协议时，应同时对工程档案的收集、整理、归档或移交提出明确要求；在检查工程进度和质量时，应同时检查档案收集、整理情况；在工程重要阶段验收和竣工验收时，应同时审查、验收工程档案的内容和质量，并作出相应的鉴定评语。

第九条　项目法人、流域及省级水文部门应采取有效措施，切实加强项目建设过程中文件材料收集、整理工作的监管，发现不符合要求的，应及时提出整改要求；对限期未改或造成档案损毁、丢失等后果的，要依法追究有关单位领导和相关人员的责任。

第十条　项目法人、流域及省级水文部门和各承建单位应明确相关部门和人员的归档责任，随时做好职责范围内应归档文件材料的管理，确保各类归档文件材料完整、准确、系统与安全。在完成相关文件材料收集、整理、审核工作后，及时交有关档案管理部门。

第十一条　监理单位负责监理工作中应归档文件材料的收集、整理、归档工作；对被监理单位提交的归档文件材料收集、整理质量进行把关，并提出审核意见。

第十二条　本工程档案管理应严格执行国家有关保密制度规定，确保档案信息安全。

第三章　整理与归档

第十三条　本工程档案应能真实、准确、全面、系统地反映工程建设过程与结果。部项目办、流域及省级水文部门应根据本工程《归档范围与保管期限表》（详见附件1）的内容，加强对本工程各类应归档文件材料的收集，并可结合实际补充相关应归档文件材料范围，并注明相应保管期限。

第十四条　本工程档案编号统一采用"四段"档号编制方法。其具体编制形式为："DJ－XX－YYY－ZZZ"，其中DJ是本工程代码，XX是各归档单位代码（见附件2），YYY是项目类别代码（见附件3），ZZZ是案卷流水号。

第十五条　本工程归档文件材料均应按要求进行组卷整理。组卷的原则要求是：应遵循文件材料形成规律，保持文件材料的有机联系（注意其成套性特点），便于保管和利用。组卷形成的案卷应能反映一定主题，并按要求拟写案卷题名。案卷题名要能概括卷内文件材料的主要内容。

第十六条　归档文件材料应按要求编制案卷目录（见附件4）、卷内目录（见附件5）和卷内备考表（见附件6）。所有案卷均应由立卷人、检查人（整理归档部门负责人）在卷内备考表中履行签字手续。

第十七条　本工程归档的文件材料一般应为印件；属于本单位产生的文件材料，还应有相应责任人的审签过程材料。不同材质归档文件材料的具体整理方法应参照如下标准：

（一）纸质文件的整理，应符合《科学技术档案案卷构成的一般要求》（GB/T 11822—2008）。

（二）电子文件材料整理，参照《电子文件归档与管理规范》（GB/T 18894—2002）的要求。

（三）照片材料整理，参照《照片档案管理规范》（GB/T 11821—2002）的要求。

（四）声像及实物材料整理，应按要求标注时间、地点、事件（事由）、主要人物等文字说明。

第十八条　鉴于本工程管理体制的特殊性，流域及省级水文部门所有归档文件材料（短期保存的文件材料除外）均应按2套进行整理，以便部项目办、流域及省级水文部门的档案部门均能保存有相对完整的本工程档案。

第四章　验收与移交

第十九条　档案验收是本工程各阶段验收（含合同完工验收、单项工程验收和整体工程竣工验收，以下同）的重要内容，各阶段验收时应同步或提前进行档案验收。

第二十条　本工程档案验收分为"同步验收"和"专项验收"两种形式。

（一）同步验收是指在进行合同完工验收时，应同步对相关工程应归档文件材料的收集、整理情况进行检查验收；档案不合格的，不得通过合同完工验收。同步验收原则上由部项目办或流域及省级水文部门的档案人员负责，并应将项目档案收集情况及整理质量等评价意见写入合同完工验收意见中。

（二）专项验收是指专门对相关工程档案进行的验收。整体工程专项验收由水利部档案主管部门负责组织；单项工程专项验收由部项目办或由其委托的流域及省级水文部门负责组织，未通过专项验收的不得进行整体工程竣工验收。

（三）部项目办可根据单项工程规模，确定相关单项工程档案验收的形式。

第二十一条　各承建单位应在合同完工验收后1个月内将项目档案移交给部项目办或流域及省级

水文部门，并按规定办理交接手续。

第二十二条　部项目办、流域及省级水文部门的各职能部门，针对本工程项目管理的相关文件材料归档时间，可按年度或项目管理工作实际而定，但最迟应在单项工程验收合格后2个月内完成。

第二十三条　流域及省级水文部门应在单项工程验收合格后3个月内，将单项工程档案（应包括其开展项目管理类的文件材料）向部项目办提交，并按规定办理交接手续。

第二十四条　工程档案的归档与移交应填写工程档案交接单（见附件7），并附档案目录（目录应为案卷级和文件级）。交接双方应认真核对目录与实物，并由经手人及单位负责人签字、加盖单位公章确认。档案交接时应同时提交电子版。

第二十五条　本工程档案专项验收标准与具体方法参照水利部《水利工程建设项目档案验收管理办法》（水办〔2008〕366号）。

附件：1. 本工程应归档文件材料范围和保管期限表

　　　2. 本工程建设项目归档单位代码表

　　　3. 本工程档案分类表

　　　4. 案卷目录

　　　5. 卷内目录

　　　6. 卷内备考表

　　　7. 本工程档案交接单

附件1

国家地下水监测工程（水利部分）应归档文件材料范围和保管期限表

序号	归　档　文　件	保管期限
	一、工程准备阶段文件	
1.1	立项阶段文件	
1.1.1	项目建议书阶段	
1.1.1.1	项目建议书、附件、附图	永久
1.1.1.2	项目建议书报批文件及审批文件	永久
1.1.1.3	其他	长期
1.1.2	可行性研究报告阶段	
1.1.2.1	可行性研究报告书、附件、附图	永久
1.1.2.2	可行性研究报告报批文件及审批文件	永久
1.1.2.3	项目调整申请及批复	永久
1.1.2.4	其他	长期
1.2	项目管理文件	
1.2.1	建立项目领导和实施机构文件	永久
1.2.2	项目管理计划、实施计划和调整计划	永久
1.2.3	投资、进度、质量、安全、合同控制等文件	永久
1.2.4	项目管理各项制度、办法	永久
1.2.5	调研报告、考察报告	永久
1.2.6	有关领导的重要批示	永久
1.2.7	工程建设大事记	永久
1.2.8	重要协调会议与有关专业会议的文件及相关材料	永久

序号	归 档 文 件	保管期限
1.2.9	项目会议文件、项目简报、汇报材料	永久
1.2.10	各种会议记录，会议纪要	永久
1.2.11	日常管理的请示批复、往来函件	永久
1.2.12	项目授权书、委托书、廉政责任书	永久
1.2.13	项目管理工作照片、音像	永久
1.2.14	设计变更及审批文件	永久
1.2.15	有关质量及安全生产事故处理文件材料	长期
1.2.16	工程建设不同阶段产生的有关工程启用、移交的各种文件材料	永久
1.2.17	其他	长期
1.3	建设用地文件	
1.3.1	用地申请报告及批准书	永久
1.3.2	划拨建设用地文件	永久
1.3.3	其他	永久
1.4	勘察设计阶段	
1.4.1	工程物探报告及审批文件	永久
1.4.2	工程测绘报告及审批文件	永久
1.4.3	初步设计报告材料	永久
1.4.4	初步设计申请审查、批复材料	永久
1.4.5	其他	长期
1.5	招投标文件	
1.5.1	工程勘察招投标文件	长期
1.5.1.1	委托招标材料	长期
1.5.1.2	招标文件、招标修改文件、招标补遗及答疑文件	长期
1.5.1.3	投标书、资质资料、履约类保函、委托授权书和投标澄清文件、修正文件	永久
1.5.1.4	开标、评标会议文件及中标通知书	长期
1.5.1.5	未中标的投标文件	短期
1.5.1.6	其他	长期
1.5.2	设计招投标文件	
1.5.3	施工招投标文件	
1.5.4	监理招投标文件	
1.5.5	委托招标文件	
1.5.6	政府采购文件材料	
1.5.7	其他	
	1.5.2～1.5.7中应归档的文件材料参考1.5.1后所列内容和保管期限	
1.6	合同文件	
1.6.1	工程物探承包合同	长期
1.6.1.1	合同谈判纪要、合同审批文件、协议书	长期
1.6.1.2	合同变更文件	长期
1.6.1.3	索赔与反索赔材料	长期
1.6.1.4	其他	长期

序号	归 档 文 件	保管期限
1.6.2	设计承包合同	
1.6.3	施工承包合同	
1.6.4	监理委托合同	
1.6.5	其他合同	
	1.6.2～1.6.5中应归档的文件材料参考1.6.1后所列内容和保管期限	
1.7	开工审批文件	
1.7.1	项目列入年度计划的申报文件及批复文件	永久
1.7.2	建设工程开工审查表	长期
1.7.3	其他	长期
	二、工程实施阶段文件	
2.1	施工文件材料	
2.1.1	年度实施计划、方案及批复文件	长期
2.1.2	意见汇总报告	长期
2.1.3	设计变更报审、变更记录	长期
2.1.4	水位、水温监测站施工文件	
2.1.4.1	技术要求、技术交底、图纸会审纪要、开工报告	长期
2.1.4.2	施工组织设计、方案及报批文件，施工工艺文件	长期
2.1.4.3	原材料出厂证明、复验单、试验报告	长期
2.1.4.4	监测井定位测量、成井记录（报告）	长期
2.1.4.5	设计变更通知、工程更改洽商单、业务联系单、备忘录、事故处理文件	永久
2.1.4.6	施工检验、探伤记录	长期
2.1.4.7	施工安全措施	短期
2.1.4.8	施工环保措施	短期
2.1.4.9	施工日志	短期
2.1.4.10	技术交底	长期
2.1.4.11	工程质量保障措施	长期
2.1.4.12	隐蔽工程验收记录	长期
2.1.4.13	监测井清洗、抽水试验等记录、报告	长期
2.1.4.14	各类设备、电气、仪表的施工安装记录，质量检查、检验、评定材料	长期
2.1.4.15	设备、设施的试运行、调试、测试、试验记录与报告	长期
2.1.4.16	材料、设备明细表及检验、交接记录	长期
2.1.4.17	工程质量材料检查、评定、签证材料	长期
2.1.4.18	事故及缺陷处理报告等相关材料	长期
2.1.4.19	各阶段检查、验收报告和结论及相关文件材料	永久
2.1.4.20	设备及管线施工中间交工验收记录及相关材料	永久
2.1.4.21	竣工图	永久
2.1.4.22	竣工报告、竣工验收报告	永久
2.1.4.23	施工照片、音像	永久
2.1.4.24	其他	长期
2.1.5	流量监测站建设	

序号	归 档 文 件	保管期限
2.1.5中应归档的文件材料参考2.1.4后所列内容和保管期限		
2.1.6	信息应用系统建设	
2.1.6.1	建设计划、方案及批复文件	长期
2.1.6.2	意见汇总报告	长期
2.1.6.3	系统集成方案、项目配置管理方案、评审报告	长期
2.1.6.4	设计变更报审	长期
2.1.6.5	网络系统文件	长期
2.1.6.6	二次开发支持文件、接口设计说明书、程序员开发手册	长期
2.1.6.7	用户使用手册、系统维护手册、软件安装盘	长期
2.1.6.8	系统上线保障方案、应急预案、事故及问题处理文件	长期
2.1.6.9	测试方案、方案评审意见、测试记录、测试报告	长期
2.1.6.10	培训文件、教材讲义	长期
2.1.6.11	试运行方案、记录、报告、试运行改进报告	长期
2.1.6.12	合同验收文件、开发总结报告、交接清单	永久
2.1.6.13	运行管理制度	长期
2.1.6.14	其他	长期
2.1.7	通用业务软件开发	
2.1.8	通用业务软件分级安装	
2.1.9	本地化业务软件开发	
2.1.10	数据库建设	
2.1.11	应用支撑平台建设	
2.1.12	网络系统建设	
2.1.13	安全系统建设	
2.1.14	其他系统建设（终端、备份、运维等）	
2.1.15	消防建设	
2.1.16	机房及配套工程建设	
2.1.17	地市级分中心建设	
2.1.18	省级监测中心建设	
2.1.19	国家地下水监测中心建设	
2.1.7～2.1.19中应归档的文件材料参考2.1.6后所列内容和保管期限		
2.1.20	标准规范建设	
2.1.20.1	标准建设总体方案、实施计划	长期
2.1.20.2	标准初稿、专家咨询意见及编制过程说明	长期
2.1.20.3	征求意见稿、汇总意见、标准规范编制过程说明	长期
2.1.20.4	标准送审稿、标准试行稿、专家审查意见	长期
2.1.20.5	标准正式文本	长期
2.1.20.6	标准应用试点报告、标准培训文件	长期
2.1.20.7	标准推广应用方案、标准实施指南	长期
2.1.20.8	其他	长期
2.1.21	其他	长期

序号	归 档 文 件	保管期限
2.2	监理文件材料	
2.2.1	监理大纲、监理规划、细则及批复	永久
2.2.2	资质审核、设备材料报审、复检记录	长期
2.2.3	需求变更确认	长期
2.2.4	开（停、复、返）工令	长期
2.2.5	施工组织设计、方案审核记录	长期
2.2.6	工程进度、延长工期、人员变更审核	长期
2.2.7	监理通知、监理建议、工作联系单、问题处理报告、协调会纪要、备忘录	长期
2.2.8	监理周（月）报、阶段性报告、专题报告	长期
2.2.9	测试方案、试运行方案审核	长期
2.2.10	造价变更审查、支付审批、索赔处理文件	长期
2.2.11	验收、交接文件、支付证书、结算审核文件	长期
2.2.12	监理工作总结报告	永久
2.2.13	其他	长期
2.3	设备文件材料	
2.3.1	选购阶段	
2.3.1.1	调研分析报告、技术考察、试验检测报告	长期
2.3.1.2	设备采购请示、批复	长期
2.3.1.3	技术协议、设备配置方案	长期
2.3.1.4	授权书、软件许可协议、海关商检相关文件、原产地证明、产品质量证明、设备代理商营业执照复印件	长期
2.3.1.5	其他	长期
2.3.2	开箱验收阶段	
2.3.2.1	设备随机文件、装箱单、合格质量证、开箱验收记录	永久
2.3.2.2	设备图纸、说明书、检测报告	长期
2.3.2.3	其他	长期
2.3.3	安装调试阶段	
2.3.3.1	测试计划（方案）、安装测试记录、报告	长期
2.3.3.2	验收文件、交接清单	长期
2.3.3.3	其他	长期
2.3.4	系统升级、换版阶段	
2.3.4.1	升级、换版的请示与批复	长期
2.3.4.2	设备及软件报废的技术鉴定书、请示及批复文件	长期
2.3.4.3	设备及软件升级、换版的验收文件	长期
2.3.4.4	其他	长期
2.3.5	设备维修、系统维护等后期服务阶段	
2.3.5.1	设备维修、维护请示及批复	永久
2.3.5.2	设备维修、维护记录	永久
2.3.5.3	其他	长期
2.3.6	其他	长期

序号	归 档 文 件	保管期限
2.4	财务管理文件	
2.4.1	预算	永久
2.4.2	决算、财务报告	永久
2.4.3	审计报告	永久
2.4.4	交付使用的固定资产、流动资产、无形资产、递延资产清册	永久
2.4.5	其他	长期
三、工程验收文件		
3.1	合同完工验收	
3.1.1	项目实施（施工管理）报告	永久
3.1.2	拟验工程清单、未完工程清单、未完工程的建设安排及完成时间	永久
3.1.3	监理工作报告	永久
3.1.4	技术测试报告	永久
3.1.5	验收意见（验收报告）	永久
3.1.6	其他	永久
3.2	单项工程验收	
3.2.1	单项工程建设管理工作报告（包括设计、招投标、合同、验收、财务、审计等内容）	永久
3.2.2	拟验工程清单、未完工程清单、未完工程的建设安排及完成时间	永久
3.2.3	单项工程监理工作报告	永久
3.2.4	单项工程设计工作报告	永久
3.2.5	单项工程试运行情况报告	永久
3.2.6	单项工程技术测试和抽样检查报告	永久
3.2.7	单项工程竣工验收意见	永久
3.2.8	单项工程竣工财务决算和审计报告	永久
3.2.9	验收委员会要求补充的其他文件	永久
3.2.10	验收报告、验收委员会签字表	永久
3.2.11	其他	长期
3.3	整体工程竣工验收	
3.3.1	工程初验阶段（竣工技术预验收）	
3.3.1.1	验收工作大纲	永久
3.3.1.2	整体工程设计工作报告	永久
3.3.1.3	整体工程监理工作报告	永久
3.3.1.4	整体工程试运行情况报告	永久
3.3.1.5	整体工程技术鉴定报告	永久
3.3.1.6	整体工程建设管理工作报告	永久
3.3.1.7	各单项、系统验收报告	永久
3.3.1.8	信息安全风险评估报告	永久
3.3.1.9	初步验收总报告（含工程、技术、财务、档案验收）	永久
3.3.1.10	初验会议文件、验收申请、验收意见书及验收委员会签字表	永久
3.3.1.11	整改方案及实施文件	永久
3.3.1.12	其他	长期

序号	归 档 文 件	保管期限
3.3.2	终验阶段（竣工验收）	
3.3.2.1	竣工验收会议文件、验收申请、汇报材料	永久
3.3.2.2	竣工验收报告、验收委员会签字表	永久
3.3.2.3	工程专家组验收意见	永久
3.3.2.4	技术专家组验收意见	永久
3.3.2.5	财务专家组验收意见	永久
3.3.2.6	档案专家组验收意见	永久
3.3.2.7	信息安全风险评估报告	永久
3.3.2.8	项目建设工作总结	永久
3.3.2.9	项目评优报奖申报材料、批准文件及证书	永久
3.3.2.10	项目稽察、检查文件、项目后评价文件	永久
3.3.2.11	其他	长期

附件 2

国家地下水监测工程（水利部分）归档单位代码表

序号	单 位 名 称	单位代码
1	水利部水文局	00
2	长江水利委员会水文局	01
3	黄河水利委员会水文局	02
4	淮河水利委员会水文局	03
5	海河水利委员会水文局	04
6	珠江水利委员会水文局	05
7	松辽水利委员会水文局	06
8	太湖流域管理局水文局	07
9	北京市水文总站	08
10	天津市水文水资源勘测管理中心	09
11	河北省水文水资源勘测局	10
12	山西省水文水资源勘测局	11
13	内蒙古自治区水文总局	12
14	辽宁省水文局	13
15	吉林省水文水资源局	14
16	黑龙江省水文局	15
17	上海市水文总站	16
18	江苏省水文水资源勘测局	17
19	浙江省水文局	18
20	安徽省水文局	19
21	福建省水文水资源勘测局	20
22	江西省水文局	21
23	山东省水文局	22

序 号	单 位 名 称	单位代码
24	河南省水文水资源局	23
25	湖北省水文水资源局	24
26	湖南省水文水资源勘测局	25
27	广东省水文局	26
28	广西水文水资源局	27
29	海南省水文水资源勘测局	28
30	重庆市水文水资源勘测局	29
31	四川省水文水资源勘测局	30
32	贵州省水文水资源局	31
33	云南省水文水资源局	32
34	西藏自治区水文水资源勘测局	33
35	陕西省地下水管理监测局	34
36	甘肃省水文水资源局	35
37	青海省水文水资源勘测局	36
38	宁夏回族自治区水文水资源勘测局	37
39	新疆维吾尔自治区水文水资源局	38
40	新疆生产建设兵团水利局	39
41	国家地下水监测中心	40

附件 3

国家地下水监测工程（水利部分）档案分类表

分类号	档 案 类 目 名 称
1	综合管理
101	工程准备阶段
102	工程建设管理
103	工程验收管理
104	其他
2	监测站建设（含站房附属设施）
201	按各省实际招标标段划分序列号排序；第一标段为201（以下同）
202	（第二标段）
⋮	⋮
2××	其他（××要用各省标段序号后的流水号替代，如有20个标段，××即为20）
3	监测站设备仪器（含巡测设备、保护桩等附属设施）
301	按各省实际招标标段划分序列号排序；第一标段为301（以下同）
302	（第二标段）
⋮	⋮
3××	其他（××要用各省标段序号后的流水号替代，如有20个标段，××即为20）
4	信息化系统建设
401	软件建设

分类号	档 案 类 目 名 称
402	硬件建设
403	其他
5	国家地下水监测中心大楼建设
501	装修
502	网络
503	设备
504	其他
6	其他

附件 4

案 卷 目 录

序号	档号	案 卷 题 名	总页数	保管期限	备注

附件 5

卷　内　目　录

档号：

序号	文件编号	责任者	文 件 材 料 题 名	日期	页号	备注

附件 6

卷　内　备　考　表

档号：

说明：
立卷人： 　　　　　年　　月　　日 检查人： 　　　　　年　　月　　日

附件 7

国家地下水监测工程（水利部分）
项目档案交接单

　　本单附有目录_____张，包含工程档案资料_____卷。其中永久_____卷，长期_____卷，短期_____卷；在永久卷中包含竣工图_____张。

归档或移交单位（公章）：

负责人：

经手人：

年　　月　　日

接收单位（公章）：

经手人：

年　　月　　日

水文基础设施项目建设管理办法

（水利部　水文〔2014〕70号　2014年4月9日）

第一章　总　　则

第一条　为加强水文基础设施项目建设管理，规范建设程序，管好用好建设投资，确保工程建设质量，充分发挥投资效益，根据国家有关规定，结合水文基础设施项目特点，制定本办法。

第二条　本办法适用于全部或部分由中央投资安排建设的水文基础设施项目，包括水文测站、水文监测中心和水文业务系统等。全部由地方投资安排建设的水文基础设施项目，可参照执行本办法。

第三条　水利部负责全国水文基础设施项目建设管理的指导和监督等工作。

流域机构负责组织做好所属水文基础设施项目建设管理工作，并根据水利部授权和本办法规定，承担流域范围内水文基础设施项目建设管理的指导和监督等工作。

省级水行政主管部门负责组织做好所属水文基础设施项目建设管理工作。

第四条　水文基础设施项目分为中央直属项目和地方项目。

中央直属项目是指由流域机构等水利部直属单位负责组织实施的水文基础设施项目，地方项目是指由省级水行政主管部门负责组织实施的水文基础设施项目。

第五条　水文基础设施项目建设管理实行分级负责管理。中央直属项目由流域机构等水利部直属单位负责，地方项目由省级水行政主管部门负责。

第六条　水文基础设施项目按照国家固定资产投资项目建设程序组织实施。

第二章　前　期　工　作

第七条　水利部组织编制全国水文基础设施项目建设规划，作为水文基础设施项目立项和建设的依据。水利部水文局具体负责全国水文基础设施项目建设规划编制工作。

第八条　全国水文基础设施项目建设规划经批准后，按照不同类型项目前期工作要求，由水利部、流域机构和省级水行政主管部门所属水文机构组织编制项目前期工作技术文件，按规定程序报批，同时落实用地预审、环境影响评价、城乡规划选址和社会稳定风险评估等前置条件。

新购置资产应本着勤俭节约、避免浪费的原则，充分考虑原有资产的状态，充分利旧。

第九条　水文基础设施项目前期工作技术文件的编制工作必须由具有相应资质的单位承担。

承担水文基础设施项目前期工作技术文件编制的单位应当结合水文基础设施项目特点和具体项目的实际情况，加强现场勘察、建设方案论证和仪器设备选型等工作，确保设计质量。

水文基础设施项目前期工作技术文件应按照《水文设施工程项目建议书编制规程》（SL 504—2011）、《水文设施工程可行性研究报告编制规程》（SL 505—2011）和《水文设施工程初步设计报告编制规程》（SL 506—2011）等有关规定要求进行编制，确保设计深度。

第三章　计　划　与　资　金　管　理

第十条　流域机构和省级水行政主管部门根据项目前期工作情况和年度投资计划申报要求，向水利部报送年度投资建议计划。水利部水文局对各流域机构和省级水行政主管部门申报的年度投资建议计划进行汇总审核后，提出全国水文基础设施项目建设年度投资计划建议报水利部。

第十一条　流域机构和省级水行政主管部门应当执行水利基本建设投资计划管理的有关规定，严格项目投资计划管理。中央投资计划下达后，及时分解下达到项目法人，不得擅自调整投资计划或安排计划外项目建设。

第十二条　项目法人要按照批复的工期组织项目实施，在确保资金安全和工程质量的前提下加快计划执行和项目建设进度，尽早发挥项目建设成效。

第十三条　省级水行政主管部门要加强同发展改革、财政部门沟通协调，及时足额落实地方建设投资，避免因地方建设投资不到位而压缩工程建设内容或降低工程建设标准。

第十四条　各流域机构、省级水行政主管部门和项目法人要严格执行财政部和水利部有关水利基本建设资金管理的规章制度，健全项目财务管理内部控制制度，确保各项财务活动依法依规执行。

水文基础设施项目建设资金要按项目核算、专款专用，严禁挤占、截留、挪用建设资金。

第十五条　各流域机构、省级水行政主管部门要切实加强水文基础设施项目建设资金管理，强化对资金拨付、使用等重点环节的监管，发现问题及时纠正。

第四章　建　设　管　理

第十六条　水文基础设施项目建设管理要严格遵照国家有关规定，执行项目法人责任制、招标投标制、建设监理制和合同管理制。

第十七条　水文基础设施项目法人按照国家有关规定和程序进行组建。项目法人具体负责项目实施工作，对项目的建设管理、工程质量、工程进度、资金管理和生产安全负总责。

第十八条　水文基础设施项目应严格执行《招标投标法》和《政府采购法》的有关规定，严格履行招标投标程序，做好招标采购相关工作。

第十九条　项目法人应当按照有关规定，确定具有相应资质的监理单位承担项目建设监理工作。项目法人与监理单位应当依法签订监理合同，合同中应包括监理单位对工程质量、投资、进度、安全等进行全面控制的条款。监理单位应当按照合同约定，公正、独立、自主地开展监理工作，维护项目法人和承建单位的合法权益。

监理单位开展监理业务应当按照《水利工程建设监理规定》（水利部令第 28 号）的有关要求执行。

第二十条　水文基础设施项目监理工作综合考虑建设内容、建设范围、资金额度等情况，对不同类型的建设项目采取旁站、巡视和平行检验等多种监理方式。对于点多面广、地点分散、单项投资规模小的项目，重点加强关键环节的监理工作。

第二十一条　项目法人应当按照《中华人民共和国合同法》的有关规定，与设计单位、施工单位、监理单位签订合同明确项目参建各方的责任。合同文本应采用标准示范文本。

第二十二条　项目法人要严格按照批准的设计文件和下达的投资计划组织项目建设，不得擅自改变建设内容、扩大建设规模或提高建设标准。对确因建设条件及其他不可抗力原因需要对建设内容、规模、标准进行设计变更的，应履行相应的报批手续。

第二十三条　水文基础设施项目设计变更分为重大设计变更和一般设计变更。重大设计变更是指项目建设过程中项目总体布局、建设方案或工程建设规模、标准和内容等发生重大变化的设计变更。其他设计变更为一般设计变更。

重大设计变更由项目法人按原报审程序报原设计文件审批单位审批；一般设计变更由项目法人组织审查确认后实施，并报项目主管部门核备，必要时报项目主管部门审批。

第二十四条　项目法人、设计单位、施工单位、监理单位等应当结合水文基础设施项目的特点，采取切实有效措施，落实工程质量管理责任，建立健全质量管理体系，加强工程建设质量的全过程管理。

项目法人在项目实施中，应当组织监理、设计和施工等单位，结合水文基础设施项目特点开展工程质量自评工作，形成质量报告，由相关责任人签字负责。

第二十五条　项目法人、设计单位、施工单位、监理单位等应当遵守国家安全生产的有关规定，加强项目建设安全生产管理，依法承担安全生产责任。

第五章　监　督　管　理

第二十六条　流域机构和省级水行政主管部门要建立健全监督管理制度，加强日常监督检查工作，并形成检查报告报送水利部。

水利部或委托有关单位对项目建设管理进行不定期监督检查、重点抽查或专项稽察。

第二十七条　对检查、稽察发现的问题，流域机构和省级水行政主管部门要督促项目法人及时整改。对于情节严重或造成重大损失的，除限期整改外要通报批评，必要时提请有关部门追究相应责任。

第六章　项　目　验　收

第二十八条　水文基础设施项目建设完工后，应按有关规定及时组织验收。

第二十九条　水文基础设施项目验收包括合同工程完工验收、工程完工验收和竣工验收三个阶段。如果工程只有一个合同，则合同工程完工验收与工程完工验收可以合并。

第三十条　合同工程完工验收与工程完工验收由项目法人主持，作为竣工验收的基础。

第三十一条　项目法人应按照《水利基本建设项目竣工财务决算编制规程》（SL 19—2014）的有关规定做好竣工财务决算编制工作；竣工财务决算应当由竣工验收主持单位组织审查和审计，竣工财务决算通过审计后方可进行竣工验收。

第三十二条　中央直属项目，竣工验收由水利部、流域机构或授权流域水文机构主持。

地方项目，竣工验收由省级水行政主管部门或授权省级水文机构主持。

第三十三条　项目法人应按项目验收管理有关规定，向验收主管部门提出竣工验收申请。竣工验收主持单位依据水文设施工程验收有关规定和规程组织验收。

第七章　运　行　管　理

第三十四条　水文基础设施项目通过竣工验收后，应及时移交给相应水文机构进行运行管理并投入使用，充分发挥建设成效。

第三十五条　项目建设中购置或形成的固定资产要严格按照有关规定使用和管理。

第三十六条　流域机构和省级水行政主管部门应制定和完善相应的管理制度，落实管理人员，明确管理责任，确保水文基础设施设备的正常运行。

第三十七条　水文基础设施设备运行维护经费应根据有关业务定额标准进行测算，按照管理权属由水利部或省级水行政主管部门报请同级财政部门纳入预算。

第八章　附　　则

第三十八条　本办法由水利部水文局负责解释。

第三十九条　本办法自印发之日起实施。原《水利部水文基本建设投资计划管理办法》（水规计〔2002〕430号）同时废止。

水文设施工程验收管理办法

（水利部　水文〔2014〕248号　2014年7月25日）

第一章　总　则

第一条　为加强水文设施工程验收管理，明确验收责任，规范验收行为，根据《水利工程建设项目验收管理规定》和《水文基础设施项目建设管理办法》等有关规定，结合水文设施工程特点，制定本办法。

第二条　本办法适用于全部或部分由中央投资建设的水文设施工程的验收活动。

第三条　水文设施工程具备验收条件时应及时组织验收。未经验收或验收不合格的工程不得进行后续工程施工或不应交付使用。

第四条　水文设施工程验收分为合同工程完工验收、工程完工验收和竣工验收。如果工程只有一个合同，则合同工程完工验收和工程完工验收可以合并。

第五条　水文设施工程验收工作的依据是：

（一）国家有关法律、法规、规章和技术标准。

（二）有关主管部门的规定和文件。

（三）经批准的工程立项文件、工程设计文件、调整概算文件。

（四）经批准的设计变更文件。

（五）工程建设有关合同。

（六）施工图纸及主要设备技术说明书等。

第六条　水文设施工程验收由验收主持单位组织成立的验收委员会（验收工作组）负责。验收结论应当经三分之二以上验收委员会（验收工作组）成员同意。验收委员会（验收工作组）成员应当在验收鉴定书上签字，对验收结论持有异议的，应当将保留意见在验收鉴定书上明确记载并签字。

验收委员会（验收工作组）对工程验收不予通过的，应当明确不予通过的理由并提出整改意见。项目法人应当及时组织有关单位处理有关问题，整改完成后按照程序重新申请验收。

第七条　验收资料制备由项目法人负责统一组织，有关单位应按要求及时完成并提交。资料提交单位应对所提交资料的真实性、完整性负责。

第八条　水文设施工程验收所需费用应当列入工程概算，由项目法人列支或按合同约定列支。

第二章　合同工程完工验收

第九条　合同工程完工并具备验收条件时，施工单位应及时向项目法人提出验收申请。项目法人应在收到验收申请报告之日起20个工作日内决定是否同意进行合同工程完工验收。

第十条　合同工程完工验收应具备以下条件：

（一）合同范围内的工程已按合同约定完成。

（二）工程质量缺陷已按要求处理。

（三）合同争议已解决。

（四）合同结算已完成。

（五）施工现场已清理。

（六）需移交项目法人的档案资料已按要求整理完毕。

（七）合同约定的其他条件。

第十一条　合同工程完工验收由项目法人或项目法人委托的单位主持，验收工作组由项目法人、设计、监理、施工、运行管理等单位的代表组成。必要时可邀请有关部门的代表和有关专家参加。

第十二条　合同工程完工验收包括以下主要内容：

（一）检查合同范围内的工程和工作完成情况。

（二）检查已投入使用工程运行情况。

（三）检查验收资料整理情况。

（四）评定合同工程质量。

（五）检查合同完工结算情况。

（六）检查施工现场清理情况。

（七）对验收中发现的问题提出处理意见。

（八）确定合同工程完工日期。

（九）讨论并通过《合同工程完工验收鉴定书》。

第十三条　合同工程完工验收的成果是《合同工程完工验收鉴定书》。自鉴定书通过之日起20个工作日内，由项目法人分送有关单位。

第三章　工程完工验收

第十四条　工程完工后，应在2个月内组织工程完工验收。

第十五条　工程完工验收应具备以下条件：

（一）工程主要建设内容已按批准的设计全部完成，并通过合同工程完工验收。

（二）设施设备运行正常。

（三）工程完工验收有关报告已准备就绪。

第十六条　工程完工验收由项目法人主持，验收工作组由项目法人、设计、监理、施工、质量监督、运行管理等单位的代表组成。必要时可邀请有关部门的代表和有关专家参加。

第十七条　工程完工验收包括以下主要内容：

（一）检查工程是否按批准的设计全部完成。

（二）检查工程建设情况，评定工程质量。

（三）检查工程是否正常运行。

（四）对验收遗留问题提出处理意见。

（五）确定工程完工日期。

（六）讨论并通过《工程完工验收鉴定书》。

第十八条　工程完工验收的成果是《工程完工验收鉴定书》。自鉴定书通过之日起30个工作日内，由项目法人分送有关单位。

第四章　竣工验收

第十九条　竣工验收应在工程完工并运行1个汛期后进行。不能按时验收的，经竣工验收主持单位同意，可以适当延长期限，但最长不得超过6个月。逾期仍不能进行验收的，项目法人应当向竣工验收主持单位做出专题报告。

第二十条　竣工验收主持单位按照以下原则确定：

（一）中央直属项目中，流域机构项目总投资在1000（含）万元以上的，由水利部或其指定、委托的水利部水文局、流域机构主持；总投资在1000万元以下的，由流域机构或其指定、委托的流域水文机构主持。水利部其他直属单位项目由水利部或其指定、委托的单位主持。

（二）地方项目总投资在 1000（含）万元以上的，由省级水行政主管部门主持；总投资在 1000 万元以下的，由省级水行政主管部门或其指定、委托的省级水文机构主持。

中央直属项目是指由流域机构等水利部直属单位负责组织实施的水文设施工程，地方项目是指由省级水行政主管部门负责组织实施的水文设施工程。对于涉及多个项目法人的水文设施工程，应以项目法人为单元组织验收。

第二十一条　竣工验收委员会由建设管理、计划、财务、审计、档案、质量监督、运行管理等方面的代表和有关专家组成。专家人数应根据被验项目的技术特点合理确定。

项目法人、设计、监理、施工、主要设备供应等单位作为被验收单位列席竣工验收会议，负责解答验收委员会提出的问题。

第二十二条　竣工财务决算审查和审计工作由竣工验收主持单位的同级水利财务部门和审计部门负责。竣工财务决算审计通过后，方可进行竣工验收。

第二十三条　工程进行竣工验收前，应按照国家或行业有关规定、标准进行专业（专项）验收。经商有关部门同意，专业（专项）验收也可与竣工验收一并进行。

第二十四条　工程具备竣工验收条件的，项目法人应当及时提出竣工验收申请。竣工验收主持单位应当自收到竣工验收申请报告之日起 20 个工作日内决定是否同意进行竣工验收。

第二十五条　竣工验收应具备以下条件：

（一）工程已按批准的设计全部完成，运行正常。

（二）固定资产核查工作已完成。

（三）管理人员已落实到位，管理制度已建立。

（四）工程质量已评定为合格。

（五）竣工验收所需有关报告已准备就绪。

（六）工程投资已全部到位。

（七）合同工程完工验收、工程完工验收已通过，验收所发现的问题已处理完毕。

（八）竣工财务决算已通过竣工审计，审计意见中提出的问题已整改并提交了整改报告。

第二十六条　工程按批准的设计基本完成，属下列情况者可进行竣工验收：

（一）个别单项工程尚未建成，但不影响主体工程正常运行和效益发挥，并符合财务规定。

（二）由于特殊原因致使少量尾工不能完成，但不影响工程正常运行和效益发挥，并符合财务规定。

竣工验收时应对上述单项工程和尾工进行审核，责成有关单位限期完成。

第二十七条　竣工验收包括以下主要内容：

（一）检查项目是否已按批准的设计全部完成。

（二）检查工程建设和运行情况，并鉴定工程质量。

（三）检查历次验收情况及其遗留问题和已投入使用工程在运行中所发现问题的处理情况。

（四）检查尾工安排情况。

（五）审查资金使用和固定资产登记情况。

（六）研究验收中发现的问题并提出处理意见。

第二十八条　竣工验收会议主要程序：

（一）现场检查工程建设情况。

（二）查阅工程建设有关资料。

（三）听取有关单位的报告：

1. 工程建设管理工作报告；

2. 工程设计工作报告；

3. 工程建设监理工作报告；

4. 工程施工管理工作报告；

5. 工程质量评定报告；

6. 工程运行管理准备工作报告。

（四）讨论通过《竣工验收鉴定书》。

（五）验收委员会成员和被验收单位代表在《竣工验收鉴定书》上签字。

第二十九条　竣工验收委员会应根据工程质量评定报告，结合竣工验收情况，作出工程质量是否合格的结论。

第三十条　竣工验收的成果是《竣工验收鉴定书》。自鉴定书通过之日起 30 个工作日内，由竣工验收主持单位分送有关单位，并抄送水利部水文局备案。

第三十一条　项目法人与工程运行管理单位不同的，工程通过竣工验收后，应及时办理工程移交手续。

第五章　附　　则

第三十二条　本办法所称项目法人包括实行代建制项目中经项目法人委托的项目代建机构。

第三十三条　本办法所涉及有关验收申请报告、工作报告和验收鉴定书等的内容和格式要求，按照《水文设施工程验收规程》（SL 650—2014）的规定执行。

第三十四条　本办法由水利部水文局负责解释。

第三十五条　本办法自印发之日起实施。原《水文设施工程竣工验收暂行办法》（水文计〔2004〕197 号）同时废止。

水利工程建设项目档案管理规定

（水利部　水办〔2005〕480 号　2015 年 11 月 1 日）

第一章　总　　则

第一条　为加强水利工程建设项目（以下简称水利工程）档案管理工作，明确档案管理职责，规范档案管理行为，充分发挥档案在水利工程建设与管理中的作用，根据《中华人民共和国档案法》《水利档案工作规定》及有关业务建设规范，结合水利工程的特点，制定本规定。

第二条　水利工程档案是指水利工程在前期、实施、竣工验收等各建设阶段过程中形成的，具有保存价值的文字、图表、声像等不同形式的历史记录。

第三条　水利工程档案工作是水利工程建设与管理工作的重要组成部分。有关单位应加强领导，将档案工作纳入水利工程建设与管理工作中，明确相关部门、人员的岗位职责，健全制度，统筹安排档案工作经费，确保水利工程档案工作的正常开展。

第四条　本规定适用于大中型水利工程，其他水利工程可参照执行。

第二章　档　案　管　理

第五条　水利工程档案工作应贯穿于水利工程建设程序的各个阶段。即：从水利工程建设前期就应进行文件材料的收集和整理工作；在签订有关合同、协议时，应对水利工程档案的收集、整理、移交提出明确要求；检查水利工程进度与施工质量时，要同时检查水利工程档案的收集、整理情况；在进行项目成果评审、鉴定和水利工程重要阶段验收与竣工验收时，要同时审查、验收工程档案的内容与质量，并作出相应的鉴定评语。

第六条　各级建设管理部门应积极配合档案业务主管部门，认真履行监督、检查和指导职责，共同抓好水利工程档案工作。

第七条　项目法人对水利工程档案工作负总责，须认真做好自身产生档案的收集、整理、保管工作，并应加强对各参建单位归档工作的监督、检查和指导。大中型水利工程的项目法人，应设立档案室，落实专职档案人员；其他水利工程的项目法人也应配备相应人员负责工程档案工作。项目法人的档案人员对各职能处室归档工作具有监督、检查和指导职责。

第八条　勘察设计、监理、施工等参建单位，应明确本单位相关部门和人员的归档责任，切实做好职责范围内水利工程档案的收集、整理、归档和保管工作；属于向项目法人等单位移交的应归档文件材料，在完成收集、整理、审核工作后，应及时提交项目法人。项目法人应认真做好有关档案的接收、归档和向流域机构档案馆的移交工作。

第九条　工程建设的专业技术人员和管理人员是归档工作的直接责任人，须按要求将工作中形成的应归档文件材料，进行收集、整理、归档，如遇工作变动，须先交清原岗位应归档的文件材料。

第十条　水利工程档案的质量是衡量水利工程质量的重要依据，应将其纳入工程质量管理程序。质量管理部门应认真把好质量监督检查关，凡参建单位未按规定要求提交工程档案的，不得通过验收或进行质量等级评定。工程档案达不到规定要求的，项目法人不得返还其工程质量保证金。

第十一条　大中型水利工程均应建设与工作任务相适应的、符合规范要求的专用档案库房，配备必要的档案装具和设备；其他建设项目也应有满足档案工作需要的库房、装具和设备。所需费用可分别列入工程总概算的管理房屋建设工程项目类和生产准备费中。

第十二条　项目法人应按照国家信息化建设的有关要求，充分利用新技术，开展水利工程档案数字化工作，建立工程档案数据库，大力开发档案信息资源，提高档案管理水平，为工程建设与管理服务。

第十三条　项目法人应按时向上级主管单位报送《水利工程建设项目档案管理情况登记表》（附件1）。国家重点建设项目还应同时向水利部报送《国家重点建设项目档案管理登记表》（附件2）。

第三章　归档与移交要求

第十四条　水利工程档案的保管期限分为永久、长期、短期三种。长期档案的实际保存期限不得短于工程的实际寿命。

第十五条　《水利工程建设项目文件材料归档范围和保管期限表》（附件3）是对项目法人等相关单位应保存档案的原则规定。项目法人可结合实际，补充制定更加具体的工程档案归档范围及符合工程建设实际的工程档案分类方案。

第十六条　水利工程档案的归档工作一般是由产生文件材料的单位或部门负责。总包单位对各分包单位提交的归档材料负有汇总责任；各参建单位技术负责人应对其提供档案的内容及质量负责；监理工程师对施工单位提交的归档材料应履行审核签字手续，监理单位应向项目法人提交对工程档案内容与整编质量情况的专题审核报告。

第十七条　水利工程文件材料的收集、整理应符合《科学技术档案案卷构成的一般要求》（GB/T 1182—2000）。归档文件材料的内容与形式均应满足档案整理规范要求，即：内容应完整、准确、系统；形式应字迹清楚、图样清晰、图表整洁、竣工图及声像材料须标注的内容清楚、签字（章）手续完备，归档图纸应按《技术制图复制图的折叠方法》（GB/T 10609.3—1989）要求统一折叠。

第十八条　竣工图是水利工程档案的重要组成部分，必须做到完整、准确、清晰、系统、修改规范、签字手续完备。项目法人应负责编制项目总平面图和综合管线竣工图。施工单位应以单位工程或专业为单位编制竣工图。竣工图须由编制单位在图标上方空白处逐张加盖"竣工图章"（附件4中图4-1），有关单位和责任人应严格履行签字手续。每套竣工图应附编制说明、鉴定意见及目录。施工单位应按以下要求编制竣工图：

（一）按施工图施工没有变动的，须在施工图上加盖并签署竣工图章。

（二）一般性的图纸变更及符合杠改或划改要求的，可在原施工图上更改，在说明栏内注明变更依据，加盖并签署竣工图章。

（三）凡涉及结构形式、工艺、平面布置等重大改变，或图面变更超过1/3的，应重新绘制竣工图（可不再加盖竣工图章）。重绘图应按原图编号，并在说明栏内注明变更依据，在图标栏内注明"竣工阶段"和绘制竣工图的时间、单位、责任人。监理单位应在图标上方加盖并签署"竣工图确认章"（见附件4中图4-2）。

第十九条　水利工程建设声像档案是纸制载体档案的必要补充。参建单位应指定专人，负责各自产生的照片、胶片、录音、录像等声像材料的收集、整理、归档工作，归档的声像材料均应标注事由、时间、地点、人物、作者等内容。工程建设重要阶段、重大事件、事故必须要有完整的声像材料归档。

第二十条　电子文件的整理、归档参照《电子文件归档与管理规范》（GB/T 18894—2002）执行。

第二十一条　项目法人可根据实际需要，确定不同文件材料的归档份数，但应满足以下要求：

（一）项目法人与运行管理单位应各保存1套较完整的工程档案材料（当两者为一个单位时，应异地保存1套）。

（二）工程涉及多家运行管理单位时，各运行管理单位则只保存与其管理范围有关的工程档案材料。

（三）当有关文件材料需由若干单位保存时，原件应由项目产权单位保存，其他单位保存复制件。

（四）流域控制性水利枢纽工程或大江、大河、大湖的重要堤防工程，项目法人应负责向流域机构档案馆移交1套完整的工程竣工图及工程竣工验收等相关文件材料（具体内容参见附件3）。

第二十二条 工程档案的归档与移交必须编制档案目录。档案目录应为案卷级，并须填写工程档案交接单（见附件5）。交接双方应认真核对目录与实物，并由经手人签字、加盖单位公章确认。

第二十三条 工程档案的归档时间可由项目法人根据实际情况确定。可分阶段在单位工程或单项工程完工后向项目法人归档，也可在主体工程全部完工后向项目法人归档。整个项目的归档工作和项目法人向有关单位的档案移交工作应在工程竣工验收后3个月内完成。

第四章 档 案 验 收

第二十四条 水利工程档案验收是水利工程竣工验收的重要内容，应提前或与工程竣工验收同步进行。凡档案内容与质量达不到要求的水利工程不得通过档案验收；未通过档案验收或档案验收不合格的，不得进行或通过工程的竣工验收。

第二十五条 各级水行政主管部门组织的水利工程竣工验收，应有档案人员作为验收委员参加。水利部组织的工程验收，由水利部办公厅档案部门派员参加；流域机构或省级水行政主管部门组织的工程验收，由相应的档案管理部门派员参加；其他单位组织的有关工程项目的验收，由组织工程验收单位的档案人员参加。

第二十六条 大中型水利工程在竣工验收前要进行档案专项验收。其他工程的档案验收应与工程竣工验收同步进行。档案专项验收可分为初步验收和正式验收。初步验收可由工程竣工验收主持单位委托相关单位组织进行；正式验收应由工程竣工验收主持单位的档案业务主管部门负责。

第二十七条 水利工程在进行档案专项验收前，项目法人应组织工程参建单位对工程档案的收集、整理、保管与归档情况进行自检，确认工程档案的内容与质量已达要求后，可向有关单位报送档案自检报告，并提出档案专项验收申请。

档案自检报告应包括：工程概况，工程档案管理情况，文件材料的收集、整理、归档与保管情况，竣工图的编制与整编质量，工程档案完整、准确、系统、安全性的自我评价等内容。

第二十八条 档案专项验收的主持单位在收到申请后，可委托有关单位对其工程档案进行验收前检查评定，对具备验收条件的项目，应成立档案专项验收组进行验收。档案专项验收组由验收主持单位、国家或地方档案行政管理部门、地方水行政管理部门及有关流域机构等单位组成。必要时，可聘请相关单位的档案专家作为验收组成员参加验收。

第二十九条 档案专项验收工作的步骤、方法与内容如下：

（一）听取项目法人有关工程建设情况和档案收集、整理、归档、移交、管理与保管情况的自检报告。

（二）听取监理单位对项目档案整理情况的审核报告。

（三）对验收前已进行档案检查评定的水利工程，还应听取被委托单位的检查评定意见。

（四）查看现场（了解工程建设实际情况）。

（五）根据水利工程建设规模，抽查各单位档案整理情况。抽查比例一般不得少于项目法人应保存档案数量的8%，其中竣工图不得少于一套竣工图总张数的10%；抽查档案总量应在200卷以上。

（六）验收组成员进行综合评议。

（七）形成档案专项验收意见，并向项目法人和所有会议代表反馈。

（八）验收主持单位以文件形式正式印发档案专项验收意见。

第三十条 档案专项验收意见应包括以下内容：

（一）工程概况。

（二）工程档案管理情况：

1. 工程档案工作管理体制与管理状况；

2. 文件材料的收集、整理、立卷质量与数量；

3. 竣工图的编制质量与整编情况；

4. 工程档案的完整、准确、系统性评价。

（三）存在问题及整改要求。

（四）验收结论。

（五）验收组成员签字表。

第五章　附　则

第三十一条　本规定由水利部负责解释。

第三十二条　本规定自 2005 年 12 月 10 日起施行，原水利部制定的《水利基本建设项目档案资料管理规定》（水办〔1997〕275 号）同时废止。

附件

附件 1

水利工程建设项目档案管理情况登记表

项目名称					
项目法人					
主要设计单位					
主要施工单位					
主要设备安装单位					
主要监理单位					
批准概算总投资	万元	计划工期		年　月—　年　月	
项目档案资料管理情况（项目法人）					
档案资料管理部门		隶属部门	负责人	联系电话	
联系地址				邮编	
库房面积		档案工作其他用房面积			
设备	档案柜架（套/组）	计算机（台）	复印机（台）	空调机（台）	其他设备
现有档案资料数量	档案正本（卷/册）		资料（卷/册）		竣工图（张/卷）
项目法人代表					
				（公章）　　　年　月　日	

注　此表应于项目开工 6 个月内报送上级主管单位的档案部门，所有未验收的项目，每年 12 月 30 日前均需再次填报。

附件2

国家重点建设项目档案管理登记表

（项目及项目档案和资料情况动态表）编号：

项目名称					
建设单位或项目法人					
地　　址				邮编	
上级主管部门					
批准概算总投资		万元	计划工期	年　月～　年　月	
主要单位工程名称					
现已完成单位或单项工程					
主要设计单位					
主要施工单位					
主要设备安装单位					
主要监理单位					
项目档案和资料管理情况					
档案资料管理部门名称				隶属部门	
联系地址＼电话				负责人	
项目建档时间					
专职档案人员数量					
库房面积＼档案工作其他用房面积					
设施设备					
现有档案资料数量（正本）				卷（册）	
图纸张数					
对项目档案日常监督、指导上级单位					

填表单位

　　　　　　　　　　　　　　　　　　　　　　　　　　　　　　　（盖章）

　　　　　　　　　　　　　　　　　　　　　　　　　　　年　　月　　日

注　此表应于项目开工后 6 个月内，经行业主管部门报国家档案局，对于未验收的国家建设项目，应每年填报一次。

附件3

水利工程建设项目文件材料归档范围和保管期限表

序号	归 档 文 件	保管期限			备注
		项目法人	运行管理单位	流域机构档案馆	
1	工程建设前期工作文件材料				
1.1	勘测设计任务书、报批文件及审批文件	永久	永久		
1.2	规划报告书、附件、附图、报批文件及审批文件	永久	永久		
1.3	项目建议书、附件、附图、报批文件及审批文件	永久	永久		
1.4	可行性研究报告书、附件、附图、报批文件及审批文件	永久	永久		
1.5	初步设计报告书、附件、附图、报批文件及审批文件	永久	永久		
1.6	各阶段的环境影响、水土保持、水资源评价等专项报告及批复文件	永久	永久		
1.7	各阶段的评估报告	永久	永久		
1.8	各阶段的鉴定、实验等专题报告	永久	永久		
1.9	招标设计文件	永久	永久		
1.10	技术设计文件	永久	永久		
1.11	施工图设计文件	长期	长期		
2	工程建设管理文件材料				
2.1	工程建设管理有关规章制度、办法	永久	永久		
2.2	开工报告及审批文件	永久	永久		
2.3	重要协调会议与有关专业会议的文件及相关材料	永久	永久		
2.4	工程建设大事记	永久	永久	永久	
2.5	重大事件、事故声像材料	长期	长期		
2.6	有关工程建设管理及移民工作的各种合同、协议书	长期	长期		
2.7	合同谈判记录、纪要	长期	长期		
2.8	合同变更文件	长期	长期		
2.9	索赔与反索赔材料	长期			
2.10	工程建设管理涉及到的有关法律事务往来文件	长期	长期		
2.11	移民征地申请、批准文件及红线图（包括土地使用证）、行政区域图、坐标图	永久	永久		
2.12	移民拆迁规划、安置、补偿及实施方案和相关的批准文件	永久	永久		
2.13	各种专业会议记录	长期	*长期		
2.14	专业会议纪要	永久	*永久	*永久	
2.15	有关领导的重要批示	永久	永久		
2.16	有关工程建设计划、实施计划和调整计划	长期			
2.17	重大设计变更及审批文件	永久	永久	永久	
2.18	有关质量及安全生产事故处理文件材料	长期	长期		
2.19	有关招标技术设计、施工图设计及其审查文件材料	长期	长期		
2.20	有关投资、进度、质量、安全、合同等控制文件材料	长期			
2.21	招标文件、招标修改文件、招标补遗及答疑文件	长期			
2.22	投标书、资质资料、履约类保函、委托授权书和投标澄清文件、修正文件	永久			
2.23	开标、评标会议文件及中标通知书	长期			

序号	归　档　文　件	保管期限			备注
		项目法人	运行管理单位	流域机构档案馆	
2.24	环保、档案、防疫、消防、人防、水土保持等专项验收的请示、批复文件	永久	永久		
2.25	工程建设不同阶段产生的有关工程启用、移交的各种文件材料	永久	永久	＊永久	
2.26	出国考察报告及外国技术人员提供的有关文件材料	永久			
2.27	项目法人在工程建设管理方面与有关单位（含外商）的重要来往函电	永久			
3	施工文件材料				
3.1	工程技术要求、技术交底、图纸会审纪要	长期	长期		
3.2	施工计划、技术、工艺、安全措施等施工组织设计报批及审核文件	长期	长期		
3.3	建筑原材料出厂证明、质量鉴定、复验单及试验报告	长期	长期		
3.4	设备材料、零部件的出厂证明（合格证）、材料代用核定审批手续、技术核定单、业务联系单、备忘录等		长期		
3.5	设计变更通知、工程更改洽商单等	永久	永久	永久	
3.6	施工定位（水准点、导线点、基准点、控制点等）测量、复核记录	永久	永久		
3.7	施工放样记录及有关材料	永久	永久		
3.8	地质勘探和土（岩）试验报告	永久	长期		
3.9	基础处理、基础工程施工、桩基工程、地基验槽记录	永久	永久		
3.10	设备及管线焊接试验记录、报告，施工检验、探伤记录	永久	长期		
3.11	工程或设备与设施强度、密闭性试验记录、报告	长期	长期		
3.12	隐蔽工程验收记录	永久	长期		
3.13	记载工程或设备变化状态（测试、沉降、位移、变形等）的各种监测记录	永久	长期		
3.14	各类设备、电气、仪表的施工安装记录，质量检查、检验、评定材料	长期	长期		
3.15	网络、系统、管线等设备、设施的试运行、调试、测试、试验记录与报告	长期	长期		
3.16	管线清洗、试压、通水、通气、消毒等记录、报告	长期	长期		
3.17	管线标高、位置、坡度测量记录	长期	长期		
3.18	绝缘、接地电阻等性能测试、校核记录	永久	长期		
3.19	材料、设备明细表及检验、交接记录	长期	长期		
3.20	电器装置操作、联动实验记录	短期	长期		
3.21	工程质量检查自评材料	永久	长期		
3.22	施工技术总结，施工预、决算	长期	长期		
3.23	事故及缺陷处理报告等相关材料	长期	长期		
3.24	各阶段检查、验收报告和结论及相关文件材料	永久	永久	＊永久	
3.25	设备及管线施工中间交工验收记录及相关材料	永久	长期		
3.26	竣工图（含工程基础地质素描图）	永久	永久	永久	
3.27	反映工程建设原貌及建设过程中重要阶段或事件的声像材料	长期	长期	永久	
3.28	施工大事记	长期	长期		
3.29	施工记录及施工日记		长期		
4	监理文件材料				
4.1	监理合同协议，监理大纲，监理规划、细则、采购方案、监造计划及批复文件	长期			
4.2	设备材料审核文件	长期			

序号	归 档 文 件	保管期限			备注
		项目法人	运行管理单位	流域机构档案馆	
4.3	施工进度、延长工期、索赔及付款报审材料	长期			
4.4	开（停、复、返）工令、许可证等	长期			
4.5	监理通知，协调会审纪要，监理工程师指令、指示，来往信函	长期			
4.6	工程材料监理检查、复检、实验记录、报告	长期			
4.7	监理日志、监理周（月、季、年）报、备忘录	长期			
4.8	各项控制、测量成果及复核文件	长期			
4.9	质量检测、抽查记录	长期			
4.10	施工质量检查分析评估、工程质量事故、施工安全事故等报告	长期	长期		
4.11	工程进度计划实施的分析、统计文件	长期			
4.12	变更价格审查、支付审批、索赔处理文件	长期			
4.13	单元工程检查及开工（开仓）签证，工程分部分项质量认证、评估	长期			
4.14	主要材料及工程投资计划、完成报表	长期			
4.15	设备采购市场调查、考察报告	长期			
4.16	设备制造的检验计划和检验要求、检验记录及试验、分包单位资格报审表	长期			
4.17	原材料、零配件等的质量证明文件和检验报告	长期			
4.18	会议纪要	长期	长期		
4.19	监理工程师通知单、监理工作联系单	长期			
4.20	有关设备质量事故处理及索赔文件	长期			
4.21	设备验收、交接文件，支付证书和设备制造结算审核文件	长期	长期		
4.22	设备采购、监造工作总结	长期	长期		
4.23	监理工作声像材料	长期	长期		
4.24	其他有关的重要来往文件	长期	长期		
5	工艺、设备材料（含国外引进设备材料）文件材料				
5.1	工艺说明、规程、路线、试验、技术总结		长期		
5.2	产品检验、包装、工装图、检测记录		长期		
5.3	采购工作中有关询价、报价、招投标、考察、购买合同等文件材料	长期			
5.4	设备、材料报关（商检、海关）、商业发票等材料	永久			
5.5	设备、材料检验、安装手册、操作使用说明书等随机文件		长期		
5.6	设备、材料出厂质量合格证、装箱单、工具单，备品备件单等		短期		
5.7	设备、材料开箱检验记录及索赔文件等材料	永久			
5.8	设备、材料的防腐、保护措施等文件材料		短期		
5.9	设备图纸、使用说明书、零部件目录		长期		
5.10	设备测试、验收记录		长期		
5.11	设备安装调试记录、测定数据、性能鉴定		长期		
6	科研项目文件材料				
6.1	开题报告、任务书、批准书	永久			
6.2	协议书、委托书、合同	永久			
6.3	研究方案、计划、调查研究报告	永久			

续表

序号	归 档 文 件	保管期限			备注
		项目法人	运行管理单位	流域机构档案馆	
6.4	试验记录、图表、照片	永久			
6.5	实验分析、计算、整理数据	永久			
6.6	实验装置及特殊设备图纸、工艺技术规范说明书	永久			
6.7	实验装置操作规程、安全措施、事故分析	长期			
6.8	阶段报告、科研报告、技术鉴定	永久			
6.9	成果申报、鉴定、审批及推广应用材料	永久			
6.10	考察报告	永久			
7	生产技术准备、试生产文件材料				
7.1	技术准备计划		长期		
7.2	试生产管理、技术责任制等规定		长期		
7.3	开停车方案		长期		
7.4	设备试车、验收、运转、维护记录		长期		
7.5	安全操作规程、事故分析报告		长期		
7.6	运行记录		长期		
7.7	技术培训材料		长期		
7.8	产品技术参数、性能、图纸		长期		
7.9	工业卫生、劳动保护材料、环保、消防运行检测记录		长期		
8	财务、器材管理文件材料				
8.1	财务计划、投资、执行及统计文件	长期			
8.2	工程概算、预算、决算、审计文件及标底、合同价等说明材料	永久			
8.3	主要器材、消耗材料的清单和使用情况记录	长期			
8.4	交付使用的固定资产、流动资产、无形资产、递延资产清册	永久	永久		
9	竣工验收文件材料				
9.1	工程验收申请报告及批复	永久	永久	永久	
9.2	工程建设管理工作报告	永久	永久	永久	
9.3	工程设计总结（设计工作报告）	永久	永久	永久	
9.4	工程施工总结（施工管理工作报告）	永久	永久	永久	
9.5	工程监理工作报告	永久	永久	永久	
9.6	工程运行管理工作报告	永久	永久	永久	
9.7	工程质量监督工作报告（含工程质量检测报告）	永久	永久	永久	
9.8	工程建设声像材料	永久	永久	永久	
9.9	工程审计文件、材料、决算报告	永久	永久	永久	
9.10	环境保护、水土保持、消防、人防、档案等专项验收意见	永久	永久	永久	
9.11	工程竣工验收鉴定书及验收委员签字表	永久	永久	永久	
9.12	竣工验收会议其他重要文件材料及记载验收会议主要情况的声像材料	永久	永久	永久	
9.13	项目评优报奖申报材料、批准文件及证书	永久	永久	永久	

注 保管期限中有 * 的类项，表示相关单位只保存与本单位有关或较重要的相关文件材料。

附件 4

竣工图章及竣工图确认章

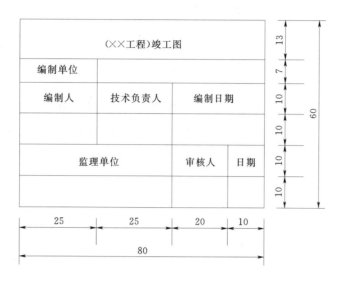

图 4-1 竣工图章（比例 1 : 1，单位 mm）

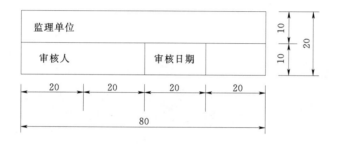

图 4-2 竣工图确认章（比例 1 : 1，单位 mm）

　　注：竣工图章中（××工程）应在图章制作时直接填写上工程项目的全称；竣工图章与确认章中的编制单位与监理单位均可在图章制作时直接填写清楚。

附件 5

（×××）工程
档 案 交 接 单

本单附有目录____张，包含工程档案资料_____卷。

（其中：永久_____卷，长期_____卷，短期_____卷；在永久卷中包含竣工图_____张）

归档或移交单位（签章）：

经手人：   年   月   日

接收单位（签章）：

经手人：   年   月   日

水利工程建设项目档案验收管理办法

（水利部　水办〔2008〕366 号　2008 年 9 月 9 日）

第一章　总　　则

第一条　根据水利部《水利工程建设项目档案管理规定》（水办〔2005〕480 号）和国家档案局、国家发改委联合印发的《重大建设项目档案验收办法》（档发〔2006〕2 号），为进一步加强对水利工程建设项目档案验收工作的监督、指导，规范档案验收工作行为，统一档案验收标准，确保档案验收质量，特制定本办法。

第二条　本办法所称的档案验收是指各级水行政主管部门依法组织的水利工程建设项目档案专项验收。

第三条　档案验收依据《水利工程建设项目档案验收评分标准》（见附件，以下简称《评分标准》）对项目档案管理及档案质量进行量化赋分，满分为 100 分。验收结果分为 3 个等级：总分达到或超过 90 分的，为优良；达到 70～89.9 分的，为合格；达不到 70 分或"应归档文件材料质量与移交归档"项达不到 60 分的，均为不合格。

第四条　大中型以上和国家重点水利工程建设项目，应按本办法要求进行档案验收。档案验收不合格的，不得进行项目竣工验收。

第五条　水利重大信息化建设项目及其他水利工程（含改建、扩建、除险加固等建设项目），可参照本办法进行档案验收。

第二章　验　收　申　请

第六条　申请档案验收应具备的条件：

（一）项目主体工程、辅助工程和公用设施，已按批准的设计文件要求建成，各项指标已达到设计能力并满足一定运行条件。

（二）项目法人与各参建单位已基本完成应归档文件材料的收集、整理、归档与移交工作。

（三）监理单位对主要施工单位提交的工程档案的整理与内在质量进行了审核，认为已达到验收标准，并提交了专项审核报告。

（四）项目法人基本实现了对项目档案的集中统一管理，且按要求完成了自检工作，并达到《评分标准》规定的合格以上分数。

第七条　项目法人在确认已达到第六条规定的条件后，应早于工程计划竣工验收的 3 个月前，按以下原则向项目竣工验收主持单位提出档案验收申请：

主持单位是水利部的，应按归口管理关系通过流域机构或省级水行政主管部门申请；主持单位是流域机构的，直属项目可直接申请，地方项目应经省级水行政主管部门申请；主持单位是省级水行政主管部门的，可直接申请。

第八条　档案验收申请应包括项目法人开展档案自检工作的情况说明、自检得分数、自检结论等内容，并将项目法人的档案自检工作报告和监理单位专项审核报告附后。

档案自检工作报告的主要内容：工程概况，工程档案管理情况，文件材料收集、整理、归档与保管情况，竣工图编制与整理情况，档案自检工作的组织情况，对自检或以往阶段验收发现问题的整改情况，按《评分标准》自检得分与扣分情况，目前仍存在的问题，对工程档案完整、准确、系统性的自我评价等内容。

专项审核报告的主要内容：监理单位履行审核责任的组织情况，对监理和施工单位提交的项目档案审核、把关情况，审核档案的范围、数量，审核中发现的主要问题与整改情况，对档案内容与整理质量的综合评价，目前仍存在的问题，审核结果等内容。

第三章 验 收 组 织

第九条 档案验收由项目竣工验收主持单位的档案业务主管部门负责组织。

第十条 档案验收的组织单位，应对申请验收单位报送的材料进行认真审核，并根据项目建设规模及档案收集、整理的实际情况，决定先进行预验收或直接进行验收。对预验收合格或直接进行验收的项目，应在收到验收申请后的 40 个工作日内组织验收。

第十一条 对需进行预验收的项目，可由档案验收组织单位组织，也可由其委托流域机构或地方水行政主管部门组织（应有正式委托函）。被委托单位应在受委托的 20 个工作日内按本办法要求组织预验收，并将预验收意见上报验收委托单位，同时抄送申请验收单位。

第十二条 档案验收的组织单位应会同国家或地方档案行政管理部门成立档案验收组进行验收。验收组成员一般应包括档案验收组织单位的档案部门，国家或地方档案行政管理部门，有关流域机构和地方水行政主管部门的代表及有关专家。

第十三条 档案验收应形成验收意见。验收意见须经验收组三分之二以上成员同意，并履行签字手续，注明单位、职务、专业技术职称。验收成员对验收意见有异议的，可在验收意见中注明个人意见并签字确认。验收意见应由档案验收组织单位印发给申请验收单位，并报国家或省级档案行政管理部门备案。

第四章 验 收 程 序

第十四条 档案验收通过召开验收会议的方式进行。验收会议由验收组组长主持，验收组成员及项目法人、各参建单位和运行管理等单位的代表参加。

第十五条 档案验收会议主要议程：

（一）验收组组长宣布验收会议文件及验收组组成人员名单。

（二）项目法人汇报工程概况和档案管理与自检情况。

（三）监理单位汇报工程档案审核情况。

（四）已进行预验收的，由预验收组织单位汇报预验收意见及有关情况。

（五）验收组对汇报有关情况提出质询，并察看工程建设现场。

（六）验收组检查工程档案管理情况，并按比例抽查已归档文件材料。

（七）验收组结合检查情况按验收标准逐项赋分，并进行综合评议，讨论、形成档案验收意见。

（八）验收组与项目法人交换意见，通报验收情况。

（九）验收组组长宣读验收意见。

第十六条 档案验收意见应包括的内容：

前言（验收会议的依据、时间、地点及验收组组成情况，工程概况，验收工作的步骤、方法与内容简述）；

一、档案工作基本情况：工程档案工作管理体制与管理状况；

二、文件材料的收集、整理质量，竣工图的编制质量与整理情况，已归档文件材料的种类与数量；

三、工程档案的完整、准确、系统性评价；

四、存在问题及整改要求；

五、得分情况及验收结论；

六、附件：档案验收组成员签字表。

第十七条　对档案验收意见中提出的问题和整改要求，验收组织单位应加强对落实情况的检查、督促；项目法人应在工程竣工验收前，完成相关整改工作，并在提出竣工验收申请时，将整改情况一并报送竣工验收主持单位。

第十八条　对未通过档案验收（含预验收）的，项目法人应在完成相关整改工作后，按本办法第二章要求重新申请验收。

第五章　附　　则

第十九条　本办法由水利部负责解释。

第二十条　本办法自 2008 年 10 月 10 日起施行。

国家地下水监测工程
项目法人监督检查制度

(水文综〔2015〕104号 2015年6月25日)

为加强国家地下水工程（水利部分）工程建设项目（以下简称本工程）的建设管理，加大项目法人工作监管力度，及时了解掌握项目建设进展情况和存在问题，对项目的重要部位、关键环节进行风险防控，确保工程保质、保量、按期完成，特制定本制度。

一、依据

依据《国家地下水监测工程（水利部分）项目建设管理办法》《国家地下水监测工程（水利部分）项目资金使用管理办法》和《国家地下水监测工程（水利部分）项目廉政建设办法》等制度，按照项目法人管理要求，结合项目建设实际情况制定。

二、范围

国家地下水监测工程项目建设管理工作。

三、机构

成立监督检查组，成员包括局（中心）党政主要负责人、纪委负责人，综合处、计划处、财务处（审计室）、站网处、水质处、信息化处、党办（监察室）等处室负责人。

四、内容

监督检查组主要对项目的组织实施、前期工作、建设管理、资金使用和项目验收等全过程实施监督检查，特别是对项目建设管理规章制度的建立、初步设计、招投标、质量监督、竣工验收以及廉政建设等关键环节进行监督检查。

五、方式

可依据具体情况采用听取汇报、召开座谈会、现场检查等多种方式进行。

原则上监督检查组或主要成员〔局（中心）党政主要负责人〕每两周于周一上午（遇节假日顺延）到项目办检查一次，听取汇报；每半年组织召开一次工作情况汇报会，听取项目办半年工作汇报。同时，可根据项目建设情况，对项目进行不定期抽查。

六、结果

监督检查组针对发现的问题及时提出整改要求，明确整改期限和整改责任人，并督促检查项目办的整改落实情况，确保监督检查工作取得实效。

国家地下水监测工程（水利部分）
设计变更调整补充规定

（水文综〔2015〕155号　2015年10月9日）

国家地下水监测工程（水利部分）项目建设应严格按照批准的初步设计进行，不得擅自更改建设规模、内容、标准和年度投资计划。对因技术进步、建设条件变化、价格变化等因素确需修订技术方案和设备选型等设计变更和有关调整的，应按以下要求办理。

一、基本规定

水利部印发的《国家地下水监测工程（水利部分）项目建设管理办法》中对本项目的设计变更给出了以下规定：

（一）一般程序。根据建设过程中出现的问题，施工单位、监理单位、省级水文部门、流域水文局及部项目办等单位可以提出变更设计建议。项目法人应当对变更设计建议和理由进行评估，必要时组织设计单位、施工单位、监理单位及有关专家对变更建设进行论证。

（二）重大设计变更。建设规模、建设标准、技术方案等发生变化，对工程质量、安全、工期、投资、效益产生重大影响的设计变更，由部项目办报项目法人，项目法人按规定报原初步设计审批单位审批。

（三）一般设计变更。站网局部调整、重要仪器设备和材料技术指标等一般设计变更，由相应的流域水文局、省级水文部门提出设计变更建议，经部项目办审查通过后，由项目法人批准实施并报水利部核备。

二、补充规定

（一）一般设计变更内容。

凡属于下列情况视为一般设计变更：

1. 站网局部调整。①本省（自治区、直辖市）监测站建设数量不变，但监测站建设性质变更（新建站变改建站或改建站变新建站）；②站点位置不变，但监测层位发生变化；③出现打干井，需重新选址打井；④站点位置出现跨县级行政区调整的；⑤岩溶水、裂隙水的监测站需根据外业物探成果进行调整的。

2. 成井及主要材料。①开孔口径与设计要求不一致；②管材发生变更；③滤料和封闭止水材料发生变化。

3. 辅助设施。①站房或井口保护设施数量发生变化；②水准点埋设的数量发生变化；③新建站房面积发生较大变化；④井口保护设施尺寸大小发生变化。

4. 重要监测仪器。①水位监测仪器总数不变，但一体化压力式/浮子式水位监测仪器数量发生变化；②监测仪器技术指标与初步设计要求不一致。

5. 信息源建设和定制软件开发。信息源建设和定制软件开发与初步设计要求不一致。

（二）一般设计变更申报程序。

1. 设计变更提出。一般由省级水文部门、流域水文局提出设计变更建议，报部项目办。

2. 设计单位审查。由部项目办委托设计单位提出明确意见及相应的设计、概算修改，报部项目办。

3. 设计变更审核。部项目办对设计单位提出的意见进行审核，必要时可组织专家、监理单位进行论证。

4. 设计变更批准。部项目办将由监理单位签字后的审核意见报项目法人批准，项目法人报水利部核备。

5. 根据外业物探成果进行监测站调整的，由物探中标单位提出，并由设计单位提出设计、概算修改，报部项目办审核，项目法人审批，项目法人报水利部核备。

（三）其他调整内容与办理程序。

1. 站点位置微调。①施工中，一般平原区站点位置的变化范围在 2km 范围以内，不跨三级水文地质单元和乡镇，可由省级水文部门决定，报部项目办备案；②超出 2km 范围或跨三级水文地质单元和乡镇，但在县级行政区以内且监测层位不变的，需由省级水文部门协商设计单位后，提出正式申请，报部项目办批准；③布设在国家认定的水源地、超采区等特殊类型区的监测站，其位置变化范围超过 500m，但在县级行政区以内且监测层位不变的，需由省级水文部门协商设计单位后，提出正式申请，报部项目办批准。

2. 地市级分中心调整。地市级分中心总数不变，仅分中心名称改变，投资未发生变化的，由省级水文部门提出正式申请，报部项目办批准。

3. 标段划分。标段划分发生变化，由省级水文部门提出正式申请，报部项目办批准。

4. 单井进尺。施工中，新建井单井进尺发生较小变化（一般在设计井深 10% 以内），由省级水文部门处理，做好记录，并报部项目办备案。

5. 一个标段钻探总进尺。施工中，发现一个标段钻探总进尺发生变化（一般在标段总进尺 5% 以内），由省级水文部门和监理单位提出并报部项目办。

国家地下水监测工程（水利部分）
项目资金报账管理暂行办法

(水文财〔2016〕39 号　2016 年 4 月 1 日)

第一条　为规范和加强国家地下水监测工程（水利部分）项目（以下简称本工程）资金使用管理，提高投资效益，根据《中华人民共和国预算法》《中华人民共和国会计法》《国家地下水监测工程（水利部分）项目建设管理办法》《国家地下水监测工程（水利部分）项目资金使用管理办法》等有关法律法规和部门规章，结合本工程实际，制定本办法。

第二条　本办法适用于本工程中高程及坐标测量、生产准备及建设管理等，并在项目法人单位报账的资金使用管理。

第三条　本工程资金使用管理的基本原则：

（一）集中管理原则。本工程资金由项目法人集中管理、统一支付。流域机构水文局或省级水文部门按照项目法人授权委托协助对资金进行监督与管理。

（二）专款专用原则，本工程资金必须按规定用于经批准的项目，不得挤占和挪用，做到专款专用。

（三）提高效益原则，本工程资金的使用和管理，必须厉行节约，降低工程成本，防止损失浪费，提高资金使用效益。

第四条　在项目法人单位报账的流域机构水文局、省级水文部门应制定年度设备购置、会议及培训等计划，经部项目办审核批准后执行。

第五条　报销流程

一、流域机构项目部、省级项目办负责收集、整理本工程资金开支原始票据，填写专项支出用款申请书（见附件 1），并进行初步审核。

二、流域机构水文局、省级水文部门财务负责人对流域项目部或省级项目办报送的单据进行二次审核。

三、流域机构水文局、省级水文部门主管领导进行审批。

四、经审批后的单据，由专人于每季度初 10 个工作日前往部项目办办理报销事宜。

五、经部项目办审核后，由项目法人按照国库集中支付制度等有关规定将核定金额统一支付到流域机构水文局、省级水文部门指定账户。

第六条　本工程报账资金使用注意事项：

（一）所有发票抬头单位名称：水利部水利信息中心。

（二）项目资金支出范围及报账要求见附件 2。

（三）差旅费报销依据《水利部办公厅转发财政部〈中央国家机关差旅费管理办法〉的通知》（办财务〔2014〕32 号）、水利部《水利部办公厅转发财政部〈中央国家机关差旅费管理办法有关问题的解答〉的通知》（办财务函〔2014〕1009 号）等执行。

（四）会议费报销依据《水利部关于印发〈水利部会议管理办法〉的通知》（水办〔2013〕464号），会议计划表见附件 3，会议经费预算审批表见附件 4。

（五）培训费报销依据《水利部办公厅关于转发财政部、中共中央组织部、国家公务员局〈中央和国家机关培训费管理办法〉的通知》（办财务〔2014〕33 号），培训计划表见附件 5。

（六）咨询费的发放标准：时间在 2 天以内的为 800～1000 元/（人·天）；超过 2 天的，第三天及以后减半。劳务费的发放标准：一般不高于 3000 元/（人·月）或 500 元/（人·天）。流域机构水文局、省级水文部门工作人员不得领取本级工程的咨询费和劳务费。咨询费和劳务费发放表格见附件6。经审核批准后，由项目法人按规定支付到个人银行卡上。专家、劳务人员差旅费严格执行相关规定和报销标准，实报实销，无差旅补助。

（七）项目所租用车辆必须与车主单位签订租车合同，其中内容应包括工作任务、租车费用、车辆维修责任等。加油发票及汽车维修发票需注明车牌号。

（八）因工作需要购置固定资产的，列入政府采购目录的必须实行政府采购。购置后须进行资产登记，项目结束后固定资产须上交项目法人。

第七条 凡存在下列情况之一的，财务部门不予支付资金：

（一）违反国家法律、法规和财经纪律的。

（二）不符合批准的建设内容的。

（三）不符合合同条款规定的。

（四）结算手续不完备，支付审批程序不规范的。

（五）发票查验不合格的。

（六）不合理费用。

第八条 本工程不得随意调整投资概算和投资使用范围，流域机构水文局、省级水文部门的开支应分别控制在本级工程项目高程及坐标测量、生产准备及建设管理等核定费用内，超出部分自行解决。

第九条 本办法由水利部水文局负责解释。

第十条 本办法自发布之日起施行。

附件 1

专项支出用款申请书（流域机构）

申请单位：　　　　　　　　　　　申请日期：　　　　　　　　　　　　　单位：元

序号	摘要	收款人			申请金额	核定金额
		全称	银行账号	开户银行		
合计：						
核定金额合计（大写）：						
申请单位（公章）： 流域项目部负责人（签字）： 流域财务部门负责人（签字）： 流域水文局负责人（签字）：			审核单位（公章）： 单位负责人（签字）： 部门负责人（签字）： 财务负责人（签字）： 　　　年　　月　　日			

联系人：　　　　　　　　　　　　　　　　　联系电话：

专项支出用款申请书（省级）

申请单位： 申请日期： 单位：元

序号	摘　要	收　款　人			申请金额	核定金额
		全　　称	银行账号	开户银行		
合计：						
核定金额合计（大写）：						
申请单位（公章）： 项目承办部门负责人（签字）： 省级水文局财务负责人（签字）： 省级水文局负责人（签字）：			审核单位（公章）： 单位负责人（签字）： 部门负责人（签字）： 财务负责人（签字）： 　　　　　　　年　　月　　日			

联系人： 联系电话：

附件 2

生产准备费及管理费科目范围

内容	开展范围	提　供　资　料
生产准备费	生产及管理单位提前进场费	指在工程完工之前，生产、管理、技术人员进行的生产筹备工作所需的各项费用，包括：差旅交通费、会议费、技术图书资料费、零星固定资产购置费、低值易耗品摊销、工具用具使用费、修理费等，发票真伪查询
	生产职工培训费	同管理费、培训费
	管理用具购置费	指为保证新建项目的正常生产和管理所必须购置的办公和生活用具等费用
	备品备件购置费	指工程在投产运行初期，由于易损件损耗和可能发生的事故，而必须准备的备品备件和专用材料的购置费，不包括设备价格中配备的备品备件
	工器具及生产家具购置费	按设计规定，保证初期生产正常运行所必须购置的不属于固定资产标准的生产工具、器具、仪表、生产家具等购置费，不包括设备价格中包括的专用工具
管理费	办公费	与项目日常管理的零星支出，专款支出单，发票，发票真伪查询证明，如有 1000 元以上支出，需提供说明，项目办负责人签字
	差旅交通费	交通工具报销凭据、住宿费报销单据，如果是参加食宿统一安排非自理的会议或培训，不允许报销住宿费，发票真伪查询等。出差事由为检查工作、调研的需附检查报告和调研报告，页数较多者附第一页或封面即可，超标准不予报销，如已实行机票定点采购的单位，一律执行机票等政府采购
	会议费	预算（如有借款，则借款时须提供）、通知、签到、定点会议采购单、宾馆的费用明细表、定点会议采购单（http：//xzzf.mof.gov.cn/zhengwuxinxi/gongzuotongzhi/中央定点宾馆以省为单位查询）、发票及真伪查询
	培训费	预算（如有借款，则借款时须提供）、通知、签到，如果培训在定点宾馆召开的须提供定点会议采购单、发票及真伪查询
	印刷费	发票、印刷内容说明、项目办负责人签字
	邮递费	金额超过 300 元的快递费需提供邮递费说明

续表

内容	开展范围	提 供 资 料
管理费	燃油或租车费	须提供行程说明，包括行程内容、公里数等信息，租车须提供租车合同，合同中应明确行程内容、公里数等信息；发票及真伪查询
	咨询费、劳务费	除清单外，还须提供发放咨询费、劳务费情况说明，内容包括发放原因，发放情况，由地下水项目办负责人签字
	图书资料费	与项目相关的图书资料，需有书名、购置册数等

附件 3

会 议 计 划 表

填报部门：　　　　　　　　　　　　　　　　　　　　　　　主要负责人（签字）：

序号	会议名称	主要内容	参加人员	会期	时间	地点	代表人数	工作人员数	经费/万元	是否视频会	备注

附件 4

会议经费预算审批表

年　　月　　日

会议名称			
开会地点		代表人数	
申请处室		会务工作人数	
经费来源			
经办人			
项目承办部门负责人意见			
财务负责人意见			
水文局领导意见			
会期　自　年　月　日至　年　月　日共　天			
项目	预算金额		备注
住宿费	元		
交通费	元		
资料印刷费	元		
伙食费	元		
公杂费	元		
会议室租用费	元		
合计	元		
大写金额			

附件 5

××××年水利部使用财政资金举办的培训班计划申报表

填报人：　　　　　　　　　　　　　　　　　　　　　　　　　单位负责人（签字）：

序号	培训班名称	培训内容	培训范围	办班期数	办班时间（月份）	每期培训天数	办班地点	培训规模/（人/期）	主办单位	承办单位	联系人及联系电话	项目名称	金额/元	人均日费用/元	预算编报单位

附件 6

×××咨询费/劳务费

单位：元

姓名	身份证号	开户行	账号	应发合计（由项目法人填写）	税金（由项目法人填写）	实发金额	签名
合计							

局领导：　　　　　　　部门负责人：　　　　　　　财务负责人：　　　　　　　制表：

国家地下水监测工程（水利部分）
初步设计分省报告编制技术指导书

（地下水〔2015〕4号　2015年5月20日）

审　　　　定：林祚顶
审　　　　核：章树安
主要编写人员：王光生　董惠民　张淑娜　周政辉　王红霞　陆建宇　方　瑞
　　　　　　　何　桥　李　洋　高　志　李明良　赵泓漪　田文英　韩正茂
　　　　　　　张　平　王　智　沈　强　王　宏　胡兴林　姚　梅　王瑞雪
　　　　　　　郑保强

编 写 说 明

为规范各省（自治区、直辖市）、新疆生产建设兵团及河南黄河水文勘测设计院编写国家地下水监测工程（水利部分）初步设计分省报告，水利部国家地下水监测工程项目建设办公室组织编写了国家地下水监测工程（水利部分）初步设计分省报告编制技术指导书。

中咨公司审查通过的《国家地下水监测工程初步设计报告》和有关附件是编写、修改完善分省报告的主要依据，分省报告有关章节编排、设计原则、站网总体布设方案、土建工程量和仪器设备主要技术指标等应与总报告保持一致。在此前提下，根据本指导书，各省（自治区、直辖市）、新疆生产建设兵团结合各地的实际情况与需求，组织编制国家地下水监测工程（水利部分）分省初步设计报告，通过补充与细化有关内容，使分省报告达到工程招标设计的要求，修改完善后的分省初步设计报告作为开展本项目建设、管理、验收和审计等相关工作的依据。

各省（自治区、直辖市）及新疆生产建设兵团的分省初步设计报告编写要求参照本指导书，报告名称：《国家地下水监测工程（水利部分）××省（自治区、直辖市）初步设计报告》《国家地下水监测工程新疆生产建设兵团初步设计报告》。

目　录

1　综合说明

1.1　项目由来

阐明国家地下水监测工程项目的重要性、项目由来、可行性研究报告的批复情况及初步设计工作情况。

1.2　建设目标与范围

1.2.1　建设目标

概述所辖区域国家地下水监测工程（水利部分）的建设目标。

1.2.2　建设范围

概述所辖区域国家地下水监测工程（水利部分）建设范围，包括涉及地市、水文地质单元（平原区）、流域、控制区域面积等。

1.3　建设任务与规模

1.3.1　建设任务

概述国家地下水监测工程（水利部分）初步设计报告中有关所辖区域的各项建设任务。

1.3.2　建设规模

概述国家地下水监测工程（水利部分）初步设计报告中有关所辖区域的各项任务的建设规模。

1.3.3　初设与可研对比变更情况

概述所辖区域国家地下水监测工程（水利部分）初步设计与可研变更情况。

1.4　方案设计

1.4.1　总体框架

概述所辖区域建设任务的总体框架。

1.4.2　站网布设

概述所辖区域站网布设原则、布设情况。

1.4.3　监测中心

概述所辖区域省级监测中心、地市级分中心建设情况。

1.4.4　监测站

概述所辖区域监测站设计内容，包括成井设计、辅助设施设计以及监测仪器配置设计等。

1.4.5　信息服务系统

概述所辖区域信息服务系统设计内容。

1.5　施工组织设计

概述所辖区域工程施工组织设计及进度安排。

1.6　工程管理

1.6.1　建设管理

概述所辖区域建设管理机构和职能。

1.6.2　运行管理

概述所辖区域在工程建设期及建成后的运行管理机构、职能。

1.6.3　运行维护费用

概述所辖区域在工程建设期及建成后的运行维护内容，运行维护费用。

1.7　招投标设计

概述所辖区域的招标内容、标段划分及招标组织形式。

1.8　环境影响评价

概述所辖区域的环境影响评价及环境保护措施。

1.9 投资概算与资金筹措

1.9.1 投资概算

概述所辖区域的投资概算金额。

1.9.2 资金筹措

概述所辖区域的投资资金筹措。

1.10 效益评价

概述工程建成后的社会、经济和生态环境等方面的效益。

2 区域概况

2.1 自然地理

概述所辖区域内地形地貌、气候特征、水文地质等情况。

2.2 社会经济

概述所辖区域经济社会基本情况（以 2013 年作为现状水平年）。

2.3 水资源

2.3.1 水资源概况

概述所辖区域水资源基本情况

2.3.2 地下水资源开发利用现状

概述所辖区域地下水资源开发利用情况，地下水开发利用引发的主要问题。

2.4 地下水监测现状与存在问题

注：此部分只针对已开展地下水监测工作的省份，对于未开展地下水监测工作的省份此部分内容可省略。

2.4.1 地下水监测工作发展过程

概述所辖区域地下水监测工作发展过程，包括监测站网的分布、监测项目、监测信息采集、传输、存储及信息服务等内容。

2.4.2 地下水监测现状及存在的问题

概述所辖区域地下水监测工作的现状，存在的主要问题。

3 建设目标、任务与规模

3.1 建设目标

概述所辖区域国家地下水监测工程（水利部分）建设目标。分别从站网优化，专用监测井建设，监测信息采集、传输，信息服务系统等方面描述。

3.2 建设范围

概述所辖区域国家地下水监测工程（水利部分）建设范围，包括涉及地市、水文地质单元（平原区）、流域、控制区域面积等。

3.3 建设任务

概述国家地下水监测工程（水利部分）初步设计报告中，所辖区域的各项具体建设任务。

按地市统计所辖区域内监测站的数量、类型（新建或改建，水位站、流量站、水质站）、监测中心等内容，按要求填写表 3.3－1。

3.4 建设规模

（1）省级监测中心。

阐述本省区省级监测中心，维护、巡测设备，信息处理服务系统软硬件设备等配置数量。

（2）地市级分中心。

阐述所辖区域地市级分中心，维护、巡测设备，信息处理服务系统软硬件设备等配置数量。

表 3.3 - 1　　　　　国家地下水监测工程（水利部分）××省（区、市）建设任务统计表

地市	合计	新建站	其中流量站	改建站	水质站	其中水质自动监测站		省级监测中心	地市级分中心
						一般监测站	重点监测站		
总计									

（3）监测站。

根据监测站的类型（水位站、流量站、水质站），统计所辖区域监测站数量及配备的相应仪器设备数量，统计需完成高程引测与坐标测量的监测站数量。

按要求填写表 3.4 - 1。

表 3.4 - 1　　　　　国家地下水监测工程（水利部分）××省（区、市）建设规模统计表

序号	项　目　名　称	单位	数量
一	省级监测中心		
1	信息系统硬件设备配置	台	
2	商业软件购置	套	
3	统一开发及本地化定制软件	套	
4	历史资料录入数据库	项	
5	系统集成	项	
6	巡测设备配置	台	
7	网络设备（陕西省）	台（套）	
8	GPRS 专线（陕西省）	条	
9	租用裸光纤（配备光网络单元 ONU、陕西省）	条	
二	地市级分中心		
1	信息系统硬件设备配置	台	
2	商业软件购置	套	
3	业务软件配置	套	
4	巡测维护设备配置	套	
5	地下水专业取样瓶	个	
6	流速仪流量计	台	
三	监测站基础设施		
1	水位站	个	
(1)	新建站	个	
1)	井深≤50m	个	
2)	50m＜井深≤100m	个	
3)	100m＜井深≤150m	个	
4)	150m＜井深≤200m	个	
5)	200m＜井深≤250m	个	
6)	250m＜井深≤300m	个	
7)	300m＜井深≤350m	个	
8)	350m＜井深≤400m	个	

序号	项目名称	单位	数量
9)	400m＜井深≤450m	个	
10)	450m＜井深≤500m	个	
11)	钻井总进尺	m	
12)	岩土样采集	个	
13)	抽水试验	台班	
14)	水样采集与分析	个	
15)	电测井	m	
(2)	改建站	个	
1)	洗井维修	眼	
2)	水样采集与分析	个	
(3)	附属设施		
1)	井台及保护设施	处	
2)	井台及站房	处	
3)	水准点	个	
4)	标志牌	个	
5)	高程引测与坐标测量	站	
6)	工程物探	站	
(4)	仪器设备		
1)	浮子式水位（水温）计	台	
2)	一体化压力式水位（水温）计	台	
3)	遥测终端机RTU（含存储和通信模块）	台	
4)	避雷器	个	
5)	五参数电极法水质监测仪	台	
6)	UV探头（重点自动水质站配置）	套	
7)	太阳能供电系统（重点自动水质站配置）	套	
2	流量站	个	
(1)	流量测验设施	座	
1)	矩形测流堰	座	
2)	巴歇尔槽	座	
3)	坎儿井测流堰	座	
(2)	附属设施		
1)	仪器保护设施	个	
2)	水准点	个	
3)	标志牌	个	
4)	高程引测与坐标测量	站	
(3)	仪器设备		
1)	浮子式水位（水温）计	台	
2)	量水堰计	台	
3)	遥测终端机RTU（含存储和通信模块）	台	
四	信息服务系统软件		
1	地下水监测信息接收处理		

序号	项 目 名 称	单位	数量
2	地下水信息查询维护		
3	地下水信息交换共享		
4	地下水监测资料整编		
5	地下水资源业务应用		
6	地下水资源信息发布软件		
7	地下水水质分析		
8	移动客户端软件		
9	业务应用软件本地化定制		
五	典型平原区地下水模拟与应用平台		
1	关中平原典型区地下水资源模型		
2	海河流域典型平原区地下水模拟与应用平台		

以地市为单元，统计各地市不同井深的数量及钻探进尺数。按要求填写表 3.4-2。

表 3.4-2 国家地下水监测工程（水利部分）××省（区、市）钻井进尺统计表

新施工监测孔井深	岩石类型	××市		××市		××市	
		监测点数/个	钻探进尺/m	监测点数/个	钻探进尺/m	监测点数/个	钻探进尺/m
0<h≤50m	松散层						
	岩石层						
50<h≤100m	松散层						
	岩石层						
100<h≤150m	松散层						
	岩石层						
150<h≤200m	松散层						
	岩石层						
200<h≤250m	松散层						
	岩石层						
250<h≤300m	松散层						
	岩石层						
300<h≤350m	松散层						
	岩石层						
350<h≤400m	松散层						
	岩石层						
400<h≤450m	松散层						
	岩石层						
450<h≤500m	松散层						
	岩石层						
500<h≤550m	松散层						
	岩石层						
合计	松散层						
	岩石层						

3.5 初设对可研变更情况

概述以下方面初步设计与可研变更情况：

（1）监测站数量。

（2）钻井总进尺。

（3）仪器设备。

（4）井口保护设施。

（5）工程占地。

（6）投资概算。

4 方案设计

4.1 设计依据

4.1.1 项目依据

（1）国家发改委关于《国家地下水监测工程可行性研究报告》的批复（发改投资〔2014〕1660号文），2014年7月。

（2）《国家地下水监测工程（水利部分）初步设计招标文件》，2014年9月。

（3）《国家地下水监测工程（水利部分）初步设计合同》，2014年10月。

（4）《国家地下水监测工程可行性研究报告》，2014年5月。

4.1.2 法律法规

（1）《中华人民共和国水法》（2002年）。

（2）《中华人民共和国水文条例》（2007年）。

（3）《中华人民共和国环境保护法》（1989年）。

（4）《国务院关于加强地质工作的决定》（2006年）。

4.1.3 技术标准

（1）《地下水监测规范》（SL 183—2005）。

（2）《地下水监测站建设技术规范》（SL 360—2006）。

（3）《水文设施工程初步设计报告编制规程》（SL 506—2011）。

（4）《水工建筑物与堰槽测流规范》（SL 537—2011）。

（5）《机井技术规范》（GB/T 50625—2010）。

（6）《供水管井技术规范》（GB/50296—1999）。

（7）《水文基础设施建设及技术装备标准》（SL 276—2002）。

（8）《水文站网规划技术导则》（SL 34—2013）。

（9）《供水水文地质勘察规范》（GB 50027—2001）。

（10）《工程勘察工程设计收费标准》（2002年修订本）。

（11）《水文自动测报系统技术规范》（SL 61—2003）。

（12）《水文监测数据通信规约》（SL 651—2014）。

（13）《地下水数据库表结构及标识符》（SL 586—2012）。

（14）《水文测站代码编制导则》（SL 502—2010）。

（15）《水情信息编码标准》（SL 330—2005）。

（16）《基础水文数据库表结构与标识符标准》（SL 324—2005）。

（17）《水质数据库表结构与标识符标准》（SL 325—2005）。

（18）《水文地质术语》（GB/T 14157—1993）。

（19）《机井井管标准》（SL/T 154—2013）。

（20）《水井用硬聚氯乙烯（PVC-U）管材》（CJ/T 308—2009）。

4.2　设计原则

根据国家、行业有关规定和国家地下水监测工程项目的实际情况，在项目设计、建设过程中应遵循以下原则：

（1）统一部署、统一标准。

（2）因地制宜、经济合理、节能环保。

（3）科学先进、实用可靠。

（4）分别实施、信息共享。

4.3　总体设计

4.3.1　总体框架

按照省级监测中心、地市级分中心、地下水监测站的流程，概述所辖区域内项目的总体设计框架。

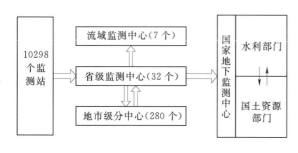

图4.3-1　国家地下水监测工程（水利部分）
信息流程图

地市级分中心。信息传输流程见图4.3-1。

4.3.2　通信规约

国家地下水监测工程（水利部分）监测站信息自动采集传输采用《水文监测数据通信规约》（SL 651—2014）。

4.3.3　信息流程

地下水监测站将水位、水温、水质等自动监测信息通过GPRS信道发送到省级监测中心，省级监测中心通过国家防汛抗旱指挥系统网络将监测信息分别传输到国家地下水监测中心、流域监测中心、

4.4　站网布设

4.4.1　布设依据与原则

（1）布设依据。

地下水监测站布设主要依据《水文站网规划技术导则》（SL 34—2013）、《地下水监测规范》（SL 183—2005）及《国家发展改革委关于国家地下水监测工程可行性研究报告的批复》文件（发改投资〔2014〕1660号文）、《国家地下水监测工程（水利部分）初步设计报告》。

（2）布设原则。

在《国家地下水监测工程（水利部分）初步设计》划分的基本类型区和特殊类型区基础上，布设地下水监测站网。其中，基本类型区主要为一般平原区，特殊类型区主要为重要地下水水源地、超采区、南水北调中线受水区、海水入侵区等。

以浅层地下水为主要监测目标含水层（组），地下水开发利用地区、超采区、重要水源地同时兼顾其他开采层为监测目标含水层（组）。

布设原则：满足需求的原则、继承发展的原则、全面布设的原则、突出重点的原则、方便管理的原则、避免重复的原则。

在掌握地下水开发利用程度、开采强度和由于开采引起的资源、环境等一系列问题基础上布设。

根据以上原则，结合水文地质条件、地下水开发利用、经济社会发展以及GPRS网络覆盖等情况，确定站网布设。

《国家地下水监测工程（水利部分）初步设计报告》已确定的监测站位置，除布设在裂隙水和岩溶地区的监测站，井位允许根据物探成果进行调整，其他的在分省报告中不应变动。

4.4.2　站网组成及分布

描述所辖区域监测站的组成。

以地市、流域为单元统计各种类型监测站数量，统计平原、盆地监测站数量，统计常规水质监测

站及水质自动监测站数量。统计地下水超采区、供水水源地、海咸水入侵区、南水北调受水区监测站数量，国家认定的与省内认定的分开统计。

按要求填写、绘制以下图表：

图 4.4－1　国家地下水监测工程（水利部分）××省（自治区、直辖市）站网分布图

注：图中要标注行政区划、流域、平原区边界。

表 4.4－1　国家地下水监测工程（水利部分）××省（自治区、直辖市）站网分布统计表

地市	合计	建设性质		监测类型			监测层位			水质	自动水质站		流量
		新建	改建	孔隙水	裂隙水	岩溶水	潜水	承压水	混合水		一般	重点	
总计													

表 4.4－2　国家地下水监测工程（水利部分）××省（自治区、直辖市）各流域监测站站网统计表

流域	合计	建设性质		监测类型			监测层位			水质	自动水质站		流量
		新建	改建	孔隙水	裂隙水	岩溶水	潜水	承压水	混合水		一般	重点	
总计													

图 4.4－2　国家地下水监测工程（水利部分）××省（自治区、直辖市）地下超采区监测站分布图

注：图中国家认定的与省内认定的应区分。

图 4.4－3　国家地下水监测工程（水利部分）××省（自治区、直辖市）供水水源地监测站分布图

注：图中国家认定的与省内认定的应区分。

图4.4-4　国家地下水监测工程（水利部分）××省（自治区、直辖市）海（咸）水入侵区监测站分布图

图4.4-5　国家地下水监测工程（水利部分）××省（自治区、直辖市）常规水质监测站分布图

4.4.3　站网合理性分析

从站网密度出发，分基本类型区和特殊类型区对所辖区域站网布设合理性进行分析。

（1）基本类型区。

描述所辖区域监测站在所属平原区、盆地的布设密度，并分析其合理性。按要求填写表4.4-3。平原（盆地）边界以水资源综合规划地下水资源调查评价全国主要平原区arcgis图层为准。

表4.4-3　　国家地下水监测工程××省（自治区、直辖市）主要平原区站网密度统计表

类　型	名　　称	面积/km²	水利部站点数 /个	水利部布站密度 /（个/1000km²）
一般平原区				
山间平原区				
内陆盆地 平原区				
荒漠区				

注　表中面积来源于全国水资源规划成果表。

（2）特殊类型区。

以站网密度为指标，按地下水超采区、海（咸）水入侵区、重要水源地等分别进行站网合理性分析，超采区、水源地国家认定的与省内认定的分别分析；对涉及到南水北调受水区的省（自治区、直辖市），还应对受水区的站网布设合理性进行分析。

4.5 省级监测中心

根据《国家地下水监测工程（水利部分）初步设计报告》，配置相应的服务器，商业软件，统一开发的业务软件，地下水资源业务应用软件本地化定制开发。

表 4.5－1   ××省（自治区、直辖市）省级监测中心软硬件配置

序号	项 目 名 称	单位	数量
一	设备		
1	数据库服务器	台	
2	应用服务器	台	
3	信息接收处理工作站	台	
4	激光打印机	台	
5	标准机柜	台	
二	系统软件购置		
1	数据库管理软件	套	
2	服务器操作系统	套	
3	工作站操作系统	套	
4	地理信息系统软件	套	
三	地下水业务软件本地化定制		
1	地下水业务应用软件定制模块开发	套	
四	业务软件配置		
1	地下水监测信息接收处理	套	
2	地下水监测信息查询维护	套	
3	地下水信息交换共享	套	
4	地下水资源业务应用	套	
5	地下水资源信息发布	套	
6	地下水监测资料整编	套	
五	数据专线		
1	GPRS专线	条	
2	2M数据专线接入省级国土资源局	条	

表 4.5－2   ××省（自治区、直辖市）省级监测中心主要设备性能一览

序号	项 目 名 称	设备配置水平	技 术 指 标
一	设备及安装		
1	数据库服务器		
2	应用服务器		
3	接收处理工作站		
4	激光打印机（黑白）		
5	标准机柜		
6	系统集成		
二	系统软件配置		
1	数据库		
2	地理信息系统软件		
3	操作系统		

表 4.5－3　　　　　　　×× 省（自治区、直辖市）省级监测中心巡测设备配置

序号	项目名称	主要性能	单位	数量
1	悬锤式水位计		台	
2	地下水采样泵（气囊式）		台	
3	图像采集设备		套	

根据《国家地下水监测工程（水利部分）初步设计报告》，设计陕西省地下水管理监测局网络环境，配置软硬件。

表 4.5－4　　　　　　　陕西省地下水监测中心网络环境软硬件配置

序号	设备名称	用途	性能参数	单位	数量
1					
2					
3					

表 4.5－5　　　　　　　陕西省地下水监测中心软网络管理和安全配置

序号	设备名称	性能参数	单位	数量
1				
2				
3				

4.6　地市级分中心

根据《国家地下水监测工程（水利部分）初步设计报告》，叙述所辖区域地市级分中心的名称及个数，信息系统软硬件、巡测设备、测井维护设备的性能及配置数量。

表 4.6－1　　　　　　　×× 省（自治区、直辖市）地市级分中心软硬件配置

序号	项目名称	单位	数量
一	设备及安装		
1	数据库服务器	台	
2	激光打印机	台	
二	系统软件购置		
1	服务器操作系统	套	
2	数据库管理软件	套	
三	业务软件配置		
1	地下水信息查询维护	套	
2	地下水监测资料整编	套	
3	地下水信息交换共享	套	
四	巡测设备		
1	悬锤式水位计	台	
2	地下水采样泵（气囊式）	台	
3	图像采集设备	套	

表 4.6－2 　　××省（自治区、直辖市）地市级分中心巡测设备及测井维护设备配置

序号	项目名称	设备性能	单位	数量
一	巡测设备			
1	水位测尺校准钢尺		根	
2	悬锤式水位计		台	
3	地下水水温计		个	
4	地下水击式采样器		个	
5	地下水采样器（贝勒管）		个	
6	地下水专业取样瓶		个	
7	数据移动传输设备		套	
8	洗井水泵		台	
二	测井维护设备			
1	小型空气压缩机		套	
2	移动式汽油发电机组		台	

4.7 监测站

在监测站设计中，没有特殊原因不应变更《国家地下水监测工程（水利部分）初步设计报告》的设计。

4.7.1 水位站

水位站设计包括监测井、附属设施和仪器设备等内容。

4.7.1.1 监测站设计

（1）新建站。

确定井深、开孔孔径，明确井壁管、过滤管、沉淀管、滤料、封闭止水材料的类型及数量。没有特殊原因不应变更《国家地下水监测工程（水利部分）初步设计报告》的设计。

明确洗井、抽水试验、电测井的方法及要求。

松散层或基岩层，宜采用正循环回转钻进；碎石土类及砂土类松散层，宜采用冲击式钻进；无大块碎石、卵石的松散层，宜采用反循环回转钻进；岩层严重漏水或供水困难的基岩层宜，采用潜孔锤钻进。

钻探过程中采取土样、岩样应符合《供水水文地质勘察规范》（GB 50027—2001）和《机井技术规范》（GB/T 50625—2010）的规定，具体如下：

1）取出的土样能正确反映原有地层的颗粒组成。

2）采取鉴别地层的岩、土样，非含水层每 3～5m 取 1 个，含水层每到 2～3m 取 1 个，变层时应加取 1 个。冲击钻进时可用抽筒或钻头带取鉴别样，回转无岩芯钻进时可在井口冲洗液中捞取鉴别样。

3）基岩岩心采取率宜大于下列数值：完整基岩 70%，构造破碎带、风化带、岩溶等 30%。

4）土样和岩样（岩芯）应按地层顺序存放，并及时描述和编录。土样、岩样应保存至工程验收，必要时可延长存放时间。

每个三级水文地质单元至少应有 1 个监测井按照规范要求提取钻探岩土芯样，并进行土样分析。建议新建井取芯数量一般不低于新建井总数 5% 左右。

井壁管规定：

无缝钢管，公称直径 146mm、公称直径 168mm、公称直径 219mm，符合《机井井管标准》（SL 154—2013）规定的质量标准。

PVC－U 管，公称直径 200mm，符合《机井井管标准》（SL 154—2013）、《水井用硬聚氯乙烯

（PVC-U）管材》（CJ/T 308—2009）规定的质量标准。

钢筋混凝土管，公称直径300mm，符合《机井井管标准》（SL 154—2013）规定的质量标准。

以地市为单元，统计各种类型材料的数量，按要求填写表4.7-1。填写钻探提取岩土芯样监测井统计表4.7-2。

表4.7-1　　　　　××省（自治区、直辖市）监测站井管设计成果表

地市　　管材　　井数	管　材					合计
	无缝钢管/mm			钢筋混凝土管/mm	PVC-U/mm	
	ϕ146	ϕ168	ϕ219	ϕ300	ϕ200	
合计						

表4.7-2　　　　　××省（自治区、直辖市）钻探提取岩土芯样监测井统计表

地市	监测井编号	岩土样编号	位置	采集量/kg	岩土样采集深度/m	采样日期	采样人

（2）改建站。

明确各改建站应具备的条件，洗井、清淤、抽水试验的方法及要求。

在施工过程中，如遇到井深小于50m、破坏程度严重、改建工作难度大的监测井，可变更为新建井。

4.7.1.2　辅助设施设计

辅助设施设计包括井口保护设施、站房、井台、水准点、标示牌的设计。

站房、井口保护设施大部分应采用统一设计，一些改建井由于特殊需求，在与现有的造价一致且不增加占地的条件下，可增加符合实际情况的设计内容。

井口保护设施在《国家地下水监测工程（水利部分）初步设计报告》的基础上，细化材质、设备挂装、通风口、专用锁具、信号窗、与井台对接等设计。

水准点、标示牌，采用《国家地下水监测工程（水利部分）初步设计报告》的统一标准设计。

结合井口保护设施、站房的设计，进行防雷设施设计，防雷等级达到Ⅱ级。

填写表4.7-3～表4.7-5。

表4.7-3　　　　　××省（自治区、直辖市）监测站站房统计表

地　市	站房类型及数量	
	平顶站房	坡顶站房
合计		

表 4.7 - 4 ××省（自治区、直辖市）监测站保护设施统计表

地　市	设　计　方　案		
	A 方案	B 方案	C 方案
合　计			

表 4.7 - 5 ××省（自治区、直辖市）监测站防雷设施统计表

地　市	避　雷　针	辅　助　避　雷　设　施
合　计		

4.7.1.3　水位水温仪器选型设计

采用浮子式水位计、压力式水位计两种类型的一体化设备，没有特殊原因不应变更《国家地下水监测工程（水利部分）初步设计报告》的设备选型。

依据《国家地下水监测工程（水利部分）初步设计报告》，描述所辖区域选用的仪器的类型功能、性能指标、使用寿命等，以地市为单元统计各类仪器的数量。填写表 4.7 - 6。

表 4.7 - 6 ××省（自治区、直辖市）监测站监测水位水温设备统计表

地市	设备名称	单位	数量	性　能　指　标

4.7.1.4　水质监测设备

依据《国家地下水监测工程（水利部分）初步设计报告》配置水质自动监测设备。填写表 4.7 - 7。

表 4.7 - 7 ××省（自治区、直辖市）水质自动监测参数及技术指标

项目	原理	量程范围	准　确　度	分辨率

（1）一般监测站。

描述所辖区域一般监测站的功能，明确监测参数。填写表 4.7 - 8。

表 4.7 - 8 ××省（自治区、直辖市）水质一般监测站监测设备配置

设　备　名　称	单位	数量	性　能　指　标

（2）重点监测站。

描述所辖区域重点监测站的功能，明确监测参数。填写表4.7-9。

表4.7-9 ××省（自治区、直辖市）水质重点监测站监测设备配置

设 备 名 称	单位	数量	性 能 指 标

4.7.1.5 仪器设备安装

细化仪器设备的安装设计，确定安装位置，明确固定方式，传感器的悬挂方式等。在同时具有水质监测要求的监测井中，要合理布置仪器的安装位置及方式。

绘制主要典型设备安装图。

4.7.2 流量站

《国家地下水监测工程（水利部分）初步设计报告》提供了三种测流堰槽：矩形薄壁堰、巴歇尔槽、坎儿井测流堰槽。

根据本区域流量站实际情况，合理选用测流堰槽，对选用的测流堰槽进行详细设计。

达到一站一图，图中标明各部分的尺寸，每站配有一表，表中内容包括堰槽测流范围、混凝土强度等级、抗渗等级、翼墙墙背填充材料、止水材料类型的选用等。

涉及流量监测的区域，以地市为单元对各种测流堰槽进行汇总。按要求填写表4.7-10。

表4.7-10 ××省（自治区、直辖市）流量站测流堰槽选型汇总表

地市	站名	地貌类型	地下水类型	监测层位	所选堰型

4.7.3 水样采集与检测

按照《国家地下水监测工程（水利部分）初步设计报告》，确定水质分析化验项目，完成水质采样及分析化验。

4.7.4 高程引测和坐标测量

阐明所辖区域需要进行高程引测和坐标测量的测站数量。

按照《国家地下水监测工程（水利部分）初步设计报告》要求，结合区域实际情况，合理选用测量方式。

4.7.5 工程物探

按照《国家地下水监测工程（水利部分）初步设计报告》，采用激电测深和瞬变电磁两种方法对所辖区域裂隙水、岩溶水监测站进行地面物探。以地市为单元，分地下水类型、测控深度分别对所辖区域裂隙水、岩溶水监测站进行统计，按要求填写表4.7-11。

表4.7-11 ××省（自治区、直辖市）裂隙水、岩溶水监测站统计表

地市	合计/个	地下水类型		测 控 深 度			
		裂隙水	岩溶水	$h \leqslant 50m$	$50m < h \leqslant 300m$	$300m < h \leqslant 500m$	$h > 500m$
合计							

4.7.6 逐站设计

新建井要达到一站一剖面图，并填写附表1，图中井深与表中井深一致；改建站填写附表1。

监测站剖面图及对应的表以附图附表1的形式单独成册。

4.7.7 监测站信息采集传输

水位站、流量站、水质自动站监测信息的采集与传输按照《国家地下水监测工程（水利部分）初步设计报告》要求。对于已建的没有采用本项目通信规约、数据库表结构的省，在分省报告中要明确与国家中心和流域中心数据转换技术方案。

4.8 地下水资源信息业务软件

4.8.1 建设目标、任务和原则

在《国家地下水监测工程（水利部分）初步设计报告》的总体目标下，结合所辖区域的实际情况，确定建设目标、任务及原则。

4.8.2 与其他水资源及防汛抗旱业务系统的关系

按照《国家地下水监测工程（水利部分）初步设计报告》，描述所辖区域已开展的有关水资源、防汛抗旱等项目，确定与这些系统的边界、数据交换和共享方案。

4.8.3 总体框架

按照《国家地下水监测工程（水利部分）初步设计报告》，构架地下水资源业务软件整体框架，描述业务数据的传输流程。

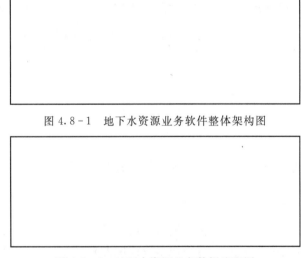

图 4.8-1 地下水资源业务软件整体架构图

图 4.8-2 地下水资源业务数据流程图

4.8.4 数据层

4.8.4.1 地下水资源数据库

（1）数据资源。

依据《国家地下水监测工程（水利部分）初步设计报告》，设计数据资源。

北方17省统计本省历史监测数据，明确历史数据录入内容，包括站名、站码、经纬度、埋深（水位）、水温、开采量、水质等，明确历史数据录入量。录入数据库错误应控制在万分之一。

在河南黄河水文设计院编制的测站编码基础上，复核所辖区域已有测站编码，如有重复，若已有测站编码符合编码规程，维持已有站码修改新编站码，并将修改后的结果反馈到黄河水文勘测设计院。

（2）数据库表结构。

按照《国家地下水监测工程（水利部分）初步设计报告》规定的数据库表结构；对于已建的没有采用本项目数据库表结构的省，在分省报告中要明确与国家中心和流域中心数据转换技术

方案。

（3）数据库的性能要求及运行管理。

在《国家地下水监测工程（水利部分）初步设计报告》的基础上，明确所辖区域省级监测中心及地市级分中心数据库运行管理的内容。

4.8.4.2　与其他系统共享数据资源

明确与其他系统所要共享的数据资源，包括：《防汛抗旱指挥系统工程》《水资源监控能力建设》和所辖区域已建或在建项目中的数据资源。

4.8.5　应用支持平台

按照《国家地下水监测工程（水利部分）初步设计报告》的内容设计。

4.8.6　业务应用

按照《国家地下水监测工程（水利部分）初步设计报告》的内容设计，描述以下统一开发业务软件的主要功能和结构：

（1）监测信息接收与处理。

（2）地下水信息共享。

（3）地下水监测信息查询与维护。

（4）地下水资源业务应用。

（5）地下水资源信息发布。

（6）地下水监测信息整编。

（7）地下水水质分析。

（8）移动客户端。

在国家统一开发部署的软件基础上，结合所辖区域地下水和水资源管理需求，确定业务应用软件本地化定制的功能和结构。

陕西省按照《国家地下水监测工程（水利部分）初步设计报告》，增加关中平原地下水资源模型典型区细化设计。

5　施工组织设计

施工中，布设在国家认定的水源地、超采区等特殊类型区监测站位置不宜变动，如情况特殊需要对设计位置变更应报部项目办批准。布设在基本类型区，如监测站设计位置不宜施工，需变更井位，应按以下原则执行：监测层位不应改变，一般平原区站点位置的变化范围原则上不超过 2km，不跨三级水文地质单元和乡镇，可由省项目管理单位决定；超出此范围需报部项目办批准。对于 2km 范围不能满足需要的，请在分省报告中给予详细分析与表述。

5.1　施工条件

根据所辖区域监测站点的实际情况分别概述：

（1）省级监测中心、地市级分中心建设。

（2）监测站建设。

细述与施工有关的交通、供水供电、材料、施工设备、施工场地等条件，根据当地情况确定施工单位资质的要求。

5.2　施工占地

（1）永久占地。

依据地下水监测站（流量站）永久占地面积标准：站房 9m^2，井口保护设施 4m^2，矩形薄壁堰 150m^2，坎儿井测流堰 300m^2，巴歇尔槽 50m^2。以地市为单元，统计所辖区域各建筑设施永久占地面积，按要求填写表 5.2-1。

表 5.2－1　　　　　　　××省（自治区、直辖市）地下水监测站永久占地面积统计表

地市	站数	站房建设		保护设施建设		流量站占地		合计	
		站数/个	占地面积/m²	站数/个	占地面积/m²	站数/个	占地面积/m²	站数/个	占地面积/m²
合计									

（2）临时占地。

依据地下水监测站（流量站）施工过程中临时占地面积标准：监测站 200m²，矩形薄壁堰 400m²，巴歇尔槽 300m²，坎儿井测流堰 250m²。以地市为单元，统计所辖区域各建筑设施施工过程中临时占地面积，按要求填写表 5.2－2。

表 5.2－2　　　　　　　××省（自治区、直辖市）地下水监测站临时占地面积统计表

地市	水　位　站		流　量　站		合　　计	
	站数/个	占地面积/m²	站数/个	占地面积/m²	站数/个	占地面积/m²
合计						

5.3　施工布置与进度

5.3.1　施工布置

（1）省级监测中心、地市级分中心。

（2）监测站。

按照节约用地、方便施工的原则进行施工布置。

结合所辖区域监测站实际情况，对于施工期较长的基岩裂隙水、岩溶水监测站，应将施工场地划分为施工区、设备材料区、弃料区、临时生活区等功能区；对于施工期短的监测站，灵活布置临时性施工区。

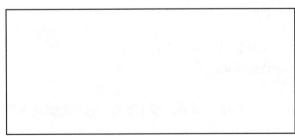

图 5.3－1　施工场地平面布置示意图

明确对临时施工道路、施工用水、用电、施工场清理等要求。

5.3.2　工程进度安排

根据国家地下水监测工程总体工程建设进度安排，综合考虑所辖区域施工特点、气候特征等实际情况，合理安排工程进度。包括：施工准备期、主体工程施工期、工程试运行期、工程竣工验收等阶段。以地市为单元，按要求填写表 5.3－1。

表 5.3－1　　　　××省（自治区、直辖市）国家地下水监测工程实施进度计划表

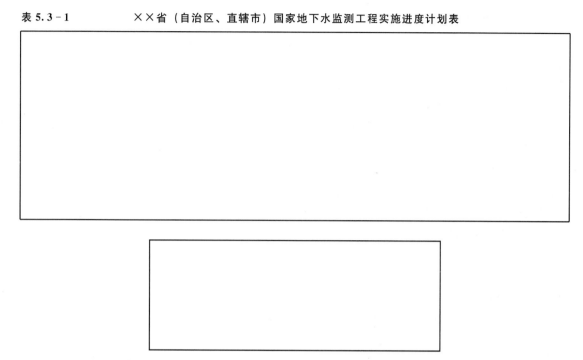

图 5.3－2　××省国家地下水监测工程（水利部分）实施进度计划图

5.4　主要材料供应

核定主要材料的数量，包括井管（井壁管、滤水管、沉淀管）、滤料、封闭止水材料以及建设站房或井口保护设施所需材料。

明确细化材料、特别是井管的质量控制措施。

5.5　水位站施工工艺要求

5.5.1　新建站

在《国家地下水监测工程（水利部分）初步设计报告》的基础上，结合所辖区域水文地质条件、施工单位水平、钻井设备的选用等方面，细化施工和质量控制。

细化钻进、疏孔、换浆和试孔、井管安装、滤料填充、封闭止水、洗井、抽水试验等环节的施工工艺要求。

细化成井施工质量监控措施，如钻进中岩土取样，井深、开孔孔径、井斜，井管安装，滤料、止水材料填充。

细化施工中钻进，岩土取样，井管安装，滤料和止水材料填充，电测井，洗井，抽水试验等环节的表格和文字记录、成井剖面图绘制等文档要求，现场图像记录的要求等。

施工中单井钻进进尺与设计值难免存在出入，所以在招标与施工中，可以按一个地市（或一个标段）实际钻探总进尺与设计总进尺控制。

5.5.2　改建站

细化洗井方法、井台维修施工的工艺要求，质量控制措施。

细化洗井、井台维修的施工文档要求等。

5.6　流量站施工工艺要求

根据所辖区域选用的测流堰槽类型及施工场地实际情况，确定施工方式，采用现场混凝土浇筑还是预制厂或实验室预制构件现场施工安装的施工方式。

在《国家地下水监测工程（水利部分）初步设计报告》的基础上，按照"确定堰槽安装或浇筑位置、做好基础处理、堰槽浇筑与堰板安装、量水堰计安装"等环节，细化施工工艺、质量控制措施、施工文档要求。

5.7 辅助设施施工工艺要求

明确井口保护设施，站房，水准点，标示牌，防雷设施的施工工艺和质量要求，质量控制方法，施工文档的要求。

特别注意井口保护设施的安装与监测设备安装的协调。

5.8 信息采集、传输与接收系统施工工艺要求

从设备安装前的检查与准备、设备安装、设备的校验和调试三个方面明确信息采集、传输与接收系统的施工，质量控制措施，施工文档要求。

5.9 施工安全设计

施工安全设计从施工安全管理措施和施工安全技术措施两方面进行设计。

施工安全管理措施应从管理机构设置及人员配备、安全教育培训、安全检查、应急救援预案、安全事故上报五方面进行分析，列明具体的措施。

5.9.1 钻井安全措施

从施工现场要求、施工机械设备的安全使用等方面进行分析，列明具体的措施。

5.9.2 其他安全措施

从施工用电安全、通讯与照明等方面进行分析，列明具体的措施。

6 建设管理与运行管理

6.1 建设管理

6.1.1 管理机构及职责

依据《国家地下水监测工程（水利部分）初步设计报告》，明确所辖区域项目建设管理机构设置和职责。

6.1.2 建设管理依据

按照《国家地下水监测工程（水利部分）初步设计报告》，列出管理依据的文件和规范。

6.1.3 建设管理内容

在《国家地下水监测工程（水利部分）初步设计报告》的基础上，明确建设管理各项内容要求。

6.2 运行管理

在《国家地下水监测工程（水利部分）初步设计报告》的基础上，明确省、地市地下水监测部门的运行管理职责。

6.3 运行维护费用

依据《国家地下水监测工程（水利部分）初步设计报告》，确定运行维护费用的组成和额度。

7 招投标设计

7.1 标段划分

根据所辖区域工程建设的实际情况，合理划分标段。

信息化设备全国统一招标，监测设备宜全省统一招标，打井工程标段划分不应小于地市。

7.2 招标方式与组织形式

明确招标方式、组织形式。对于委托的招标代理机构应具备甲级资质。

8 环境影响评价

8.1 建设工程环境影响评价

论述工程建设施工期噪声、固体废料等对大气、地表和地下水、生态等环境的影响。

概述工程运行期对环境的影响。

8.2　环境保护措施

明确工程建设施工期噪声、固体废料等对大气、地表和地下水、生态等环境影响的保护措施。

9　设计概算、资金筹措

9.1　编制原则及依据

9.1.1　编制原则

本概算是在贯彻执行现行国家、水利部及有关行业工程概（预）算文件、政策的前提下，本着实事求是、科学有据的原则，并按照工程所在地2014年第四季度建设工程材料基准价格信息的价格水平进行编制。

9.1.2　编制依据

按照《国家地下水监测工程（水利部分）初步设计报告》，列出编制依据。

9.2　基础价格

按照《国家地下水监测工程（水利部分）初步设计报告》，列出基础价格。

9.3　有关费率及取费标准

按照《国家地下水监测工程（水利部分）初步设计报告》，列出费率和取费标准。

9.4　投资概算

依据《国家地下水监测工程（水利部分）初步设计报告》，描述所辖区域工程总投资、建安工程费用、仪器设备费用、独立费用、环保费用。

表 9.4－1　国家地下水监测工程（水利部分）××省（自治区、直辖市）概算总表　　单位：万元

序号	工程或费用名称	建安工程费	设备购置费	独立费	合计
Ⅰ	工程部分投资				
	第一部分 建筑工程				
	第二部分 设备安装工程				
	第三部分 施工临时工程				
	第四部分 独立费用				
	一至四部分合计				
	基本预备费				
	总投资				
Ⅱ	环保部分投资				
	环境保护工程				
Ⅲ	工程投资合计				
	总投资				

9.5　资金筹措

国家地下水监测工作为我国水资源的合理开发利用、水资源规划管理、城市发展规划、工农业生产、生态环境建设提供信息支撑和决策依据，有助于经济社会又好又快发展，为全面建设小康社会目标提供保障。国家地下水监测工程项目所布设的国家地下水监测站，是从国家层面掌握我国地下水资源信息，因此国家地下水监测工程（水利部分）所需的建设经费全部由中央投资（浙江省除2套水质自动监测设备需中央投资外，其他项目已由地方投资建设完成）。

10　效益评价

从社会效益、经济效益、生态环境效益三方面叙述工程实施后所产生的效益。

附表1

国家地下水监测工程（水利部分）地下水监测站单站初步设计表

1. 名称、编码、详细位置及坐标   1.1 名称：_____   1.2 测站统一代码：_____ 1.3 测站曾用代码：_____   1.4 详细位置：_____省（自治区、直辖市）_____地区（市、州、盟） _____县（区、市、旗）_____乡（镇） _____街（村）_____（具体位置） 1.5 地理坐标：东经_____°_____′_____″，北纬_____°_____′_____″

2. 所属流域片及水资源区名称　　流域片：_____   一级水资源区：_____　　　　　二级水资源区：_____

3. 所属水文地质单元名称_____ 5. 所在监测基本类型区名称_____	4. 所在地貌类型区名称_____ 6. 所在超采区名称_____

7. 所在水源地名称_____　　　　　是否为国家名录水源地　□是　□否

8. 建设类型	9. 站点类型	10. 所监测地下水的类型	11. 含水层空隙类型	12. 监测项目
□新建 □改建	□水位站 □流量站	□浅层地下水 □深层承压水 □混合水	□孔隙水 □裂隙水 □岩溶水	□水位　□水温 □水量　□水质

13. 钻孔结构及设计要求

13.1 井深及地下水埋深 13.1.1 井深　　　　m 13.1.2 地下水埋深　　　　m	13.2 井管材料 □φ146 钢管　　□φ300 钢筋混凝土管 □φ168 钢管　　□φ200PVC – U 管 □φ219 钢管	13.3 井管壁厚 _____mm
13.4 井壁管长度_____m	13.5 滤水管长度_____m	13.6 沉淀管长度_____m

13.7 井孔直径   开孔直径_____mm　　变径位置1：位置_____m　　井孔直径_____mm   终孔直径_____mm　　变径位置2：位置_____m　　井孔直径_____mm

□13.8 岩土样采集颗粒分析　　□13.9 水文测井　　□13.10 封闭止水   □13.11 洗井　　　　　　　　　□13.12 抽水试验　　□13.13 水质取样　　□13.14 水质化验

14. 附属设施   □站房　　　　　　　□井台　　　　　□井口保护设施　　　　□水准点   □井口固定点标示　　□测站标识牌　　□避雷设施　　　　　　□太阳能供电设施

15. 仪器设备   15.1 水位水温监测仪器　□一体化压力式水位水温计　　　□一体化浮子式水位计   15.2 水质监测仪器　□人工取样　□五参数水质监测设备　□五参数以上水质监测设备   15.3 水量监测仪器　□一体化浮子式水位计　　　　　　□流量监测仪器

国家地下水监测工程监测站建设
合同工程完工验收暂行规定

（地下水〔2016〕4 号 2016 年 1 月 12 日）

为加强国家地下水监测工程监测站建设合同工程完工验收管理，根据《国家地下水监测工程（水利部分）项目建设管理办法》《水文设施工程验收管理办法》等有关规定，结合本工程特点，制定本规定。

一、合同工程是指地下水监测站建设单个合同约定的所有建设任务。各省、自治区、直辖市和新疆生产建设兵团水文部门（以下简称省级水文部门）负责组织本省（自治区、直辖市）监测站建设工程合同工程完工验收工作。

二、合同工程质量评价分为"合格""不合格"。

三、合同工程完工的档案验收应按《国家地下水监测工程（水利部分）档案管理办法》要求，采用"同步验收"方式进行。

四、合同工程完工验收组由省级水文部门、设计、监理、合同承担等单位的 5 人以上单数代表组成。必要时可邀请有关部门的代表和有关专家参加。

五、合同工程完工并具备验收条件时，合同承担单位应及时向省级水文部门提交《合同工程完工验收申请报告》（见附件 1）。省级水文部门应在收到《合同工程完工验收申请报告》之日起 20 个工作日内决定是否同意进行合同工程完工验收。

六、合同工程完工验收结论应当经三分之二以上验收组成员同意。验收组成员应当在验收鉴定书上签字，对验收结论持有异议的，应当将保留意见在验收鉴定书上明确记载并签字。验收组对工程验收不予通过的，应当明确不予通过的理由并提出整改意见。

七、合同工程完工验收应具备以下条件：

（一）合同范围内的建设任务已按合同约定完成。

（二）工程质量缺陷已按要求处理。

（三）合同争议已解决。

（四）合同结算资料已编制完成并获得确认。

（五）施工现场已清理。

（六）合同工程已完成应归档文件材料的收集、整理，并满足完整、准确、系统要求。

（七）合同约定的其他条件。

八、合同工程完工验收前合同承担单位应提交成果报告（含质量评价）、设计单位应出具意见、监理单位应出具监理报告（含质量评价）。

九、合同工程完工验收包括以下主要内容：

（一）检查合同范围内所有建设任务的完成情况。

（二）检（抽）查合同工程质量，检（核）查施工现场清理情况。

（三）对合同工程档案进行同步验收。

（四）评价合同工程质量。

（五）检查合同价款结算情况。

（六）对验收中发现的问题提出处理意见。

（七）确定合同工程完工日期。

（八）讨论并通过《合同工程完工验收鉴定书》（见附件2）。

十、合同承担单位应在合同工程完工验收后30天内将资产、档案资料移交给省级水文部门，办理项目工程保修书。项目进入保质期。

十一、合同完工验收所需费用由合同承担单位支付。

附件1

合同工程完工验收申请报告

一、合同工程完工验收范围

二、合同工程完工验收条件的检查结果

三、建议合同工程完工验收时间（　　年　　月　　日）

四、申请单位

法人或委托代理人签字：

盖章：

申请日期：

注 本报告一式两份，部项目办、省级水文部门各留存1份。

附件 2

合同工程完工验收鉴定书

编号：

×××合同工程完工验收鉴定书

合同名称：

合同编号：

×××合同工程完工验收组

年　　　月　　　日

开工日期：

完工日期：

主要工程量：

主要内容：

质量评价：

存在的主要问题及处理意见：

保留意见：

保留意见人签字：

参验单位（全称）：

合同工程完工验收结论：

		验收组成员名单	
成员	姓名	单位	签字
组长			
组员			

注 本鉴定书一式 5 份，部项目办、省级水文部门、设计、监理、合同承担单位各存 1 份。

第二部分

招标投标管理

中华人民共和国招标投标法

（中华人民共和国主席令第 21 号　1999 年 8 月 30 日）

第一章　总　　则

第一条　为了规范招标投标活动，保护国家利益、社会公共利益和招标投标活动当事人的合法权益，提高经济效益，保证项目质量，制定本法。

第二条　在中华人民共和国境内进行招标投标活动适用本法。

第三条　在中华人民共和国境内进行下列工程建设项目包括项目的勘察、设计、施工、监理以及与工程建设有关的重要设备、材料等的采购，必须进行招标：

（一）大型基础设施、公用事业等关系社会公共利益、公众安全的项目；

（二）全部或者部分使用国有资金投资或者国家融资的项目；

（三）使用国际组织或者外国政府贷款、援助资金的项目。

前款所列项目的具体范围和规模标准，由国务院发展计划部门会同国务院有关部门制订，报国务院批准。

第四条　任何单位和个人不得将依法必须进行招标的项目化整为零或者以其他任何方式规避招标。

第五条　招标投标活动应当遵循公开、公平、公正和诚实信用的原则。

第六条　依法必须进行招标的项目，其招标投标活动不受地区或者部门的限制。任何单位和个人不得违法限制或者排斥本地区、本系统以外的法人或者其他组织参加投标，不得以任何方式非法干涉招标投标活动。

第七条　招标投标活动及其当事人应当接受依法实施的监督。

有关行政监督部门依法对招标投标活动实施监督，依法查处招标投标活动中的违法行为。

对招标投标活动的行政监督及有关部门的具体职权划分，由国务院规定。

第二章　招　　标

第八条　招标人是依照本法规定提出招标项目、进行招标的法人或者其他组织。

第九条　招标项目按照国家有关规定需要履行项目审批手续的，应当先履行审批手续，取得批准。

招标人应当有进行招标项目的相应资金或者资金来源已经落实，并应当在招标文件中如实载明。

第十条　招标分为公开招标和邀请招标。

公开招标是指招标人以招标公告的方式邀请不特定的法人或者其他组织投标。

邀请招标是指招标人以投标邀请书的方式邀请特定的法人或者其他组织投标。

第十一条　国务院发展计划部门确定的国家重点项目和省、自治区、直辖市人民政府确定的地方重点项目不适宜公开招标的，经国务院发展计划部门或者省、自治区、直辖市人民政府批准，可以进行邀请招标。

第十二条　招标人有权自行选择招标代理机构，委托其办理招标事宜。任何单位和个人不得以任何方式为招标人指定招标代理机构。

招标人具有编制招标文件和组织评标能力的，可以自行办理招标事宜。任何单位和个人不得强制其委托招标代理机构办理招标事宜。

依法必须进行招标的项目，招标人自行办理招标事宜的，应当向有关行政监督部门备案。

第十三条 招标代理机构是依法设立、从事招标代理业务并提供相关服务的社会中介组织。

招标代理机构应当具备下列条件：

（一）有从事招标代理业务的营业场所和相应资金；

（二）有能够编制招标文件和组织评标的相应专业力量；

（三）有符合本法第三十七条第三款规定条件、可以作为评标委员会成员人选的技术、经济等方面的专家库。

第十四条 从事工程建设项目招标代理业务的招标代理机构，其资格由国务院或者省、自治区、直辖市人民政府的建设行政主管部门认定。具体办法由国务院建设行政主管部门会同国务院有关部门制定。从事其他招标代理业务的招标代理机构，其资格认定的主管部门由国务院规定。

招标代理机构与行政机关和其他国家机关不得存在隶属关系或者其他利益关系。

第十五条 招标代理机构应当在招标人委托的范围内办理招标事宜，并遵守本法关于招标人的规定。

第十六条 招标人采用公开招标方式的，应当发布招标公告。依法必须进行招标的项目的招标公告，应当通过国家指定的报刊、信息网络或者其他媒介发布。

招标公告应当载明招标人的名称和地址、招标项目的性质、数量、实施地点和时间以及获取招标文件的办法等事项。

第十七条 招标人采用邀请招标方式的，应当向三个以上具备承担招标项目的能力、资信良好的特定的法人或者其他组织发出投标邀请书。

投标邀请书应当载明本法第十六条第二款规定的事项。

第十八条 招标人可以根据招标项目本身的要求，在招标公告或者投标邀请书中，要求潜在投标人提供有关资质证明文件和业绩情况，并对潜在投标人进行资格审查；国家对投标人的资格条件有规定的，依照其规定。

招标人不得以不合理的条件限制或者排斥潜在投标人，不得对潜在投标人实行歧视待遇。

第十九条 招标人应当根据招标项目的特点和需要编制招标文件。招标文件应当包括招标项目的技术要求、对投标人资格审查的标准、投标报价要求和评标标准等所有实质性要求和条件以及拟签订合同的主要条款。

国家对招标项目的技术、标准有规定的，招标人应当按照其规定在招标文件中提出相应要求。

招标项目需要划分标段、确定工期的，招标人应当合理划分标段、确定工期，并在招标文件中载明。

第二十条 招标文件不得要求或者标明特定的生产供应者以及含有倾向或者排斥潜在投标人的其他内容。

第二十一条 招标人根据招标项目的具体情况，可以组织潜在投标人踏勘项目现场。

第二十二条 招标人不得向他人透露已获取招标文件的潜在投标人的名称、数量以及可能影响公平竞争的有关招标投标的其他情况。

招标人设有标底的，标底必须保密。

第二十三条 招标人对已发出的招标文件进行必要的澄清或者修改的，应当在招标文件要求提交投标文件截止时间至少 15 日前，以书面形式通知所有招标文件收受人。该澄清或者修改的内容为招标文件的组成部分。

第二十四条 招标人应当确定投标人编制投标文件所需要的合理时间；但是，依法必须进行招标的项目，自招标文件开始发出之日起至投标人提交投标文件截止之日止，最短不得少于 20 日。

第三章　投　标

第二十五条　投标人是响应招标、参加投标竞争的法人或者其他组织。

依法招标的科研项目允许个人参加投标的，投标的个人适用本法有关投标人的规定。

第二十六条　投标人应当具备承担招标项目的能力；国家有关规定对投标人资格条件或者招标文件对投标人资格条件有规定的，投标人应当具备规定的资格条件。

第二十七条　投标人应当按照招标文件的要求编制投标文件。投标文件应当对招标文件提出的实质性要求和条件作出响应。

招标项目属于建设施工的，投标文件的内容应当包括拟派出的项目负责人与主要技术人员的简历、业绩和拟用于完成招标项目的机械设备等。

第二十八条　投标人应当在招标文件要求提交投标文件的截止时间前，将投标文件送达投标地点。招标人收到投标文件后应当签收保存，不得开启。投标人少于三个的，招标人应当依照本法重新招标。

在招标文件要求提交投标文件的截止时间后送达的投标文件，招标人应当拒收。

第二十九条　投标人在招标文件要求提交投标文件的截止时间前，可以补充、修改或者撤回已提交的投标文件，并书面通知招标人。补充、修改的内容为投标文件的组成部分。

第三十条　投标人根据招标文件载明的项目实际情况，拟在中标后将中标项目的部分非主体、非关键性工作进行分包的，应当在投标文件中载明。

第三十一条　两个以上法人或者其他组织可以组成一个联合体，以一个投标人的身份共同投标。

联合体各方均应当具备承担招标项目的相应能力；国家有关规定或者招标文件对投标人资格条件有规定的，联合体各方均应当具备规定的相应资格条件。由同一专业的单位组成的联合体，按照资质等级较低的单位确定资质等级。

联合体各方应当签订共同投标协议，明确约定各方拟承担的工作和责任，并将共同投标协议连同投标文件一并提交招标人。联合体中标的，联合体各方应当共同与招标人签订合同，就中标项目向招标人承担连带责任。

招标人不得强制投标人组成联合体共同投标，不得限制投标人之间的竞争。

第三十二条　投标人不得相互串通投标报价，不得排挤其他投标人的公平竞争，损害招标人或者其他投标人的合法权益。

投标人不得与招标人串通投标，损害国家利益、社会公共利益或者他人的合法权益。

禁止投标人以向招标人或者评标委员会成员行贿的手段谋取中标。

第三十三条　投标人不得以低于成本的报价竞标，也不得以他人名义投标或者以其他方式弄虚作假，骗取中标。

第四章　开　标

第三十四条　开标应当在招标文件确定的提交投标文件截止时间的同一时间公开进行；开标地点应当为招标文件中预先确定的地点。

第三十五条　开标由招标人主持，邀请所有投标人参加。

第三十六条　开标时，由投标人或者其推选的代表检查投标文件的密封情况，也可以由招标人委托的公证机构检查并公证；经确认无误后，由工作人员当众拆封，宣读投标人名称、投标价格和投标文件的其他主要内容。

招标人在招标文件要求提交投标文件的截止时间前收到的所有投标文件，开标时都应当当众予以拆封、宣读。

开标过程应当记录，并存档备查。

第五章 评　　标

第三十七条　评标由招标人依法组建的评标委员会负责。

依法必须进行招标的项目，其评标委员会由招标人的代表和有关技术、经济等方面的专家组成，成员人数为 5 人以上单数，其中技术、经济等方面的专家不得少于成员总数的三分之二。

前款专家应当从事相关领域工作满八年并具有高级职称或者具有同等专业水平，由招标人从国务院有关部门或者省、自治区、直辖市人民政府有关部门提供的专家名册或者招标代理机构的专家库内的相关专业的专家名单中确定；一般招标项目可以采取随机抽取方式，特殊招标项目可以由招标人直接确定。

与投标人有利害关系的人不得进入相关项目的评标委员会；已经进入的应当更换。

评标委员会成员的名单在中标结果确定前应当保密。

第三十八条　招标人应当采取必要的措施，保证评标在严格保密的情况下进行。

任何单位和个人不得非法干预、影响评标的过程和结果。

第三十九条　评标委员会可以要求投标人对投标文件中含义不明确的内容作必要的澄清或者说明，但是澄清或者说明不得超出投标文件的范围或者改变投标文件的实质性内容。

第四十条　评标委员会应当按照招标文件确定的评标标准和方法，对投标文件进行评审和比较；设有标底的，应当参考标底。评标委员会完成评标后，应当向招标人提出书面评标报告，并推荐合格的中标候选人。

招标人根据评标委员会提出的书面评标报告和推荐的中标候选人确定中标人。招标人也可以授权评标委员会直接确定中标人。

国务院对特定招标项目的评标有特别规定的，从其规定。

第四十一条　中标人的投标应当符合下列条件之一：

（一）能够最大限度地满足招标文件中规定的各项综合评价标准；

（二）能够满足招标文件的实质性要求，并且经评审的投标价格最低；但是投标价格低于成本的除外。

第四十二条　评标委员会经评审，认为所有投标都不符合招标文件要求的，可以否决所有投标。

依法必须进行招标的项目的所有投标被否决的，招标人应当依照本法重新招标。

第四十三条　在确定中标人前，招标人不得与投标人就投标价格、投标方案等实质性内容进行谈判。

第四十四条　评标委员会成员应当客观、公正地履行职务，遵守职业道德，对所提出的评审意见承担个人责任。

评标委员会成员不得私下接触投标人，不得收受投标人的财物或者其他好处。

评标委员会成员和参与评标的有关工作人员不得透露对投标文件的评审和比较、中标候选人的推荐情况以及与评标有关的其他情况。

第四十五条　中标人确定后，招标人应当向中标人发出中标通知书，并同时将中标结果通知所有未中标的投标人。

中标通知书对招标人和中标人具有法律效力。中标通知书发出后，招标人改变中标结果的，或者中标人放弃中标项目的，应当依法承担法律责任。

第四十六条　招标人和中标人应当自中标通知书发出之日起 30 日内，按照招标文件和中标人的投标文件订立书面合同。招标人和中标人不得再行订立背离合同实质性内容的其他协议。

招标文件要求中标人提交履约保证金的，中标人应当提交。

第四十七条　依法必须进行招标的项目，招标人应当自确定中标人之日起 15 日内，向有关行政监督部门提交招标投标情况的书面报告。

第四十八条　中标人应当按照合同约定履行义务，完成中标项目。中标人不得向他人转让中标项目，也不得将中标项目肢解后分别向他人转让。

中标人按照合同约定或者经招标人同意，可以将中标项目的部分非主体、非关键性工作分包给他人完成。接受分包的人应当具备相应的资格条件，并不得再次分包。

中标人应当就分包项目向招标人负责，接受分包的人就分包项目承担连带责任。

第六章　责　　任

第四十九条　违反本法规定，必须进行招标的项目而不招标的，将必须进行招标的项目化整为零或者以其他任何方式规避招标的，责令限期改正，可以处项目合同金额千分之五以上千分之十以下的罚款；对全部或者部分使用国有资金的项目，可以暂停项目执行或者暂停资金拨付；对单位直接负责的主管人员和其他直接责任人员依法给予处分。

第五十条　招标代理机构违反本法规定，泄露应当保密的与招标投标活动有关的情况和资料的，或者与招标人、投标人串通损害国家利益、社会公共利益或者他人合法权益的，处5万元以上25万元以下的罚款，对单位直接负责的主管人员和其他直接责任人员处单位罚款数额百分之五以上百分之十以下的罚款；有违法所得的，并处没收违法所得；情节严重的，暂停直至取消招标代理资格；构成犯罪的，依法追究刑事责任。给他人造成损失的，依法承担赔偿责任。

前款所列行为影响中标结果的，中标无效。

第五十一条　招标人以不合理的条件限制或者排斥潜在投标人的，对潜在投标人实行歧视待遇的，强制要求投标人组成联合体共同投标的，或者限制投标人之间竞争的，责令改正，可以处1万元以上5万元以下的罚款。

第五十二条　依法必须进行招标的项目的招标人向他人透露已获取招标文件的潜在投标人的名称、数量或者可能影响公平竞争的有关招标投标的其他情况的，或者泄露标底的，给予警告，可以并处1万元以上10万元以下的罚款；对单位直接负责的主管人员和其他直接责任人员依法给予处分；构成犯罪的，依法追究刑事责任。

前款所列行为影响中标结果的，中标无效。

第五十三条　投标人相互串通投标或者与招标人串通投标的，投标人以向招标人或者评标委员会成员行贿的手段谋取中标的，中标无效，处中标项目金额千分之五以上千分之十以下的罚款，对单位直接负责的主管人员和其他直接责任人员处单位罚款数额百分之五以上百分之十以下的罚款；有违法所得的，并处没收违法所得；情节严重的，取消其1～2年内参加依法必须进行招标的项目的投标资格并予以公告，直至由工商行政管理机关吊销营业执照；构成犯罪的，依法追究刑事责任。给他人造成损失的，依法承担赔偿责任。

第五十四条　投标人以他人名义投标或者以其他方式弄虚作假，骗取中标的，中标无效，给招标人造成损失的，依法承担赔偿责任；构成犯罪的，依法追究刑事责任。

依法必须进行招标的项目的投标人有前款所列行为尚未构成犯罪的，处中标项目金额千分之五以上千分之十以下的罚对单位直接负责的主管人员和其他直接责任人员处单位罚款数额百分之五以上至百分之十以下的罚款；有违法所得的，并处没收违法所得；情节严重的，取消其1～3年内参加依法必须进行招标的项目的投标资格并予以公告，直至由工商行政管理机关吊销营业执照。

第五十五条　依法必须进行招标的项目，招标人违反本法规定，与投标人就投标价格、投标方案等实质性内容进行谈判的，给予警告，对单位直接负责的主管人员和其他直接责任人员依法给予处分。

前款所列行为影响中标结果的，中标无效。

第五十六条　评标委员会成员收受投标人的财物或者其他好处的，评标委员会成员或者参加评标的有关工作人员向他人透露对投标文件的评审和比较、中标候选人的推荐以及与评标有关的其他情况的，给予警告，没收收受的财物，可以并处 3000 元以上 5 万元以下的罚款，对有所列违法行为的评标委员会成员取消担任评标委员会成员的资格，不得再参加任何依法必须进行招标的项目的评标；构成犯罪的，依法追究刑事责任。

第五十七条 招标人在评标委员会依法推荐的中标候选人以外确定中标人的，依法必须进行招标的项目在所有投标被评标委员会否决后自行确定中标人的，中标无效。责令改正，可以处中标项目金额千分之五以上千分之十以下的罚款；对单位直接负责的主管人员和其他直接责任人员依法给予处分。

第五十八条 中标人将中标项目转让给他人的，将中标项目肢解后分别转让给他人的，违反本法规定将中标项目的部分主体、关键性工作分包给他人的，或者分包人再次分包的，转让、分包无效，处转让、分包项目金额千分之五以上千分之十以下的罚款；有违法所得的，并处没收违法所得；可以责令停业整顿；情节严重的，由工商行政管理机关吊销营业执照。

第五十九条 招标人与中标人不按照招标文件和中标人的投标文件订立合同的，或者招标人、中标人订立背离合同实质性内容的协议的，责令改正；可以处中标项目金额千分之五以上千分之十以下的罚款。

第六十条 中标人不履行与招标人订立的合同的，履约保证金不予退还，给招标人造成的损失超过履约保证金数额的，还应当对超过部分予以赔偿；没有提交履约保证金的，应当对招标人的损失承担赔偿责任。

中标人不按照与招标人订立的合同履行义务，情节较为严重的，取消其 2～5 年内参加依法必须进行招标的项目的投标资格并予以公告，直至由工商行政管理机关吊销营业执照。

因不可抗力不能履行合同的，不适用前两款规定。

第六十一条 本章规定的行政处罚，由国务院规定的有关行政监督部门决定。本法已对实施行政处罚的机关作出规定的除外。

第六十二条 任何单位违反本法规定，限制或者排斥本地区、本系统以外的法人或者其他组织参加投标的，为招标人指定招标代理机构的，强制招标人委托招标代理机构办理招标事宜的，或者以其他方式干涉招标投标活动的，责令改正；对单位直接负责的主管人员和其他直接责任人员依法给予警告、记过、记大过的处分，情节较重的，依法给予降级、撤职、开除的处分。

个人利用职权进行前款违法行为的，依照前款规定追究责任。

第六十三条 对招标投标活动依法负有行政监督职责的国家机关工作人员徇私舞弊、滥用职权或者玩忽职守，构成犯罪的，依法追究刑事责任；不构成犯罪的，依法给予行政处分。

第六十四条 依法必须进行招标的项目违反本法规定，中标无效的，应当依照本法规定的中标条件从其余投标人中重新确定中标人或者依照本法重新进行招标。

第七章　附　则

第六十五条 投标人和其他利害关系人认为招标投标活动不符合本法有关规定的，有权向招标人提出异议或者依法向有关行政监督部门投诉。

第六十六条 涉及国家安全、国家秘密、抢险救灾或者属于利用扶贫资金实行以工代赈、需要使用农民工等特殊情况，不适宜进行招标的项目，按照国家有关规定可以不进行招标。

第六十七条 使用国际组织或者外国政府贷款、援助资金的项目进行招标，贷款方、资金提供方对招标投标的具体条件和程序有不同规定的，可以适用其规定，但违背中华人民共和国的社会公共利益的除外。

第六十八条 本法自 2000 年 1 月 1 日起施行。

中华人民共和国政府采购法

（中华人民共和国主席令第 68 号　2002 年 6 月 29 日）

第一章　总　　则

第一条　为了规范政府采购行为，提高政府采购资金的使用效益，维护国家利益和社会公共利益，保护政府采购当事人的合法权益，促进廉政建设，制定本法。

第二条　在中华人民共和国境内进行的政府采购适用本法。

本法所称政府采购是指各级国家机关、事业单位和团体组织，使用财政性资金采购依法制定的集中采购目录以内的或者采购限额标准以上的货物、工程和服务的行为。

政府集中采购目录和采购限额标准依照本法规定的权限制定。

本法所称采购是指以合同方式有偿取得货物、工程和服务的行为，包括购买、租赁、委托、雇用等。

本法所称货物是指各种形态和种类的物品，包括原材料、燃料、设备、产品等。

本法所称工程是指建设工程，包括建筑物和构筑物的新建、改建、扩建、装修、拆除、修缮等。

本法所称服务是指除货物和工程以外的其他政府采购对象。

第三条　政府采购应当遵循公开透明原则、公平竞争原则、公正原则和诚实信用原则。

第四条　政府采购工程进行招标投标的，适用招标投标法。

第五条　任何单位和个人不得采用任何方式，阻挠和限制供应商自由进入本地区和本行业的政府采购市场。

第六条　政府采购应当严格按照批准的预算执行。

第七条　政府采购实行集中采购和分散采购相结合。集中采购的范围由省级以上人民政府公布的集中采购目录确定。

属于中央预算的政府采购项目，其集中采购目录由国务院确定并公布；属于地方预算的政府采购项目，其集中采购目录由省、自治区、直辖市人民政府或者其授权的机构确定并公布。

纳入集中采购目录的政府采购项目，应当实行集中采购。

第八条　政府采购限额标准，属于中央预算的政府采购项目，由国务院确定并公布；属于地方预算的政府采购项目，由省、自治区、直辖市人民政府或者其授权的机构确定并公布。

第九条　政府采购应当有助于实现国家的经济和社会发展政策目标，包括保护环境，扶持不发达地区和少数民族地区，促进中小企业发展等。

第十条　政府采购应当采购本国货物、工程和服务。但有下列情形之一的除外：

（一）需要采购的货物、工程或者服务在中国境内无法获取或者无法以合理的商业条件获取的。

（二）为在中国境外使用而进行采购的。

（三）其他法律、行政法规另有规定的。

前款所称本国货物、工程和服务的界定，依照国务院有关规定执行。

第十一条　政府采购的信息应当在政府采购监督管理部门指定的媒体上及时向社会公开发布，但涉及商业秘密的除外。

第十二条　在政府采购活动中，采购人员及相关人员与供应商有利害关系的，必须回避。供应商认为采购人员及相关人员与其他供应商有利害关系的，可以申请其回避。

前款所称相关人员包括招标采购中评标委员会的组成人员，竞争性谈判采购中谈判小组的组成人员，询价采购中询价小组的组成人员等。

第十三条 各级人民政府财政部门是负责政府采购监督管理的部门，依法履行对政府采购活动的监督管理职责。

各级人民政府其他有关部门依法履行与政府采购活动有关的监督管理职责。

第二章 政府采购当事人

第十四条 政府采购当事人是指在政府采购活动中享有权利和承担义务的各类主体，包括采购人、供应商和采购代理机构等。

第十五条 采购人是指依法进行政府采购的国家机关、事业单位、团体组织。

第十六条 集中采购机构为采购代理机构。设区的市、自治州以上人民政府根据本级政府采购项目组织集中采购的需要设立集中采购机构。

集中采购机构是非营利事业法人，根据采购人的委托办理采购事宜。

第十七条 集中采购机构进行政府采购活动，应当符合采购价格低于市场平均价格、采购效率更高、采购质量优良和服务良好的要求。

第十八条 采购人采购纳入集中采购目录的政府采购项目，必须委托集中采购机构代理采购；采购未纳入集中采购目录的政府采购项目，可以自行采购，也可以委托集中采购机构在委托的范围内代理采购。

纳入集中采购目录属于通用的政府采购项目的，应当委托集中采购机构代理采购；属于本部门、本系统有特殊要求的项目，应当实行部门集中采购；属于本单位有特殊要求的项目，经省级以上人民政府批准，可以自行采购。

第十九条 采购人可以委托经国务院有关部门或者省级人民政府有关部门认定资格的采购代理机构，在委托的范围内办理政府采购事宜。

采购人有权自行选择采购代理机构，任何单位和个人不得以任何方式为采购人指定采购代理机构。

第二十条 采购人依法委托采购代理机构办理采购事宜的，应当由采购人与采购代理机构签订委托代理协议，依法确定委托代理的事项，约定双方的权利义务。

第二十一条 供应商是指向采购人提供货物、工程或者服务的法人、其他组织或者自然人。

第二十二条 供应商参加政府采购活动应当具备下列条件：

（一）具有独立承担民事责任的能力。

（二）具有良好的商业信誉和健全的财务会计制度。

（三）具有履行合同所必需的设备和专业技术能力。

（四）有依法缴纳税收和社会保障资金的良好记录。

（五）参加政府采购活动前三年内，在经营活动中没有重大违法记录。

（六）法律、行政法规规定的其他条件。

采购人可以根据采购项目的特殊要求，规定供应商的特定条件，但不得以不合理的条件对供应商实行差别待遇或者歧视待遇。

第二十三条 采购人可以要求参加政府采购的供应商提供有关资质证明文件和业绩情况，并根据本法规定的供应商条件和采购项目对供应商的特定要求，对供应商的资格进行审查。

第二十四条 两个以上的自然人、法人或者其他组织可以组成一个联合体，以一个供应商的身份共同参加政府采购。

以联合体形式进行政府采购的，参加联合体的供应商均应当具备本法第二十二条规定的条件，并应当向采购人提交联合协议，载明联合体各方承担的工作和义务。联合体各方应当共同与采购人签订采购合同，就采购合同约定的事项对采购人承担连带责任。

第二十五条 政府采购当事人不得相互串通损害国家利益、社会公共利益和其他当事人的合法权益；不得以任何手段排斥其他供应商参与竞争。

供应商不得以向采购人、采购代理机构、评标委员会的组成人员、竞争性谈判小组的组成人员、询价小组的组成人员行贿或者采取其他不正当手段谋取中标或者成交。

采购代理机构不得以向采购人行贿或者采取其他不正当手段谋取非法利益。

第三章 政 府 采 购 方 式

第二十六条 政府采购采用以下方式：

（一）公开招标。

（二）邀请招标。

（三）竞争性谈判。

（四）单一来源采购。

（五）询价。

（六）国务院政府采购监督管理部门认定的其他采购方式。

公开招标应作为政府采购的主要采购方式。

第二十七条 采购人采购货物或者服务应当采用公开招标方式的，其具体数额标准，属于中央预算的政府采购项目，由国务院规定；属于地方预算的政府采购项目，由省、自治区、直辖市人民政府规定；因特殊情况需要采用公开招标以外的采购方式的，应当在采购活动开始前获得设区的市、自治州以上人民政府采购监督管理部门的批准。

第二十八条 采购人不得将应当以公开招标方式采购的货物或者服务化整为零或者以其他任何方式规避公开招标采购。

第二十九条 符合下列情形之一的货物或者服务，可以依照本法采用邀请招标方式采购：

（一）具有特殊性，只能从有限范围的供应商处采购的。

（二）采用公开招标方式的费用占政府采购项目总价值的比例过大的。

第三十条 符合下列情形之一的货物或者服务，可以依照本法采用竞争性谈判方式采购：

（一）招标后没有供应商投标或者没有合格标的或者重新招标未能成立的。

（二）技术复杂或者性质特殊，不能确定详细规格或者具体要求的。

（三）采用招标所需时间不能满足用户紧急需要的。

（四）不能事先计算出价格总额的。

第三十一条 符合下列情形之一的货物或者服务，可以依照本法采用单一来源方式采购：

（一）只能从唯一供应商处采购的。

（二）发生了不可预见的紧急情况不能从其他供应商处采购的。

（三）必须保证原有采购项目一致性或者服务配套的要求，需要继续从原供应商处添购，且添购资金总额不超过原合同采购金额 10％的。

第三十二条 采购的货物规格、标准统一、现货货源充足且价格变化幅度小的政府采购项目，可以依照本法采用询价方式采购。

第四章 政 府 采 购 程 序

第三十三条 负有编制部门预算职责的部门在编制下一财政年度部门预算时，应当将该财政年度政府采购的项目及资金预算列出，报本级财政部门汇总。部门预算的审批，按预算管理权限和程序进行。

第三十四条 货物或者服务项目采取邀请招标方式采购的，采购人应当从符合相应资格条件的供应商中，通过随机方式选择 3 家以上的供应商，并向其发出投标邀请书。

第三十五条 货物和服务项目实行招标方式采购的，自招标文件开始发出之日起至投标人提交投标文件截止之日止，不得少于 20 日。

第三十六条 在招标采购中，出现下列情形之一的，应予废标：

（一）符合专业条件的供应商或者对招标文件作实质响应的供应商不足 3 家的。

（二）出现影响采购公正的违法、违规行为的。

（三）投标人的报价均超过了采购预算，采购人不能支付的。

（四）因重大变故，采购任务取消的。

废标后，采购人应当将废标理由通知所有投标人。

第三十七条 废标后，除采购任务取消情形外，应当重新组织招标；需要采取其他方式采购的，应当在采购活动开始前获得设区的市、自治州以上人民政府采购监督管理部门或者政府有关部门批准。

第三十八条 采用竞争性谈判方式采购的，应当遵循下列程序：

（一）成立谈判小组。谈判小组由采购人的代表和有关专家共 3 人以上的单数组成，其中专家的人数不得少于成员总数的 2/3。

（二）制定谈判文件。谈判文件应当明确谈判程序、谈判内容、合同草案的条款以及评定成交的标准等事项。

（三）确定邀请参加谈判的供应商名单。谈判小组从符合相应资格条件的供应商名单中确定不少于 3 家的供应商参加谈判，并向其提供谈判文件。

（四）谈判。谈判小组所有成员集中与单一供应商分别进行谈判。在谈判中，谈判的任何一方不得透露与谈判有关的其他供应商的技术资料、价格和其他信息。谈判文件有实质性变动的，谈判小组应当以书面形式通知所有参加谈判的供应商。

（五）确定成交供应商。谈判结束后，谈判小组应当要求所有参加谈判的供应商在规定时间内进行最后报价，采购人从谈判小组提出的成交候选人中根据符合采购需求、质量和服务相等且报价最低的原则确定成交供应商，并将结果通知所有参加谈判的未成交的供应商。

第三十九条 采取单一来源方式采购的，采购人与供应商应当遵循本法规定的原则，在保证采购项目质量和双方商定合理价格的基础上进行采购。

第四十条 采取询价方式采购的，应当遵循下列程序：

（一）成立询价小组。询价小组由采购人的代表和有关专家共 3 人以上的单数组成，其中专家的人数不得少于成员总数的 2/3。询价小组应当对采购项目的价格构成和评定成交的标准等事项作出规定。

（二）确定被询价的供应商名单。询价小组根据采购需求，从符合相应资格条件的供应商名单中确定不少于 3 家的供应商，并向其发出询价通知书让其报价。

（三）询价。询价小组要求被询价的供应商一次报出不得更改的价格。

（四）确定成交供应商。采购人根据符合采购需求、质量和服务相等且报价最低的原则确定成交供应商，并将结果通知所有被询价的未成交的供应商。

第四十一条 采购人或者其委托的采购代理机构应当组织对供应商履约的验收。大型或者复杂的政府采购项目，应当邀请国家认可的质量检测机构参加验收工作。验收方成员应当在验收书上签字，并承担相应的法律责任。

第四十二条 采购人、采购代理机构对政府采购项目每项采购活动的采购文件应当妥善保存，不得伪造、变造、隐匿或者销毁。采购文件的保存期限为从采购结束之日起至少保存 15 年。

采购文件包括采购活动记录、采购预算、招标文件、投标文件、评标标准、评估报告、定标文件、合同文本、验收证明、质疑答复、投诉处理决定及其他有关文件、资料。

采购活动记录至少应当包括下列内容：

（一）采购项目类别、名称。

（二）采购项目预算、资金构成和合同价格。

（三）采购方式，采用公开招标以外的采购方式的，应当载明原因。

（四）邀请和选择供应商的条件及原因。

（五）评标标准及确定中标人的原因。

（六）废标的原因。

（七）采用招标以外采购方式的相应记载。

第五章　政府采购合同

第四十三条　政府采购合同适用合同法。采购人和供应商之间的权利和义务，应当按照平等、自愿的原则以合同方式约定。

采购人可以委托采购代理机构代表其与供应商签订政府采购合同。由采购代理机构以采购人名义签订合同的，应当提交采购人的授权委托书，作为合同附件。

第四十四条　政府采购合同应当采用书面形式。

第四十五条　国务院政府采购监督管理部门应当会同国务院有关部门，规定政府采购合同必须具备的条款。

第四十六条　采购人与中标、成交供应商应当在中标、成交通知书发出之日起 30 日内，按照采购文件确定的事项签订政府采购合同。

中标、成交通知书对采购人和中标、成交供应商均具有法律效力。中标、成交通知书发出后，采购人改变中标、成交结果的，或者中标、成交供应商放弃中标、成交项目的，应当依法承担法律责任。

第四十七条　政府采购项目的采购合同自签订之日起 7 个工作日内，采购人应当将合同副本报同级政府采购监督管理部门和有关部门备案。

第四十八条　经采购人同意，中标、成交供应商可以依法采取分包方式履行合同。

政府采购合同分包履行的，中标、成交供应商就采购项目和分包项目向采购人负责，分包供应商就分包项目承担责任。

第四十九条　政府采购合同履行中，采购人需追加与合同标的相同的货物、工程或者服务的，在不改变合同其他条款的前提下，可以与供应商协商签订补充合同，但所有补充合同的采购金额不得超过原合同采购金额的 10%。

第五十条　政府采购合同的双方当事人不得擅自变更、中止或者终止合同。

政府采购合同继续履行将损害国家利益和社会公共利益的，双方当事人应当变更、中止或者终止合同。有过错的一方应当承担赔偿责任，双方都有过错的，各自承担相应的责任。

第六章　质疑与投诉

第五十一条　供应商对政府采购活动事项有疑问的，可以向采购人提出询问，采购人应当及时作出答复，但答复的内容不得涉及商业秘密。

第五十二条　供应商认为采购文件、采购过程和中标、成交结果使自己的权益受到损害的，可以在知道或者应知其权益受到损害之日起 7 个工作日内，以书面形式向采购人提出质疑。

第五十三条　采购人应当在收到供应商的书面质疑后 7 个工作日内作出答复，并以书面形式通知质疑供应商和其他有关供应商，但答复的内容不得涉及商业秘密。

第五十四条　采购人委托采购代理机构采购的，供应商可以向采购代理机构提出询问或者质疑，采购代理机构应当依照本法第五十一条、第五十三条的规定就采购人委托授权范围内的事项作出答复。

第五十五条 质疑供应商对采购人、采购代理机构的答复不满意或者采购人、采购代理机构未在规定的时间内作出答复的，可以在答复期满后 15 个工作日内向同级政府采购监督管理部门投诉。

第五十六条 政府采购监督管理部门应当在收到投诉后 30 个工作日内，对投诉事项作出处理决定，并以书面形式通知投诉人和与投诉事项有关的当事人。

第五十七条 政府采购监督管理部门在处理投诉事项期间，可以视具体情况书面通知采购人暂停采购活动，但暂停时间最长不得超过 30 日。

第五十八条 投诉人对政府采购监督管理部门的投诉处理决定不服或者政府采购监督管理部门逾期未作处理的，可以依法申请行政复议或者向人民法院提起行政诉讼。

第七章 监 督 检 查

第五十九条 政府采购监督管理部门应当加强对政府采购活动及集中采购机构的监督检查。

监督检查的主要内容是：

（一）有关政府采购的法律、行政法规和规章的执行情况。

（二）采购范围、采购方式和采购程序的执行情况。

（三）政府采购人员的职业素质和专业技能。

第六十条 政府采购监督管理部门不得设置集中采购机构，不得参与政府采购项目的采购活动。采购代理机构与行政机关不得存在隶属关系或者其他利益关系。

第六十一条 集中采购机构应当建立健全内部监督管理制度。采购活动的决策和执行程序应当明确，并相互监督、相互制约。经办采购的人员与负责采购合同审核、验收人员的职责权限应当明确，并相互分离。

第六十二条 集中采购机构的采购人员应当具有相关职业素质和专业技能，符合政府采购监督管理部门规定的专业岗位任职要求。

集中采购机构对其工作人员应当加强教育和培训；对采购人员的专业水平、工作实绩和职业道德状况定期进行考核。采购人员经考核不合格的不得继续任职。

第六十三条 政府采购项目的采购标准应当公开。

采用本法规定的采购方式的，采购人在采购活动完成后，应当将采购结果予以公布。

第六十四条 采购人必须按照本法规定的采购方式和采购程序进行采购。

任何单位和个人不得违反本法规定，要求采购人或者采购工作人员向其指定的供应商进行采购。

第六十五条 政府采购监督管理部门应当对政府采购项目的采购活动进行检查，政府采购当事人应当如实反映情况，提供有关材料。

第六十六条 政府采购监督管理部门应当对集中采购机构的采购价格、节约资金效果、服务质量、信誉状况、有无违法行为等事项进行考核，并定期如实公布考核结果。

第六十七条 依照法律、行政法规的规定对政府采购负有行政监督职责的政府有关部门，应当按照其职责分工，加强对政府采购活动的监督。

第六十八条 审计机关应当对政府采购进行审计监督。政府采购监督管理部门、政府采购各当事人有关政府采购活动，应当接受审计机关的审计监督。

第六十九条 监察机关应当加强对参与政府采购活动的国家机关、国家公务员和国家行政机关任命的其他人员实施监察。

第七十条 任何单位和个人对政府采购活动中的违法行为，有权控告和检举，有关部门、机关应当依照各自职责及时处理。

第八章　法　律　责　任

第七十一条　采购人、采购代理机构有下列情形之一的，责令限期改正，给予警告，可以并处罚款，对直接负责的主管人员和其他直接责任人员，由其行政主管部门或者有关机关给予处分，并予通报：

（一）应当采用公开招标方式而擅自采用其他方式采购的。

（二）擅自提高采购标准的。

（三）委托不具备政府采购业务代理资格的机构办理采购事务的。

（四）以不合理的条件对供应商实行差别待遇或者歧视待遇的。

（五）在招标采购过程中与投标人进行协商谈判的。

（六）中标、成交通知书发出后不与中标、成交供应商签订采购合同的。

（七）拒绝有关部门依法实施监督检查的。

第七十二条　采购人、采购代理机构及其工作人员有下列情形之一，构成犯罪的，依法追究刑事责任；尚不构成犯罪的，处以罚款，有违法所得的，并处没收违法所得，属于国家机关工作人员的，依法给予行政处分：

（一）与供应商或者采购代理机构恶意串通的。

（二）在采购过程中接受贿赂或者获取其他不正当利益的。

（三）在有关部门依法实施的监督检查中提供虚假情况的。

（四）开标前泄露标底的。

第七十三条　有前两条违法行为之一影响中标、成交结果或者可能影响中标、成交结果的，按下列情况分别处理：

（一）未确定中标、成交供应商的，终止采购活动。

（二）中标、成交供应商已经确定但采购合同尚未履行的，撤销合同，从合格的中标、成交候选人中另行确定中标、成交供应商。

（三）采购合同已经履行的，给采购人、供应商造成损失的，由责任人承担赔偿责任。

第七十四条　采购人对应当实行集中采购的政府采购项目，不委托集中采购机构实行集中采购的，由政府采购监督管理部门责令改正；拒不改正的，停止按预算向其支付资金，由其上级行政主管部门或者有关机关依法给予其直接负责的主管人员和其他直接责任人员处分。

第七十五条　采购人未依法公布政府采购项目的采购标准和采购结果的，责令改正，对直接负责的主管人员依法给予处分。

第七十六条　采购人、采购代理机构违反本法规定隐匿、销毁应当保存的采购文件或者伪造、变造采购文件的，由政府采购监督管理部门处以 2 万元以上 10 万元以下的罚款，对其直接负责的主管人员和其他直接责任人员依法给予处分；构成犯罪的，依法追究刑事责任。

第七十七条　供应商有下列情形之一的，处以采购金额 5‰ 以上 10‰ 以下的罚款，列入不良行为记录名单，在 1～3 年内禁止参加政府采购活动，有违法所得的，并处没收违法所得，情节严重的，由工商行政管理机关吊销营业执照；构成犯罪的，依法追究刑事责任：

（一）提供虚假材料谋取中标、成交的。

（二）采取不正当手段诋毁、排挤其他供应商的。

（三）与采购人、其他供应商或者采购代理机构恶意串通的。

（四）向采购人、采购代理机构行贿或者提供其他不正当利益的。

（五）在招标采购过程中与采购人进行协商谈判的。

（六）拒绝有关部门监督检查或者提供虚假情况的。

供应商有前款第（一）～（五）项情形之一的，中标、成交无效。

第七十八条　采购代理机构在代理政府采购业务中有违法行为的，按照有关法律规定处以罚款，可以依法取消其进行相关业务的资格，构成犯罪的，依法追究刑事责任。

第七十九条　政府采购当事人有本法第七十一条、第七十二条、第七十七条违法行为之一，给他人造成损失的，并应依照有关民事法律规定承担民事责任。

第八十条　政府采购监督管理部门的工作人员在实施监督检查中违反本法规定滥用职权，玩忽职守，徇私舞弊的，依法给予行政处分；构成犯罪的，依法追究刑事责任。

第八十一条　政府采购监督管理部门对供应商的投诉逾期未作处理的，给予直接负责的主管人员和其他直接责任人员行政处分。

第八十二条　政府采购监督管理部门对集中采购机构业绩的考核，有虚假陈述，隐瞒真实情况的，或者不作定期考核和公布考核结果的，应当及时纠正，由其上级机关或者监察机关对其负责人进行通报，并对直接负责的人员依法给予行政处分。

集中采购机构在政府采购监督管理部门考核中，虚报业绩，隐瞒真实情况的，处以 2 万元以上 20 万元以下的罚款，并予以通报；情节严重的，取消其代理采购的资格。

第八十三条　任何单位或者个人阻挠和限制供应商进入本地区或者本行业政府采购市场的，责令限期改正；拒不改正的，由该单位、个人的上级行政主管部门或者有关机关给予单位责任人或者个人处分。

第九章　附　　则

第八十四条　使用国际组织和外国政府贷款进行的政府采购，贷款方、资金提供方与中方达成的协议对采购的具体条件另有规定的，可以适用其规定，但不得损害国家利益和社会公共利益。

第八十五条　对因严重自然灾害和其他不可抗力事件所实施的紧急采购和涉及国家安全和秘密的采购，不适用本法。

第八十六条　军事采购法规由中央军事委员会另行制定。

第八十七条　本法实施的具体步骤和办法由国务院规定。

第八十八条　本法自 2003 年 1 月 1 日起施行。

关于修改《中华人民共和国保险法》等五部法律的决定

（中华人民共和国主席令　第 14 号　2014 年 8 月 31 日）

全国人民代表大会常务委员会关于
修改《中华人民共和国保险法》等五部法律的决定

（2014 年 8 月 31 日第十二届全国人民代表大会常务委员会第十次会议通过）

第十二届全国人民代表大会常务委员会第十次会议决定：

一、（略）

二、（略）

三、（略）

四、对《中华人民共和国政府采购法》作出修改

（一）将第十九条第一款中的"经国务院有关部门或者省级人民政府有关部门认定资格的"修改为"集中采购机构以外的"。

（二）删去第七十一条第三项。

（三）将第七十八条中的"依法取消其进行相关业务的资格"修改为"在 1～3 年内禁止其代理政府采购业务"。

五、（略）

本决定自公布之日起施行。

根据本决定作相应修改，重新公布。

中华人民共和国招标投标法实施条例

（中华人民共和国国务院令第 613 号　2011 年 12 月 20 日）

第一章　总　则

第一条　为了规范招标投标活动，根据《中华人民共和国招标投标法》（以下简称招标投标法）制定本条例。

第二条　招标投标法第三条所称工程建设项目是指工程以及与工程建设有关的货物、服务。

前款所称工程是指建设工程，包括建筑物和构筑物的新建、改建、扩建及其相关的装修、拆除、修缮等；所称与工程建设有关的货物，是指构成工程不可分割的组成部分，且为实现工程基本功能所必需的设备、材料等；所称与工程建设有关的服务，是指为完成工程所需的勘察、设计、监理等服务。

第三条　依法必须进行招标的工程建设项目的具体范围和规模标准，由国务院发展改革部门会同国务院有关部门制订，报国务院批准后公布施行。

第四条　国务院发展改革部门指导和协调全国招标投标工作，对国家重大建设项目的工程招标投标活动实施监督检查。国务院工业和信息化、住房城乡建设、交通运输、铁道、水利、商务等部门，按照规定的职责分工对有关招标投标活动实施监督。

县级以上地方人民政府发展改革部门指导和协调本行政区域的招标投标工作。县级以上地方人民政府有关部门按照规定的职责分工，对招标投标活动实施监督，依法查处招标投标活动中的违法行为。县级以上地方人民政府对其所属部门有关招标投标活动的监督职责分工另有规定的，从其规定。

财政部门依法对实行招标投标的政府采购工程建设项目的预算执行情况和政府采购政策执行情况实施监督。

监察机关依法对与招标投标活动有关的监察对象实施监察。

第五条　设区的市级以上地方人民政府可以根据实际需要，建立统一规范的招标投标交易场所，为招标投标活动提供服务。招标投标交易场所不得与行政监督部门存在隶属关系，不得以营利为目的。

国家鼓励利用信息网络进行电子招标投标。

第六条　禁止国家工作人员以任何方式非法干涉招标投标活动。

第二章　招　标

第七条　按照国家有关规定需要履行项目审批、核准手续的依法必须进行招标的项目，其招标范围、招标方式、招标组织形式应当报项目审批、核准部门审批、核准。项目审批、核准部门应当及时将审批、核准确定的招标范围、招标方式、招标组织形式通报有关行政监督部门。

第八条　国有资金占控股或者主导地位的依法必须进行招标的项目，应当公开招标；但有下列情形之一的，可以邀请招标：

（一）技术复杂、有特殊要求或者受自然环境限制，只有少量潜在投标人可供选择；

（二）采用公开招标方式的费用占项目合同金额的比例过大。

有前款第二项所列情形，属于本条例第七条规定的项目，由项目审批、核准部门在审批、核准项目时作出认定；其他项目由招标人申请有关行政监督部门作出认定。

第九条　除招标投标法第六十六条规定的可以不进行招标的特殊情况外，有下列情形之一的，可以不进行招标：

（一）需要采用不可替代的专利或者专有技术；

（二）采购人依法能够自行建设、生产或者提供；

（三）已通过招标方式选定的特许经营项目投资人依法能够自行建设、生产或者提供；

（四）需要向原中标人采购工程、货物或者服务，否则将影响施工或者功能配套要求；

（五）国家规定的其他特殊情形。

招标人为适用前款规定弄虚作假的，属于招标投标法第四条规定的规避招标。

第十条　招标投标法第十二条第二款规定的招标人具有编制招标文件和组织评标能力，是指招标人具有与招标项目规模和复杂程度相适应的技术、经济等方面的专业人员。

第十一条　招标代理机构的资格依照法律和国务院的规定由有关部门认定。

国务院住房城乡建设、商务、发展改革、工业和信息化等部门，按照规定的职责分工对招标代理机构依法实施监督管理。

第十二条　招标代理机构应当拥有一定数量的取得招标职业资格的专业人员。取得招标职业资格的具体办法由国务院人力资源社会保障部门会同国务院发展改革部门制定。

第十三条　招标代理机构在其资格许可和招标人委托的范围内开展招标代理业务，任何单位和个人不得非法干涉。

招标代理机构代理招标业务应当遵守招标投标法和本条例关于招标人的规定。招标代理机构不得在所代理的招标项目中投标或者代理投标，也不得为所代理的招标项目的投标人提供咨询。

招标代理机构不得涂改、出租、出借、转让资格证书。

第十四条　招标人应当与被委托的招标代理机构签订书面委托合同，合同约定的收费标准应当符合国家有关规定。

第十五条　公开招标的项目，应当依照招标投标法和本条例的规定发布招标公告、编制招标文件。

招标人采用资格预审办法对潜在投标人进行资格审查的，应当发布资格预审公告、编制资格预审文件。

依法必须进行招标的项目的资格预审公告和招标公告，应当在国务院发展改革部门依法指定的媒介发布。在不同媒介发布的同一招标项目的资格预审公告或者招标公告的内容应当一致。指定媒介发布依法必须进行招标的项目的境内资格预审公告、招标公告，不得收取费用。

编制依法必须进行招标的项目的资格预审文件和招标文件，应当使用国务院发展改革部门会同有关行政监督部门制定的标准文本。

第十六条　招标人应当按照资格预审公告、招标公告或者投标邀请书规定的时间、地点发售资格预审文件或者招标文件。资格预审文件或者招标文件的发售期不得少于5日。

招标人发售资格预审文件、招标文件收取的费用应当限于补偿印刷、邮寄的成本支出，不得以营利为目的。

第十七条　招标人应当合理确定提交资格预审申请文件的时间。依法必须进行招标的项目提交资格预审申请文件的时间，自资格预审文件停止发售之日起不得少于5日。

第十八条　资格预审应当按照资格预审文件载明的标准和方法进行。

国有资金占控股或者主导地位的依法必须进行招标的项目，招标人应当组建资格审查委员会审查资格预审申请文件。资格审查委员会及其成员应当遵守招标投标法和本条例有关评标委员会及其成员的规定。

第十九条　资格预审结束后，招标人应当及时向资格预审申请人发出资格预审结果通知书。未通过资格预审的申请人不具有投标资格。

通过资格预审的申请人少于 3 个的，应当重新招标。

第二十条 招标人采用资格后审办法对投标人进行资格审查的，应当在开标后由评标委员会按照招标文件规定的标准和方法对投标人的资格进行审查。

第二十一条 招标人可以对已发出的资格预审文件或者招标文件进行必要的澄清或者修改。澄清或者修改的内容可能影响资格预审申请文件或者投标文件编制的，招标人应当在提交资格预审申请文件截止时间至少 3 日前，或者投标截止时间至少 15 日前，以书面形式通知所有获取资格预审文件或者招标文件的潜在投标人；不足 3 日或者 15 日的，招标人应当顺延提交资格预审申请文件或者投标文件的截止时间。

第二十二条 潜在投标人或者其他利害关系人对资格预审文件有异议的，应当在提交资格预审申请文件截止时间 2 日前提出；对招标文件有异议的，应当在投标截止时间 10 日前提出。招标人应当自收到异议之日起 3 日内作出答复；作出答复前，应当暂停招标投标活动。

第二十三条 招标人编制的资格预审文件、招标文件的内容违反法律、行政法规的强制性规定，违反公开、公平、公正和诚实信用原则，影响资格预审结果或者潜在投标人投标的，依法必须进行招标的项目的招标人应当在修改资格预审文件或者招标文件后重新招标。

第二十四条 招标人对招标项目划分标段的，应当遵守招标投标法的有关规定，不得利用划分标段限制或者排斥潜在投标人。依法必须进行招标的项目的招标人不得利用划分标段规避招标。

第二十五条 招标人应当在招标文件中载明投标有效期。投标有效期从提交投标文件的截止之日起算。

第二十六条 招标人在招标文件中要求投标人提交投标保证金的，投标保证金不得超过招标项目估算价的 2%。投标保证金有效期应当与投标有效期一致。

依法必须进行招标的项目的境内投标单位，以现金或者支票形式提交的投标保证金应当从其基本账户转出。

招标人不得挪用投标保证金。

第二十七条 招标人可以自行决定是否编制标底。一个招标项目只能有一个标底。标底必须保密。

接受委托编制标底的中介机构不得参加受托编制标底项目的投标，也不得为该项目的投标人编制投标文件或者提供咨询。

招标人设有最高投标限价的，应当在招标文件中明确最高投标限价或者最高投标限价的计算方法。招标人不得规定最低投标限价。

第二十八条 招标人不得组织单个或者部分潜在投标人踏勘项目现场。

第二十九条 招标人可以依法对工程以及与工程建设有关的货物、服务全部或者部分实行总承包招标。以暂估价形式包括在总承包范围内的工程、货物、服务属于依法必须进行招标的项目范围且达到国家规定规模标准的，应当依法进行招标。

前款所称暂估价是指总承包招标时不能确定价格而由招标人在招标文件中暂时估定的工程、货物、服务的金额。

第三十条 对技术复杂或者无法精确拟定技术规格的项目，招标人可以分两阶段进行招标。

第一阶段，投标人按照招标公告或者投标邀请书的要求提交不带报价的技术建议，招标人根据投标人提交的技术建议确定技术标准和要求，编制招标文件。

第二阶段，招标人向在第一阶段提交技术建议的投标人提供招标文件，投标人按照招标文件的要求提交包括最终技术方案和投标报价的投标文件。

招标人要求投标人提交投标保证金的，应当在第二阶段提出。

第三十一条 招标人终止招标的，应当及时发布公告，或者以书面形式通知被邀请的或者已经获取资格预审文件、招标文件的潜在投标人。已经发售资格预审文件、招标文件或者已经收取投标保证金的，招标人应当及时退还所收取的资格预审文件、招标文件的费用，以及所收取的投标保证金及银行同期存款利息。

第三十二条　招标人不得以不合理的条件限制、排斥潜在投标人或者投标人。

招标人有下列行为之一的，属于以不合理条件限制、排斥潜在投标人或者投标人：

（一）就同一招标项目向潜在投标人或者投标人提供有差别的项目信息；

（二）设定的资格、技术、商务条件与招标项目的具体特点和实际需要不相适应或者与合同履行无关；

（三）依法必须进行招标的项目以特定行政区域或者特定行业的业绩、奖项作为加分条件或者中标条件；

（四）对潜在投标人或者投标人采取不同的资格审查或者评标标准；

（五）限定或者指定特定的专利、商标、品牌、原产地或者供应商；

（六）依法必须进行招标的项目非法限定潜在投标人或者投标人的所有制形式或者组织形式；

（七）以其他不合理条件限制、排斥潜在投标人或者投标人。

第三章　投　　标

第三十三条　投标人参加依法必须进行招标的项目的投标，不受地区或者部门的限制，任何单位和个人不得非法干涉。

第三十四条　与招标人存在利害关系可能影响招标公正性的法人、其他组织或者个人不得参加投标。

单位负责人为同一人或者存在控股、管理关系的不同单位，不得参加同一标段投标或者未划分标段的同一招标项目投标。

违反前两款规定的，相关投标均无效。

第三十五条　投标人撤回已提交的投标文件，应当在投标截止时间前书面通知招标人。招标人已收取投标保证金的，应当自收到投标人书面撤回通知之日起5日内退还。

投标截止后投标人撤销投标文件的，招标人可以不退还投标保证金。

第三十六条　未通过资格预审的申请人提交的投标文件，以及逾期送达或者不按照招标文件要求密封的投标文件，招标人应当拒收。

招标人应当如实记载投标文件的送达时间和密封情况，并存档备查。

第三十七条　招标人应当在资格预审公告、招标公告或者投标邀请书中载明是否接受联合体投标。

招标人接受联合体投标并进行资格预审的，联合体应当在提交资格预审申请文件前组成。资格预审后联合体增减、更换成员的，其投标无效。

联合体各方在同一招标项目中以自己名义单独投标或者参加其他联合体投标的，相关投标均无效。

第三十八条　投标人发生合并、分立、破产等重大变化的，应当及时书面告知招标人。投标人不再具备资格预审文件、招标文件规定的资格条件或者其投标影响招标公正性的，其投标无效。

第三十九条　禁止投标人相互串通投标。

有下列情形之一的，属于投标人相互串通投标：

（一）投标人之间协商投标报价等投标文件的实质性内容；

（二）投标人之间约定中标人；

（三）投标人之间约定部分投标人放弃投标或者中标；

（四）属于同一集团、协会、商会等组织成员的投标人按照该组织要求协同投标；

（五）投标人之间为谋取中标或者排斥特定投标人而采取的其他联合行动。

第四十条 有下列情形之一的，视为投标人相互串通投标：

（一）不同投标人的投标文件由同一单位或者个人编制；

（二）不同投标人委托同一单位或者个人办理投标事宜；

（三）不同投标人的投标文件载明的项目管理成员为同一人；

（四）不同投标人的投标文件异常一致或者投标报价呈规律性差异；

（五）不同投标人的投标文件相互混装；

（六）不同投标人的投标保证金从同一单位或者个人的账户转出。

第四十一条 禁止招标人与投标人串通投标。

有下列情形之一的，属于招标人与投标人串通投标：

（一）招标人在开标前开启投标文件并将有关信息泄露给其他投标人；

（二）招标人直接或者间接向投标人泄露标底、评标委员会成员等信息；

（三）招标人明示或者暗示投标人压低或者抬高投标报价；

（四）招标人授意投标人撤换、修改投标文件；

（五）招标人明示或者暗示投标人为特定投标人中标提供方便；

（六）招标人与投标人为谋求特定投标人中标而采取的其他串通行为。

第四十二条 使用通过受让或者租借等方式获取的资格、资质证书投标的，属于招标投标法第三十三条规定的以他人名义投标。

投标人有下列情形之一的，属于招标投标法第三十三条规定的以其他方式弄虚作假的行为：

（一）使用伪造、变造的许可证件；

（二）提供虚假的财务状况或者业绩；

（三）提供虚假的项目负责人或者主要技术人员简历、劳动关系证明；

（四）提供虚假的信用状况；

（五）其他弄虚作假的行为。

第四十三条 提交资格预审申请文件的申请人应当遵守招标投标法和本条例有关投标人的规定。

第四章 开标、评标和中标

第四十四条 招标人应当按照招标文件规定的时间、地点开标。

投标人少于 3 个的，不得开标；招标人应当重新招标。

投标人对开标有异议的，应当在开标现场提出，招标人应当当场作出答复，并制作记录。

第四十五条 国家实行统一的评标专家专业分类标准和管理办法。具体标准和办法由国务院发展改革部门会同国务院有关部门制定。

省级人民政府和国务院有关部门应当组建综合评标专家库。

第四十六条 除招标投标法第三十七条第三款规定的特殊招标项目外，依法必须进行招标的项目，其评标委员会的专家成员应当从评标专家库内相关专业的专家名单中以随机抽取方式确定。任何单位和个人不得以明示、暗示等任何方式指定或者变相指定参加评标委员会的专家成员。

依法必须进行招标的项目的招标人非因招标投标法和本条例规定的事由，不得更换依法确定的评标委员会成员。更换评标委员会的专家成员应当依照前款规定进行。

评标委员会成员与投标人有利害关系的，应当主动回避。

有关行政监督部门应当按照规定的职责分工，对评标委员会成员的确定方式、评标专家的抽取和评标活动进行监督。行政监督部门的工作人员不得担任本部门负责监督项目的评标委员会成员。

第四十七条 招标投标法第三十七条第三款所称特殊招标项目，是指技术复杂、专业性强或者国家有特殊要求，采取随机抽取方式确定的专家难以保证胜任评标工作的项目。

第四十八条　招标人应当向评标委员会提供评标所必需的信息，但不得明示或者暗示其倾向或者排斥特定投标人。

招标人应当根据项目规模和技术复杂程度等因素合理确定评标时间。超过三分之一的评标委员会成员认为评标时间不够的，招标人应当适当延长。

评标过程中，评标委员会成员有回避事由、擅离职守或者因健康等原因不能继续评标的，应当及时更换。被更换的评标委员会成员作出的评审结论无效，由更换后的评标委员会成员重新进行评审。

第四十九条　评标委员会成员应当依照招标投标法和本条例的规定，按照招标文件规定的评标标准和方法，客观、公正地对投标文件提出评审意见。招标文件没有规定的评标标准和方法不得作为评标的依据。

评标委员会成员不得私下接触投标人，不得收受投标人给予的财物或者其他好处，不得向招标人征询确定中标人的意向，不得接受任何单位或者个人明示或者暗示提出的倾向或者排斥特定投标人的要求，不得有其他不客观、不公正履行职务的行为。

第五十条　招标项目设有标底的，招标人应当在开标时公布。标底只能作为评标的参考，不得以投标报价是否接近标底作为中标条件，也不得以投标报价超过标底上下浮动范围作为否决投标的条件。

第五十一条　有下列情形之一的，评标委员会应当否决其投标：

（一）投标文件未经投标单位盖章和单位负责人签字；

（二）投标联合体没有提交共同投标协议；

（三）投标人不符合国家或者招标文件规定的资格条件；

（四）同一投标人提交两个以上不同的投标文件或者投标报价，但招标文件要求提交备选投标的除外；

（五）投标报价低于成本或者高于招标文件设定的最高投标限价；

（六）投标文件没有对招标文件的实质性要求和条件作出响应；

（七）投标人有串通投标、弄虚作假、行贿等违法行为。

第五十二条　投标文件中有含义不明确的内容、明显文字或者计算错误，评标委员会认为需要投标人作出必要澄清、说明的，应当书面通知该投标人。投标人的澄清、说明应当采用书面形式，并不得超出投标文件的范围或者改变投标文件的实质性内容。

评标委员会不得暗示或者诱导投标人作出澄清、说明，不得接受投标人主动提出的澄清、说明。

第五十三条　评标完成后，评标委员会应当向招标人提交书面评标报告和中标候选人名单。中标候选人应当不超过3个，并标明排序。

评标报告应当由评标委员会全体成员签字。对评标结果有不同意见的评标委员会成员应当以书面形式说明其不同意见和理由，评标报告应当注明该不同意见。评标委员会成员拒绝在评标报告上签字又不书面说明其不同意见和理由的，视为同意评标结果。

第五十四条　依法必须进行招标的项目，招标人应当自收到评标报告之日起3日内公示中标候选人，公示期不得少于3日。

投标人或者其他利害关系人对依法必须进行招标的项目的评标结果有异议的，应当在中标候选人公示期间提出。招标人应当自收到异议之日起3日内作出答复；作出答复前，应当暂停招标投标活动。

第五十五条　国有资金占控股或者主导地位的依法必须进行招标的项目，招标人应当确定排名第一的中标候选人为中标人。排名第一的中标候选人放弃中标、因不可抗力不能履行合同、不按照招标文件要求提交履约保证金，或者被查实存在影响中标结果的违法行为等情形，不符合中标条件的，招标人可以按照评标委员会提出的中标候选人名单排序依次确定其他中标候选人为中标人，也可以重新招标。

第五十六条　中标候选人的经营、财务状况发生较大变化或者存在违法行为，招标人认为可能影响其履约能力的，应当在发出中标通知书前由原评标委员会按照招标文件规定的标准和方法审查确认。

第五十七条　招标人和中标人应当依照招标投标法和本条例的规定签订书面合同，合同的标的、价款、质量、履行期限等主要条款应当与招标文件和中标人的投标文件的内容一致。招标人和中标人不得再行订立背离合同实质性内容的其他协议。

招标人最迟应当在书面合同签订后 5 日内向中标人和未中标的投标人退还投标保证金及银行同期存款利息。

第五十八条　招标文件要求中标人提交履约保证金的，中标人应当按照招标文件的要求提交。履约保证金不得超过中标合同金额的 10％。

第五十九条　中标人应当按照合同约定履行义务，完成中标项目。中标人不得向他人转让中标项目，也不得将中标项目肢解后分别向他人转让。

中标人按照合同约定或者经招标人同意，可以将中标项目的部分非主体、非关键性工作分包给他人完成。接受分包的人应当具备相应的资格条件，并不得再次分包。

中标人应当就分包项目向招标人负责，接受分包的人就分包项目承担连带责任。

第五章　投　诉　与　处　理

第六十条　投标人或者其他利害关系人认为招标投标活动不符合法律、行政法规规定的，可以自知道或者应当知道之日起 10 日内向有关行政监督部门投诉。投诉应当有明确的请求和必要的证明材料。

就本条例第二十二条、第四十四条、第五十四条规定事项投诉的，应当先向招标人提出异议，异议答复期间不计算在前款规定的期限内。

第六十一条　投诉人就同一事项向两个以上有权受理的行政监督部门投诉的，由最先收到投诉的行政监督部门负责处理。

行政监督部门应当自收到投诉之日起 3 个工作日内决定是否受理投诉，并自受理投诉之日起 30 个工作日内作出书面处理决定；需要检验、检测、鉴定、专家评审的，所需时间不计算在内。

投诉人捏造事实、伪造材料或者以非法手段取得证明材料进行投诉的，行政监督部门应当予以驳回。

第六十二条　行政监督部门处理投诉，有权查阅、复制有关文件、资料，调查有关情况，相关单位和人员应当予以配合。必要时，行政监督部门可以责令暂停招标投标活动。

行政监督部门的工作人员对监督检查过程中知悉的国家秘密、商业秘密，应当依法予以保密。

第六章　法　律　责　任

第六十三条　招标人有下列限制或者排斥潜在投标人行为之一的，由有关行政监督部门依照招标投标法第五十一条的规定处罚：

（一）依法应当公开招标的项目不按照规定在指定媒介发布资格预审公告或者招标公告；

（二）在不同媒介发布的同一招标项目的资格预审公告或者招标公告的内容不一致，影响潜在投标人申请资格预审或者投标。

依法必须进行招标的项目的招标人不按照规定发布资格预审公告或者招标公告，构成规避招标的，依照招标投标法第四十九条的规定处罚。

第六十四条　招标人有下列情形之一的，由有关行政监督部门责令改正，可以处 10 万元以下的罚款：

（一）依法应当公开招标而采用邀请招标；

（二）招标文件、资格预审文件的发售、澄清、修改的时限，或者确定的提交资格预审申请文件、投标文件的时限不符合招标投标法和本条例规定；

（三）接受未通过资格预审的单位或者个人参加投标；

（四）接受应当拒收的投标文件。

招标人有前款第一项、第三项、第四项所列行为之一的，对单位直接负责的主管人员和其他直接责任人员依法给予处分。

第六十五条 招标代理机构在所代理的招标项目中投标、代理投标或者向该项目投标人提供咨询的，接受委托编制标底的中介机构参加受托编制标底项目的投标或者为该项目的投标人编制投标文件、提供咨询的，依照招标投标法第五十条的规定追究法律责任。

第六十六条 招标人超过本条例规定的比例收取投标保证金、履约保证金或者不按照规定退还投标保证金及银行同期存款利息的，由有关行政监督部门责令改正，可以处 5 万元以下的罚款；给他人造成损失的，依法承担赔偿责任。

第六十七条 投标人相互串通投标或者与招标人串通投标的，投标人向招标人或者评标委员会成员行贿谋取中标的，中标无效；构成犯罪的，依法追究刑事责任；尚不构成犯罪的，依照招标投标法第五十三条的规定处罚。投标人未中标的，对单位的罚款金额按照招标项目合同金额依照招标投标法规定的比例计算。

投标人有下列行为之一的，属于招标投标法第五十三条规定的情节严重行为，由有关行政监督部门取消其 1～2 年内参加依法必须进行招标的项目的投标资格：

（一）以行贿谋取中标；

（二）3 年内 2 次以上串通投标；

（三）串通投标行为损害招标人、其他投标人或者国家、集体、公民的合法利益，造成直接经济损失 30 万元以上；

（四）其他串通投标情节严重的行为。

投标人自本条第二款规定的处罚执行期限届满之日起 3 年内又有该款所列违法行为之一的，或者串通投标、以行贿谋取中标情节特别严重的，由工商行政管理机关吊销营业执照。

法律、行政法规对串通投标报价行为的处罚另有规定的，从其规定。

第六十八条 投标人以他人名义投标或者以其他方式弄虚作假骗取中标的，中标无效；构成犯罪的，依法追究刑事责任；尚不构成犯罪的，依照招标投标法第五十四条的规定处罚。依法必须进行招标的项目的投标人未中标的，对单位的罚款金额按照招标项目合同金额依照招标投标法规定的比例计算。

投标人有下列行为之一的，属于招标投标法第五十四条规定的情节严重行为，由有关行政监督部门取消其 1～3 年内参加依法必须进行招标的项目的投标资格：

（一）伪造、变造资格、资质证书或者其他许可证件骗取中标；

（二）3 年内 2 次以上使用他人名义投标；

（三）弄虚作假骗取中标给招标人造成直接经济损失 30 万元以上；

（四）其他弄虚作假骗取中标情节严重的行为。

投标人自本条第二款规定的处罚执行期限届满之日起 3 年内又有该款所列违法行为之一的，或者弄虚作假骗取中标情节特别严重的，由工商行政管理机关吊销营业执照。

第六十九条 出让或者出租资格、资质证书供他人投标的，依照法律、行政法规的规定给予行政处罚；构成犯罪的，依法追究刑事责任。

第七十条 依法必须进行招标的项目的招标人不按照规定组建评标委员会，或者确定、更换评标委员会成员违反招标投标法和本条例规定的，由有关行政监督部门责令改正，可以处 10 万元以下的罚款，对单位直接负责的主管人员和其他直接责任人员依法给予处分；违法确定或者更换的评标委员会成员作出的评审结论无效，依法重新进行评审。

国家工作人员以任何方式非法干涉选取评标委员会成员的，依照本条例第八十一条的规定追究法律责任。

第七十一条 评标委员会成员有下列行为之一的，由有关行政监督部门责令改正；情节严重的，禁止其在一定期限内参加依法必须进行招标的项目的评标；情节特别严重的，取消其担任评标委员会成员的资格：

（一）应当回避而不回避；

（二）擅离职守；

（三）不按照招标文件规定的评标标准和方法评标；

（四）私下接触投标人；

（五）向招标人征询确定中标人的意向或者接受任何单位或者个人明示或者暗示提出的倾向或者排斥特定投标人的要求；

（六）对依法应当否决的投标不提出否决意见；

（七）暗示或者诱导投标人作出澄清、说明或者接受投标人主动提出的澄清、说明；

（八）其他不客观、不公正履行职务的行为。

第七十二条 评标委员会成员收受投标人的财物或者其他好处的，没收收受的财物，处 3000 元以上 5 万元以下的罚款，取消担任评标委员会成员的资格，不得再参加依法必须进行招标的项目的评标；构成犯罪的，依法追究刑事责任。

第七十三条 依法必须进行招标的项目的招标人有下列情形之一的，由有关行政监督部门责令改正，可以处中标项目金额 10‰以下的罚款；给他人造成损失的，依法承担赔偿责任；对单位直接负责的主管人员和其他直接责任人员依法给予处分：

（一）无正当理由不发出中标通知书；

（二）不按照规定确定中标人；

（三）中标通知书发出后无正当理由改变中标结果；

（四）无正当理由不与中标人订立合同；

（五）在订立合同时向中标人提出附加条件。

第七十四条 中标人无正当理由不与招标人订立合同，在签订合同时向招标人提出附加条件，或者不按照招标文件要求提交履约保证金的，取消其中标资格，投标保证金不予退还。对依法必须进行招标的项目的中标人，由有关行政监督部门责令改正，可以处中标项目金额 10‰以下的罚款。

第七十五条 招标人和中标人不按照招标文件和中标人的投标文件订立合同，合同的主要条款与招标文件、中标人的投标文件的内容不一致，或者招标人、中标人订立背离合同实质性内容的协议的，由有关行政监督部门责令改正，可以处中标项目金额 5‰以上 10‰以下的罚款。

第七十六条 中标人将中标项目转让给他人的，将中标项目肢解后分别转让给他人的，违反招标投标法和本条例规定将中标项目的部分主体、关键性工作分包给他人的，或者分包人再次分包的，转让、分包无效，处转让、分包项目金额 5‰以上 10‰以下的罚款；有违法所得的，并处没收违法所得；可以责令停业整顿；情节严重的，由工商行政管理机关吊销营业执照。

第七十七条 投标人或者其他利害关系人捏造事实、伪造材料或者以非法手段取得证明材料进行投诉，给他人造成损失的，依法承担赔偿责任。

招标人不按照规定对异议作出答复，继续进行招标投标活动的，由有关行政监督部门责令改正，拒不改正或者不能改正并影响中标结果的，依照本条例第八十二条的规定处理。

第七十八条 取得招标职业资格的专业人员违反国家有关规定办理招标业务的，责令改正，给予警告；情节严重的，暂停一定期限内从事招标业务；情节特别严重的，取消招标职业资格。

第七十九条 国家建立招标投标信用制度。有关行政监督部门应当依法公告对招标人、招标代理机构、投标人、评标委员会成员等当事人违法行为的行政处理决定。

第八十条　项目审批、核准部门不依法审批、核准项目招标范围、招标方式、招标组织形式的，对单位直接负责的主管人员和其他直接责任人员依法给予处分。

有关行政监督部门不依法履行职责，对违反招标投标法和本条例规定的行为不依法查处，或者不按照规定处理投诉、不依法公告对招标投标当事人违法行为的行政处理决定的，对直接负责的主管人员和其他直接责任人员依法给予处分。

项目审批、核准部门和有关行政监督部门的工作人员徇私舞弊、滥用职权、玩忽职守，构成犯罪的，依法追究刑事责任。

第八十一条　国家工作人员利用职务便利，以直接或者间接、明示或者暗示等任何方式非法干涉招标投标活动，有下列情形之一的，依法给予记过或者记大过处分；情节严重的，依法给予降级或者撤职处分；情节特别严重的，依法给予开除处分；构成犯罪的，依法追究刑事责任：

（一）要求对依法必须进行招标的项目不招标，或者要求对依法应当公开招标的项目不公开招标；

（二）要求评标委员会成员或者招标人以其指定的投标人作为中标候选人或者中标人，或者以其他方式非法干涉评标活动，影响中标结果；

（三）以其他方式非法干涉招标投标活动。

第八十二条　依法必须进行招标的项目的招标投标活动违反招标投标法和本条例的规定，对中标结果造成实质性影响，且不能采取补救措施予以纠正的，招标、投标、中标无效，应当依法重新招标或者评标。

第七章　附　　则

第八十三条　招标投标协会按照依法制定的章程开展活动，加强行业自律和服务。

第八十四条　政府采购的法律、行政法规对政府采购货物、服务的招标投标另有规定的，从其规定。

第八十五条　本条例自 2012 年 2 月 1 日起施行。

中华人民共和国政府采购法实施条例

(中华人民共和国国务院令第 658 号　2015 年 1 月 30 日)

第一章　总　则

第一条　根据《中华人民共和国政府采购法》(以下简称政府采购法),制定本条例。

第二条　政府采购法第二条所称财政性资金是指纳入预算管理的资金。

以财政性资金作为还款来源的借贷资金,视同财政性资金。

国家机关、事业单位和团体组织的采购项目既使用财政性资金又使用非财政性资金的,使用财政性资金采购的部分,适用政府采购法及本条例;财政性资金与非财政性资金无法分割采购的,统一适用政府采购法及本条例。

政府采购法第二条所称服务,包括政府自身需要的服务和政府向社会公众提供的公共服务。

第三条　集中采购目录包括集中采购机构采购项目和部门集中采购项目。

技术、服务等标准统一,采购人普遍使用的项目,列为集中采购机构采购项目;采购人本部门、本系统基于业务需要有特殊要求,可以统一采购的项目,列为部门集中采购项目。

第四条　政府采购法所称集中采购,是指采购人将列入集中采购目录的项目委托集中采购机构代理采购或者进行部门集中采购的行为;所称分散采购,是指采购人将采购限额标准以上的未列入集中采购目录的项目自行采购或者委托采购代理机构代理采购的行为。

第五条　省、自治区、直辖市人民政府或者其授权的机构根据实际情况,可以确定分别适用于本行政区域省级、设区的市级、县级的集中采购目录和采购限额标准。

第六条　国务院财政部门应当根据国家的经济和社会发展政策,会同国务院有关部门制定政府采购政策,通过制定采购需求标准、预留采购份额、价格评审优惠、优先采购等措施,实现节约能源、保护环境、扶持不发达地区和少数民族地区、促进中小企业发展等目标。

第七条　政府采购工程以及与工程建设有关的货物、服务,采用招标方式采购的,适用《中华人民共和国招标投标法》及其实施条例;采用其他方式采购的,适用政府采购法及本条例。

前款所称工程是指建设工程,包括建筑物和构筑物的新建、改建、扩建及其相关的装修、拆除、修缮等;所称与工程建设有关的货物,是指构成工程不可分割的组成部分,且为实现工程基本功能所必需的设备、材料等;所称与工程建设有关的服务,是指为完成工程所需的勘察、设计、监理等服务。

政府采购工程以及与工程建设有关的货物、服务,应当执行政府采购政策。

第八条　政府采购项目信息应当在省级以上人民政府财政部门指定的媒体上发布。采购项目预算金额达到国务院财政部门规定标准的,政府采购项目信息应当在国务院财政部门指定的媒体上发布。

第九条　在政府采购活动中,采购人员及相关人员与供应商有下列利害关系之一的,应当回避:

(一)参加采购活动前 3 年内与供应商存在劳动关系。

(二)参加采购活动前 3 年内担任供应商的董事、监事。

(三)参加采购活动前 3 年内是供应商的控股股东或者实际控制人。

(四)与供应商的法定代表人或者负责人有夫妻、直系血亲、三代以内旁系血亲或者近姻亲关系。

(五)与供应商有其他可能影响政府采购活动公平、公正进行的关系。

供应商认为采购人员及相关人员与其他供应商有利害关系的，可以向采购人或者采购代理机构书面提出回避申请，并说明理由。采购人或者采购代理机构应当及时询问被申请回避人员，有利害关系的被申请回避人员应当回避。

第十条　国家实行统一的政府采购电子交易平台建设标准，推动利用信息网络进行电子化政府采购活动。

第二章　政府采购当事人

第十一条　采购人在政府采购活动中应当维护国家利益和社会公共利益，公正廉洁，诚实守信，执行政府采购政策，建立政府采购内部管理制度，厉行节约，科学合理确定采购需求。

采购人不得向供应商索要或者接受其给予的赠品、回扣或者与采购无关的其他商品、服务。

第十二条　政府采购法所称采购代理机构，是指集中采购机构和集中采购机构以外的采购代理机构。

集中采购机构是设区的市级以上人民政府依法设立的非营利事业法人，是代理集中采购项目的执行机构。集中采购机构应当根据采购人委托制定集中采购项目的实施方案，明确采购规程，组织政府采购活动，不得将集中采购项目转委托。集中采购机构以外的采购代理机构是从事采购代理业务的社会中介机构。

第十三条　采购代理机构应当建立完善的政府采购内部监督管理制度，具备开展政府采购业务所需的评审条件和设施。

采购代理机构应当提高确定采购需求，编制招标文件、谈判文件、询价通知书，拟订合同文本和优化采购程序的专业化服务水平，根据采购人委托在规定的时间内及时组织采购人与中标或者成交供应商签订政府采购合同，及时协助采购人对采购项目进行验收。

第十四条　采购代理机构不得以不正当手段获取政府采购代理业务，不得与采购人、供应商恶意串通操纵政府采购活动。

采购代理机构工作人员不得接受采购人或者供应商组织的宴请、旅游、娱乐，不得收受礼品、现金、有价证券等，不得向采购人或者供应商报销应当由个人承担的费用。

第十五条　采购人、采购代理机构应当根据政府采购政策、采购预算、采购需求编制采购文件。

采购需求应当符合法律法规以及政府采购政策规定的技术、服务、安全等要求。政府向社会公众提供的公共服务项目，应当就确定采购需求征求社会公众的意见。除因技术复杂或者性质特殊，不能确定详细规格或者具体要求外，采购需求应当完整、明确。必要时，应当就确定采购需求征求相关供应商、专家的意见。

第十六条　政府采购法第二十条规定的委托代理协议，应当明确代理采购的范围、权限和期限等具体事项。

采购人和采购代理机构应当按照委托代理协议履行各自义务，采购代理机构不得超越代理权限。

第十七条　参加政府采购活动的供应商应当具备政府采购法第二十二条第一款规定的条件，提供下列材料：

（一）法人或者其他组织的营业执照等证明文件、自然人的身份证明。

（二）财务状况报告、依法缴纳税收和社会保障资金的相关材料。

（三）具备履行合同所必需的设备和专业技术能力的证明材料。

（四）参加政府采购活动前3年内在经营活动中没有重大违法记录的书面声明。

（五）具备法律、行政法规规定的其他条件的证明材料。

采购项目有特殊要求的，供应商还应当提供其符合特殊要求的证明材料或者情况说明。

第十八条　单位负责人为同一人或者存在直接控股、管理关系的不同供应商，不得参加同一合同项下的政府采购活动。

除单一来源采购项目外，为采购项目提供整体设计、规范编制或者项目管理、监理、检测等服务的供应商，不得再参加该采购项目的其他采购活动。

第十九条　政府采购法第二十二条第一款第五项所称重大违法记录，是指供应商因违法经营受到刑事处罚或者责令停产停业、吊销许可证或者执照、较大数额罚款等行政处罚。

供应商在参加政府采购活动前3年内因违法经营被禁止在一定期限内参加政府采购活动，期限届满的可以参加政府采购活动。

第二十条　采购人或者采购代理机构有下列情形之一的，属于以不合理的条件对供应商实行差别待遇或者歧视待遇：

（一）就同一采购项目向供应商提供有差别的项目信息。

（二）设定的资格、技术、商务条件与采购项目的具体特点和实际需要不相适应或者与合同履行无关。

（三）采购需求中的技术、服务等要求指向特定供应商、特定产品。

（四）以特定行政区域或者特定行业的业绩、奖项作为加分条件或者中标、成交条件。

（五）对供应商采取不同的资格审查或者评审标准。

（六）限定或者指定特定的专利、商标、品牌或者供应商。

（七）非法限定供应商的所有制形式、组织形式或者所在地。

（八）以其他不合理条件限制或者排斥潜在供应商。

第二十一条　采购人或者采购代理机构对供应商进行资格预审的，资格预审公告应当在省级以上人民政府财政部门指定的媒体上发布。已进行资格预审的，评审阶段可以不再对供应商资格进行审查。资格预审合格的供应商在评审阶段资格发生变化的，应当通知采购人和采购代理机构。

资格预审公告应当包括采购人和采购项目名称、采购需求、对供应商的资格要求以及供应商提交资格预审申请文件的时间和地点。提交资格预审申请文件的时间自公告发布之日起不得少于5个工作日。

第二十二条　联合体中有同类资质的供应商按照联合体分工承担相同工作的，应当按照资质等级较低的供应商确定资质等级。

以联合体形式参加政府采购活动的，联合体各方不得再单独参加或者与其他供应商另外组成联合体参加同一合同项下的政府采购活动。

第三章　政府采购方式

第二十三条　采购人采购公开招标数额标准以上的货物或者服务，符合政府采购法第二十九条、第三十条、第三十一条、第三十二条规定情形或者有需要执行政府采购政策等特殊情况的，经设区的市级以上人民政府财政部门批准，可以依法采用公开招标以外的采购方式。

第二十四条　列入集中采购目录的项目，适合实行批量集中采购的，应当实行批量集中采购，但紧急的小额零星货物项目和有特殊要求的服务、工程项目除外。

第二十五条　政府采购工程依法不进行招标的，应当依照政府采购法和本条例规定的竞争性谈判或者单一来源采购方式采购。

第二十六条　政府采购法第三十条第三项规定的情形，应当是采购人不可预见的或者非因采购人拖延导致的；第四项规定的情形，是指因采购艺术品或者因专利、专有技术或者因服务的时间、数量事先不能确定等导致不能事先计算出价格总额。

第二十七条　政府采购法第三十一条第一项规定的情形，是指因货物或者服务使用不可替代的专利、专有技术，或者公共服务项目具有特殊要求，导致只能从某一特定供应商处采购。

第二十八条　在一个财政年度内，采购人将一个预算项目下的同一品目或者类别的货物、服务采用公开招标以外的方式多次采购，累计资金数额超过公开招标数额标准的，属于以化整为零方式规避公开招标，但项目预算调整或者经批准采用公开招标以外方式采购除外。

第四章　政 府 采 购 程 序

第二十九条　采购人应当根据集中采购目录、采购限额标准和已批复的部门预算编制政府采购实施计划，报本级人民政府财政部门备案。

第三十条　采购人或者采购代理机构应当在招标文件、谈判文件、询价通知书中公开采购项目预算金额。

第三十一条　招标文件的提供期限自招标文件开始发出之日起不得少于 5 个工作日。

采购人或者采购代理机构可以对已发出的招标文件进行必要的澄清或者修改。澄清或者修改的内容可能影响投标文件编制的，采购人或者采购代理机构应当在投标截止时间至少 15 日前，以书面形式通知所有获取招标文件的潜在投标人；不足 15 日的，采购人或者采购代理机构应当顺延提交投标文件的截止时间。

第三十二条　采购人或者采购代理机构应当按照国务院财政部门制定的招标文件标准文本编制招标文件。

招标文件应当包括采购项目的商务条件、采购需求、投标人的资格条件、投标报价要求、评标方法、评标标准以及拟签订的合同文本等。

第三十三条　招标文件要求投标人提交投标保证金的，投标保证金不得超过采购项目预算金额的 2％。投标保证金应当以支票、汇票、本票或者金融机构、担保机构出具的保函等非现金形式提交。投标人未按照招标文件要求提交投标保证金的，投标无效。

采购人或者采购代理机构应当自中标通知书发出之日起 5 个工作日内退还未中标供应商的投标保证金，自政府采购合同签订之日起 5 个工作日内退还中标供应商的投标保证金。

竞争性谈判或者询价采购中要求参加谈判或者询价的供应商提交保证金的，参照前两款的规定执行。

第三十四条　政府采购招标评标方法分为最低评标价法和综合评分法。

最低评标价法是指投标文件满足招标文件全部实质性要求且投标报价最低的供应商为中标候选人的评标方法。综合评分法是指投标文件满足招标文件全部实质性要求且按照评审因素的量化指标评审得分最高的供应商为中标候选人的评标方法。

技术、服务等标准统一的货物和服务项目，应当采用最低评标价法。

采用综合评分法的，评审标准中的分值设置应当与评审因素的量化指标相对应。

招标文件中没有规定的评标标准不得作为评审的依据。

第三十五条　谈判文件不能完整、明确列明采购需求，需要由供应商提供最终设计方案或者解决方案的，在谈判结束后，谈判小组应当按照少数服从多数的原则投票推荐 3 家以上供应商的设计方案或者解决方案，并要求其在规定时间内提交最后报价。

第三十六条　询价通知书应当根据采购需求确定政府采购合同条款。在询价过程中，询价小组不得改变询价通知书所确定的政府采购合同条款。

第三十七条　政府采购法第三十八条第五项、第四十条第四项所称质量和服务相等，是指供应商提供的产品质量和服务均能满足采购文件规定的实质性要求。

第三十八条　达到公开招标数额标准，符合政府采购法第三十一条第一项规定情形，只能从唯一供应商处采购的，采购人应当将采购项目信息和唯一供应商名称在省级以上人民政府财政部门指定的媒体上公示，公示期不得少于 5 个工作日。

第三十九条　除国务院财政部门规定的情形外，采购人或者采购代理机构应当从政府采购评审专家库中随机抽取评审专家。

第四十条　政府采购评审专家应当遵守评审工作纪律，不得泄露评审文件、评审情况和评审中获悉的商业秘密。

评标委员会、竞争性谈判小组或者询价小组在评审过程中发现供应商有行贿、提供虚假材料或者串通等违法行为的，应当及时向财政部门报告。

政府采购评审专家在评审过程中受到非法干预的，应当及时向财政、监察等部门举报。

第四十一条　评标委员会、竞争性谈判小组或者询价小组成员应当按照客观、公正、审慎的原则，根据采购文件规定的评审程序、评审方法和评审标准进行独立评审。采购文件内容违反国家有关强制性规定的，评标委员会、竞争性谈判小组或者询价小组应当停止评审并向采购人或者采购代理机构说明情况。

评标委员会、竞争性谈判小组或者询价小组成员应当在评审报告上签字，对自己的评审意见承担法律责任。对评审报告有异议的，应当在评审报告上签署不同意见并说明理由，否则视为同意评审报告。

第四十二条　采购人、采购代理机构不得向评标委员会、竞争性谈判小组或者询价小组的评审专家作倾向性、误导性的解释或者说明。

第四十三条　采购代理机构应当自评审结束之日起2个工作日内将评审报告送交采购人。采购人应当自收到评审报告之日起5个工作日内在评审报告推荐的中标或者成交候选人中按顺序确定中标或者成交供应商。

采购人或者采购代理机构应当自中标、成交供应商确定之日起2个工作日内发出中标、成交通知书，并在省级以上人民政府财政部门指定的媒体上公告中标、成交结果，招标文件、竞争性谈判文件、询价通知书随中标、成交结果同时公告。

中标、成交结果公告内容应当包括采购人和采购代理机构的名称、地址、联系方式，项目名称和项目编号，中标或者成交供应商名称、地址和中标或者成交金额，主要中标或者成交标的的名称、规格型号、数量、单价、服务要求以及评审专家名单。

第四十四条　除国务院财政部门规定的情形外，采购人、采购代理机构不得以任何理由组织重新评审。采购人、采购代理机构按照国务院财政部门的规定组织重新评审的，应当书面报告本级人民政府财政部门。

采购人或者采购代理机构不得通过对样品进行检测、对供应商进行考察等方式改变评审结果。

第四十五条　采购人或者采购代理机构应当按照政府采购合同规定的技术、服务、安全标准组织对供应商履约情况进行验收，并出具验收书。验收书应当包括每一项技术、服务、安全标准的履约情况。

政府向社会公众提供的公共服务项目，验收时应当邀请服务对象参与并出具意见，验收结果应当向社会公告。

第四十六条　政府采购法第四十二条规定的采购文件，可以用电子档案方式保存。

第五章　政　府　采　购　合　同

第四十七条　国务院财政部门应当会同国务院有关部门制定政府采购合同标准文本。

第四十八条　采购文件要求中标或者成交供应商提交履约保证金的，供应商应当以支票、汇票、本票或者金融机构、担保机构出具的保函等非现金形式提交。履约保证金的数额不得超过政府采购合同金额的10％。

第四十九条　中标或者成交供应商拒绝与采购人签订合同的，采购人可以按照评审报告推荐的中标或者成交候选人名单排序，确定下一候选人为中标或者成交供应商，也可以重新开展政府采购活动。

第五十条　采购人应当自政府采购合同签订之日起2个工作日内，将政府采购合同在省级以上人民政府财政部门指定的媒体上公告，但政府采购合同中涉及国家秘密、商业秘密的内容除外。

第五十一条　采购人应当按照政府采购合同规定，及时向中标或者成交供应商支付采购资金。

政府采购项目资金支付程序，按照国家有关财政资金支付管理的规定执行。

第六章　质　疑　与　投　诉

第五十二条　采购人或者采购代理机构应当在3个工作日内对供应商依法提出的询问作出答复。

供应商提出的询问或者质疑超出采购人对采购代理机构委托授权范围的，采购代理机构应当告知供应商向采购人提出。

政府采购评审专家应当配合采购人或者采购代理机构答复供应商的询问和质疑。

第五十三条　政府采购法第五十二条规定的供应商应知其权益受到损害之日是指：

（一）对可以质疑的采购文件提出质疑的，为收到采购文件之日或者采购文件公告期限届满之日。

（二）对采购过程提出质疑的，为各采购程序环节结束之日。

（三）对中标或者成交结果提出质疑的，为中标或者成交结果公告期限届满之日。

第五十四条　询问或者质疑事项可能影响中标、成交结果的，采购人应当暂停签订合同，已经签订合同的，应当中止履行合同。

第五十五条　供应商质疑、投诉应当有明确的请求和必要的证明材料。供应商投诉的事项不得超出已质疑事项的范围。

第五十六条　财政部门处理投诉事项采用书面审查的方式，必要时可以进行调查取证或者组织质证。

对财政部门依法进行的调查取证，投诉人和与投诉事项有关的当事人应当如实反映情况，并提供相关材料。

第五十七条　投诉人捏造事实、提供虚假材料或者以非法手段取得证明材料进行投诉的，财政部门应当予以驳回。

财政部门受理投诉后，投诉人书面申请撤回投诉的，财政部门应当终止投诉处理程序。

第五十八条　财政部门处理投诉事项，需要检验、检测、鉴定、专家评审以及需要投诉人补正材料的，所需时间不计算在投诉处理期限内。

财政部门对投诉事项作出的处理决定，应当在省级以上人民政府财政部门指定的媒体上公告。

第七章　监　督　检　查

第五十九条　政府采购法第六十三条所称政府采购项目的采购标准，是指项目采购所依据的经费预算标准、资产配置标准和技术、服务标准等。

第六十条　除政府采购法第六十六条规定的考核事项外，财政部门对集中采购机构的考核事项还包括：

（一）政府采购政策的执行情况。

（二）采购文件编制水平。

（三）采购方式和采购程序的执行情况。

（四）询问、质疑答复情况。

（五）内部监督管理制度建设及执行情况。

（六）省级以上人民政府财政部门规定的其他事项。

财政部门应当制订考核计划，定期对集中采购机构进行考核，考核结果有重要情况的，应当向本级人民政府报告。

第六十一条　采购人发现采购代理机构有违法行为的，应当要求其改正。采购代理机构拒不改正的，采购人应当向本级人民政府财政部门报告，财政部门应当依法处理。

采购代理机构发现采购人的采购需求存在以不合理条件对供应商实行差别待遇、歧视待遇或者其他不符合法律、法规和政府采购政策规定内容，或者发现采购人有其他违法行为的，应当建议其改正。采购人拒不改正的，采购代理机构应当向采购人的本级人民政府财政部门报告，财政部门应当依法处理。

第六十二条　省级以上人民政府财政部门应当对政府采购评审专家库实行动态管理，具体管理办法由国务院财政部门制定。

采购人或者采购代理机构应当对评审专家在政府采购活动中的职责履行情况予以记录，并及时向财政部门报告。

第六十三条　各级人民政府财政部门和其他有关部门应当加强对参加政府采购活动的供应商、采购代理机构、评审专家的监督管理，对其不良行为予以记录，并纳入统一的信用信息平台。

第六十四条　各级人民政府财政部门对政府采购活动进行监督检查，有权查阅、复制有关文件、资料，相关单位和人员应当予以配合。

第六十五条　审计机关、监察机关以及其他有关部门依法对政府采购活动实施监督，发现采购当事人有违法行为的，应当及时通报财政部门。

第八章　法律责任

第六十六条　政府采购法第七十一条规定的罚款，数额为 10 万元以下。

政府采购法第七十二条规定的罚款，数额为 5 万元以上 25 万元以下。

第六十七条　采购人有下列情形之一的，由财政部门责令限期改正，给予警告，对直接负责的主管人员和其他直接责任人员依法给予处分，并予以通报：

（一）未按照规定编制政府采购实施计划或者未按照规定将政府采购实施计划报本级人民政府财政部门备案。

（二）将应当进行公开招标的项目化整为零或者以其他任何方式规避公开招标。

（三）未按照规定在评标委员会、竞争性谈判小组或者询价小组推荐的中标或者成交候选人中确定中标或者成交供应商。

（四）未按照采购文件确定的事项签订政府采购合同。

（五）政府采购合同履行中追加与合同标的相同的货物、工程或者服务的采购金额超过原合同采购金额 10％。

（六）擅自变更、中止或者终止政府采购合同。

（七）未按照规定公告政府采购合同。

（八）未按照规定时间将政府采购合同副本报本级人民政府财政部门和有关部门备案。

第六十八条　采购人、采购代理机构有下列情形之一的，依照政府采购法第七十一条、第七十八条的规定追究法律责任：

（一）未依照政府采购法和本条例规定的方式实施采购。

（二）未依法在指定的媒体上发布政府采购项目信息。

（三）未按照规定执行政府采购政策。

（四）违反本条例第十五条的规定导致无法组织对供应商履约情况进行验收或者国家财产遭受损失。

（五）未依法从政府采购评审专家库中抽取评审专家。

（六）非法干预采购评审活动。

（七）采用综合评分法时评审标准中的分值设置未与评审因素的量化指标相对应。

（八）对供应商的询问、质疑逾期未作处理。

（九）通过对样品进行检测、对供应商进行考察等方式改变评审结果。

（十）未按照规定组织对供应商履约情况进行验收。

第六十九条　集中采购机构有下列情形之一的，由财政部门责令限期改正，给予警告，有违法所得的，并处没收违法所得，对直接负责的主管人员和其他直接责任人员依法给予处分，并予以通报：

（一）内部监督管理制度不健全，对依法应当分设、分离的岗位、人员未分设、分离。

（二）将集中采购项目委托其他采购代理机构采购。

（三）从事营利活动。

第七十条　采购人员与供应商有利害关系而不依法回避的，由财政部门给予警告，并处 2000 元以上 2 万元以下的罚款。

第七十一条　有政府采购法第七十一条、第七十二条规定的违法行为之一，影响或者可能影响中标、成交结果的，依照下列规定处理：

（一）未确定中标或者成交供应商的，终止本次政府采购活动，重新开展政府采购活动。

（二）已确定中标或者成交供应商但尚未签订政府采购合同的，中标或者成交结果无效，从合格的中标或者成交候选人中另行确定中标或者成交供应商；没有合格的中标或者成交候选人的，重新开展政府采购活动。

（三）政府采购合同已签订但尚未履行的，撤销合同，从合格的中标或者成交候选人中另行确定中标或者成交供应商；没有合格的中标或者成交候选人的，重新开展政府采购活动。

（四）政府采购合同已经履行，给采购人、供应商造成损失的，由责任人承担赔偿责任。

政府采购当事人有其他违反政府采购法或者本条例规定的行为，经改正后仍然影响或者可能影响中标、成交结果或者依法被认定为中标、成交无效的，依照前款规定处理。

第七十二条　供应商有下列情形之一的，依照政府采购法第七十七条第一款的规定追究法律责任：

（一）向评标委员会、竞争性谈判小组或者询价小组成员行贿或者提供其他不正当利益。

（二）中标或者成交后无正当理由拒不与采购人签订政府采购合同。

（三）未按照采购文件确定的事项签订政府采购合同。

（四）将政府采购合同转包。

（五）提供假冒伪劣产品。

（六）擅自变更、中止或者终止政府采购合同。

供应商有前款第一项规定情形的，中标、成交无效。评审阶段资格发生变化，供应商未依照本条例第二十一条的规定通知采购人和采购代理机构的，处以采购金额 5‰ 的罚款，列入不良行为记录名单，中标、成交无效。

第七十三条　供应商捏造事实、提供虚假材料或者以非法手段取得证明材料进行投诉的，由财政部门列入不良行为记录名单，禁止其 1～3 年内参加政府采购活动。

第七十四条　有下列情形之一的，属于恶意串通，对供应商依照政府采购法第七十七条第一款的规定追究法律责任，对采购人、采购代理机构及其工作人员依照政府采购法第七十二条的规定追究法律责任：

（一）供应商直接或者间接从采购人或者采购代理机构处获得其他供应商的相关情况并修改其投标文件或者响应文件。

（二）供应商按照采购人或者采购代理机构的授意撤换、修改投标文件或者响应文件。

（三）供应商之间协商报价、技术方案等投标文件或者响应文件的实质性内容。

（四）属于同一集团、协会、商会等组织成员的供应商按照该组织要求协同参加政府采购活动。

（五）供应商之间事先约定由某一特定供应商中标、成交。

（六）供应商之间商定部分供应商放弃参加政府采购活动或者放弃中标、成交。

（七）供应商与采购人或者采购代理机构之间、供应商相互之间，为谋求特定供应商中标、成交或者排斥其他供应商的其他串通行为。

第七十五条　政府采购评审专家未按照采购文件规定的评审程序、评审方法和评审标准进行独立评审或者泄露评审文件、评审情况的，由财政部门给予警告，并处 2000 元以上 2 万元以下的罚款；影响中标、成交结果的，处 2 万元以上 5 万元以下的罚款，禁止其参加政府采购评审活动。

政府采购评审专家与供应商存在利害关系未回避的，处 2 万元以上 5 万元以下的罚款，禁止其参加政府采购评审活动。

政府采购评审专家收受采购人、采购代理机构、供应商贿赂或者获取其他不正当利益，构成犯罪的，依法追究刑事责任；尚不构成犯罪的，处 2 万元以上 5 万元以下的罚款，禁止其参加政府采购评审活动。

政府采购评审专家有上述违法行为的，其评审意见无效，不得获取评审费；有违法所得的，没收违法所得；给他人造成损失的，依法承担民事责任。

第七十六条　政府采购当事人违反政府采购法和本条例规定，给他人造成损失的，依法承担民事责任。

第七十七条　财政部门在履行政府采购监督管理职责中违反政府采购法和本条例规定，滥用职权、玩忽职守、徇私舞弊的，对直接负责的主管人员和其他直接责任人员依法给予处分；直接负责的主管人员和其他直接责任人员构成犯罪的，依法追究刑事责任。

第九章　附　　则

第七十八条　财政管理实行省直接管理的县级人民政府可以根据需要并报经省级人民政府批准，行使政府采购法和本条例规定的设区的市级人民政府批准变更采购方式的职权。

第七十九条　本条例自 2015 年 3 月 1 日起施行。

政府采购货物和服务招标投标管理办法

(财政部令第 18 号 2004 年 8 月 11 日)

第一章 总 则

第一条 为了规范政府采购当事人的采购行为，加强对政府采购货物和服务招标投标活动的监督管理，维护社会公共利益和政府采购招标投标活动当事人的合法权益，依据《中华人民共和国政府采购法》（以下简称政府采购法）和其他有关法律规定，制定本办法。

第二条 采购人及采购代理机构（以下统称招标采购单位）进行政府采购货物或者服务（以下简称货物服务）招标投标活动，适用本办法。

前款所称采购代理机构是指集中采购机构和依法经认定资格的其他采购代理机构。

第三条 货物服务招标分为公开招标和邀请招标。

公开招标是指招标采购单位依法以招标公告的方式邀请不特定的供应商参加投标。

邀请招标是指招标采购单位依法从符合相应资格条件的供应商中随机邀请三家以上供应商，并以投标邀请书的方式邀请其参加投标。

第四条 货物服务采购项目达到公开招标数额标准的，必须采用公开招标方式。因特殊情况需要采用公开招标以外方式的，应当在采购活动开始前获得设区的市、自治州以上人民政府财政部门的批准。

第五条 招标采购单位不得将应当以公开招标方式采购的货物服务化整为零或者以其他方式规避公开招标采购。

第六条 任何单位和个人不得阻挠和限制供应商自由参加货物服务招标投标活动，不得指定货物的品牌、服务的供应商和采购代理机构，以及采用其他方式非法干涉货物服务招标投标活动。

第七条 在货物服务招标投标活动中，招标采购单位工作人员、评标委员会成员及其他相关人员与供应商有利害关系的必须回避。供应商认为上述人员与其他供应商有利害关系的，可以申请其回避。

第八条 参加政府采购货物服务投标活动的供应商（以下简称投标人）应当是提供本国货物服务的本国供应商，但法律、行政法规规定外国供应商可以参加货物服务招标投标活动的除外。

外国供应商依法参加货物服务招标投标活动的，应当按照本办法的规定执行。

第九条 货物服务招标投标活动，应当有助于实现国家经济和社会发展政策目标，包括保护环境、扶持不发达地区和少数民族地区、促进中小企业发展等。

第十条 县级以上各级人民政府财政部门应当依法履行对货物服务招标投标活动的监督管理职责。

第二章 招 标

第十一条 招标采购单位应当按照本办法规定组织开展货物服务招标投标活动。

采购人可以依法委托采购代理机构办理货物服务招标事宜，也可以自行组织开展货物服务招标活动，但必须符合本办法第十二条规定的条件。

集中采购机构应当依法独立开展货物服务招标活动。其他采购代理机构应当根据采购人的委托办理货物服务招标事宜。

第十二条 采购人符合下列条件的，可以自行组织招标：

（一）具有独立承担民事责任的能力。

（二）具有编制招标文件和组织招标能力，有与采购招标项目规模和复杂程度相适应的技术、经济等方面的采购和管理人员。

（三）采购人员经过省级以上人民政府财政部门组织的政府采购培训。

采购人不符合前款规定条件的，必须委托采购代理机构代理招标。

第十三条 采购人委托采购代理机构招标的，应当与采购代理机构签订委托协议，确定委托代理的事项，约定双方的权利和义务。

第十四条 采用公开招标方式采购的，招标采购单位必须在财政部门指定的政府采购信息发布媒体上发布招标公告。

第十五条 采用邀请招标方式采购的，招标采购单位应当在省级以上人民政府财政部门指定的政府采购信息媒体发布资格预审公告，公布投标人资格条件，资格预审公告的期限不得少于7个工作日。

投标人应当在资格预审公告期结束之日起3个工作日前，按公告要求提交资格证明文件。招标采购单位从评审合格投标人中通过随机方式选择3家以上的投标人，并向其发出投标邀请书。

第十六条 采用招标方式采购的，自招标文件开始发出之日起至投标人提交投标文件截止之日止，不得少于20日。

第十七条 公开招标公告应当包括以下主要内容：

（一）招标采购单位的名称、地址和联系方法。

（二）招标项目的名称、数量或者招标项目的性质。

（三）投标人的资格要求。

（四）获取招标文件的时间、地点、方式及招标文件售价。

（五）投标截止时间、开标时间及地点。

第十八条 招标采购单位应当根据招标项目的特点和需求编制招标文件。招标文件包括以下内容：

（一）投标邀请。

（二）投标人须知（包括密封、签署、盖章要求等）。

（三）投标人应当提交的资格、资信证明文件。

（四）投标报价要求、投标文件编制要求和投标保证金交纳方式。

（五）招标项目的技术规格、要求和数量，包括附件、图纸等。

（六）合同主要条款及合同签订方式。

（七）交货和提供服务的时间。

（八）评标方法、评标标准和废标条款。

（九）投标截止时间、开标时间及地点。

（十）省级以上财政部门规定的其他事项。

招标人应当在招标文件中规定并标明实质性要求和条件。

第十九条 招标采购单位应当制作纸质招标文件，也可以在财政部门指定的网络媒体上发布电子招标文件，并应当保持两者的一致。电子招标文件与纸质招标文件具有同等法律效力。

第二十条 招标采购单位可以要求投标人提交符合招标文件规定要求的备选投标方案，但应当在招标文件中说明，并明确相应的评审标准和处理办法。

第二十一条 招标文件规定的各项技术标准应当符合国家强制性标准。

招标文件不得要求或者标明特定的投标人或者产品，以及含有倾向性或者排斥潜在投标人的其他内容。

第二十二条　招标采购单位可以根据需要，就招标文件征询有关专家或者供应商的意见。

第二十三条　招标文件售价应当按照弥补招标文件印制成本费用的原则确定，不得以营利为目的，不得以招标采购金额作为确定招标文件售价依据。

第二十四条　招标采购单位在发布招标公告、发出投标邀请书或者发出招标文件后，不得擅自终止招标。

第二十五条　招标采购单位根据招标采购项目的具体情况，可以组织潜在投标人现场考察或者召开开标前答疑会，但不得单独或者分别组织只有一个投标人参加的现场考察。

第二十六条　开标前，招标采购单位和有关工作人员不得向他人透露已获取招标文件的潜在投标人的名称、数量以及可能影响公平竞争的有关招标投标的其他情况。

第二十七条　招标采购单位对已发出的招标文件进行必要澄清或者修改的，应当在招标文件要求提交投标文件截止时间 15 日前，在财政部门指定的政府采购信息发布媒体上发布更正公告，并以书面形式通知所有招标文件收受人。该澄清或者修改的内容为招标文件的组成部分。

第二十八条　招标采购单位可以视采购具体情况，延长投标截止时间和开标时间，但至少应当在招标文件要求提交投标文件的截止时间 3 日前，将变更时间书面通知所有招标文件收受人，并在财政部门指定的政府采购信息发布媒体上发布变更公告。

第三章　投　　标

第二十九条　投标人是响应招标并且符合招标文件规定资格条件和参加投标竞争的法人、其他组织或者自然人。

第三十条　投标人应当按照招标文件的要求编制投标文件。投标文件应对招标文件提出的要求和条件作出实质性响应。

投标文件由商务部分、技术部分、价格部分和其他部分组成。

第三十一条　投标人应当在招标文件要求提交投标文件的截止时间前将投标文件密封送达投标地点。招标采购单位收到投标文件后应当签收保存，任何单位和个人不得在开标前开启投标文件。

在招标文件要求提交投标文件的截止时间之后送达的投标文件，为无效投标文件，招标采购单位应当拒收。

第三十二条　投标人在投标截止时间前，可以对所递交的投标文件进行补充、修改或者撤回，并书面通知招标采购单位。补充、修改的内容应当按招标文件要求签署、盖章，并作为投标文件的组成部分。

第三十三条　投标人根据招标文件载明的标的采购项目实际情况，拟在中标后将中标项目的非主体、非关键性工作交由他人完成的，应当在投标文件中载明。

第三十四条　两个以上供应商可以组成一个投标联合体，以一个投标人的身份投标。

以联合体形式参加投标的，联合体各方均应当符合政府采购法第二十二条第一款规定的条件。采购人根据采购项目的特殊要求规定投标人特定条件的，联合体各方中至少应当有一方符合采购人规定的特定条件。

联合体各方之间应当签订共同投标协议，明确约定联合体各方承担的工作和相应的责任，并将共同投标协议连同投标文件一并提交招标采购单位。联合体各方签订共同投标协议后，不得再以自己名义单独在同一项目中投标，也不得组成新的联合体参加同一项目投标。

招标采购单位不得强制投标人组成联合体共同投标，不得限制投标人之间的竞争。

第三十五条　投标人之间不得相互串通投标报价，不得妨碍其他投标人的公平竞争，不得损害招标采购单位或者其他投标人的合法权益。

投标人不得以向招标采购单位、评标委员会成员行贿或者采取其他不正当手段谋取中标。

第三十六条　招标采购单位应当在招标文件中明确投标保证金的数额及交纳办法。招标采购单位规定的投标保证金数额，不得超过采购项目概算的 1％。

投标人投标时，应当按招标文件要求交纳投标保证金。投标保证金可以采用现金支票、银行汇票、银行保函等形式交纳。投标人未按招标文件要求交纳投标保证金的，招标采购单位应当拒绝接收投标人的投标文件。

联合体投标的，可以由联合体中的一方或者共同提交投标保证金，以一方名义提交投标保证金的，对联合体各方均具有约束力。

第三十七条　招标采购单位应当在中标通知书发出后 5 个工作日内退还未中标供应商的投标保证金，在采购合同签订后 5 个工作日内退还中标供应商的投标保证金。招标采购单位逾期退还投标保证金的，除应当退还投标保证金本金外，还应当按商业银行同期贷款利率上浮 20％后的利率支付资金占用费。

第四章　开标、评标与定标

第三十八条　开标应当在招标文件确定的提交投标文件截止时间的同一时间公开进行；开标地点应当为招标文件中预先确定的地点。

招标采购单位在开标前应当通知同级人民政府财政部门及有关部门。财政部门及有关部门可以视情况到现场监督开标活动。

第三十九条　开标由招标采购单位主持，采购人、投标人和有关方面代表参加。

第四十条　开标时，应当由投标人或者其推选的代表检查投标文件的密封情况，也可以由招标人委托的公证机构检查并公证；经确认无误后，由招标工作人员当众拆封，宣读投标人名称、投标价格、价格折扣、招标文件允许提供的备选投标方案和投标文件的其他主要内容。

未宣读的投标价格、价格折扣和招标文件允许提供的备选投标方案等实质内容，评标时不予承认。

第四十一条　开标时，投标文件中开标一览表（报价表）内容与投标文件中明细表内容不一致的，以开标一览表（报价表）为准。

投标文件的大写金额和小写金额不一致的，以大写金额为准；总价金额与按单价汇总金额不一致的，以单价金额计算结果为准；单价金额小数点有明显错位的，应以总价为准，并修改单价；对不同文字文本投标文件的解释发生异议的，以中文文本为准。

第四十二条　开标过程应当由招标采购单位指定专人负责记录，并存档备查。

第四十三条　投标截止时间结束后参加投标的供应商不足三家的，除采购任务取消情形外，招标采购单位应当报告设区的市、自治州以上人民政府财政部门，由财政部门按照以下原则处理：

（一）招标文件没有不合理条款、招标公告时间及程序符合规定的，同意采取竞争性谈判、询价或者单一来源方式采购。

（二）招标文件存在不合理条款的，招标公告时间及程序不符合规定的应予废标，并责成招标采购单位依法重新招标。

在评标期间，出现符合专业条件的供应商或者对招标文件作出实质响应的供应商不足三家情形的，可以比照前款规定执行。

第四十四条　评标工作由招标采购单位负责组织，具体评标事务由招标采购单位依法组建的评标委员会负责，并独立履行下列职责：

（一）审查投标文件是否符合招标文件要求，并作出评价。

（二）要求投标供应商对投标文件有关事项作出解释或者澄清。

（三）推荐中标候选供应商名单，或者受采购人委托按照事先确定的办法直接确定中标供应商。

（四）向招标采购单位或者有关部门报告非法干预评标工作的行为。

第四十五条　评标委员会由采购人代表和有关技术、经济等方面的专家组成，成员人数应当为 5 人以上单数。其中技术、经济等方面的专家不得少于成员总数的三分之二。采购数额在 300 万元以上、技术复杂的项目，评标委员会中技术、经济方面的专家人数应当为 5 人以上单数。

招标采购单位就招标文件征询过意见的专家，不得再作为评标专家参加评标。采购人不得以专家身份参与本部门或者本单位采购项目的评标。采购代理机构工作人员不得参加由本机构代理的政府采购项目的评标。

评标委员会成员名单原则上应在开标前确定，并在招标结果确定前保密。

第四十六条　评标专家应当熟悉政府采购、招标投标的相关政策法规，熟悉市场行情，有良好的职业道德，遵守招标纪律，从事相关领域工作满 8 年并具有高级职称或者具有同等专业水平。

第四十七条　各级人民政府财政部门应当对专家实行动态管理。

第四十八条　招标采购单位应当从同级或上一级财政部门设立的政府采购评审专家库中通过随机方式抽取评标专家。

招标采购机构对技术复杂、专业性极强的采购项目，通过随机方式难以确定合适评标专家的，经设区的市、自治州以上人民政府财政部门同意，可以采取选择性方式确定评标专家。

第四十九条　评标委员会成员应当履行下列义务：

（一）遵纪守法，客观、公正、廉洁地履行职责。

（二）按照招标文件规定的评标方法和评标标准进行评标，对评审意见承担个人责任。

（三）对评标过程和结果及供应商的商业秘密保密。

（四）参与评标报告的起草。

（五）配合财政部门的投诉处理工作。

（六）配合招标采购单位答复投标供应商提出的质疑。

第五十条　货物服务招标采购的评标方法分为最低评标价法、综合评分法和性价比法。

第五十一条　最低评标价法是指以价格为主要因素确定中标候选供应商的评标方法，即在全部满足招标文件实质性要求前提下，依据统一的价格要素评定最低报价，以提出最低报价的投标人作为中标候选供应商或者中标供应商的评标方法。

最低评标价法适用于标准定制商品及通用服务项目。

第五十二条　综合评分法是指在最大限度地满足招标文件实质性要求前提下，按照招标文件中规定的各项因素进行综合评审后，以评标总得分最高的投标人作为中标候选供应商或者中标供应商的评标方法。

综合评分的主要因素是价格、技术、财务状况、信誉、业绩、服务、对招标文件的响应程度，以及相应的比重或者权值等。上述因素应当在招标文件中事先规定。

评标时，评标委员会各成员应当独立对每个有效投标人的标书进行评价、打分，然后汇总每个投标人每项评分因素的得分。

采用综合评分法的，货物项目的价格分值占总分值的比重（即权值）为 30％～60％；服务项目的价格分值占总分值的比重（即权值）为 10％～30％。执行统一价格标准的服务项目，其价格不列为评分因素。有特殊情况需要调整的，应当经同级人民政府财政部门批准。

评标总得分 $= F_1 \times A_1 + F_2 \times A_2 + \cdots + F_n \times A_n$。

F_1、F_2、$\cdots$、F_n 分别为各项评分因素的汇总得分；

A_1、A_2、$\cdots$、A_n 分别为各项评分因素所占的权重（$A_1 + A_2 + \cdots + A_n = 1$）。

第五十三条　性价比法是指按照要求对投标文件进行评审后，计算出每个有效投标人除价格因素以外的其他各项评分因素（包括技术、财务状况、信誉、业绩、服务、对招标文件的响应程度等）的汇总得分，并除以该投标人的投标报价，以商数（评标总得分）最高的投标人为中标候选供应商或者中标供应商的评标方法。

评标总得分 $=B/N$。

B 为投标人的综合得分，$B=F_1\times A_1+F_2\times A_2+\cdots+F_n\times A_n$，其中：$F_1$、$F_2\cdots F_n$ 分别为除价格因素以外的其他各项评分因素的汇总得分；A_1、A_2、$\cdots A_n$ 分别为除价格因素以外的其他各项评分因素所占的权重（$A_1+A_2+\cdots+A_n=1$）。

N 为投标人的投标报价。

第五十四条 评标应当遵循下列工作程序：

（一）投标文件初审。初审分为资格性检查和符合性检查。

1. 资格性检查。依据法律法规和招标文件的规定，对投标文件中的资格证明、投标保证金等进行审查，以确定投标供应商是否具备投标资格。

2. 符合性检查。依据招标文件的规定，从投标文件的有效性、完整性和对招标文件的响应程度进行审查，以确定是否对招标文件的实质性要求作出响应。

（二）澄清有关问题。对投标文件中含义不明确、同类问题表述不一致或者有明显文字和计算错误的内容，评标委员会可以书面形式（应当由评标委员会专家签字）要求投标人作出必要的澄清、说明或者纠正。投标人的澄清、说明或者补正应当采用书面形式，由其授权的代表签字，并不得超出投标文件的范围或者改变投标文件的实质性内容。

（三）比较与评价。按招标文件中规定的评标方法和标准，对资格性检查和符合性检查合格的投标文件进行商务和技术评估，综合比较与评价。

（四）推荐中标候选供应商名单。中标候选供应商数量应当根据采购需要确定，但必须按顺序排列中标候选供应商。

1. 采用最低评标价法的，按投标报价由低到高顺序排列。投标报价相同的，按技术指标优劣顺序排列。评标委员会认为，排在前面的中标候选供应商的最低投标价或者某些分项报价明显不合理或者低于成本，有可能影响商品质量和不能诚信履约的，应当要求其在规定的期限内提供书面文件予以解释说明，并提交相关证明材料；否则评标委员会可以取消该投标人的中标候选资格，按顺序由排在后面的中标候选供应商递补，以此类推。

2. 采用综合评分法的，按评审后得分由高到低顺序排列。得分相同的，按投标报价由低到高顺序排列。得分且投标报价相同的，按技术指标优劣顺序排列。

3. 采用性价比法的，按商数得分由高到低顺序排列。商数得分相同的，按投标报价由低到高顺序排列。商数得分且投标报价相同的，按技术指标优劣顺序排列。

（五）编写评标报告。评标报告是评标委员会根据全体评标成员签字的原始评标记录和评标结果编写的报告，其主要内容包括：

1. 招标公告刊登的媒体名称、开标日期和地点。

2. 购买招标文件的投标人名单和评标委员会成员名单。

3. 评标方法和标准。

4. 开标记录和评标情况及说明，包括投标无效投标人名单及原因。

5. 评标结果和中标候选供应商排序表。

6. 评标委员会的授标建议。

第五十五条 在评标中，不得改变招标文件中规定的评标标准、方法和中标条件。

第五十六条 投标文件属下列情况之一的，应当在资格性、符合性检查时按照无效投标处理：

（一）应交未交投标保证金的。

（二）未按照招标文件规定要求密封、签署、盖章的。

（三）不具备招标文件中规定资格要求的。

（四）不符合法律、法规和招标文件中规定的其他实质性要求的。

第五十七条 在招标采购中，有政府采购法第三十六条第一款第（二）～第（四）项规定情形之一的，招标采购单位应当予以废标，并将废标理由通知所有投标供应商。

废标后，除采购任务取消情形外，招标采购单位应当重新组织招标。需要采取其他采购方式的，应当在采购活动开始前获得设区的市、自治州以上人民政府财政部门的批准。

第五十八条　招标采购单位应当采取必要措施，保证评标在严格保密的情况下进行。

任何单位和个人不得非法干预、影响评标办法的确定，以及评标过程和结果。

第五十九条　采购代理机构应当在评标结束后5个工作日内将评标报告送采购人。

采购人应当在收到评标报告后5个工作日内，按照评标报告中推荐的中标候选供应商顺序确定中标供应商；也可以事先授权评标委员会直接确定中标供应商。

采购人自行组织招标的，应当在评标结束后5个工作日内确定中标供应商。

第六十条　中标供应商因不可抗力或者自身原因不能履行政府采购合同的，采购人可以与排位在中标供应商之后第一位的中标候选供应商签订政府采购合同，以此类推。

第六十一条　在确定中标供应商前，招标采购单位不得与投标供应商就投标价格、投标方案等实质性内容进行谈判。

第六十二条　中标供应商确定后，中标结果应当在财政部门指定的政府采购信息发布媒体上公告。公告内容应当包括招标项目名称、中标供应商名单、评标委员会成员名单、招标采购单位的名称和电话。

在发布公告的同时，招标采购单位应当向中标供应商发出中标通知书，中标通知书对采购人和中标供应商具有同等法律效力。

中标通知书发出后，采购人改变中标结果，或者中标供应商放弃中标，应当承担相应的法律责任。

第六十三条　投标供应商对中标公告有异议的，应当在中标公告发布之日起7个工作日内，以书面形式向招标采购单位提出质疑。招标采购单位应当在收到投标供应商书面质疑后7个工作日内对质疑内容作出答复。

质疑供应商对招标采购单位的答复不满意或者招标采购单位未在规定时间内答复的，可以在答复期满后15个工作日内按有关规定，向同级人民政府财政部门投诉。财政部门应当在收到投诉后30个工作日内对投诉事项作出处理决定。

处理投诉事项期间，财政部门可以视具体情况书面通知招标采购单位暂停签订合同等活动，但暂停时间最长不得超过30日。

第六十四条　采购人或者采购代理机构应当自中标通知书发出之日起30日内，按照招标文件和中标供应商投标文件的约定，与中标供应商签订书面合同。所签订的合同不得对招标文件和中标供应商投标文件作实质性修改。

招标采购单位不得向中标供应商提出任何不合理的要求，作为签订合同的条件，不得与中标供应商私下订立背离合同实质性内容的协议。

第六十五条　采购人或者采购代理机构应当自采购合同签订之日起7个工作日内，按照有关规定将采购合同副本报同级人民政府财政部门备案。

第六十六条　法律、行政法规规定应当办理批准、登记等手续后生效的合同，依照其规定。

第六十七条　招标采购单位应当建立真实完整的招标采购档案，妥善保管每项采购活动的采购文件，并不得伪造、变造、隐匿或者销毁。采购文件的保存期限为从采购结束之日起至少保存15年。

第五章　法　律　责　任

第六十八条　招标采购单位有下列情形之一的，责令限期改正，给予警告，可以按照有关法律规定并处罚款，对直接负责的主管人员和其他直接责任人员，由其行政主管部门或者有关机关依法给予处分，并予通报：

（一）应当采用公开招标方式而擅自采用其他方式采购的。

（二）应当在财政部门指定的政府采购信息发布媒体上公告信息而未公告的。

（三）将必须进行招标的项目化整为零或者以其他任何方式规避招标的。

（四）以不合理的要求限制或者排斥潜在投标供应商，对潜在投标供应商实行差别待遇或者歧视待遇，或者招标文件指定特定的供应商、含有倾向性或者排斥潜在投标供应商的其他内容的。

（五）评标委员会组成不符合本办法规定的。

（六）无正当理由不按照依法推荐的中标候选供应商顺序确定中标供应商，或者在评标委员会依法推荐的中标候选供应商以外确定中标供应商的。

（七）在招标过程中与投标人进行协商谈判，或者不按照招标文件和中标供应商的投标文件确定的事项签订政府采购合同，或者与中标供应商另行订立背离合同实质性内容的协议的。

（八）中标通知书发出后无正当理由不与中标供应商签订采购合同的。

（九）未按本办法规定将应当备案的委托招标协议、招标文件、评标报告、采购合同等文件资料提交同级人民政府财政部门备案的。

（十）拒绝有关部门依法实施监督检查的。

第六十九条　招标采购单位及其工作人员有下列情形之一，构成犯罪的，依法追究刑事责任；尚不构成犯罪的，按照有关法律规定处以罚款，有违法所得的，并处没收违法所得，由其行政主管部门或者有关机关依法给予处分，并予通报：

（一）与投标人恶意串通的。

（二）在采购过程中接受贿赂或者获取其他不正当利益的。

（三）在有关部门依法实施的监督检查中提供虚假情况的。

（四）开标前泄露已获取招标文件的潜在投标人的名称、数量、标底或者其他可能影响公平竞争的有关招标投标情况的。

第七十条　采购代理机构有本办法第六十八条、第六十九条违法行为之一，情节严重的，可以取消其政府采购代理资格并予以公告。

第七十一条　有本办法第六十八条、第六十九条违法行为之一，并且影响或者可能影响中标结果的，应当按照下列情况分别处理：

（一）未确定中标候选供应商的，终止招标活动，依法重新招标。

（二）中标候选供应商已经确定但采购合同尚未履行的，撤销合同，从中标候选供应商中按顺序另行确定中标供应商。

（三）采购合同已经履行的，给采购人、投标人造成损失的，由责任人承担赔偿责任。

第七十二条　采购人对应当实行集中采购的政府采购项目不委托集中采购机构进行招标的，或者委托不具备政府采购代理资格的中介机构办理政府采购招标事务的，责令改正；拒不改正的，停止按预算向其支付资金，由其上级行政主管部门或者有关机关依法给予其直接负责的主管人员和其他直接责任人员处分。

第七十三条　招标采购单位违反有关规定隐匿、销毁应当保存的招标、投标过程中的有关文件或者伪造、变造招标、投标过程中的有关文件的，处以 2 万元以上 10 万元以下的罚款，对其直接负责的主管人员和其他直接责任人员，由其行政主管部门或者有关机关依法给予处分，并予通报；构成犯罪的，依法追究刑事责任。

第七十四条　投标人有下列情形之一的，处以政府采购项目中标金额 5‰以上 10‰以下的罚款，列入不良行为记录名单，在 1～3 年内禁止参加政府采购活动，并予以公告，有违法所得的，并处没收违法所得，情节严重的，由工商行政管理机关吊销营业执照；构成犯罪的，依法追究刑事责任：

（一）提供虚假材料谋取中标的。

（二）采取不正当手段诋毁、排挤其他投标人的。

（三）与招标采购单位、其他投标人恶意串通的。

（四）向招标采购单位行贿或者提供其他不正当利益的。

（五）在招标过程中与招标采购单位进行协商谈判、不按照招标文件和中标供应商的投标文件订立合同，或者与采购人另行订立背离合同实质性内容的协议的。

（六）拒绝有关部门监督检查或者提供虚假情况的。

投标人有前款第（一）～（五）项情形之一的，中标无效。

第七十五条　中标供应商有下列情形之一的，招标采购单位不予退还其交纳的投标保证金；情节严重的，由财政部门将其列入不良行为记录名单，在1～3年内禁止参加政府采购活动，并予以通报：

（一）中标后无正当理由不与采购人或者采购代理机构签订合同的。

（二）将中标项目转让给他人，或者在投标文件中未说明，且未经采购招标机构同意，将中标项目分包给他人的。

（三）拒绝履行合同义务的。

第七十六条　政府采购当事人有本办法第六十八条、第六十九条、第七十四条、第七十五条违法行为之一，给他人造成损失的，应当依照有关民事法律规定承担民事责任。

第七十七条　评标委员会成员有下列行为之一的，责令改正，给予警告，可以并处1000元以下的罚款：

（一）明知应当回避而未主动回避的。

（二）在知道自己为评标委员会成员身份后至评标结束前的时段内私下接触投标供应商的。

（三）在评标过程中擅离职守，影响评标程序正常进行的。

（四）在评标过程中有明显不合理或者不正当倾向性的。

（五）未按招标文件规定的评标方法和标准进行评标的。

上述行为影响中标结果的，中标结果无效。

第七十八条　评标委员会成员或者与评标活动有关的工作人员有下列行为之一的，给予警告，没收违法所得，可以并处3000元以上5万元以下的罚款；对评标委员会成员取消评标委员会成员资格，不得再参加任何政府采购招标项目的评标，并在财政部门指定的政府采购信息发布媒体上予以公告；构成犯罪的，依法追究刑事责任：

（一）收受投标人、其他利害关系人的财物或者其他不正当利益的。

（二）泄露有关投标文件的评审和比较、中标候选人的推荐以及与评标有关的其他情况的。

第七十九条　任何单位或者个人非法干预、影响评标的过程或者结果的，责令改正；由该单位、个人的上级行政主管部门或者有关机关给予单位责任人或者个人处分。

第八十条　财政部门工作人员在实施政府采购监督检查中违反规定滥用职权、玩忽职守、徇私舞弊的，依法给予行政处分；构成犯罪的，依法追究刑事责任。

第八十一条　财政部门对投标人的投诉无故逾期未作处理的，依法给予直接负责的主管人员和其他直接责任人员行政处分。

第八十二条　有本办法规定的中标无效情形的，由同级或其上级财政部门认定中标无效。中标无效的，应当依照本办法规定从其他中标人或者中标候选人中重新确定，或者依照本办法重新进行招标。

第八十三条　本办法所规定的行政处罚，由县级以上人民政府财政部门负责实施。

第八十四条　政府采购当事人对行政处罚不服的，可以依法申请行政复议，或者直接向人民法院提起行政诉讼。逾期未申请复议，也未向人民法院起诉，又不履行行政处罚决定的，由作出行政处罚决定的机关申请人民法院强制执行。

第六章　附　则

第八十五条　政府采购货物服务可以实行协议供货采购和定点采购，但协议供货采购和定点供应商必须通过公开招标方式确定；因特殊情况需要采用公开招标以外方式确定的，应当获得省级以上人民政府财政部门批准。

协议供货采购和定点采购的管理办法由财政部另行规定。

第八十六条　政府采购货物中的进口机电产品进行招标投标的，按照国家有关办法执行。

第八十七条　使用国际组织和外国政府贷款进行的政府采购货物和服务招标，贷款方或者资金提供方与中方达成的协议对采购的具体条件另有规定的，可以适用其规定，但不得损害国家利益和社会公共利益。

第八十八条　对因严重自然灾害和其他不可抗力事件所实施的紧急采购和涉及国家安全和秘密的采购，不适用本办法。

第八十九条　本办法由财政部负责解释。

各省、自治区、直辖市人民政府财政部门可以根据本办法制定具体实施办法。

第九十条　本办法自 2004 年 9 月 11 日起施行。财政部 1999 年 6 月 24 日颁布实施的《政府采购招标投标管理暂行办法》（财预字〔1999〕363 号）同时废止。

政府采购非招标采购方式管理办法

(财政部令第 74 号 2013 年 12 月 19 日)

第一章 总 则

第一条 为了规范政府采购行为，加强对采用非招标采购方式采购活动的监督管理，维护国家利益、社会公共利益和政府采购当事人的合法权益，依据《中华人民共和国政府采购法》（以下简称政府采购法）和其他法律、行政法规的有关规定，制定本办法。

第二条 采购人、采购代理机构采用非招标采购方式采购货物、工程和服务的，适用本办法。

本办法所称非招标采购方式是指竞争性谈判、单一来源采购和询价采购方式。

竞争性谈判是指谈判小组与符合资格条件的供应商就采购货物、工程和服务事宜进行谈判，供应商按照谈判文件的要求提交响应文件和最后报价，采购人从谈判小组提出的成交候选人中确定成交供应商的采购方式。

单一来源采购是指采购人从某一特定供应商处采购货物、工程和服务的采购方式。

询价是指询价小组向符合资格条件的供应商发出采购货物询价通知书，要求供应商一次报出不得更改的价格，采购人从询价小组提出的成交候选人中确定成交供应商的采购方式。

第三条 采购人、采购代理机构采购以下货物、工程和服务之一的，可以采用竞争性谈判、单一来源采购方式采购；采购货物的，还可以采用询价采购方式：

（一）依法制定的集中采购目录以内，且未达到公开招标数额标准的货物、服务；

（二）依法制定的集中采购目录以外，采购限额标准以上，且未达到公开招标数额标准的货物、服务；

（三）达到公开招标数额标准、经批准采用非公开招标方式的货物、服务；

（四）按照招标投标法及其实施条例必须进行招标的工程建设项目以外的政府采购工程。

第二章 一 般 规 定

第四条 达到公开招标数额标准的货物、服务采购项目，拟采用非招标采购方式的，采购人应当在采购活动开始前，报经主管预算单位同意后，向设区的市、自治州以上人民政府财政部门申请批准。

第五条 根据本办法第四条申请采用非招标采购方式采购的，采购人应当向财政部门提交以下材料并对材料的真实性负责：

（一）采购人名称、采购项目名称、项目概况等项目基本情况说明；

（二）项目预算金额、预算批复文件或者资金来源证明；

（三）拟申请采用的采购方式和理由。

第六条 采购人、采购代理机构应当按照政府采购法和本办法的规定组织开展非招标采购活动，并采取必要措施，保证评审在严格保密的情况下进行。

任何单位和个人不得非法干预、影响评审过程和结果。

第七条 竞争性谈判小组或者询价小组由采购人代表和评审专家共 3 人以上单数组成，其中评审专家人数不得少于竞争性谈判小组或者询价小组成员总数的 2/3。采购人不得以评审专家身份参加本部门或本单位采购项目的评审。采购代理机构人员不得参加本机构代理的采购项目的评审。

达到公开招标数额标准的货物或者服务采购项目，或者达到招标规模标准的政府采购工程，竞争性谈判小组或者询价小组应当由 5 人以上单数组成。

采用竞争性谈判、询价方式采购的政府采购项目，评审专家应当从政府采购评审专家库内相关专业的专家名单中随机抽取。技术复杂、专业性强的竞争性谈判采购项目，通过随机方式难以确定合适的评审专家的，经主管预算单位同意，可以自行选定评审专家。技术复杂、专业性强的竞争性谈判采购项目，评审专家中应当包含 1 名法律专家。

第八条 竞争性谈判小组或者询价小组在采购活动过程中应当履行下列职责：

（一）确认或者制定谈判文件、询价通知书；

（二）从符合相应资格条件的供应商名单中确定不少于 3 家的供应商参加谈判或者询价；

（三）审查供应商的响应文件并作出评价；

（四）要求供应商解释或者澄清其响应文件；

（五）编写评审报告；

（六）告知采购人、采购代理机构在评审过程中发现的供应商的违法违规行为。

第九条 竞争性谈判小组或者询价小组成员应当履行下列义务：

（一）遵纪守法，客观、公正、廉洁地履行职责；

（二）根据采购文件的规定独立进行评审，对个人的评审意见承担法律责任；

（三）参与评审报告的起草；

（四）配合采购人、采购代理机构答复供应商提出的质疑；

（五）配合财政部门的投诉处理和监督检查工作。

第十条 谈判文件、询价通知书应当根据采购项目的特点和采购人的实际需求制定，并经采购人书面同意。采购人应当以满足实际需求为原则，不得擅自提高经费预算和资产配置等采购标准。

谈判文件、询价通知书不得要求或者标明供应商名称或者特定货物的品牌，不得含有指向特定供应商的技术、服务等条件。

第十一条 谈判文件、询价通知书应当包括供应商资格条件、采购邀请、采购方式、采购预算、采购需求、采购程序、价格构成或者报价要求、响应文件编制要求、提交响应文件截止时间及地点、保证金交纳数额和形式、评定成交的标准等。

谈判文件除本条第一款规定的内容外，还应当明确谈判小组根据与供应商谈判情况可能实质性变动的内容，包括采购需求中的技术、服务要求以及合同草案条款。

第十二条 采购人、采购代理机构应当通过发布公告、从省级以上财政部门建立的供应商库中随机抽取或者采购人和评审专家分别书面推荐的方式邀请不少于 3 家符合相应资格条件的供应商参与竞争性谈判或者询价采购活动。

符合政府采购法第二十二条第一款规定条件的供应商可以在采购活动开始前加入供应商库。财政部门不得对供应商申请入库收取任何费用，不得利用供应商库进行地区和行业封锁。

采取采购人和评审专家书面推荐方式选择供应商的，采购人和评审专家应当各自出具书面推荐意见。采购人推荐供应商的比例不得高于推荐供应商总数的 50％。

第十三条 供应商应当按照谈判文件、询价通知书的要求编制响应文件，并对其提交的响应文件的真实性、合法性承担法律责任。

第十四条 采购人、采购代理机构可以要求供应商在提交响应文件截止时间之前交纳保证金。保证金应当采用支票、汇票、本票、网上银行支付或者金融机构、担保机构出具的保函等非现金形式交纳。保证金数额应当不超过采购项目预算的 2％。

供应商为联合体的，可以由联合体中的一方或者多方共同交纳保证金，其交纳的保证金对联合体各方均具有约束力。

第十五条　供应商应当在谈判文件、询价通知书要求的截止时间前，将响应文件密封送达指定地点。在截止时间后送达的响应文件为无效文件，采购人、采购代理机构或者谈判小组、询价小组应当拒收。

供应商在提交询价响应文件截止时间前，可以对所提交的响应文件进行补充、修改或者撤回，并书面通知采购人、采购代理机构。补充、修改的内容作为响应文件的组成部分。补充、修改的内容与响应文件不一致的，以补充、修改的内容为准。

第十六条　谈判小组、询价小组在对响应文件的有效性、完整性和响应程度进行审查时，可以要求供应商对响应文件中含义不明确、同类问题表述不一致或者有明显文字和计算错误的内容等作出必要的澄清、说明或者更正。供应商的澄清、说明或者更正不得超出响应文件的范围或者改变响应文件的实质性内容。

谈判小组、询价小组要求供应商澄清、说明或者更正响应文件应当以书面形式作出。供应商的澄清、说明或者更正应当由法定代表人或其授权代表签字或者加盖公章。由授权代表签字的，应当附法定代表人授权书。供应商为自然人的，应当由本人签字并附身份证明。

第十七条　谈判小组、询价小组应当根据评审记录和评审结果编写评审报告，其主要内容包括：

（一）邀请供应商参加采购活动的具体方式和相关情况，以及参加采购活动的供应商名单；

（二）评审日期和地点，谈判小组、询价小组成员名单；

（三）评审情况记录和说明，包括对供应商的资格审查情况、供应商响应文件评审情况、谈判情况、报价情况等；

（四）提出的成交候选人的名单及理由。

评审报告应当由谈判小组、询价小组全体人员签字认可。谈判小组、询价小组成员对评审报告有异议的，谈判小组、询价小组按照少数服从多数的原则推荐成交候选人，采购程序继续进行。对评审报告有异议的谈判小组、询价小组成员，应当在报告上签署不同意见并说明理由，由谈判小组、询价小组书面记录相关情况。谈判小组、询价小组成员拒绝在报告上签字又不书面说明其不同意见和理由的，视为同意评审报告。

第十八条　采购人或者采购代理机构应当在成交供应商确定后2个工作日内，在省级以上财政部门指定的媒体上公告成交结果，同时向成交供应商发出成交通知书，并将竞争性谈判文件、询价通知书随成交结果同时公告。成交结果公告应当包括以下内容：

（一）采购人和采购代理机构的名称、地址和联系方式；

（二）项目名称和项目编号；

（三）成交供应商名称、地址和成交金额；

（四）主要成交标的的名称、规格型号、数量、单价、服务要求；

（五）谈判小组、询价小组成员名单及单一来源采购人员名单。

采用书面推荐供应商参加采购活动的，还应当公告采购人和评审专家的推荐意见。

第十九条　采购人与成交供应商应当在成交通知书发出之日起30日内，按照采购文件确定的合同文本以及采购标的、规格型号、采购金额、采购数量、技术和服务要求等事项签订政府采购合同。

采购人不得向成交供应商提出超出采购文件以外的任何要求作为签订合同的条件，不得与成交供应商订立背离采购文件确定的合同文本以及采购标的、规格型号、采购金额、采购数量、技术和服务要求等实质性内容的协议。

第二十条　采购人或者采购代理机构应当在采购活动结束后及时退还供应商的保证金，但因供应商自身原因导致无法及时退还的除外。未成交供应商的保证金应当在成交通知书发出后5个工作日内退还，成交供应商的保证金应当在采购合同签订后5个工作日内退还。

有下列情形之一的，保证金不予退还：

（一）供应商在提交响应文件截止时间后撤回响应文件的；

（二）供应商在响应文件中提供虚假材料的；

（三）除因不可抗力或谈判文件、询价通知书认可的情形以外，成交供应商不与采购人签订合同的；

（四）供应商与采购人、其他供应商或者采购代理机构恶意串通的；

（五）采购文件规定的其他情形。

第二十一条 除资格性审查认定错误和价格计算错误外，采购人或者采购代理机构不得以任何理由组织重新评审。采购人、采购代理机构发现谈判小组、询价小组未按照采购文件规定的评定成交的标准进行评审的，应当重新开展采购活动，并同时书面报告本级财政部门。

第二十二条 除不可抗力等因素外，成交通知书发出后，采购人改变成交结果，或者成交供应商拒绝签订政府采购合同的，应当承担相应的法律责任。

成交供应商拒绝签订政府采购合同的，采购人可以按照本办法第三十六条第二款、第四十九条第二款规定的原则确定其他供应商作为成交供应商并签订政府采购合同，也可以重新开展采购活动。拒绝签订政府采购合同的成交供应商不得参加对该项目重新开展的采购活动。

第二十三条 在采购活动中因重大变故，采购任务取消的，采购人或者采购代理机构应当终止采购活动，通知所有参加采购活动的供应商，并将项目实施情况和采购任务取消原因报送本级财政部门。

第二十四条 采购人或者采购代理机构应当按照采购合同规定的技术、服务等要求组织对供应商履约的验收，并出具验收书。验收书应当包括每一项技术、服务等要求的履约情况。大型或者复杂的项目，应当邀请国家认可的质量检测机构参加验收。验收方成员应当在验收书上签字，并承担相应的法律责任。

第二十五条 谈判小组、询价小组成员以及与评审工作有关的人员不得泄露评审情况以及评审过程中获悉的国家秘密、商业秘密。

第二十六条 采购人、采购代理机构应当妥善保管每项采购活动的采购文件。采购文件包括采购活动记录、采购预算、谈判文件、询价通知书、响应文件、推荐供应商的意见、评审报告、成交供应商确定文件、单一来源采购协商情况记录、合同文本、验收证明、质疑答复、投诉处理决定以及其他有关文件、资料。采购文件可以电子档案方式保存。

采购活动记录至少应当包括下列内容：

（一）采购项目类别、名称；

（二）采购项目预算、资金构成和合同价格；

（三）采购方式，采用该方式的原因及相关说明材料；

（四）选择参加采购活动的供应商的方式及原因；

（五）评定成交的标准及确定成交供应商的原因；

（六）终止采购活动的终止原因。

第三章 竞争性谈判

第二十七条 符合下列情形之一的采购项目，可以采用竞争性谈判方式采购：

（一）招标后没有供应商投标或者没有合格标的，或者重新招标未能成立的；

（二）技术复杂或者性质特殊，不能确定详细规格或者具体要求的；

（三）非采购人所能预见的原因或者非采购人拖延造成采用招标所需时间不能满足用户紧急需要的；

（四）因艺术品采购、专利、专有技术或者服务的时间、数量事先不能确定等原因不能事先计算出价格总额的。

公开招标的货物、服务采购项目，招标过程中提交投标文件或者经评审实质性响应招标文件要求的供应商只有两家时，采购人、采购代理机构按照本办法第四条经本级财政部门批准后可以与该两家供应商进行竞争性谈判采购，采购人、采购代理机构应当根据招标文件中的采购需求编制谈判文件，成立谈判小组，由谈判小组对谈判文件进行确认。符合本款情形的，本办法第三十三条、第三十五条中规定的供应商最低数量可以为两家。

　　第二十八条　符合本办法第二十七条第一款第一项情形和第二款情形，申请采用竞争性谈判采购方式时，除提交本办法第五条第一至第三项规定的材料外，还应当提交下列申请材料：

　　（一）在省级以上财政部门指定的媒体上发布招标公告的证明材料；

　　（二）采购人、采购代理机构出具的对招标文件和招标过程是否有供应商质疑及质疑处理情况的说明；

　　（三）评标委员会或者3名以上评审专家出具的招标文件没有不合理条款的论证意见。

　　第二十九条　从谈判文件发出之日起至供应商提交首次响应文件截止之日止不得少于3个工作日。

　　提交首次响应文件截止之日前，采购人、采购代理机构或者谈判小组可以对已发出的谈判文件进行必要的澄清或者修改，澄清或者修改的内容作为谈判文件的组成部分。澄清或者修改的内容可能影响响应文件编制的，采购人、采购代理机构或者谈判小组应当在提交首次响应文件截止之日3个工作日前，以书面形式通知所有接收谈判文件的供应商，不足3个工作日的，应当顺延提交首次响应文件截止之日。

　　第三十条　谈判小组应当对响应文件进行评审，并根据谈判文件规定的程序、评定成交的标准等事项与实质性响应谈判文件要求的供应商进行谈判。未实质性响应谈判文件的响应文件按无效处理，谈判小组应当告知有关供应商。

　　第三十一条　谈判小组所有成员应当集中与单一供应商分别进行谈判，并给予所有参加谈判的供应商平等的谈判机会。

　　第三十二条　在谈判过程中，谈判小组可以根据谈判文件和谈判情况实质性变动采购需求中的技术、服务要求以及合同草案条款，但不得变动谈判文件中的其他内容。实质性变动的内容，须经采购人代表确认。

　　对谈判文件作出的实质性变动是谈判文件的有效组成部分，谈判小组应当及时以书面形式同时通知所有参加谈判的供应商。

　　供应商应当按照谈判文件的变动情况和谈判小组的要求重新提交响应文件，并由其法定代表人或授权代表签字或者加盖公章。由授权代表签字的，应当附法定代表人授权书。供应商为自然人的，应当由本人签字并附身份证明。

　　第三十三条　谈判文件能够详细列明采购标的的技术、服务要求的，谈判结束后，谈判小组应当要求所有继续参加谈判的供应商在规定时间内提交最后报价，提交最后报价的供应商不得少于3家。

　　谈判文件不能详细列明采购标的的技术、服务要求，需经谈判由供应商提供最终设计方案或解决方案的，谈判结束后，谈判小组应当按照少数服从多数的原则投票推荐3家以上供应商的设计方案或者解决方案，并要求其在规定时间内提交最后报价。

　　最后报价是供应商响应文件的有效组成部分。

　　第三十四条　已提交响应文件的供应商，在提交最后报价之前，可以根据谈判情况退出谈判。采购人、采购代理机构应当退还退出谈判的供应商的保证金。

　　第三十五条　谈判小组应当从质量和服务均能满足采购文件实质性响应要求的供应商中，按照最后报价由低到高的顺序提出3名以上成交候选人，并编写评审报告。

　　第三十六条　采购代理机构应当在评审结束后2个工作日内将评审报告送采购人确认。

　　采购人应当在收到评审报告后5个工作日内，从评审报告提出的成交候选人中，根据质量和服务均能满足采购文件实质性响应要求且最后报价最低的原则确定成交供应商，也可以书面授权谈判小组直接确定成交供应商。采购人逾期未确定成交供应商且不提出异议的，视为确定评审报告提出的最后报价最低的供应商为成交供应商。

第三十七条 出现下列情形之一的，采购人或者采购代理机构应当终止竞争性谈判采购活动，发布项目终止公告并说明原因，重新开展采购活动：

（一）因情况变化，不再符合规定的竞争性谈判采购方式适用情形的；

（二）出现影响采购公正的违法、违规行为的；

（三）在采购过程中符合竞争要求的供应商或者报价未超过采购预算的供应商不足3家的，但本办法第二十七条第二款规定的情形除外。

第四章 单 一 来 源 采 购

第三十八条 属于政府采购法第三十一条第一项情形，且达到公开招标数额的货物、服务项目，拟采用单一来源采购方式的，采购人、采购代理机构在按照本办法第四条报财政部门批准之前，应当在省级以上财政部门指定媒体上公示，并将公示情况一并报财政部门。公示期不得少于5个工作日，公示内容应当包括：

（一）采购人、采购项目名称和内容；

（二）拟采购的货物或者服务的说明；

（三）采用单一来源采购方式的原因及相关说明；

（四）拟定的唯一供应商名称、地址；

（五）专业人员对相关供应商因专利、专有技术等原因具有唯一性的具体论证意见，以及专业人员的姓名、工作单位和职称；

（六）公示的期限；

（七）采购人、采购代理机构、财政部门的联系地址、联系人和联系电话。

第三十九条 任何供应商、单位或者个人对采用单一来源采购方式公示有异议的，可以在公示期内将书面意见反馈给采购人、采购代理机构，并同时抄送相关财政部门。

第四十条 采购人、采购代理机构收到对采用单一来源采购方式公示的异议后，应当在公示期满后5个工作日内组织补充论证，论证后认为异议成立的，应当依法采取其他采购方式；论证后认为异议不成立的，应当将异议意见、论证意见与公示情况一并报相关财政部门。

采购人、采购代理机构应当将补充论证的结论告知提出异议的供应商、单位或者个人。

第四十一条 采用单一来源采购方式采购的，采购人、采购代理机构应当组织具有相关经验的专业人员与供应商商定合理的成交价格并保证采购项目质量。

第四十二条 单一来源采购人员应当编写协商情况记录，主要内容包括：

（一）依据本办法第三十八条进行公示的情况说明；

（二）协商日期和地点，采购人员名单；

（三）供应商提供的采购标的成本、同类项目合同价格以及相关专利、专有技术等情况说明；

（四）合同主要条款及价格商定情况。

协商情况记录应当由采购全体人员签字认可。对记录有异议的采购人员，应当签署不同意见并说明理由。采购人员拒绝在记录上签字又不书面说明其不同意见和理由的视为同意。

第四十三条 出现下列情形之一的，采购人或者采购代理机构应当终止采购活动，发布项目终止公告并说明原因，重新开展采购活动：

（一）因情况变化，不再符合规定的单一来源采购方式适用情形的；

（二）出现影响采购公正的违法、违规行为的；

（三）报价超过采购预算的。

第五章　询　　价

第四十四条　询价采购需求中的技术、服务等要求应当完整、明确，符合相关法律、行政法规和政府采购政策的规定。

第四十五条　从询价通知书发出之日起至供应商提交响应文件截止之日止不得少于 3 个工作日。

提交响应文件截止之日前，采购人、采购代理机构或者询价小组可以对已发出的询价通知书进行必要的澄清或者修改，澄清或者修改的内容作为询价通知书的组成部分。澄清或者修改的内容可能影响响应文件编制的，采购人、采购代理机构或者询价小组应当在提交响应文件截止之日 3 个工作日前，以书面形式通知所有接收询价通知书的供应商，不足 3 个工作日的，应当顺延提交响应文件截止之日。

第四十六条　询价小组在询价过程中，不得改变询价通知书所确定的技术和服务等要求、评审程序、评定成交的标准和合同文本等事项。

第四十七条　参加询价采购活动的供应商，应当按照询价通知书的规定一次报出不得更改的价格。

第四十八条　询价小组应当从质量和服务均能满足采购文件实质性响应要求的供应商中，按照报价由低到高的顺序提出 3 名以上成交候选人，并编写评审报告。

第四十九条　采购代理机构应当在评审结束后 2 个工作日内将评审报告送采购人确认。

采购人应当在收到评审报告后 5 个工作日内，从评审报告提出的成交候选人中，根据质量和服务均能满足采购文件实质性响应要求且报价最低的原则确定成交供应商，也可以书面授权询价小组直接确定成交供应商。采购人逾期未确定成交供应商且不提出异议的，视为确定评审报告提出的最后报价最低的供应商为成交供应商。

第五十条　出现下列情形之一的，采购人或者采购代理机构应当终止询价采购活动，发布项目终止公告并说明原因，重新开展采购活动：

（一）因情况变化，不再符合规定的询价采购方式适用情形的；

（二）出现影响采购公正的违法、违规行为的；

（三）在采购过程中符合竞争要求的供应商或者报价未超过采购预算的供应商不足 3 家的。

第六章　法　律　责　任

第五十一条　采购人、采购代理机构有下列情形之一的，责令限期改正，给予警告；有关法律、行政法规规定处以罚款的，并处罚款；涉嫌犯罪的，依法移送司法机关处理：

（一）未按照本办法规定在指定媒体上发布政府采购信息的；

（二）未按照本办法规定组成谈判小组、询价小组的；

（三）在询价采购过程中与供应商进行协商谈判的；

（四）未按照政府采购法和本办法规定的程序和要求确定成交候选人的；

（五）泄露评审情况以及评审过程中获悉的国家秘密、商业秘密的。

采购代理机构有前款情形之一，情节严重的，暂停其政府采购代理机构资格 3 至 6 个月；情节特别严重或者逾期不改正的，取消其政府采购代理机构资格。

第五十二条　采购人有下列情形之一的，责令限期改正，给予警告；有关法律、行政法规规定处以罚款的，并处罚款：

（一）未按照政府采购法和本办法的规定采用非招标采购方式的；

（二）未按照政府采购法和本办法的规定确定成交供应商的；

（三）未按照采购文件确定的事项签订政府采购合同，或者与成交供应商另行订立背离合同实质性内容的协议的；

（四）未按规定将政府采购合同副本报本级财政部门备案的。

第五十三条 采购人、采购代理机构有本办法第五十一条、第五十二条规定情形之一，且情节严重或者拒不改正的，其直接负责的主管人员和其他直接责任人员属于国家机关工作人员的，由任免机关或者监察机关依法给予处分并予通报。

第五十四条 成交供应商有下列情形之一的，责令限期改正，情节严重的，列入不良行为记录名单，在1～3年内禁止参加政府采购活动，并予以通报：

（一）未按照采购文件确定的事项签订政府采购合同，或者与采购人另行订立背离合同实质性内容的协议的；

（二）成交后无正当理由不与采购人签订合同的；

（三）拒绝履行合同义务的。

第五十五条 谈判小组、询价小组成员有下列行为之一的，责令改正，给予警告；有关法律、行政法规规定处以罚款的，并处罚款；涉嫌犯罪的，依法移送司法机关处理：

（一）收受采购人、采购代理机构、供应商、其他利害关系人的财物或者其他不正当利益的；

（二）泄露评审情况以及评审过程中获悉的国家秘密、商业秘密的；

（三）明知与供应商有利害关系而不依法回避的；

（四）在评审过程中擅离职守，影响评审程序正常进行的；

（五）在评审过程中有明显不合理或者不正当倾向性的；

（六）未按照采购文件规定的评定成交的标准进行评审的。

评审专家有前款情形之一，情节严重的，取消其政府采购评审专家资格，不得再参加任何政府采购项目的评审，并在财政部门指定的政府采购信息发布媒体上予以公告。

第五十六条 有本办法第五十一条、第五十二条、第五十五条违法行为之一，并且影响或者可能影响成交结果的，应当按照下列情形分别处理：

（一）未确定成交供应商的，终止本次采购活动，依法重新开展采购活动；

（二）已确定成交供应商但采购合同尚未履行的，撤销合同，从合格的成交候选人中另行确定成交供应商，没有合格的成交候选人的，重新开展采购活动；

（三）采购合同已经履行的，给采购人、供应商造成损失的，由责任人依法承担赔偿责任。

第五十七条 政府采购当事人违反政府采购法和本办法规定，给他人造成损失的，应当依照有关民事法律规定承担民事责任。

第五十八条 任何单位或者个人非法干预、影响评审过程或者结果的，责令改正；该单位责任人或者个人属于国家机关工作人员的，由任免机关或者监察机关依法给予处分。

第五十九条 财政部门工作人员在实施监督管理过程中违法干预采购活动或者滥用职权、玩忽职守、徇私舞弊的，依法给予处分；涉嫌犯罪的，依法移送司法机关处理。

第七章　附　　则

第六十条 本办法所称主管预算单位是指负有编制部门预算职责，向同级财政部门申报预算的国家机关、事业单位和团体组织。

第六十一条 各省、自治区、直辖市人民政府财政部门可以根据本办法制定具体实施办法。

第六十二条 本办法自2014年2月1日起施行。

水利工程建设项目重要设备材料采购招标投标管理办法

（水利部　水建管〔2002〕585 号　2002 年 12 月 25 日）

第一章　总　　则

第一条　为了规范水利工程建设项目重要设备、材料采购管理招标投标活动，根据《水利工程建设项目招标投标管理规定》（水利部令第 14 号，以下简称《规定》）和国家有关规定，结合水利工程建设特点，制定本办法。

第二条　本办法适用于水利工程建设项目（以下简称项目）重要设备、材料采购招标投标活动。

第三条　项目符合《规定》第三条规定的范围与标准的必须进行招标采购。

国家和水利部对项目技术复杂或者有特殊要求的水利工程建设项目重要设备、材料采购另有规定的，从其规定。

本办法所称采购是指项目重要设备、材料的一次性采购。

第四条　本办法所称的重要设备是指：

（一）直接用于项目永久性工程的机电设备、自动化设备、金属结构及设备、试验设备、原型观测和测量仪器设备等。

（二）使用本项目资金购置的用于本项目施工的各种施工设备、施工机械和施工车辆等。

（三）使用本项目资金购置的服务于本项目的办公设备、通讯设备、电气设备、医疗设备、环保设备、交通运输车辆和生活设施设备等。

第五条　本办法所称重要材料是指：

（一）构成永久工程的重要材料，如钢材、水泥、粉煤灰、硅粉、抗磨材料等。

（二）用于项目数量大的消耗材料，如油品、木材、民用爆破材料等。

第六条　水行政主管部门依法对项目重要设备、材料招标采购活动实施行政监督。内容包括：

（一）监督检查招标人是否按照招标前提交备案的项目招标报告进行招标。

（二）可派员监督重要设备、材料招标采购活动，查处违法违规行为。

（三）接受招标人依法备案的项目重要设备、材料招标采购报告。

第七条　项目重要设备、材料的招标采购活动应当遵循公开、公平、公正和诚实信用的原则。项目重要设备、材料招标工作由招标人负责，任何单位和个人不得以任何方式非法干涉项目重要设备、材料招标采购活动。

第二章　招　　标

第八条　重要设备、材料的招标采购分为公开招标采购、邀请招标采购。一般情况下应采用公开招标方式，采用邀请招标方式的在依法备案的采购报告中应予注明。

第九条　项目重要设备、材料招标采购的招标人是指水利工程建设项目的项目法人。

第十条　项目重要设备、材料招标采购应具备以下条件：

（一）初步设计已经批准。

（二）重要设备、材料技术经济指标已基本确定。

（三）重要设备、材料所需资金已落实。

第十一条 招标人自行办理项目重要设备、材料招标采购招标事宜时，应当按有关规定履行核准手续。

第十二条 招标人委托招标代理机构办理招标事宜时，受委托的招标代理机构应符合水利工程建设项目招标代理有关规定的要求。

第十三条 招标采购工作一般按照《规定》第十七条规定的程序进行。

第十四条 采用公开招标方式的项目，招标人应当在《规定》指定的媒介发布招标公告，公告应载明招标人的名称、地址、招标项目的性质、数量、实施地点和时间及获取招标文件的办法等事宜。发布招标公告至发售资格预审文件或招标文件的时间间隔一般不少于 10 日。招标人应对招标公告的真实性负责。招标公告不得限制潜在投标人的数量。

采用邀请招标方式的，招标人应向 3 个以上有投标资格的法人或其他组织发出投标邀请书。

第十五条 招标人应当对投标人进行资格审查。资格审查分为资格预审和资格后审。资格审查主要内容为：

（一）营业执照、注册地点、主要营业地点、资质等级（包括联合体各方）。

（二）管理和执行本合同所配备的主要人员资历和经验情况。

（三）拟分包的项目及拟承担分包项目的企业情况。

（四）银行出具的资信证明。

（五）制造厂家的授权书。

（六）生产（使用）许可证、产品鉴定书。

（七）产品获得的国优、部优等荣誉证书。

（八）投标人的情况调查表，包括工厂规模、财务状况、生产能力及非本厂生产的主要零配件的来源、产品在国内外的销售业绩、使用情况、近 2～3 年的年营业额、易损件供应商的名称和地址等。

（九）投标人最近 3 年涉及的主要诉讼案件。

（十）其他资格审查要求提供的证明材料。

第十六条 资格预审是指在投标前招标人对潜在投标人投标资格进行审查。资格预审不合格的不得参加投标。资格预审主要工作包括：

（一）发布资格预审信息。

（二）向潜在投标人发售资格预审文件。

（三）按规定日期接受潜在投标人编制的资格预审文件。

（四）组织专人对潜在投标人编制的资格预审文件进行审核，必要时也可实地进行考察。

（五）提出资格预审报告，经参审人员签字后存档备查。

（六）将资格预审结果分别通知潜在投标人。

第十七条 资格后审是指在开标后招标人对投标人进行资格审查，提出资格审查报告，经参审人员签字后存档备查，并交评标委员会一份。资格后审不合格的，其投标文件按废标处理。

第十八条 招标文件主要内容包括：

（一）招标公告或投标邀请书。

（二）投标人须知，主要包括如下内容：

1. 工程项目概况；

2. 资金来源；

3. 重要设备、材料的名称、规格、型号、数量和批次、运输方式、交货地点、交货时间、验收方式；

4. 有关招标文件的澄清、修改的规定；

5. 投标人须提供的有关资格和资信证明文件的格式、内容要求；

6. 投标报价的要求、报价编制方式及须随报价单同时提供的资料；

7. 标底的确定方法；

8. 评标的标准、方法和中标原则；

9. 投标文件的编制要求、密封方式及报送份数；

10. 递交投标文件的方式、地点和截止时间，与投标人进行联系的人员姓名、地址、电话号码、电子邮件；

11. 投标保证金的金额及交付方式；

12. 开标的时间安排和地点；

13. 投标有效期限。

（三）合同条件（通用条款和专用条款）。

（四）图纸及设计资料附件。

（五）技术规定及规范（标准）。

（六）货物量、采购及报价清单。

（七）安装调试和人员培训内容。

（八）表式和其他需要说明的事项。

第十九条　招标人对已发出的招标文件中有关设备、材料选型、设计图纸等问题进行必要的澄清或者修改的，应当在招标文件要求提交投标文件截止时间至少 15 日前，以书面形式通知所有投标人。该澄清或者修改的内容为招标文件的组成部分。

第二十条　从招标文件开始发出之日起至投标截止之日止不得少于 20 日。

第二十一条　资格预审文件的售价不超过 500 元人民币。招标文件的售价应当按照《规定》第二十四条规定的标准控制。

第二十二条　投标保证金的金额一般按照招标文件售价的 10 倍控制。履约保证金的金额按照招标采购合同价的 2%～5%控制，但最低不少于 1 万元人民币。

第三章　投　标

第二十三条　重要设备、材料采购招标的投标人必须是生产企业、成套设备供应商、经销企业或企业联合体，投标人必须具有承担招标文件规定的设备、材料质量责任的能力。

采购重要的水利专用设备时，投标人必须有水利行业主管部门颁发的资质证书或生产（使用）许可证。

第二十四条　两个以上投标人可以组成一个联合体，以一个投标人的身份投标。

联合体各方签订共同投标协议后，不得再以自己名义单独投标，也不得组成新的联合体或参加其他联合体在同一项目中投标。

招标人不得强制投标人组成联合体共同投标。

第二十五条　联合体参加资格预审并获通过的，其组成的任何变化都必须在提交投标文件截止之日前征得招标人的同意。如果变化后的联合体削弱了竞争，含有事先未经过资格预审或者资格预审不合格的法人，或者使联合体的资质降到资格预审文件中规定的最低标准下，招标人有权拒绝。

第二十六条　联合体各方必须指定牵头人，授权其代表所有联合体成员负责投标和合同实施阶段的主办、协调工作，并应当向招标人提交由所有联合体成员法定代表人签署的授权书。

第二十七条　联合体投标的，应当以联合体各方或者联合体中牵头人的名义提交投标保证金。

第二十八条　投标人应当对递交的资格预审文件、投标文件中有关资料的真实性负责。

第二十九条　招标人设置资格预审程序的，投标人应按照资格预审公告规定的时间、地点购买资格预审文件。参加资格预审的投标人应当在规定的时间内向招标人提交符合要求的资格预审文件。

第三十条　投标人应当按招标文件的要求和格式编制投标文件。投标文件一般包括下列内容：

（一）投标书须按招标文件指定的表式填报投标总报价、重要技术参数、质量标准、交货期、售后服务保证措施等主要内容。

（二）资格后审时，投标人资格证明材料。

（三）重要设备、材料技术文件。

（四）近2～3年来的工作业绩、获得的各种荣誉。

（五）重要设备或材料投标价目报价表和其他价格信息材料。

（六）重要设备的售后服务或技术支持承诺。

（七）招标文件要求提供的其他资料。

第三十一条　投标文件应当按照招标文件的规定进行密封、标志，在投标截止时间前送达指定地点。投标文件须标明"正本"或"副本"字样，正本与副本不一致时以正本为准。

招标人对接收的投标文件应出具回执，妥善保管，开标前不得开启。

第三十二条　在招标文件规定的时间内，投标人可以书面要求招标人就招标文件的内容进行澄清。投标人可按照招标文件规定的时间参加答疑会或标前会。

第三十三条　投标人在招标文件要求提交投标文件的截止时间之前，可以补充、修改或者撤回已提交的投标文件，并且书面通知招标人。投标人补充、修改的内容为投标文件的组成部分，与投标文件具有同等法律效力。投标人递交的"撤回通知"必须密封递交，并标明"撤回"字样，招标人应当退还投标保证金。投标截止时间之后，投标人不得撤回投标文件。

第三十四条　投标人在向招标人递交投标文件时，须按招标文件规定的金额和支付方式向招标人交纳投标保证金。

第三十五条　投标人拟在中标后将项目的非主体、非关键部分进行分包的，应当将分包情况在投标文件中载明。

第四章　评标标准与方法

第三十六条　评标标准和方法应当在招标文件中载明，在评标时不得另行制定或者修改、补充任何评标标准和方法。

第三十七条　评标标准分为技术标准和商务标准。技术标准和商务标准的评价指标及权重，由招标人在招标文件中明确。

第三十八条　技术标准可以在以下几个方面设置评价指标：

（一）设备、材料的性能、质量、技术参数。

（二）技术经济指标。

（三）生产同类产品的经验。

（四）可靠性和使用寿命。

（五）检修条件及售后服务。

第三十九条　商务标准可以在以下几个方面设置评价指标：

（一）设备、材料的报价。

（二）供货范围和交货期。

（三）付款方式、付款条件、付款计划。

（四）资质、信誉。

（五）运输、保险、税收。

（六）技术服务和人员培训等费用计算。

（七）运营成本。

（八）货物的有效性和配套性。

（九）零配件和售后服务的供给能力。

（十）安全性和环境效益等方面。

第四十条　根据招标项目的具体情况，评标方法可采用经评审的合理最低投标价法、最低评标价法、综合评分法、综合评议法（包括寿命期费用评标价法）以及两阶段评标法等评标方法。

第四十一条　评标委员会按照招标文件规定的评标标准和方法对投标文件进行秘密评审和比较，其工作步骤分为初步评审和详细评审等。

第四十二条　招标人根据需要可编制标底作为评定投标人报价的参考依据。招标人可自行编制标底或委托具有相应业绩的造价咨询机构、监理机构或招标代理机构编制。标底应当在市场调查的基础上，根据所需设备、材料的品种、性能、适用条件、市场价格编制。评标标底可用下列任一种方法确定：

（一）以招标人编制的标底 A 为评标标底。

（二）以投标人的报价去掉最高报价和最低报价后的平均值 B 为评标标底。

（三）以投标人的报价的平均值 B 为评标标底。

（四）设定投标报价超过 A 一定百分数和低于 A 一定百分数的报价为无效报价，以有效范围内的各投标报价的平均值 B 为评标标底。

（五）赋予 A、B 以权重，分别为 a、b，令 $a+b=1$，评标标底 $C＝Aa＋bB$。

第五章　开标、评标和中标

第四十三条　开标由招标人主持，邀请所有投标人参加。

第四十四条　开标应当在招标文件中确定的时间和地点进行，开标工作人员至少有主持人、监标人、开标人、唱标人、记录人组成。

第四十五条　开标人员应当在开标前检查出席开标会议的投标人法定代表人或者授权代表人有关身份证明。法定代表人或者授权代表人应在指定的表格上签名登记。

第四十六条　开标一般按照《规定》第三十九条规定的程序进行。

第四十七条　属于下列情况之一的投标文件，招标人可以拒绝或按无效标处理：

（一）投标文件未按招标文件要求密封、标志，或者逾期送到。

（二）投标文件未按招标文件要求加盖公章和投标人法定代表人或授权代表签字。

（三）未按招标文件要求交纳投标保证金。

（四）投标人与通过资格预审的投标申请人在名称上和法人地位上发生实质性的改变。

（五）投标人法定代表人或授权代表人未参加开标会议。

（六）投标文件未按照规定的格式、内容和要求编制。

（七）投标文件字迹模糊导致无法确认关键技术方案、关键工期、关键工程质量保证措施、投标价格。

（八）投标人对同一招标项目递交两份或者多份内容不同的投标文件，未书面声明哪一个有效。

（九）投标文件中含有虚假资料。

（十）不符合招标文件中规定的其他实质性要求。

第四十八条　评标工作由评标委员会负责。评标委员会的组成按照《规定》第四十条的规定进行。

第四十九条　评标专家的选择按照《规定》第四十一条、第四十二条的规定进行。

第五十条　评标委员会成员实行回避制度，有下列情形之一的，应当主动提出回避并不得担任评标委员会成员：

（一）投标人或者投标人、代理人主要负责人的近亲属。

（二）项目主管部门或者行政监督部门的人员。

（三）在 5 年内与投标人或其代理人曾有工作关系。

（四）5 年内与投标人或其代理人有经济利益关系，可能影响对投标的公正评审的人员。

（五）曾因在招标、评标以及其他与招标投标有关活动中从事违法行为而受到行政处罚或者刑事处罚的人员。

第五十一条 评标委员会的主任委员由招标人确定，包括确定由评标委员会成员推举产生的方式。

对于大型、技术复杂的成套设备等招标项目，评标委员会可以成立专业评审组。专业评审组全部由评标委员组成，其工作由评标委员会安排并对评标委员会负责。评标委员会可以下设服务性的工作小组，工作小组也可按需要配合专业评审组设立技术组、商务组和综合组。工作小组仅为评标委员会或专业组提供事务性服务。

第五十二条 评标工作一般按照《规定》第四十四条规定的程序进行。

第五十三条 在评标过程中，评标委员会可以要求投标人对投标文件中含义不明确的内容采取书面方式作出必要的澄清或说明，但不得超出投标文件的范围或改变投标文件的实质性内容。

第五十四条 评标委员会推荐的中标候选人的投标文件应当符合下列条件之一：

（一）能够最大限度地满足招标文件中规定的各项综合评价标准。

（二）能够满足招标文件的实质性要求，并且经评审的投标价格合理最低，但是投标价格低于成本的除外。

第五十五条 评标委员会完成评标后，应当向招标人提交评标报告，在评标委员会三分之二以上成员同意的情况下通过评标报告。评标委员会成员必须在评标报告上签字，若有不同意见，应明确记载并由其本人签字，方可作为评标报告附件。

第五十六条 评标报告一般包括以下内容：

（一）基本情况：

1. 项目简要说明。

2. 开标后，符合开标要求的投标文件基本情况：投标人、报价、有无修改函等。

（二）评标标准和评标方法。

（三）初步评审情况：

1. 有效投标文件的确定（有效性、完整性、符合性）；

2. 废标原因的说明。

（四）详细评审情况：

1. 技术审查和评议；

2. 商务审查和评议。

（五）评审结果及推荐意见：排序推荐中标候选人1～3名。

（六）评标报告附件：

1. 评标委员会组成及其签名；

2. 投标文件符合性鉴定表；

3. 投标报价评审比较表；

4. 评标期间与投标人往来函件；

5. 其他有关资料。

第五十七条 招标人应当根据评标委员会提出的书面评标报告和推荐的中标候选人顺序确定中标人，也可授权评标委员会直接确定中标人。当招标人确定的中标人与评标委员会推荐的中标候选人顺序不一致时应有充足的理由，并按项目管理权限报水行政主管部门备案。

第五十八条 在确定中标人前，招标人不得与投标人就投标方案、投标价格等实质性内容进行谈判。自评标委员会提出书面评标报告之日起，招标人一般应在15日内确定中标人，最迟应在投标有效期结束日30个工作日前确定。

第五十九条 招标人与中标人签订合同后5个工作日内，应当向中标人和未中标的投标人退还投标保证金。

第六十条　中标人确定后，招标人应当在招标文件规定的有效期内以书面形式向中标人发出中标通知书，并将中标结果通知所有未中标的投标人。招标人不得向中标人提出压低报价、增加工作量、缩短供货期或其他违背中标人意愿的要求，以此作为发出中标通知书和签订合同的条件。

第六十一条　招标人和中标人应当自中标通知书发出 30 日内，按照招标文件和中标人的投标文件订立书面合同。招标人和中标人不得再行订立背离合同实质性内容的其他协议。

第六十二条　招标人在确定中标人 15 日内，应按项目管理权限向水行政主管部门提交招标投标情况的书面总结报告。书面总结报告一般包括以下内容：

（一）招标项目概况。

（二）招标情况。

（三）资格预审（后审）情况。

（四）开标记录。

（五）评标情况。

（六）中标结果确定。

（七）附件：

1. 招标文件。

2. 投标人资格审查报告。

3. 评标委员会评标报告。

4. 其他。

第六十三条　出现下列情况之一的，招标人有权取消中标人中标资格，并没收其投标保证金：

（一）中标人不出席合同谈判。

（二）中标人未能在招标文件规定期限内提交履约保证金。

（三）中标人无正当理由拒绝签订合同。

第六十四条　由于招标人自身原因致使招标失败（包括未能如期签订合同），招标人应当按照投标保证金双倍的金额赔偿投标人，同时退还投标保证金。

第六十五条　当确定的中标人拒绝签订合同时，招标人可与确定的候补中标人签订合同，并按项目管理权限向水行政主管部门备案。

第六章　附　　则

第六十六条　在招标投标活动中出现的违法违规行为，按照《中华人民共和国招标投标法》和国务院的有关规定进行处罚。

第六十七条　施工、设计和监理单位使用项目资金采购重要设备、材料时，按照与项目业主签订的合同办理。

第六十八条　国家对重要设备、材料进行国际招标采购另有规定的，从其规定。

第六十九条　本办法由水利部负责解释。

第七十条　本办法自发布之日起施行。

国家地下水监测工程（水利部分）招标投标实施办法

（水文综〔2015〕127 号　2015 年 8 月 7 日）

第一章　总　　则

第一条　为加强国家地下水监测工程（水利部分）（以下简称本工程）建设项目招标投标工作的管理，规范本工程招标投标活动，根据《中华人民共和国招标投标法》《中华人民共和国招标投标法实施条例》和水利部《水利工程建设项目招标投标管理规定》《国家地下水监测工程（水利部分）项目建设管理办法》《国家地下水监测工程（水利部分）项目廉政建设办法》等，结合本工程的实际情况及特点，制定本办法。

第二条　本办法适用于本工程建设项目的勘察、设计、监理、施工、仪器设备采购以及信息系统建设等招标投标活动。

第三条　本工程招标投标活动应当遵循公开、公平、公正和诚实信用的原则。招标投标双方必须严格遵守国家法律法规和部门规章，并受法律法规的保护和监督。

第二章　机 构 与 职 责

第四条　水利部水文局（水利部水利信息中心）是本工程的项目法人，是招标投标活动的招标人。

第五条　水利部国家地下水监测工程项目建设办公室（以下简称部项目办）受项目法人授权，负责本工程的招标投标组织管理工作，具体负责国家地下水监测中心建设内容及其他需统一招标项目的招标投标工作。

第六条　各流域机构水文局受项目法人单位授权，组织流域本级建设内容的招标工作，协助部项目办监督管理流域片内省级项目的招标工作。各省级水文部门受项目法人单位委托，组织本级建设内容的招标工作。各流域机构水文局、各省级水文部门为本项目授权（委托）招标人（以下简称委托招标人）。

第七条　各水文主管部门或水文部门委派监督人员对招标投标过程进行监督。

第八条　本工程建设项目的招标投标活动及其当事人应接受有关部门的监督。

第三章　招　　标

第九条　本工程招标原则上应采用公开招标方式。

第十条　本工程招标投标应依照水利部《关于推进水利工程建设项目招标投标进入公共资源交易市场的指导意见》，具备公共资源交易市场条件的省（自治区、直辖市），应进入工程所在地的省级公共交易市场。

第十一条　本工程流域、省级工程招标组织工作应按下列程序进行：

（一）委托招标人提出符合要求的招标代理机构，确定、新增、更换招标代理机构的，须报部项目办审核，项目法人审批（见附表1）。委托招标人应与招标代理机构签订招标委托合同（协议）。

（二）招标代理机构必须具有国家发改委颁发的中央投资项目甲级资格证书。

（三）委托招标人会同招标代理机构按照初步设计报告及部项目办的要求编制招标文件，经审查修改后提交部项目办审核（见附表2）。

（四）所有标段招标必须确定招标控制价，招标控制价不得高于该标段对应的初步设计概算投资额。

（五）本工程招标公告应在中国采购与招标网、中国政府采购网、中华人民共和国水利部网、所在地信息发布网（平台）等同时发布。

第十二条　本工程以下采购事项，由部项目办组织统一招标：

（一）国家地下水监测中心装修及仪器设备。

（二）信息系统主要软、硬件。

（三）水质采样及检测。

（四）地市分中心巡测设备。

（五）监测站水质自动监测仪器设备。

（六）其他需统一招标的事项。

第十三条　本工程具备以下条件后，可以开展招标工作：

（一）初步设计已经批准。

（二）年度投资计划已下达，建设资金已落实。

（三）招标文件经部项目办审核通过。

（四）土建施工或重要设备、软件开发、系统集成等招标的前置条件和技术条件具备，监理单位已确定。

第四章　投　　标

第十四条　投标人应当具备承担招标项目的能力，具备规定的资质（资格）条件。

第十五条　投标人应按照招标文件的要求编制投标文件，投标文件应该对招标文件提出的要求和条件作出实质性响应。

第十六条　投标人应当在招标文件要求提交投标文件的截止时间前，将投标文件送达投标地点。投标人少于3个的，招标人在分析招标失败的原因并采取相应措施后，应当依法重新招标。重新招标后投标人仍少于3个的，若要采取其他方式的，按国家法律法规的规定报批。

第五章　开标、评标和中标

第十七条　招标人或委托招标人应当按照招标文件规定的时间、地点开标。

第十八条　由招标代理机构负责组织开标，邀请所有投标人参加。

第十九条　评标由依法组建的评标委员会负责。评标委员会成员的产生方式应符合有关法律法规的规定。评标委员会应客观、公正地对投标文件提出评审意见。

第二十条　评标完成后，评标委员会应当向招标人或委托招标人提交书面评标报告和中标候选人名单。中标候选人应当不超过3个，并标明排序。

第二十一条　招标人或委托招标人应当自收到评标报告之日起3日内在招标公告网站公示中标候选人，公示期不得少于3日。

第二十二条　招标代理机构、招标人或委托招标人收到投标人或其他利害关系人提出异议后，由招标代理机构按照有关法律法规规定作出处理。招标代理机构作出最终答复前，应将异议内容、处理意见及结果报招标人或委托招标人。

第二十三条　评标结果公示期结束且所有异议处理后，招标人或委托招标人以书面方式确定中标人。招标代理机构根据招标人或委托招标人的意见发出中标通知书。

第二十四条　招标人或委托招标人应当确定评标报告中排名第一的中标候选人为中标人。排名第一的中标候选人放弃中标、因不可抗力不能履行合同、不按照招标文件要求提交履约保证金，或被查实存在影响中标结果的违法违规行为等情形，不符合中标条件的，招标人或委托招标人可以按照评标委员会提出的中标候选人名单排序依次确定其他中标候选人为中标人，也可以重新招标。

  第二十五条 对由委托招标人组织开展的招标工作，委托招标人应当自中标通知书发出之日起15 日内，完成与中标人的合同谈判工作，拟定中标合同并审核签字后，报部项目办审核（见附表3）。

  第二十六条 中标合同经部项目办审核后报项目法人审签。项目法人和中标人应当自中标通知书发出之日起 30 日内按规定订立书面合同。

  第二十七条 招标人或委托招标人和中标人不得另行订立背离招标文件实质性内容的其他协议。

第六章 监 督 与 处 罚

  第二十八条 在招标投标活动中出现的违法违规行为，严格按照有关法律、法规处理。

  第二十九条 招标人、委托招标人工作人员及其他相关人员不得以任何方式泄露应当保密的与招标投标活动有关的情况和资料。

  第三十条 投标人在投标过程中串通招标人或委托招标人，以排斥其他投标人或有其他违法违规行为的，其投标结果无效，并给予有关责任人员相应处分，涉嫌违法的移交司法机关处理。

  第三十一条 招标人、委托招标人工作人员及其他相关人员收受投标人、其他利害关系人的财物或其他好处的，或者向他人透露有关招标、评标情况的，给予警告，没收收受的财物；涉嫌违法犯罪的，移交司法机关处理。

第七章 附 则

  第三十二条 本办法由水利部水文局负责解释。

  第三十三条 本办法自发布之日起施行。

附表1

国家地下水监测工程（水利部分）××省（自治区、直辖市）
招标代理机构审批表

招标代理机构名称				
招标代理机构基本情况	企业资质和主要业绩： （拟选定的招标代理机构资质证书、营业执照等复印件作为附件）			
委托招标人	经办人：		年　月　日	
	审核：		年　月　日	
	单位意见： （盖章）： 负责人： 年　月　日			
部项目办	主办处：		年　月　日	
	办领导意见： （盖章）： 办领导： 年　月　日			
项目法人	审批意见： （盖章）： 法人代表： 年　月　日			

注　本表一式两份，项目法人（部项目办）、委托招标人各留存一份。

附表 2

国家地下水监测工程（水利部分）××省（自治区、直辖市）
招标文件审核表

招标名称				
招标编号				
招标内容概述				
委托招标人意见	经办人：			年　月　日
	审核：			年　月　日
	单位领导：			（盖章） 年　月　日
临理单位意见	负责人：			年　月　日
部项目办意见	建管处：	经办人：	处长：	年　月　日
	技术处	经办人：	处长：	年　月　日
	办领导：			（盖章） 年　月　日

　　注　本表一式两份，部项目办、委托招标人各留存一份。

附表3

**国家地下水监测工程（水利部分）××省（自治区、直辖市）
合同审签表**

合同名称			
合同内容 概述	（含中标单位、合同额及付款方式、合同期限等）		
委托招标人 意见	经办人：		年　　月　　日
	审核：		年　　月　　日
	单位意见： （盖章） 年　　月　　日		
监理单位意见	负责人：		年　　月　　日
部项目办 意见	建管处	经办人：　　　　处长：	年　　月　　日
	办领导： （盖章） 年　　月　　日		

注　本表一式两份，部项目办、委托招标人各留存一份。

国家地下水监测工程（水利部分）
监测井建设招标文件编写指导书

（地下水〔2016〕2 号　2016 年 1 月 7 日）

审　　　　定：林祚顶

审　　　　核：英爱文　章树安

主要编写人员：高俊杰　王光生　魏延玲　严宇红　朱夏阳　于　钋　杨春生
　　　　　　　袁　浩　杨桂莲　赵庆鲁　王红霞　周政辉　张淑娜　周培丰
　　　　　　　章宸祎　曹昌辉　刘庆涛　郑宝旺　赵泓澍　李明良　王　宏
　　　　　　　付洪涛　韩正茂　方　瑞　苏传宝　李　洋　高　志　李计生
　　　　　　　王　智　郑保强　左　婧

编　写　说　明

一、编写依据

为规范各省、自治区、直辖市和新疆生产建设兵团（以下简称"各地"）编写国家地下水监测工程（水利部分）监测井建设工程招标文件，提高招标文件编制质量，确保招标投标活动的公平、公正、公开。水利部国家地下水监测工程项目建设办公室（以下简称"部项目办"）依据《国家发展改革委关于国家地下水监测工程初步设计概算的批复》（发改投资〔2015〕1282号）、《水利部 国土资源部关于国家地下水监测工程初步设计报告的批复》（水总〔2015〕250号）及初步设计分省报告，组织编写了《国家地下水监测工程（水利部分）监测井建设招标文件编写指导书》（以下简称"本指导书"）。

二、有关要求

1. 各地编写招标文件名称为：《国家地下水监测工程工程（水利部分）＿＿＿省监测井建设工程第＿＿＿标段招标文件》（以下简称"招标文件"）。

2. 各地在编写本省监测井建设工程招标文件时，应参照本指导书中提供的招标文件，仔细梳理招标内容，并根据各地特点补充与细化有关内容，使得招标文件达到工程招标的要求。

3. 各地要科学划分标段，原则上任务少的省一个标段。任务多的省标段也不宜划分过多，一般不超过5个标段。

4. 本指导书中"第五篇评标标准"的价格评分标准表、商务评分标准表、技术评分标准表原则上不得改动评分项目，各地可根据实际情况，对各项的赋分酌情微调。

5. 本指导书第一篇招标公告第三条款招标内容（4）配套辅助设施原则上只包括站房建设。水准点、标志牌、井口保护装置推荐放在监测站信息采集与传输设备购置与安装标段中招标，如有变化须上报部项目办审核。

6. 根据《国家地下水监测工程（水利部分）项目建设管理办法》第二十条第（5）款的规定，招标文件编制完成后提交部项目办审核。

国家地下水监测工程（水利部分）
____省监测井建设工程第____标段

招　标　文　件

招 标 编 号：

招　　　标　　人：水利部水文局（水利部水利信息中心）

委 托 招 标 人：____省（自治区、直辖市）水文局

招标代理机构：

二〇____年____月

目　录

第一篇　招　标　公　告

国家地下水监测工程（水利部分）

____省监测井建设工程第____标段

招 标 公 告

（招标编号：_____）

按照《中华人民共和国招标投标法》的有关规定，招标代理机构_____受招标人：水利部水文局（水利部水利信息中心）委托的招标人：××省水文局（以下简称"委托招标人"）委托，对国家地下水监测工程（水利部分）____省监测井建设工程第____标段（以下简称"本标段"）进行国内公开招标。请愿意承担本项目的投标人投标。

一、资金来源

本项目资金来源于中央预算内投资。

二、项目概况

根据国家发展和改革委员会下达的《国家发展改革委关于国家地下水监测工程初步设计概算的批复》（发改投资〔2015〕1282号）和《水利部 国土资源部关于国家地下水监测工程初步设计报告的批复》（水总〔2015〕250号），基本同意报送的项目初步设计。工程总体建设任务为：建设国家地下水监测中心1个、流域中心7个、省级（含新疆建设兵团）监测中心和信息节点63个、地市分中心280个；监测站点共计20401个、相应配套地下水位信息自动采集传输设备20401套等。该工程总投资为222218万元，其中水利部门110262万元，监测站点10298个。

本标段的建设内容为国家地下水监测工程（水利部分）的一部分，即____省监测井建设第____标段，投资金额为____。本标段的建设内容包括新建监测站与改建监测站建设共____处、新建流量监测站及配套辅助设施建设等工作（详见第一篇招标公告第三条招标内容）。

三、招标内容

1. 新建监测井共____处，分布在____市（区县）。钻探总进尺共____米，管材类型____，具体见第六篇"技术条款"第4条估算工作量，表4-1新建监测井工作量（各省根据实际情况完善建设内容）。

2. 改建监测井共____处，分布在____市（区县）。具体见第六篇"技术条款"第4条估算工作量、表4-2改建监测井工作量（各省根据实际情况完善建设内容）。

3. 新建流量监测站。新建流量监测站共____处。分布在_____市（区县）。具体详见"第六篇技术条款估算工作量、表4-3新建流量监测站工作量"（各省根据实际情况完善建设内容）。

4. 配套辅助设施。仪器站房建设共____处。具体见第六篇"技术条款"第4条估算工作量、表4-1新建监测井工作量或表4-2改建监测井工作量（各省根据实际情况完善建设内容）。

5. 占地。做好每个监测站占地、施工占地及施工道路等有关工作，提交监测站占地协议（特殊情况另行说明）并承担相应的费用。

计划工期：____日历天

计划开工日期：____年____月____日

计划竣工日期：____年____月____日

四、投标人资格要求

1. 投标人必须是在中华人民共和国境内注册的具有独立法人资格的企业或事业单位。

2. 本次招标要求投标人须具备以下一项资质条件：

工程勘察证书乙级及以上（业务范围：工程勘察专业类水文地质勘察乙级及以上）、地质勘查资质证书（资质类别和资质等级：水文地质、工程地质、环境地质调查乙级及以上；地质钻探：乙级及以上）、水利水电工程施工总承包贰级及以上、水利凿井技术甲（壹）级资质、水利凿井单位甲（壹）级资质、凿井工程专业承包甲（壹）级资质。

3. 投标人若为企业，提供最近3年（201___年—201___年）经合法审计机构出具的财务审计报告及年度会计报表（复印件需加盖投标人公章）；投标人若为事业单位，提供最近3年（201___年—201___年）年度会计报表（复印件需加盖投标人公章）。

4. 具有行政主管部门颁发的安全生产许可证（可根据各省实际情况另行确定），投标人在近3年内（___年___月—___年___月）有类似工程业绩且工程质量合格及以上，在人员、设备、资金等方面具有承担本项目施工建设的能力。

5. 投标单位及拟投入本项目主要负责人员近3年内无行贿受贿和犯罪记录有关证明（说明）。

6. 本次招标不接受联合体投标（可根据当地实际情况自行确定）。

7. 资格审查采用资格后审的形式，资格后审不合格的投标人，其投标文件按否决处理。

五、投标报名须知

1. 本次招标将采用资格后审。

2. 法定代表人为同一个人的两个及两个以上法人，母公司、全资子公司及其控股公司，都不得同时投标，否则取消其投标资格；招标人或委托招标人及招标代理机构的附属机构不得参与本招标项目投标，否则取消其投标资格。

3. 投标人必须向招标代理机构购买招标文件并登记备案，未向招标代理机构购买招标文件并登记备案的潜在投标人均无资格参加投标。

4. 投标报名时间：201___年___月___日至201___年___月___日止，每天上午___—___，下午___—___（北京时间，节假日除外）。

5. 投标报名地点：_____。

6. 投标报名须出示：营业执照、资质证书、组织机构代码证（复印件）；法人授权委托书（原件）；被授权人身份证（原件及复印件），复印件需加盖单位公章。

六、招标文件获取

招标文件于投标报名时获取，招标文件售价___元人民币，售后不退。招标文件获取地点为_____。

七、投标截止时间和开标时间

201___年___月___日上午___时___分整（北京时间）。届时请参加投标的代表出席开标仪式。

八、开标地点

_____。

九、发布公告的媒介

本次招标公告同时在中国采购与招标网、中国政府采购网、中华人民共和国水利部网、各省（自治区、直辖市）招标投标网上发布。

十、投标文件的递交

投标文件须密封后于开标当日投标截止时间前递至开标地点。逾期送达或不符合规定的投标文件恕不接受。

十一、联系方式

委托招标人名称：××省水文局

地址：

电话：

传真：

联系人：

招标代理机构名称：

地址：

电话：

传真：

联系人：

开户银行及账号：

户名：

开户银行：

账号：

联行行号：

第二篇　投标人须知

一、投标人须知前附表

本表是对投标人须知的具体补充和修改，如有矛盾，应以本表为准。

项号	条款号	内　容	说 明 与 要 求
1)	1.1	项目名称	国家地下水监测工程（水利部分）____省监测井建设工程第____标段
2)	2.1 2.2 2.3	招标人、委托招标人和招标代理机构	招标人：水利部水文局（水利部水利信息中心） 委托招标人：××省水文局 招标代理机构： 联系人： 电话： 传真：
3)	2.4	投标人资格要求	1. 投标人必须是在中华人民共和国境内注册的具有独立法人资格的企业或事业单位。 2. 本次招标要求投标人须具备以下一项资质条件： 工程勘察乙级及以上（业务范围：工程勘察专业类水文地质勘察乙级及以上）、地质勘查资质证书（资质类别和资质等级：水文地质、工程地质、环境地质调查乙级及以上；地质钻探：乙级及以上）、水利水电工程施工总承包贰级及以上、水利凿井技术甲（壹）级资质、水利凿井单位甲（壹）级资质、凿井工程专业承包甲（壹）级资质。 3. 投标人若为企业，提供最近3年（201____年—201____年）经合法审计机构出具的财务审计报告及年度会计报表（复印件需加盖投标人公章）；投标人若为事业单位，提供最近3年（201____年—201____年）年度会计报表（复印件需加盖投标人公章）。 4. 具有行政主管部门颁发的安全生产许可证（可根据各省实际情况另行确定）。投标人在近3年内（____年____月—____年____月）有类似工程业绩且工程质量合格及以上，在人员、设备等方面具有承担本项目施工建设的能力。 5. 投标单位及拟投入本项目主要负责人员近3年内无行贿受贿和犯罪记录的有关证明（说明）。 6. 本次招标不接受联合体投标（可选）。 7. 资格审查采用资格后审的形式，资格后审不合格的投标人，其投标文件按否决处理
4)	3.1 3.2	现场踏勘标前会	招标人或委托招标人和招标代理机构不统一组织现场踏勘和标前会
5)	6.1	投标人疑问及澄清	接收疑问截止时间：开标截止时间前15天； 投标人收到确认时间：24小时内
6)	12.7	最高投标限价金额	____万元人民币（超出最高投标限价为否决）
7)	14.1	投标有效期	自投标截止之日算起：90日历天
8)	15.1	投标保证金金额	____万元人民币
9)	16.1	投标文件份数	正本1份，副本7份，电子文档2份
10)	18.1 19.1	投标文件提交地点及截止时间	投标文件提交地点：_____ 投标文件提交截止时间和开标时间：201____年____月____日上午____时____分整（北京时间）
11)	29	评标方法	综合评分法，总分100分，其中：价格30分、商务20分、技术50分

二、投 标 人 须 知

第一章　总　　则

本项目招标依据为《中华人民共和国招标投标法》《中华人民共和国招标投标法实施条例》、原国家发展计划委员会等七部委《评标委员会和评标方法暂行规定》等有关法律法规及规定。招标文件解释权属于招标人或委托招标人。

1 项目概况及招标范围

1.1 项目概况

根据国家发展和改革委员会下达的《国家发展改革委关于国家地下水监测工程初步设计概算的批复》（发改投资〔2015〕1282号）和《水利部 国土资源部关于国家地下水监测工程初步设计报告的批复》（水总〔2015〕250号）基本同意报送的项目初步设计，工程总体建设任务为：建设国家地下水监测中心1个、流域中心7个、省级（含新疆建设兵团）监测中心和信息节点63个、地市分中心280个；监测站点共计20401个、相应配套地下水位信息自动采集传输设备20401套等；该工程总投资为222218万元，其中水利部门110262万元，监测站点10298个。

本标段的建设内容为国家地下水监测工程（水利部分）的一部分，即____省监测井建设第____标段，投资金额为_____。本标段的建设内容包括新建监测站与改建监测站建设共____处、新建流量监测站及配套辅助设施建设等工作（详见"第一篇招标公告第三条招标内容"）。

1.2 资金来源

本项目资金来源于中央预算内投资，资金已落实。

1.3 招标内容

本标段内容包括新建监测站与改建监测站建设共____处及配套辅助设施建设工作。

以上工作具体要求如下：

1. 新建监测井共____处，分布___市（区县），钻探总进尺共____米，管材类型____，具体见第六篇"技术条款"第4条估算工作量，新建监测井工作量附表（各省根据实际情况完善建设内容）。

2. 改建监测站共____处，分布___市（区县）。具体见第六篇"技术条款"第4条估算工作量、改建监测井工作量附表（各省根据实际情况完善建设内容）。

3. 新建流量监测站。流量站建设共____处。分布在___市（区县）。具体详见第六篇"技术条款"第3条本标段主要工作内容3.4.4（各省根据实际情况完善建设内容）。

4. 配套辅助设施。仪器站房建设共____处。具体见第六篇"技术条款"第4条估算工作量、表4-1新建监测井工作量或表4-2改建监测井工作量附表（各省根据实际情况完善建设内容）。

5. 占地。做好每个新建监测站占地、施工占地及施工道路等有关工作，提交监测站占地协议（特殊情况另行说明）并承担相应的费用。

1.4 计划工期：____日历天。

计划开工日期：___年___月___日。

计划竣工日期：___年___月___日。

2 招标人、委托招标人、招标代理机构、合格的投标人及合格的服务

2.1 招标人： 招标人是指提出国内招标采购货物或服务的国家机关、企业、事业单位或其他组织，本招标文件中招标人指水利部水文局（水利部水利信息中心）。

2.2 委托招标人： 是指受招标人委托的国家机关、企业、事业单位或其他组织，本招标文件中委托招标人是指××省（自治区、直辖市）水文水资源（勘测）局（总站）（中心）。

2.3 招标代理机构： 招标代理机构是指依照国家有关部门的管理规定，依法设立并取得招标资格证书、从事招标代理业务的中介组织。本招标文件中招标代理机构是指受招标人或委托招标人委托组织招标的_____。

2.4 合格的投标人：

（1）合格的投标人指满足"投标人须知前附表"中规定的资格要求的投标人。法定代表人为同一个人的两个及两个以上法人，母公司、全资子公司及其控股公司，都不得同时投标，否则取消其投标资格；招标人或委托招标人及招标代理机构的附属机构不得参与本招标项目投标，否则取消其投标资格。

（2）投标人必须向招标代理机构购买招标文件并登记备案，未向招标代理机构购买招标文件并登记备案的潜在投标人均无资格参加投标。

（3）本项目采用资格后审。

2.5 合格的货物及服务：合同中提供的所有货物及服务，均应来自上述 2.4 条款所规定的合格投标人。

2.6 属于下列情况之一的单位不能作为投标人或投标人的分包人参加投标。

（1）为招标人或委托招标人不具有独立法人资格的附属机构（单位）。

（2）为本招标项目提供招标代理服务的。

（3）与本招标项目的招标代理机构同为一个法定代表人的。

（4）与本招标项目的招标代理机构相互控股或参股的。

（5）与本招标项目的招标代理机构相互任职或工作的。

（6）被责令停业的。

（7）被暂停或取消投标资格的。

（8）财产被接管或冻结的。

（9）在最近 3 年内有骗取中标或严重违约或重大工程质量问题的。

2.7 单位负责人为同一人或者存在控股、管理关系的不同单位，不得同时参加本招标项目投标。

3　现场踏勘及标前会

3.1 招标人或委托招标人和招标代理机构不统一组织投标人对项目现场进行考察。投标人可以自负其责地对项目现场进行实地风险查勘，并自行承担由此带来的一切后果和风险。

3.2 招标人或委托招标人和招标代理机构不统一组织标前会。

3.3 招标人或委托招标人向投标人提供的有关现场的数据和资料，是招标人或委托招标人现有的能被投标人利用的资料，招标人或委托招标人对投标人做出的任何推论、理解和结论均不负责任。

4　投标费用

投标人应承担所有与编写、提交投标文件其自身发生的一切费用，并考虑了应承担的风险。无论投标结果如何，招标人、委托招标人和招标代理机构在任何情况下均无义务和责任承担这些费用。

第二章　招 标 文 件 说 明

5　招标文件的组成

5.1 本招标文件包括以下内容：

第一篇　招标公告；

第二篇　投标人须知；

第三篇　合同条件及格式；

第四篇　投标文件及格式；

第五篇　评标标准；

第六篇　技术条款。

5.2 除上述 5.1 条内容外，招标人或委托招标人按照招标文件投标人须知第 6 条和第 7 条规定，以书面形式发出的对招标文件的澄清或修改内容，均为招标文件的组成部分，对招标人、委托招标人和投标人起约束作用。

5.3 投标人获取招标文件后，应仔细检查招标文件的所有内容，如有残缺等问题应在获得招标文件时及时向招标人或委托招标人提出，否则，由此引起的损失由投标人自己承担。投标人同时应认真审阅招标文件中所有的事项、格式、条款和规范要求等，若投标人的投标文件没有按招标文件要求提交全部资料，或投标文件没有对招标文件做出实质性响应，其风险由投标人自行承担，并根据有关条款规定，该投标有可能被拒绝。

6 招标文件的澄清答疑

6.1 投标人应仔细研究招标文件的全部内容，若有疑问应以书面形式（包括手写、打印、传真，下同）并加盖单位公章后在投标截止时间 15 日前通知招标代理机构。

6.2 招标代理机构对已发出的招标文件进行必要的澄清时，招标代理机构的答疑将在投标截止时间的 15 天前以书面补充通知的方式发给所有购买招标文件的投标人，并作为招标文件的组成部分，但不指明答疑问题的来源。潜在投标人在每一次收到答疑后 24 小时内，应以书面形式通知招标代理机构，确认已收到该答疑。

6.3 投标人或者其他利害关系人对招标文件有异议的，应当在投标截止时间 15 日前提出。招标人或委托招标人应当自收到异议之日起 3 日内作出答复；作出答复前应当暂停招标投标活动。对于投标人或者其他利害关系人未在规定时间提出的异议，招标人可不予接收。

7 招标文件的修改

7.1 在距投标截止时间的 15 天前的任何时候，招标代理机构可发书面补充通知修改招标文件内容。若招标代理机构在投标截止时间前不足 15 天内发补充通知，则将按第 19 条的规定酌情延长投标截止时间，以保证投标人有合理的时间修编投标文件。

7.2 上述补充通知将发给所有购买招标文件的投标人，并作为招标文件的组成部分。投标人在每一次收到补充通知后 24 小时内，应以书面形式通知招标代理机构，确认已收到该补充通知。

7.3 招标文件的澄清、修改、补充等内容均以书面形式明确的内容为准。当招标文件、招标文件的澄清、修改、补充等在同一内容的表述上不一致时，以最后发出的书面文件为准。

第三章 投 标 文 件 的 编 写

8 编制要求

8.1 投标人应认真阅读招标文件的所有内容，按招标文件的要求提供投标文件，并保证提供的全部资料的真实性，以使其投标对招标文件作出实质性响应，否则，其投标将被拒绝。

8.2 投标语言

投标文件、投标交换的文件和往来信件应以简体中文书写。

9 计量单位

除另有规定外，投标文件均应使用中华人民共和国法定计量单位。

10 投标文件的组成

投标文件应分为《第一册商务文件》和《第二册技术文件》两部分。投标人所做的一切有效补充、修改文件，均被视为投标文件不可分割的部分。

10.1 第一册商务文件的组成：

（1）投标报价书格式。

（2）投标分项报价表。

（3）法定代表人授权委托书。

（4）投标保证金（投标文件中装订投标保函或转账支票或汇票复印件，以现金支付的在投标文件中装订招标方开具的收据复印件；投标保函原件在递交投标文件时单独密封提交；提前以转账支票、汇票、现金形式支付保证金的，在递交投标文件时出示有效凭证）。

（5）投标人组织机构表。

（6）____年以来类似项目工作业绩表。

（7）项目部组织机构和人员配置。

（8）投标人资格证明文件。

（9）投标人近 3 年财务状况表。

（10）重大经济事项说明。

（11）组织机构状况说明。

（12）递交投标保证金的承诺书。

（13）廉政责任书。

（14）安全管理责任书。

（15）其他补充文件。

10.2 第二册技术文件的组成：投标人自行确定。

11 投标文件格式

11.1 投标文件包括本须知第10条中的全部内容。投标人提交的投标文件应当使用招标文件第四篇"投标文件及格式"所提供的投标文件全部格式（表格可以按同样格式扩展）。

11.2 投标人应将投标文件按本须知第10条规定的顺序编排，并应编制目录，逐页标注连续页码，并胶装成册。

12 投标报价

12.1 投标人的投标报价应包括投标人按照招标文件规定，完成所有合同内容并提供全部成果资料的全部费用，包括成本、税金、利润等，并考虑了应由投标人承担的义务、责任和风险所发生的费用。

12.2 为完成本招标文件规定的义务，投标人认为有必要计入的其他费用也应包含在投标总价内。

12.3 在合同实施期间，本项目合同价不随国家政策或法规、标准及市场因素的变化而进行调整。

12.4 投标报价中应包含招标代理费，不单独列项。招标代理费的支付见本须知第37条规定。

12.5 除非招标人或委托招标人对招标文件予以修改，投标人应按本招标文件及招标人或委托招标人提供的技术资料进行报价。任何有选择的报价将不被招标人或委托招标人接受，该投标将按照否决处理。

12.6 投标人应充分了解项目内容及任何其他足以影响其投标报价的情况。任何因中标人忽视或误解项目基本情况，而使招标人或委托招标人在项目实施过程中蒙受的损失，将由中标人对招标人或委托招标人进行赔偿。

12.7 本项目设有最高投标限价，最高投标限价金额：____万元人民币，投标报价超出最高投标限价将否决。

12.8 投标人应根据监测井建设的实际工作量，确定监测井建设工作的报价并详细列出，同时要作出详细的报价说明。

12.9 根据监测井建设工作的需要，投标人如有委托各地方单位承担相应工作的费用及相应报告审查的费用应包含在投标报价中，必须在报价表中单独列项。

13 投标货币

本工程投标报价采用的币种为人民币。

14 投标有效期

14.1 投标有效期见"投标人须知前附表"所规定的期限，在此期限内，凡符合本招标文件要求的投标文件均保持有效。投标有效期不足的投标将被视为非响应性投标而予以拒绝。

14.2 在特殊情况下，招标人或委托招标人在原定投标有效期内，可以根据需要以书面形式向投标人提出延长投标有效期的要求，对此要求投标人须以书面形式予以答复。投标人可以拒绝招标人或委托招标人这种要求，而不被没收投标保证金。同意延长投标有效期的投标人既不能要求也不允许修改其投标文件，但需要相应的延长投标保证金的有效期，在延长的投标有效期内本须知第15条关于投标保证金的退还与没收的规定仍然适用。

15 投标保证金

15.1 投标人应提交"投标人须知前附表"规定数额的投标保证金，并作为其投标文件的组成部分。

15.2 投标保证金是为了保护招标人或委托招标人免遭因投标人的行为而蒙受损失。在因投标人的行为而使招标人或委托招标人受到损害时可根据本须知第15.7条的规定没收投标人的投标保证金。

15.3 投标保证金的货币为人民币，可采用银行汇票、电汇、转账支票、现金、银行保函形式。投标保证金银行保函应由在中华人民共和国境内的商业银行或经其认可的分支机构（须为县、市分行以上分支机构）按照招标文件第四篇规定的格式出具。采用银行汇票或电汇或转账支票或现金形式支付投标保证金的，投标人必须保证投标保证金于开标前 3 个工作日支付到以下账户，投标截止时间之后提交的投标保证金，将不予接收：

  户 名：

  开户银行：

  账 号：

  联行行号：

采用现金或者支票形式提交投标保证金的，投标人应保证投标保证金是从其基本账户转出，若投标人未按此要求办理而产生的一切后果由投标人自行承担，同时投标人必须按照招标文件规定出具投标保证金是从其基本账户转出的承诺函。

采用银行保函形式支付投标保证金的，保函有效期应与投标有效期一致，否则将被视为非响应性投标予以拒绝。

15.4 凡没有根据本须知第 15.1 和 15.3 条的规定随附投标保证金的投标，将被视为非响应性投标予以拒绝。

15.5 未中标投标人的投标保证金，招标代理机构将在招标人或委托招标人与中标人签订合同后 5 个工作日内退还投标人投标保证金及银行同期存款利息。

投标保证金计息利率按照中国人民银行公布的同期活期存款利率，银行同期存款利息的计算公式为：（金额×年利率/360）×计息天数。起息日为项目的投标截止日，结息日为中标通知书发出当日。在退还投标保证金利息前，招标代理机构将向投标人提供相应的计息清单，投标人需根据计息清单向招标代理机构提供投标保证金利息的发票，招标代理机构收到投标保证金利息发票后，退还保证金利息。

以保函形式提交的投标保证金无利息。

15.6 中标人的投标保证金在中标人按本须知第 36 条规定提交履约保函并签订合同后，退还投标人投标保证金及银行同期存款利息。

15.7 下列任何情况发生时，投标保证金将被没收：

（1）投标人在招标文件中规定的投标有效期内撤回其投标。

（2）中标人在规定期限内未能按照本须知第 36 条规定签订合同。

16 投标文件的制作和签署

16.1 投标人应按"投标人须知前附表"规定提供投标文件的份数。正本与副本不一致时以正本为准。

16.2 投标文件（包括正本、副本、修正报价书等，下同）应使用打印、复印或不能擦去的墨水书写，文字要清晰，语意要明确，并按招标文件的要求加盖单位公章和由法定代表人（或委托代理人）签字，并且不得使用人名章，副本可为正本的复印件。

16.3 投标文件应尽量避免涂改和插字，除了按招标人或委托招标人（招标代理机构）书面指示进行修改的以外，投标文件中的修改均应由法定代表人（或委托代理人）在修改处签字和加盖单位公章确认。

16.4 投标文件（图纸除外）纸张规格为 297mm×210mm（A4 纸），投标文件需在相应有要求的部位加盖投标人公章。

16.5 投标文件应分两册（第一册商务文件、第二册技术文件）胶装装订，并应编有页码，鼓励双面印刷。

16.6 投标人还应提交一式两份包含有所有投标文件内容的电子文档（移动存储，并保证能正常打开）并单独密封。电子文档应采用 Word、Excel、AutoCAD、Photoshop、Project 常用软件编制，并保证能正常打开。

第四章　投标文件的提交

17　投标文件的密封和标记

17.1　投标文件内容必须密封完好，投标文件的正本、副本、修正报价和电子文档（全部投标文件）应分别包装密封，密封应能有效保证投标文件的内容不被泄露。每个密封包外应标明"正本""副本""修正报价"或"电子文档"的字样，并写明：

（1）招标代理机构的名称和地址。

（2）投标的工程名称及其编号。

（3）在____年____月____日____时前不准启封。

（4）投标人的名称和地址。

提交投标文件时密封包装应完好，如有修补痕迹，应在修补处加盖投标人单位公章或由法定代表人（或委托代理人）签名，密封包装封口处应加盖投标人单位公章。

17.2　如果投标人未将投标文件按本投标须知第 17.1 条的规定注明标记及密封，招标人或委托招标人将不承担投标文件提前开封的责任，招标代理机构有权拒收该投标人的投标文件，与此有关的后果由投标人承担。

17.3　投标文件的编制必须按照本招标文件规定的有关内容及要求填报。

18　投标文件的提交

投标人应按"投标人须知前附表"规定的地点，于截止时间前提交投标文件。

19　投标文件提交的截止时间

19.1　投标文件的截止时间见"投标人须知前附表"的规定。

19.2　招标人或委托招标人可按本须知第 7 条规定以修改补充通知的方式，酌情延长提交投标文件的截止时间。在此情况下，投标人的所有权利和义务以及投标人受制约的截止时间，均以延长后新的投标截止时间为准。

19.3　到投标截止时间止，招标人或委托招标人收到的投标文件少于 3 个的，招标人或委托招标人将依法重新组织招标。

20　迟交的投标文件

招标人或委托招标人在本须知第 19 条规定的投标截止时间以后收到的投标文件，将被拒绝并退回给投标人。

21　投标文件的补充、修改与撤回

21.1　投标人在提交投标文件以后，在规定的投标截止时间之前，可以书面形式补充修改或撤回已提交的投标文件，并以书面形式通知招标人或委托招标人。补充、修改的内容为投标文件的组成部分。

21.2　投标人对投标文件的补充、修改，应按本须知第 17 条有关规定密封、标记和提交，并在内外层投标文件密封袋上清楚标明"补充""修改"或"撤回"字样。

21.3　在投标截止时间之后，投标人不得补充、修改投标文件。

21.4　在投标截止时间至投标有效期满之前，投标人不得撤回其投标文件，否则其投标保证金将被没收。

第五章　开　　标

22　开标

22.1　招标人或委托招标人按"投标人须知前附表"规定的时间和地点公开开标，并邀请所有投标人参加。开标时所有投标人均应派法定代表人（或委托代理人）参加，并在开标记录表上签字。投标人

法定代表人出席开标会议的，应携带本人身份证（原件）；投标人委托代理人出席开标会议的，应携带法人授权书（原件）、本人身份证（原件）。若投标人未派法定代表人（或委托代理人）准时出席开标会议，则招标代理机构将认为并宣布其已放弃投标。

22.2 按规定提交合格的撤回通知的投标文件不予开封，并退回给投标人。

投标文件有下列情形之一的，招标代理机构将拒收：

（1）迟到的投标文件或未送达指定地点的。

（2）密封不符合招标文件要求的。

（3）投标人法定代表人（或委托代理人）身份证与本人不相符的。

22.3 开标程序：

22.3.1 开标由招标人或委托招标人或招标代理机构主持。

22.3.2 由招标人或委托招标人委托的人员进行监督检查。

22.3.3 经确认无误后，由有关工作人员当众拆封投标文件外层包装和投标文件正本，并公布投标人名称、投标报价和投标文件中其他需要宣布的内容。

22.3.4 按投标文件送达先后的逆顺序开标。

22.4 招标代理机构在招标文件要求提交投标文件的截止时间前收到的合格的投标文件，开标时都应当众予以拆封、宣读。

22.5 投标人法人授权代表应对开标记录签字确认。

22.6 招标代理机构对开标过程进行记录并存档备查。

22.7 投标人对开标有异议的，应当在开标现场提出，招标人或委托招标人应当当场作出答复，并制作记录。投标人对开标有异议，但未在开标现场提出，在开标后提出的，招标人或委托招标人可不予接收。

第六章　评　　标

23　评标依据及原则

23.1 评标依据：依据《中华人民共和国招标投标法》《中华人民共和国招标投标法实施条例》、原国家发展计划委员会等七部委联合发布实施的《评标委员会和评标方法暂行规定》等有关法律、法规及规定，结合本招标文件制订的评标办法进行评标。

23.2 评标原则：评标工作遵循公平、公正、科学和择优的原则。评标委员会成员应客观、公正地履行职责，遵守职业道德，认真对投标文件进行审查、评价和比较，并对所提出的评审意见承担个人责任。

24　评标委员会与评标

24.1 招标人或委托招标人依法组建评标委员会。评标委员会由招标人或委托招标人代表和有关技术、经济专家组成，其中技术、经济专家人数不得少于评标委员会总人数的三分之二。本项目评标委员会专家的产生方式符合有关评标专家产生方式的规定。

24.2 评标委员会负责对投标文件进行审查、质疑、评估和比较。

25　评标的内容与程序

25.1 评标的内容包括对商务部分、技术部分和价格部分的评审和比较。

25.2 评标程序：

组建评标委员会→评委预备会→资格审查→符合性检查→投标文件商务和技术评审统计并汇总综合得分→完成评标报告。

无论在任何评审阶段，如果评标委员会发现投标人投标文件存在26.2条规定的重大偏差，评标委员会有权终止对该投标文件的评审，将其作否决处理。

26 投标及投标文件的有效性审查（资格审查和符合性检查）

26.1 资格审查：评标委员会按投标人须知第 2.4 条对投标人资格情况进行审查，符合投标人须知第 2.4 条规定的投标人为合格投标人。投标人必须按照下述要求提供充分的有效的资格证明文件，否则将不能通过资格审查：

（1）投标人为企业法人的，需提供法人营业执照；投标人为事业法人的，需提供单位的事业法人证书（复印件需加盖投标人公章）。

（2）工程勘察乙级及以上（业务范围：工程勘察专业类水文地质勘察乙级及以上）、地质勘查资质证书（资质类别和资质等级：水文地质、工程地质、环境地质调查乙级及以上；地质钻探：乙级及以上）、水利水电工程施工总承包贰级及以上、水利凿井技术甲（壹）级资质、水利凿井单位甲（壹）级资质、凿井工程专业承包甲（壹）级资质（正本）。

（3）投标人若为企业，提供最近 3 年（201____ 年—201____ 年）经合法审计机构出具的财务审计报告及年度会计报表（复印件需加盖投标人公章）；投标人若为事业单位，提供最近 3 年（201____ 年—201____ 年）年度会计报表（复印件需加盖投标人公章）。

（4）省部级建设行政主管部门颁发的安全生产许可证（正本）（可根据各省情况进行适当修改），投标人在近 3 年内（____ 年____ 月—____ 年____ 月）有类似工程业绩。

（5）投标单位及拟投入本项目主要负责人员近 3 年内无行贿受贿和犯罪记录的有关证明（说明）。

（6）重大经济事项说明（必须按招标文件中规定的格式出具，正本需提供原件）。

（7）组织机构状况说明（必须按招标文件中规定的格式出具，正本需提供原件）。

注：成立时间在 201____ 年 1 月 1 日以后的投标人须提供自成立以来至 201____ 年的财务状况表和经合法审计机构出具的财务审计报告及年度会计报表，成立时间在 201____ 年 1 月 1 日以后的投标人可不提供财务状况表和经合法审计机构出具的财务审计报告及年度会计报表。

26.2 符合性检查：评标时，投标文件出现下列情形之一的，被视为对招标文件的重大偏差：

（1）正本未打印，正本文件未按照招标文件规定签署的。

（2）投标文件有关内容未按规定加盖投标人印章或未经法定代表人或其委托代理人签字的，有委托代理人签字，但未随投标文件一起提交有效的"法定代表人授权委托书"原件的。

（3）投标文件内容不全或投标文件的关键内容字迹模糊、无法辨认的。

（4）投标有效期不足的。

（5）对投标的工作范围和工作内容、工作时间有实质性的偏离。

（6）对工作质量产生不利影响。

（7）对合同中规定的双方的权利和义务作实质性修改。

（8）同一投标人递交两份及以上不同的投标文件的。

（9）投标人在同一份投标文件中，对同一招标内容报有两个或多个报价的。

（10）投标文件附有招标人或委托招标人不能接受的条件或限制了招标人或委托招标人的权利。

（11）与其他投标人相互串通报价，或者与招标人或委托招标人串通投标的。

（12）投标人提供虚假资料。

（13）修改总价，没有修改投标书相关项目的投标报价。

（14）投标文件违反投标人须知第 16 条中有关签署规定的。

（15）不满足招标文件实质性条款规定的。

（16）违反国家有关规定，或明显不符合技术规范、技术标准的要求。

（17）未按招标文件要求提交投标保证金的。

（18）本项目拟派项目人员不是投标人在职员工的。

注：有如下情形之一的，视为投标人相互串通投标：

（1）不同投标人的投标文件由同一单位或者个人编制。

（2）不同投标人委托同一单位或者个人办理投标事宜。

（3）不同投标人的投标文件载明的项目管理成员为同一人。

（4）不同投标人的投标文件异常一致或者投标报价呈规律性差异。

（5）不同投标人的投标文件相互混装。

（6）不同投标人的投标保证金从同一单位或者个人的账户转出。

26.3 通过有效性审查并且无重大偏差的投标文件为有效投标，可以进入下一阶段评标；否则为无效投标，作否决处理。

27 对投标文件的审查和响应性的确定

27.1 评标委员会将根据 26.2 条的规定确定每一投标人的投标文件是否对招标文件存在重大偏差。存在重大偏差的投标文件被视为未能对招标文件作出实质性响应，应做否决处理。

27.2 评标委员会判断投标文件的响应性仅基于投标文件本身而不靠外部证据。

27.3 评标委员会有权拒绝被确定为非实质性响应的投标，投标人不能通过修正或撤回不符合之处而使其投标成为实质性响应的投标。

28 投标文件的澄清

28.1 算术错误的改正。

评标委员会将检查投标人报价是否有算术错误。改正错误的原则为：

（1）投标报价书中的大写金额与小写金额不一致的，以大写金额为准。

（2）投标报价表中任一项目的单价与其数量的乘积与该项目的合价不吻合时，应以单价为准，改正合价。但经招标人或委托招标人与投标人共同核对后认为单价有明显的小数点错位时，则应以合价为准，改正单价。

（3）若投标报价书、投标报价汇总表、投标分项报价表中的合计金额不吻合时，应以修正算术错误后的投标分项报价表中的合计金额为准，改正投标报价汇总表和投标报价书中相应部分的金额和投标总报价。

评标委员会将按照上述原则，要求投标人改正报价中的算术错误，并对改正的结果由投标人的法人代表（或委托代理人）进行确认。调整后的报价经投标人确认后产生约束力。

28.2 在评标期间，评标委员会可要求投标人对其投标文件中含义不明确内容作必要的澄清或说明，但澄清说明不得超出投标文件的范围或改变投标文件实质性内容。投标人应对澄清要求中的问题进行逐一书面解答，并由法定代表人或其委托代理人签字，按照评标委员会要求的时间提交。澄清的内容为投标文件的组成部分。如投标人不提交对澄清问题的书面解答或其书面解答不为评标委员会接受，则其投标有可能被拒绝。

29 投标文件的评估和比较

29.1 对所有实质性响应招标文件要求的投标文件，评标委员会将根据本投标人须知第 23 条，遵循公平、公正、科学和择优的原则，进行实质性评审，按照规定的评标标准和方法确定经实质性评审的评分名单后，对名单内的投标文件进行打分，最终确定投标人的排名。

29.2 评标标准和方法详见本招标文件第五篇"评标标准"。

29.3 评标委员会依据本招标文件第五篇"评标标准"，对投标文件进行评审和比较，向招标人或委托招标人提出书面评标报告，并依次推荐排名位于前 1～3 名的合格投标人为中标候选人。

29.4 评标委员会经评审，认为所有投标都不符合招标文件要求的，可以否决所有投标。

30 评标过程的保密

30.1 开标后，直至授予中标人合同为止，评标委员会成员和与评标工作有关的工作人员不得透露对投标文件的评审和比较、中标候选人的推荐情况以及与评标有关的其他情况。

30.2 在投标文件的评审和比较、中标候选人推荐以及授予合同的过程中，投标人向招标人或委托招标人和评标委员会施加影响的任何行为，都将会导致其投标被拒绝。

30.3 中标人确定后，招标人或委托招标人不对未中标人就评标过程以及未能中标原因作出任何解释。未中标人不得向评标委员会组成人员或其他有关人员索问评标过程的情况和材料。

31 **评标委员会完成评标后，向招标人或委托招标人提出书面评标报告。**

32 **评标结果公示**

招标人或委托招标人自收到评标报告之日起 3 日内在中国采购与招标网、中国政府采购网、中华人民共和国水利部网、各省（自治区、直辖市）招标投标网公示中标候选人，公示期不少于 3 日。投标人或者其他利害关系人对依法必须进行招标的项目的评标结果有异议的，应当在中标候选人公示期间提出。招标人或委托招标人应当自收到异议之日起 3 日内作出答复；作出答复前，应当暂停招标投标活动。对于投标人或者其他利害关系人未在规定时间提出的异议，招标人或委托招标人可不予接收。

第七章　授　予　合　同

33 **合同授予**

33.1 招标人或委托招标人根据评标委员会提出的书面评标报告和推荐的中标候选人确定中标人。

33.2 本招标合同将授予按上述标准所确定的中标人。

34 **招标人或委托招标人拒绝投标人的权力**

招标人或委托招标人不承诺将合同授予投标中最低投标报价的投标人。招标人或委托招标人在发出中标通知书前，有权依据评标委员会的评标报告拒绝不合格的投标。

35 **中标通知书**

中标人确定后，招标代理机构应在投标有效期结束前向中标人发出中标通知书。向未中标的其他投标人发出招标结果通知书。

36 **合同协议书的签订**

36.1 招标人或委托招标人与中标人将于中标通知书发出之日起 30 日内，按照招标文件和中标人的投标文件订立书面合同。

36.2 中标人如因自身原因不按本投标须知第 36.1 条规定执行，招标人或委托招标人将有充分理由取消该中标决定，并没收其投标保证金。在此情况下，招标人或委托招标人可将合同授予综合得分排名第二的投标人，出现以上情况依此类推。因中标人的原因给招标人或委托招标人造成的损失超过投标保证金数额的，中标人还应当对超过部分予以赔偿，同时依法承担相应法律责任。

36.3 中标人应当按照合同约定履行义务，完成中标项目的服务任务，不得将中标项目转让（转包）给他人。

第八章　其　　　他

37 **招标代理费**

本项目的中标人须向招标代理机构支付其招标代理费。

（1）招标代理费以最终确定的中标金额作为收费的计算基数，并计入投标报价。

（2）招标代理费按国家发展和改革委员会办公厅《招标代理服务收费管理暂行办法》（计价格〔2002〕1980 号）及《关于招标代理服务收费有关问题的通知》（发改办价格〔2003〕857 号）、《国家发展改革委关于降低部分建设项目收费标准规范收费行为等有关问题的通知》（发改价格〔2011〕534 号）规定计算招标代理费（工程类上限）。

（3）招标代理费的交纳方式：可用支票、汇票、电汇、现金等付款方式向招标代理机构支付招标代理费。

第三篇　合同条件及格式

国家地下水监测工程（水利部分）
＿＿＿省监测井建设工程第＿＿＿标段合同

工程名称：国家地下水监测工程（水利部分）＿＿＿省监测井建设工程第＿＿＿标段

合同编号：＿＿＿＿＿＿＿＿＿＿＿＿＿＿＿＿＿＿＿＿＿

甲　　　方：水利部水文局（水利部水利信息中心）＿＿＿＿

乙　　　方：＿＿＿＿＿＿＿＿＿＿＿＿＿＿＿＿＿＿＿＿＿

签订日期：　＿＿＿＿＿＿＿＿＿＿＿＿＿＿＿＿＿＿＿＿

合同有效期：自签订之日起至质量保证期结束止＿＿＿＿＿＿

签订地点：＿＿＿＿＿＿＿＿＿＿＿＿＿＿＿＿＿＿＿＿＿

甲方：<u>水利部水文局（水利部水利信息中心）</u>

乙方：<u>　　　　　　　　　　　　　　　　　　</u>

甲方委托乙方承担本标段建设任务。

根据《中华人民共和国合同法》等有关法律法规的规定，遵循平等、自愿、公平和诚实信用的原则，双方经协商一致，就本标段建设及有关事项，签订本合同。

本合同为总价承包合同，设计变更情况甲乙双方另行商定。

第一条　本合同签订依据

1.1《中华人民共和国合同法》等有关法律。

1.2 国家、水利部及地方有关建设管理法规和规章。

1.3 建设工程批准文件。

第二条　建设依据

2.1 本合同或甲方给乙方的委托书，包括与履行本合同有关的招标文件、澄清文件（如有）和问题答复（如有）、合同附件、中标通知书等。

2.2 甲方提交的基础资料：<u>　　（初步设计报告及附件的有关内容）　　</u>

2.3 乙方采用的主要技术标准是：现行国家和行业的规范规程。

2.4 施工必须符合工程建设强制性标准。

第三条　文件的优先次序

构成本合同的文件可视为是能互相说明的，如果有关文件存在歧义或不一致，则根据如下优先次序来判断：

3.1 合同书。

3.2 中标通知书（文件）。

3.3 甲方要求及委托书（如有）。

3.4 投标书及其附件。

3.5 招标文件。

3.6 标准、规范及有关技术文件。

当合同文件出现含糊不清或不相一致时，在不影响工程施工的情况下，由双方协商解决；双方意见仍不能一致的，按合同书第十条约定的办法解决。

第四条　工程概况

4.1 工程名称：<u>国家地下水监测工程（水利部分）××省监测井建设工程第____标段</u>

4.2 工程建设地点：<u>详见招标文件技术条款。</u>

4.3 工程规模、特征：<u>详见招标文件技术条款。</u>

4.4 工程施工任务（内容）与技术要求：<u>详见招标文件技术条款。</u>

4.5 预计工程施工工作量：<u>详见招标文件技术条款。</u>

第五条　乙方负责向甲方提交本标段建设成果资料并对其质量负责（详见 12.6 条）。

第六条　开工及提交本标段施工工作成果资料的时间和收费标准及付费方式

6.1 开工及提交本标段施工工作成果资料的时间。

6.1.1 乙方提交本标段施工工作成果资料时间：<u>　　　　　　</u>。由于甲方或乙方的原因未能按期开工或提交成果资料时，按本合同第八条规定办理。

6.1.2 施工工作有效期限以合同规定的时间为准，如遇特殊情况（不可抗力影响以及非乙方原因造成的停、窝工等）时，工期顺延。

6.2 收费标准及付费方式。

6.2.1 本标段合同价<u>　　　　　　　　　　　</u>万元。

6.2.2 支付方式：

6.2.2.1 第一次付款。本合同生效，甲方资金到位后，乙方已完成合同工程量的 30％，支付申请资料齐全，工程量及质量经监理、委托招标人审核通过，在收到如下单据且审核无误后 30 个工作日内，支付合同总价的 30％，计人民币（大写）_____元（￥_____）。

（1）当地税务统一监制的与预付金额相同的正式商业发票正本 1 份。

（2）监理单位签发的《合同工程开工批复》及总监签发的支付证书。

（3）委托招标人出具的付款审核意见。

（4）乙方须按甲方的要求出具合同总价 5％金额的银行履约保函，有效期截止至工程质量保证期结束，甲方退还乙方提供的银行履约保函，在合同执行期间，乙方须保证银行履约保函有效合法。

6.2.2.2 第二次付款。乙方已完成合同工程量的 80％，支付申请资料齐全，工程量及质量经监理、委托招标人审核通过，甲方根据资金到位情况，在收到如下单据且审核无误后 30 个工作日内，本次支付合同总价的 50％，计人民币（大写）_____元（￥_____）。

（1）当地税务统一监制的与支付金额相同的正式商业发票正本 1 份。

（2）监理签字确认的支付申请及总监签发的支付证书。

（3）委托招标人出具的付款审核意见。

6.2.2.3 第三次付款。完成本合同规定的所有工程量后，施工资料及支付申请资料齐全，工程量、质量经监理、委托招标人审核通过，合同完工验收完成，甲方根据资金到位情况，经甲方确认无误后，甲方在收到如下单据且审核无误后 30 个工作日内，本次支付合同总价的 20％，计人民币（大写）_____元（￥_____）。

（1）当地税务统一监制的与支付金额相同的正式商业发票正本 1 份。

（2）《合同工程完工验收鉴定书》正本 1 份。

（3）监理签字确认的支付申请及总监签发的支付证书。

（4）委托招标人收到乙方移交的资产、档案资料办理项目工程保证书，并审核无误后出具的付款审核意见。

6.3 乙方根据合同第七条的规定向甲方支付违约金、罚款和/或赔偿金时，甲方有权从相应付款中予以扣除。

6.4 甲方发生的银行费用应由甲方负担，甲方银行账户以外发生的一切费用均应由乙方负担。

6.5 甲方因办理国库支付手续而造成的合同款的支付延误，不视为违约。

第七条　双方责任

7.1 甲方责任。

7.1.1 甲方按本合同第二条规定的内容，在合同签订后____天内向乙方提交基础资料，并对其完整性、正确性及时限负责。甲方不得要求乙方违反国家有关标准进行建设工作。

7.1.2 甲方应按本合同规定的金额和日期向乙方支付合同款。

7.1.3 甲方应保护乙方的施工方案、报告书、文件、资料图纸、数据、特殊工艺（方法）、专利技术和合理化建议。

7.1.4 本合同有关条款和补充协议中规定的甲方应负的其他责任。

7.2 乙方责任。

7.2.1 乙方应按国家技术规范、标准、规程和甲方的技术要求进行工程建设。按本合同规定的时间提交质量合格的施工成果文件，并对其负责。

7.2.2 乙方应按任务的要求编制施工方案并经甲方和监理方审核同意。

7.2.3 乙方应提供所有关键工序的图表、照片、文字资料、影像资料。关键工序如下：

新建井关键工序是（但不限于）：施工中钻井，岩土样采集，井管安装，滤料和止水材料填充，电测井，洗井、抽水试验等。

改建井关键工序是（但不限于）：洗井与抽水试验、监测仪器与井口保护装置安装等。

乙方应提供以下设备及材料的数量及有关参数：管材、滤料、填料、构配件等。

7.2.4 乙方应做好监测站占地、施工占地及施工道路等有关工作，提交监测站占地协议（特殊情况另行说明）并承担相应的费用。

7.2.5 工程使用年限应符合国家和行业现行规范规程及设计的要求。质量保证时间应超过 5 年，质量保证时间从合同工程完工验收通过后开始计算。

7.2.6 乙方对施工成果文件出现的遗漏或错误负责修改或补充。由于乙方施工错误造成工程质量事故损失，乙方除负责采取补救措施外，应免收受损失部分的合同款，并根据损失程度向甲方支付赔偿金，赔偿金数额最高为合同总价款的100％。

7.2.7 乙方交付施工成果文件后，应接受甲方组织的审查，并根据审查意见进行调整补充，直至审查通过为止。

7.2.8 乙方不得将主体工程分包给第三人。

7.2.9 乙方对参加本标段施工的工作人员的人身、财产及投入使用的设备安全负全部责任，应办理相关人员的人身意外伤害险，如发生安全事故由乙方承担责任。要做好施工场地的安全防护和环境保护工作，如发生安全事故或纠纷由乙方负责。

7.2.10 乙方应按照甲方或其委托人员的要求对工程的监督检查以及按相关规定对施工的材料进行抽检，提供工作条件和全部验收资料等，乙方承担送检及合同工程完工验收的全部费用，并配合水质采样中标单位做好监测井水质采样工作。

7.2.11 本合同有关条款规定和补充协议中乙方应负的其他责任。

第八条　违约责任

8.1 甲方未按照合同规定时间及内容交付基础资料，超过规定期限 15 天以内，乙方按本合同第六条规定的交付施工成果资料的时间顺延；甲方交付上述资料及文件超过规定期限 15 天以上时，乙方有权重新确定提交成果的时间。

8.2 甲方未按合同规定时间支付合同款，乙方提交成果的时间顺延。逾期支付超过 60 天以上时，乙方有权暂停履行下阶段工作，并书面通知甲方。

8.3 合同生效后，因乙方责任中止或解除合同，已经发生支付的，乙方应双倍返还甲方已支付的款项，未发生支付的，乙方向甲方支付合同总额 10％的违约金。

8.4 乙方未按合同规定时间提交合格的成果，每超过 1 天，应扣减合同款千分之一；提交合格成果的时间延误 60 天及以上，甲方有权解除合同，并要求乙方返还全部合同款，由此给甲方造成损失的，乙方承担全部赔偿责任。

8.5 在工程建设期间，工程质量未达到规定要求的应按甲方要求进行整改，如整改后质量仍未达到要求的，甲方有权解除合同，并要求乙方返还全部合同款，由此给甲方造成损失的，乙方承担全部赔偿责任。

8.6 在工程质量保质期内，如发生质量问题乙方应进行修复或重建，所发生的所有费用应由乙方全部承担。

8.7 乙方应如实上报工程量，不得弄虚作假，一经发现，一次罚款虚报量工程款的 2 倍。

8.8 乙方应保证投标文件中项目经理、技术负责人和其他主要施工管理人员到位，如需更换，必须报甲方委托人和监理方批准，未经批准的按合同总价的 2％处罚。

8.9 工程施工期间项目经理、技术负责人每月到场天数不得少于 20 天，不足 20 天每天罚款 1000 元。

第九条　保密及知识产权

9.1 乙方在履行本合同过程中从甲方获取的任何资料和重要信息，无论在本合同期限内还是合同终止后，均有保密责任。未经甲方事先书面授权，不得以任何方式向任何其他组织或个人泄露、转让、许可使用、交换、赠与或与任何组织或个人共同使用或不正当使用。违反本条规定，给甲方造成损失的，乙方应承担相应的法律和民事赔偿责任。

9.2 甲方在履行本合同过程中从乙方处获知的技术秘密和商业秘密，无论在本合同期限内还是协议终止后均有保密责任。违反本条规定，给乙方造成损失的，甲方应承担相应的法律和民事赔偿责任。

9.3 合同双方均有义务要求乙方接触保密信息的关联公司人员及乙方职员对保密信息进行保密。任何一方的关联公司人员及职员违背上述承诺，向第三方披露保密信息的，或依据该保密信息向第三方提出任何建议，均被视为该方违反本合同规定。

9.4 乙方在完成本标段施工成果并经甲方审查确认或验收合格后，乙方应将该成果及其相关的技术资料和文件以书面文本和电子介质方式同时提交给甲方，自此，甲方享有该成果及其相关技术资料和文本的所有权。非经甲方书面同意，乙方不得再将该成果文件及其相关技术资料和文件的一部分或全部使用于其他任何目的。

第十条　争议解决

本合同发生争议，甲方与乙方应及时协商解决。也可由当地行政主管部门调解，调解不成时可由仲裁机构仲裁。双方当事人未在合同中约定仲裁机构，当事人又未达成仲裁书面协议的，可向人民法院起诉。

第十一条　索赔

乙方可按以下规定向甲方索赔：

（1）有正当索赔理由，且有索赔事件发生时的有关证据。

（2）索赔事件发生后 14 天内，向甲方发出要求索赔的报告。

（3）甲方在接到索赔通知后 21 天内给予响应，或要求乙方进一步补充索赔理由和证据，甲方超过 21 天未予答复，应视为该项索赔已经认可。

甲方可按以下规定向乙方索赔：

（1）有正当索赔理由，且有索赔事件发生时的有关证据。

（2）索赔事件发生后 14 天内，向乙方发出要求索赔通知。

（3）乙方在接到索赔通知后 21 天内给予响应，或要求甲方进一步补充索赔理由和证据，乙方在 21 天未予答复，应视为该项索赔已经认可。

第十二条　合同生效及其他

12.1 本合同自甲方、乙方签字盖章后生效；甲方、乙方履行完合同规定的义务后，本合同终止。

12.2 甲方委托乙方承担本合同内容以外的工作服务，另行签订协议并支付费用。

12.3 由于不可抗力因素致使合同无法履行时，双方应及时协商解决。

12.4 本合同一式____份，正本 2 份，双方各持 1 份；副本____份，甲方____份，乙方____份。

12.5 未尽事宜，经双方协商一致，签订补充协议，补充协议与本合同具有同等效力。

12.6 提交成果资料(包括但不限于)：

（1）质量符合 7.2.1 条款要求的监测井成井。

（2）施工中钻井、岩土样采集、井管安装、滤料和止水材料填充、电测井、洗井、抽水试验的图表和文字资料。

（3）成井剖面图并形成相应的电子表格。

（4）地层岩性鉴别报告。

（5）乙方应按甲方在第 7.2.2、7.2.3、7.2.4 条中规定的要求提交相关的图表、照片、文字资料、影像资料。

（6）占地协议。

（7）井管质量检测报告。

（8）除以上成果资料外，乙方还应向甲方提交由本合同产生的其他应归档文件资料。乙方对所提交资料完整性、真实性负责。

    第十三条　合同附件

    13.1 附件：1. 中标通知书

                 2. 按《初步设计分省报告》准备本标段的"技术条款"内容

甲方名称：（盖章）　　　　　　　　　乙方名称：（盖章）

法定代表人（或委托代理人）：（签字）　法定代表人（或委托代理人）：（签字）

地　　　址：　　　　　　　　　　　　地　　　址：

邮政编码：　　　　　　　　　　　　　邮政编码：

电　　话：　　　　　　　　　　　　　电　　话：

传　　真：　　　　　　　　　　　　　传　　真：

开户银行：　　　　　　　　　　　　　开户银行：

银行账号：　　　　　　　　　　　　　银行账号：

日　　期：　　年　月　日　　　　　　日　　期：　　年　月　日

第四篇　投标文件及格式

一、商务文件格式

（一）投 标 报 价 书 格 式

致：水利部水文局（水利部水利信息中心）

根据贵方为本标段（招标编号：＿＿＿＿＿＿）的投标邀请，签字代表（印刷体姓名、职务）经正式授权并代表投标人（投标人名称、地址）提交下述文件正本 1 份、副本一式 7 份以及与正本内容相同的电子文件 2 份。

1. 商务文件（含投标报价书）。

2. 技术文件。

3. 投标保证金（任选以下一种形式）：

（1）银行汇票。

（2）电汇。

（3）转账支票。

（4）保函。

（5）现金。

在此，签字代表宣布同意如下：

1. 投标总价为：（大写）＿＿＿＿＿＿元人民币，本报价完全符合招标文件投标人须知第 12 条规定。

2. 投标人将按招标文件的规定履行责任和义务。

3. 投标人已详细审查全部招标文件。我们完全理解并同意放弃对这方面有不明及误解的权利。

4. 本投标有效期为自开标日起 90 个日历日。

5. 在投标截止时间后，如我方在投标有效期内撤回投标，或在收到中标通知书后未能在规定的时间内与招标人或委托招标人签订合同，或在规定期限内未能根据投标人须知规定向代理机构交纳招标代理费，或在规定的期限内未能按照投标人须知的规定提交履约保函，我方同意投标保证金归招标方所有，不予退还。

6. 我方同意提供按照贵方可能要求的与其投标有关的一切数据或资料，完全理解贵方不一定接受最低投标报价的投标或收到的任何投标。

7. 与本投标有关的一切正式往来信函请寄：

投标人（盖公章）：＿＿＿＿＿＿＿＿＿＿

法定代表人（或委托代理人）（签字）：＿＿＿＿＿＿＿＿

邮政编码：＿＿＿＿＿＿＿

电话：＿＿＿＿＿＿＿

传真：＿＿＿＿＿＿＿

开户银行名称：＿＿＿＿＿＿＿＿＿＿＿＿＿＿＿

开户银行账号：＿＿＿＿＿＿＿＿＿＿＿＿＿＿＿

开户银行地址：＿＿＿＿＿＿＿＿＿＿＿＿＿＿＿

开户银行电话：＿＿＿＿＿＿＿＿＿＿＿＿＿＿＿

日期：＿＿＿年＿＿＿月＿＿＿日

（二）投 标 报 价 表

2.1 报价说明：

2.1.1 本报价说明为招标文件实质性要求。除招标文件要求外，投标人不得自行修改报价表中所有内容，也不得自行增加新的项目或修改项目名称。

2.1.2 报价表应与投标人须知、合同条款、技术条款和图纸等招标文件一起参照阅读理解。

2.1.3 除合同另有规定外，报价表中的费用、单价、合价为施工成果提交至（包括提供服务）招标人或委托招标人项目现场指定地点的价格，该价格应包含了所有费用（包括招标人或委托招标人购买其知识产权等及其他附带服务的费用）、税费、投标人要求获得的利润以及应由乙方承担的义务、责任和风险所发生的一切费用。招标人或委托招标人将不再支付报价以外的任何费用。

2.1.4 招标人或委托招标人或其委托的监理工程师将根据施工工作进展情况进行质量检查、验收，投标人应提供工作条件和全部验收资料等，其费用计入报价单中。根据施工工作内容的需要，投标人委托各地方单位承担相应施工工作的费用及相应报告审查的费用包含在投标报价中，必须在报价表中单独列项。

2.1.5 委托招标代理费用：依据国家发展和改革委员会办公厅《招标代理服务收费管理暂行办法》（计价格〔2002〕1980 号）及《关于招标代理服务收费有关问题的通知》（发改办价格〔2003〕857 号）、《国家发展改革委关于降低部分建设项目收费标准规范收费行为等有关问题的通知》（发改价格〔2011〕534 号）规定计算招标代理费（工程类上限），以投标总报价为计费基数，计入投标报价，不单独列项。

2.2 投标报价汇总表

单位：元（人民币）

编号	项目名称	价　格	备注
	合计		

注 本表每页均须加盖投标人公章，并由法定代表人或其委托代理人进行签字。

投标人名称（盖公章）：＿＿＿＿＿＿＿＿＿＿＿＿＿＿＿＿＿

法定代表人（或委托代理人）（签字）：＿＿＿＿＿＿

日期：＿＿＿年＿＿＿月＿＿＿日

2.3 投标分项报价表

序号	子项名称	单位	数量	单价/元	合价/元	备注
合计						

编号：

项目名称：

注 1. 投标报价汇总表中每个项目都应填写本表，投标人不得遗漏任何一个项目。

2. "编号""项目名称"栏内容必须与投标报价汇总表中相应的内容相一致。

3. 本表每页均须加盖投标人公章，并由法定代表人或其委托代理人进行签字。

投标人名称（盖公章）：_____

法定代表人（或委托代理人）（签字）：_____

日期：____年____月____日

（三）法定代表人授权委托书

本授权委托书声明：我_____（姓名和职务）系_____（投标人名称）的法定代表人，现授权委托_____（单位/部门名称）的_____（姓名和职务）为我代理人，以（投标人名称）_____的名义参加（项目名称）_____（合同编号：_____招标编号：_____）的投标活动。代理人在开标、评标、谈判过程中所签署的一切文件和处理与之有关的一切事务，我均予以承认。

本授权书于____年____月____日签字生效，特此声明。

代理人无转委权。特此委托。

代理人（签字）：_____性别：_____年龄：_____

身份证号码：_____职务：_____

投标人（盖公章）：_____

法定代表人（签字）：_____

授权委托日期：____年____月____日

（四）投标保证金银行保函格式

（招标人名称）：

因被保证人＿＿（投标人名称）＿＿（以下简称被保证人）参加你方招标发包的＿＿＿＿＿＿（合同编号：＿＿＿＿＿＿）的投标，我方已接受被保证人的请求，愿向你方提供如下保证：

1. 本保函担保的投标保证金金额为人民币（大写）＿＿＿＿＿＿＿元。

2. 本保函的有效期自＿＿＿年＿＿＿月＿＿＿日起至＿＿＿年＿＿＿月＿＿＿日止。若你方要求延长投标文件的有效期，经被保证人同意并通知我方后，本保函的有效期相应延长。

3. 在本保函有效期内，如被保证人有下列任何一种违反招标文件规定的事实，你方可向我方发出提款通知。

（1）在招标文件规定的投标文件的有效期内撤回投标文件。

（2）中标后，未能在招标文件规定的期限内提交履约保函。

（3）中标后，拒绝在招标文件规定的期限内签订合同。

4. 我方在收到你方的提款通知后 7 天（日历天）内凭本保函向你方支付本保函担保范围内你方要求提款的金额，但提款通知应符合下列条件：

（1）必须在本保函有效期内以书面形式（包括信函、电传、电报、传真和电子邮件）提出，并应由你方法定代表人或委托代理人签名并加盖单位公章。

（2）应说明被保证人违反招标文件规定的事实，但无需提供证明材料。

保证人（盖公章）：＿＿＿＿＿＿＿＿＿＿＿＿＿＿＿＿

法定代表人（或委托代理人）（签字）：＿＿＿＿＿＿＿＿＿＿＿＿＿＿＿＿

地址：＿＿＿＿＿＿＿＿＿＿＿＿＿＿＿＿

联系人：＿＿＿＿＿＿＿＿＿＿＿＿＿＿＿＿

电话：＿＿＿＿＿＿＿＿＿＿＿＿＿＿＿＿

日期：＿＿＿年＿＿＿月＿＿＿日

（五）投标人组织机构表格式

单位名称		成立日期	
法人资格证书编号			
注册资本		单位类型	
批准登记机关		组织代码	
法定代表人		营业期限	
资质类型		资质等级	
主营业务			
地址			
开户银行			
开户行号			
银行账号			
电话		传真	
邮箱		邮编	
联系人		联系方式	

（六）20 ____年以来类似项目工作业绩

序号	项目名称	项目简介	合同金额	工作内容	业主名称	业主联系方式

说明：须提供业绩证明材料（证明材料为合同或业主单位出具的书面证明，证明材料应能反映实施时间、合同金额、工作内容）。

投标人名称（盖公章）：_____

法定代表人（或委托代理人）（签字）：_____

日期：____年____月____日

（七）项目部组织机构和人员配置

投标人提供本项目拟派人员情况说明，包括但不限于：项目部组织机构图、项目人员名单、项目总负责人简历表（含业绩）、技术负责人简历表（含业绩），同时可附所有人员的身份证复印件、职称证、学历证书、其他资质证书复印件。

参照评标标准提供充分证明材料。

投标人拟派的项目人员必须为投标人自身的在职人员，投标文件中必须附拟派项目人员的社会保险缴纳证明的复印件和有效劳动合同复印件作为证明材料（投标人项目人员为事业单位编制的，可由相关人事部门出具人事证明复印件作为证明材料）。本要求为招标文件实质性要求。

说明：以上文件每页均需按照以下规定内容签署盖章。

投标人名称（盖公章）：＿＿＿＿＿＿＿＿＿＿＿＿＿＿＿＿＿＿＿

法定代表人（或委托代理人）（签字）：＿＿＿＿＿＿＿＿＿＿＿

日期：＿＿＿年＿＿＿月＿＿＿日

（八）投标人资格证明文件

注：投标人必须按照招标文件第二篇投标人须知第 26.1 条规定，提供充分的证明资料，否则将不能通过资格审查。

（九）近 3 年（20＿＿年—20＿＿年）财务状况表格式

投标人最近 3 年财务状况表

序号	项　　目	20__年	20__年	20__年
1	总资产			
2	流动资产			
3	固定资产净值			
4	无形资产和递延资产净值			
5	流动负债			
6	长期负债			
7	净资产			
8	利润总额			
9	资产负债率			

注　若投标人为企业，填写此表。

投标人名称（盖公章）：＿＿＿＿＿＿＿＿＿＿＿＿＿＿＿

法定代表人（或委托代理人）（签字）：＿＿＿＿＿＿＿＿＿＿

日期：＿＿＿年＿＿＿月＿＿＿日

（十）重大经济事项说明

致：水利部水文局（水利部水利信息中心）

　　我单位<u>有/无</u>可能对我单位造成重大影响的抵押、担保、未决诉讼等经济事项，<u>有/无</u>财产被接管、冻结等状态。

　　特此说明。

　　投标人名称（盖公章）：_____

　　法定代表人（或委托代理人）（签字）：_____

　　日期：____年___月___日

（十一）组织机构状况说明

水利部水文局（水利部水利信息中心）：

我单位参与_____的投标。截至本项目投标截止时间前，我单位声明如下：

我单位负责人为：_____（身份证号码：_____）。

我单位母公司（或上级管理单位）为：_____（没有填无）。

与我单位存在控股、被控股、参股及其他管理关系的单位：_____（没有填无）。

我单位在此声明我单位存在/不存在下述情况：

（1）为招标人或委托招标人不具有独立法人资格的附属机构（单位）。

（2）为本招标项目提供招标代理服务的。

（3）与本招标项目的招标代理机构同为一个法定代表人的。

（4）与本招标项目的招标代理机构相互控股或参股的。

（5）与本招标项目的招标代理机构相互任职或工作的。

（6）被责令停业的。

（7）被暂停或取消投标资格的。

（8）财产被接管或冻结的。

（9）在最近3年内有骗取中标或严重违约或重大工程质量问题的。

我单位对上述信息的真实性和完整性负责。

投标人名称（盖公章）：_____

法定代表人（或委托代理人）（签字）：_____

日期：____年____月____日

（十二）递交投标保证金的承诺书

××××××（招标代理机构）：

我单位参与_____项目的投标。我单位在此承诺：以现金（或支票）形式递交的投标保证金是从我单位基本账户中转出，如我单位递交的投标保证金未从基本账户转出，我单位愿承担由此产生的一切后果。

特此承诺

投标人名称（盖公章）：_____

法定代表人（或委托代理人）（签字）：_____

日　期：____年____月____日

（十三）廉 政 责 任 书

甲方：＿＿＿＿＿＿＿＿＿＿＿＿＿＿＿＿＿＿

乙方：＿＿＿＿＿＿＿＿＿＿＿＿＿＿＿＿＿＿

为保证国家地下水监测工程（水利部分）（以下简称"本工程"）工程质量，防止违法违纪行为的发生，根据《国家地下水监测工程（水利部分）项目廉政建设办法》相关要求，甲乙双方就本标段建设过程中的廉政建设签订如下责任书：

第一条　双方责任

1. 严格遵守国家有关法律法规，以及反腐倡廉的各项法规制度。

2. 严格执行项目合同文件，自觉按合同办事。

3. 工程建设必须坚持公开、公平、公正、诚信、透明的原则。

4. 发现对方在建设过程中有违规、违纪、违法行为的，应及时提醒对方，情节严重的，应向其上级主管部门或纪检监察、司法等有关机关举报。

第二条　甲方责任

甲方领导和工作人员应遵守以下规定：

1. 不得擅自就本工程项目经费、任务量变更、项目验收、成果质量等问题的处理与乙方进行私下商量。

2. 不以任何方式收受乙方的礼金、礼品、有价证券、支付凭证、商业预付卡等；不在乙方报销任何应由个人及配偶、子女支付的费用。

3. 明确工作人员的配偶、子女以及特定关系人不得参与本工程有关的经营性活动。

4. 不得以任何理由要求乙方使用指定产品、材料和设备。

5. 适时派出检查组对乙方承担的本工程建设任务开展专项检查与督导，对违反廉政责任的行为及时予以制止，并做出相应处理。

第三条　乙方责任

乙方领导和工作人员应遵守以下规定：

1. 不以任何方式向甲方支付礼金、礼品、有价证券、支付凭证、商业预付卡等。

2. 不为甲方及其工作人员报销应由甲方单位或个人以及配偶、子女支付的任何费用。

3. 不以任何理由邀请甲方工作人员外出旅游或高消费娱乐等；不为甲方单位或个人购买或提供通讯工具、交通工具和高档办公用品等。

4. 不为甲方及其工作人员报销应由甲方单位或个人以及配偶、子女支付的任何费用。

5. 不以任何理由邀请甲方工作人员外出旅游或高消费娱乐等；不为甲方单位或个人购买或提供通讯工具、交通工具和高档办公用品等。

6. 不与甲方个人就本级工程项目经费、任务量变更、项目验收、成果质量等问题的处理进行私下商量。

7. 不得转包或违法分包，不得擅自进行任务变更。

8. 主动接受甲方的检查与督导。

第四条　违规责任

甲乙双方工作人员有违反本责任书行为的，按照管理权限，依照国家有关法律法规和党纪政纪条规予以处理；涉嫌犯罪的，移交司法机关追究刑事责任。

第五条　甲乙双方要贯彻"一级抓一级，层层抓落实"和"谁主管，谁负责"的原则。

第六条　甲乙双方共同接受纪检、监察、审计部门的监督检查。

第七条　本责任书经双方签署后生效。

第八条　本责任书一式四份，甲乙双方各执两份。

甲方（盖章）　　　　　　　　　　　　　　乙方（盖章）

负责人（签字）　　　　　　　　　　　　　负责人（签字）

日期：＿＿年＿＿月＿＿日　　　　　　　　日期：＿＿年＿＿月＿＿日

（十四）安 全 管 理 责 任 书

甲方：_____

乙方：_____

为了切实贯彻和落实《中华人民共和国安全生产法》和《建设工程安全生产管理条例》及有关规定，遵照"安全第一、预防为主"的方针，确保本标段建设的顺利实施，甲乙双方就以下方面的内容达成以下共识，特签订本责任书，供双方共同遵守：

一、安全管理目标

1. 防止和避免发生施工人员发生人身伤亡事故。

2. 防止和避免本标段发生重大环境污染事故、人员中毒事故。

3. 防止和避免本标段发生重大工程质量、交通和火灾等事故。

4. 防止和避免本标段发生性质恶劣、影响较大的安全责任事故。

二、甲方的安全管理责任

1. 甲方应严格遵守国家、地方的有关法律、法规、规章和规定。

2. 甲方应遵照国家有安全法律、法规和合同规定，检查和监督安全工作的实施。

三、乙方的安全管理责任

1. 乙方履行合同过程中，应严格遵守国家有关法律、法规、规章和规定，认真执行工程建设强制性标准。

2. 乙方在施工期间对参加本标段施工的工作人员的人身、财产及投入使用的设备安全负全部责任，如发生安全事故由乙方承担，并要做好施工场地的安全防护和环境保护工作，如发生安全事故或纠纷由乙方负责。相应的损失和善后处理费用全部由乙方负责。

3. 对施工现场进行定期、不定期的安全检查，及时发现隐患，落实整改措施，提高安全防范能力。

4. 确保必要的安全投入，保证各种施工设备完好，各项防护装置齐备，个人劳动保护用品齐全。

5. 工程车辆司机必须具有公安部门颁发的驾驶证，工程车辆必须具有公安部门颁发的行驶证或质量技术监督部门颁发的机动车辆牌照，车况良好符合安全要求。

6. 自觉接受甲方、监理等有关安全生产方面的检查指导和管理，对于存在的安全隐患，乙方必须及时整改。

四、法规引起的变化

合同项目实施过程中，若国家、地方发布的最新的，或调整的关于安全生产方面的法律、法规、规章和规定，应按最新有效的法律、法规、规章和规定执行。

本安全管理责任书为合同的组成部分，本安全管理责任书的签订，并不免除双方的其他合同责任与义务。本责任书一式四份，双方各执两份。

甲方（盖章）   乙方（盖章）

负责人（签字）   负责人（签字）

日期：___年___月___日   日期：___年___月___日

（十五）其 他 补 充 文 件

投标人应当仔细核对招标文件中有关否决条款和评标标准，提供投标人认为应当附加的其他内容，以充分证明其投标符合招标文件规定，并为评标打分提供充分依据。

如果投标人未能提供相关证明文件，将有可能导致否决或者无法得分。

二、技术文件格式

投标人根据招标文件技术条款要求提供，内容及格式自拟。

投标人应当仔细核对招标文件中有关否决条款和评标标准，提供投标人认为应当附加的其他内容，以充分证明其投标符合招标文件规定，并为评标打分提供充分依据。

如果投标人未能提供相关证明文件，将有可能导致否决或者无法得分。

第五篇　评　标　标　准

1. 评标依据

依据《中华人民共和国招标投标法》《中华人民共和国招标投标法实施条例》、国家发展计划委员会等七部委联合发布实施的《评标委员会和评标方法暂行规定》等有关法律、法规及规定，结合本招标文件制订的评标办法进行评标。

2. 评标原则

评标工作遵循公平、公正、科学和择优的原则。评标委员会成员应客观、公正地履行职责，遵守职业道德，认真对投标文件进行审查、评价和比较，并对所提出的评审意见承担个人责任。

3. 评标组织程序

评标工作由评标委员会负责，评标委员会由招标人或委托招标人代表和有关技术、经济、合同管理等方面的专家组成，设主任委员 1 名，评标活动由主任委员主持，全体评委权力均相等。

4. 评标程序

4.1 投标及投标文件的有效性审查

资格审查：评标委员会按投标人须知第 26.1 条对投标人资格情况进行审查，符合投标人须知第 26.1 条规定的投标人为合格投标人。招标方不接受不合格投标人的投标，评标委员会不对不合格投标人的投标文件进行下一步评审。

符合性检查：评标委员会检查投标文件的内容是否完整，是否实质性响应招标文件的要求。评标委员会按招标文件投标人须知第 26.2 条规定对上述投标人的投标文件符合性进行审查。

4.2 详细评审

（1）算术错误的改正。评标委员会将检查投标人报价是否有算术错误。改正错误的原则见投标人须知第 28.1 条。

（2）投标文件的澄清。评标委员会可以单独要求投标人澄清其投标文件。评标委员会的澄清要求和投标人的答复均应采用书面形式。除了改正算术错误外，投标人不得修改投标报价或投标文件中的其他实质性内容。经澄清的问题需由投标人法定代表人（或授权委托人）签名确认后作为投标文件的组成部分。

（3）商务和技术评审。

1）评标基准价。

所有通过资格审查的、实质性响应招标文件要求的投标人的投标报价经算术错误改正后的平均数确定评标基准价。

$$S=\begin{cases} \dfrac{a_1+a_2+\cdots+a_3-M-N}{n-2} & (n \geqslant 5) \\[2mm] \dfrac{a_1+a_2+\cdots+a_n}{n} & (n \leqslant 4) \end{cases}$$

式中　S——评标基准价；

　　　a_i——投标人的有效报价（$i=1，2，\cdots，n$）；

　　　　n——有效报价的投标人个数；

　　　M——最高的投标人有效报价；

　　　N——最低的投标人有效报价。

2）投标报价的偏差率计算方法。

$$偏差率=\frac{投标人报价-评标基准价}{评标基准价} \times 100\%$$

3）投标报价打分（共 30 分）。

评标委员会全体成员依据价格评分标准表（表 5.1）对投标人打分。评分表中列出的每项评审因素得分为评标委员会所有成员的打分去掉一个最高分和一个最低分后的算术平均值（计算评分值均保留两位小数）。

主要评审：

投标报价	25 分
投标报价合理性	5 分

4）商务部分打分（共计 20 分）。

评标委员会全体成员依据商务评分标准表（表 5.2）对投标人打分。评分表中列出的每项评审因素得分为评标委员会所有成员的打分去掉一个最高分和一个最低分后的算术平均值（计算评分值均保留两位小数）。

主要评审：

企业基本状况	3 分
投标人业绩	17 分

5）技术部分打分（共计 50 分）。

评标委员会全体成员依据技术评分标准表（表 5.3）对投标人打分。评分表中列出的每项评审因素得分为评标委员会所有成员的打分去掉一个最高分和一个最低分后的算术平均值（计算评分值均保留两位小数）。

主要评审：

监测井建设工作方案	13 分
施工方案	18 分
电测井方法	2 分
项目组人员组成	3 分
协调方案	8 分
环境保护措施	1 分
质保措施	5 分

4.3　投标人最终得分

投标人最终得分＝投标报价最终得分＋商务部分评分最终得分＋技术部分评分最终得分

4.4　投标人排序

评标委员会对投标人按照投标人最终得分高低进行排序，得分高的投标人排名在前，投标人最终得分相同时，投标报价低者排名在前。

4.5　推荐中标候选人

评标委员会按照以上排名顺序向招标人或委托招标人推荐排名位于前三名的合格投标人为中标候选人。

5. 评标过程保密

开标后至招标人或委托招标人公布中标结果之前，凡有关投标文件的检查、澄清、评审和决标等信息，对投标人及其他与本过程无关的人员保密。投标人在投标文件的澄清、评价和比较以及授予合同的过程中，对其他投标人、招标人或委托招标人、招标代理机构和评标机构施加影响的任何行为都将导致取消其中标资格。

6. 偏离

招标人或委托招标人有权接受或拒绝投标人在投标文件中提出的偏离、保留。招标人或委托招标人不接受投标人在开标后提出的优惠。

7. 价格调整

评标中不考虑《合同条款》中有关价格调整规定对合同价格的影响。

表 5.1 价 格 评 分 标 准 表

	评 分 项 目	赋分	评 分 说 明
1	投标报价	25	报价总分为25分，按偏差率评比：①与评标基准价相同得25分。②高于评标基准价的按区段扣分：0～5％，每高1％，扣1分；5％以上，在上述基础上，每高1％，扣2分。③低于评标基准价的按区段扣分：0～－5％，每低1％，扣0.5分；－5％以上，每低1％，扣1分；不足1％的按插入法计算，保留两位小数，扣完为止
2	投标报价合理性	5	合理得5分，较合理得3分，一般得1分
	合计	30	

表 5.2 商 务 评 分 标 准 表

	评 分 项 目	赋分	评 分 说 明
1	企业基本状况	3	（1）财务状况良好、信誉度高得2分，一般得0～1分； （2）通过ISO系列认证，得1分，否则得0分
2	投标人业绩	17	近3年来： （1）承担本省范围内打井或水文地质勘探井的数量100个井以上，100～300个得1～5分；301～500个得6～10分；500个以上得10～12分；承担本省范围内5项及以上地质勘探工作的，5～10项得1～5分；11～20项得6～10分；20项以上得10～12分。本项最高得12分。 （2）具有省级及以上打井工程或地质勘探工作业绩被评为优秀工程，每有1项得1分，最多得3分。（本省是否需要请根据实际情况确定） （3）完成类似打井工程或地质勘探工作的，每有1个省级或以上类似打井工程或地质勘探工作的得1分，最高得2分。 （1）、（2）、（3）项不能重复计分。 以上业绩需提供以下证明材料：①获奖证书及复印件（原件备查）；②合同关键页面的复印件（原件备查）
	合计	20	

表 5.3 技 术 评 分 标 准 表

	评 分 项 目	赋分	评 分 说 明
1	监测井建设工作方案	13分	
1.1	总体报告	2分	投标文件内容编写完整合理得2分；一般的得0～1分
1.2	总体方案	3分	总体方案合理得3分；基本可行得1～2分；不可行得0分
1.3	工作计划及进度安排	3分	分工科学合理，工序安排切实可行，各部分任务及其完成时间明确，总进度满足要求，得3分；分工基本合理，工序安排基本可行，各部分任务及完成时间明确，总进度满足要求，得2分；分工不合理，工序安排不可行，各部分任务及完成时间不明确，总进度不满足招标文件要求，得0分
1.4	工作的质量、安全、进度保证措施	3分	质量、安全和进度保证措施切实可行，监控手段完善，得2～3分；质量、安全和进度保证措施基本可行，监控手段基本完善，得1分；无质量、安全和进度保证措施，得0分
1.5	设备配备方案	2分	配备齐全得2分；较好的得1分；一般得0分
2	施工方案	18分	
2.1	施工方案	6分	施工方案完整性、合理的得5～6分；较好的得3～4分；一般的得0～2分
2.2	施工工艺	2分	合理的得2分；较好的得1分；一般的得0分
2.3	岩土样采集	3分	新建井取芯比例16％～20％得3分；11％～15％得2分；5％～10％得1分；低于5％得0分
2.4	井壁管连接（不得采用钉子连接方式）	2分	钢管采用焊接加内扣不锈钢节箍连接的、PVC-U采用螺纹式连接得2分；采用其中一种方法的得1分；不采用的得0分（各省可视情况修改）；井壁管连接方案合理，钢管采用焊接加内扣不锈钢节箍加固连接的得2分；基本合理、不加固的得1分；不合理的得0分

续表

评 分 项 目		赋分	评 分 说 明
2.5	辅助设施方案	2分	方案合理得2分；基本可行得1分；不可行得0分
2.6	安全措施	3分	合理得3分；基本可行得1分；不可行得0分
3	电测井方法	2分	采用两种方法的得2分；采用一种方法的得1分（各省可视情况修改）
4	项目组人员组成	3分	
4.1	项目负责人和技术负责人条件	1分	项目负责人和技术负责人参与或负责过省级相关打井工程或地质勘探工程，并具有地质专业人员的得1分（必须提供合同或业主单位证明或其他证明，否则不得分）
4.2	项目组成员条件	2分	本项目具有15人及以上为高级工程师职称的并具有3年及以上从事相关工作的经历得2分，否则该项目得分为0分（各省可视情况修改）
5	协调方案	8分	
5.1	进场协调方案	2分	施工进场协调方案合理的得2分，否则得0分
5.2	补偿方案	2分	补偿方案合理的得2分，一般的得0~1分
5.3	本地服务业绩	2分	在当地做过类似项目的并取得良好效果，口碑良好的并能出具文字证明加盖公章的得2分，一般的得1分，其他不得分
5.4	占地	2分	监测站占地协议有关材料、占地方案，合理的得2分，其他不得分
6	环境保护措施	1分	环境保护措施合理可行的得1分，其他不得分
7	质保措施	5分	
7.1	质量保证措施	2分	合理的得2分，一般的得0~1分
7.2	服务承诺	3分	承诺质量保障10年及以上的3分，5~10年的得2分，其他不得分（注：在保障期内出现质量问题的必须免费维护）
	合计	50分	

第六篇　技　术　条　款

1　项目背景

水利部门开展地下水监测是水资源统一管理的一项基础性工作，主要为水资源的配置、节约、保护和抗旱决策提供科学依据；国土资源部门开展地下水监测是地质环境保护的一项基础工作，主要为地下水的合理开发利用、防治地质灾害、保护地质环境等决策提供科学依据。为改变目前地下水监测工作在水资源管理和地质环境保护、地质灾害防治方面滞后的局面，大幅提高地下水监测与信息服务能力，为经济社会发展和生态环境保护提供可靠的技术支撑，水利部和国土资源部联合建设国家地下水监测工程。

通过本工程实施，实现对地下水动态的有效监测，以及对大型平原、盆地及岩溶山区地下水动态的区域性监控和地下水监测点的实时监控；为相关部门和社会提供及时、准确的地下水动态信息。

2　项目概况

简述本标段建设内容、工程量等。

3　本标段主要工作内容

3.1　工作目的

本次工作的目的是为了实现对＿＿＿省＿＿＿市地下水动态的有效监测，建设地下水监测专用井。

3.2　工作任务

（1）新建监测井建设。

（2）改建监测井建设。

（3）新建流量站建设。

（4）辅助设施建设（可选）。

（5）占地。

3.3　工作内容

本次招标项目的建设地点为＿＿＿省＿＿＿市，计划工期＿＿＿个月。具体如下：

（1）新建监测井建设内容。

新建监测站建设内容包括地下水监测井成井、监测站辅助设施建设（可选，各省根据实际情况完善建设内容）、抽水试验、岩土样采集与试验、电测井等。

（2）改建监测、建设主要内容。

改建监测站建设内容包括地下水监测井洗井维护（包括旧井处理、清淤洗井，抽水试验）、监测站辅助设施建设（可选，各省根据实际情况完善建设内容）等。

（3）新建流量监测站建设主要内容。

泉流和坎儿井监测堰槽，水位观测井和辅助设施建设（可选，各省根据实际情况完善建设内容）等。

（4）占地。

做好每个新建监测站占地、施工占地及施工道路等有关工作，提交监测站占地协议（特殊情况另行说明）并承担相应的费用。

3.4　工作要求

3.4.1　新建站

严格依据逐站设计确定的钻孔孔径、井管管径和选材施工，施工中，单井钻探进尺与设计值难免存在出入，但是本标段的实际钻探总进尺应与设计总进尺基本一致。

钻进、疏孔、换浆和试孔、井管安装，滤料填充、封闭止水、洗井、抽水试验等环节的施工应按照设计要求，遵循《供水水文地质勘察规范》（GB 50027—2001）、《机井技术规范》（GB/T 50625—2010）和《地下水监测站建设规范》（SL 360—2006）。

（1）井壁管。

根据初步设计选取井壁管管材和规格，明确本标段各种材质和口径井壁管监测井的数量，材质应符合《机井井管标准》（SL 154—2013）规定的质量标准，采用 PVC-U 管的常规水质和自动水质监测井管材还应符合《水井用硬聚氯乙烯（PVC-U）管材》（CJ/T 308—2009）。

（2）开孔孔径。

根据初步设计明确本标段各种井壁管的开孔孔径：①公称直径 146mm 无缝钢管，开孔孔径 350mm；②公称直径 168mm 无缝钢管，开孔孔径 400mm；③公称直径 219mm 无缝钢管，开孔孔径 450mm。

公称直径 200mmPVC-U 管开孔孔径为 400mm。

（3）钻井技术。

根据本省初步设计报告的设计，明确钻进方法、钻孔质量、钻探工程工作记录要求等内容。

（4）井管安装、填滤和封闭止水。

根据本省初步设计报告的设计，明确过滤管设计、沉淀管设计，井管安装、填滤和封闭止水等的施工要求。

（5）岩土样采集设计。

岩土样采集分为钻探中捞取扰动样和环刀钻进提取完整岩芯样两种。根据本省初步设计报告明确提取完整岩芯样监测井的数量，其他监测井捞取扰动样，明确扰动样和完整岩芯样提取的技术要求，明确岩芯样土工试验的要求。岩土样应符合《供水水文地质勘察规范》（GB 50027—2001）和《机井技术规范》（GB/T 50625—2010）的规定。

（6）洗井设计。

根据本省初步设计报告的设计，明确洗井的方法和技术要求。

（7）抽水试验设计。

根据本省初步设计报告的设计，明确抽水试验的技术要求。

（8）电测井。

根据本省初步设计报告的设计，明确电测井的技术要求。

（9）施工记录和图表材料。

根据本省初步设计报告明确：施工中钻井、岩土取样、井管安装、滤料和止水材料填充、电测井、洗井、抽水试验等应形成的表格和文字记录要求，成井剖面图并形成相应的电子表格要求。

3.4.2 改建站

改建井建设内容主要包括洗井和清淤、抽水试验。

（1）洗井、清淤方法。

根据本省初步设计报告的设计，明确洗井的方法和技术要求。

（2）抽水试验。

根据本省初步设计报告的设计，明确抽水试验的技术要求。

3.4.3 辅助设施建设

辅助设施建设内容包括：＿＿＿＿＿＿＿＿＿＿＿（内容根据各省实际情况进行叙述）。

（1）站房。

根据初步设计国家地下水监测工程监测井站房，层数为一层，建筑面积不大于 4.0m²，屋面采用Ⅱ级防水，含有 UV 探头的自动水质站站房房顶需放置杆式太阳能支架，防潮地面，室外门为钢制防盗门，满足防雷要求。根据本省初步设计报告的设计，明确站房的具体工程量和技术要求，若需要可附设计图。

其他辅助设施如水准点等，如含入本标段需要经部项目办同意。

3.4.4 流量站建设（根据各省区实际情况进行描述）

根据本省初步设计报告的设计，明确本标段泉流量和坎儿井监测站数量，采样的测流堰槽种类、水位监测设备井及包含的附属设施的工程量技术要求等，若需要可附设计图。

3.4.5　占地

做好每个新建监测站占地、施工占地及施工道路等有关工作，提交监测站占地协议（特殊情况另行说明）并承担相应的费用。

4　估算工作量

本标段新建监测井共＿＿眼、钻探总进尺＿＿。具体分布情况见表4-1；改建监测共＿＿处。具体分布情况见表4-2；新建流量监测站具体分布情况见表4-3。

表4-1　　　　　　　新建监测井工作量（按分省报告确定）（各省可根据情况优化）

监测站编码	地下水类型	监测井位置	监测井井深	开口井径	选用管材	止水材料	滤料种类	洗井方式	抽水试验方式	电测井方式	是否有站房

表4-2　　　　　　　　改建监测井工作量（按分省报告确定）

监测站编码	监测井位置	监测井井深	洗井清淤方式	抽水试验方式	是否有站房

表 4-3 新建流量监测站工作量（按分省报告确定）

流量站编码	流量站位置	堰槽类型	辅助设施建设	静水井

5 监测井建设工作组织和任务划分

5.1 投标人

投标人应编制项目的建设工作组织实施方案，详细工作计划和组织实施方案。

投标人应根据项目的特点，合理安排建设任务，明确工作责任。

5.2 中标单位

（1）新建监测站建设主要内容。

新建监测站建设内容包括地下水监测井成井、监测站辅助设施建设（各省根据实际情况完善建设内容）、抽水试验、岩土样采集与试验、电测井等。

（2）改建监测站建设主要内容。

改建监测站建设内容包括地下水监测井洗井维护（包括旧井处理、清淤洗井，抽水试验）、监测站辅助设施建设（可选，各省根据实际情况完善建设内容）等。

（3）新建流量监测站建设主要内容（各省根据初步设计额分省报告与实际情况完善建设内容）。

泉流监测中巴歇尔槽：水位观测井、巴歇尔槽（连接段、收缩段、喉道段、扩散段、消能及连接段）和辅助设施建设（可选，各省根据实际情况完善建设内容）等。

泉流量监测中矩形堰：量水堰计井、矩形测验槽（收缩段、喉道段、扩散段）和辅助设施建设（可选，各省根据实际情况完善建设内容）等。

坎儿井：水位观测井、测流堰、坎儿井出水口处理和辅助设施建设（可选，各省根据实际情况完善建设内容）等。

（4）占地。

做好每个监测站占地、施工占地及施工道路等有关工作，提交监测站占地协议（特殊情况另行说明）并承担相应的费用。

中标单位提供的其他成果服务：_____。

6 本标段工作成果及进度要求

6.1 本标段工作成果

中标单位提交监测井建设工作成果：

（1）提交符合质量要求的监测井成井。

（2）提交施工中钻井，岩土样采集，井管安装，滤料和止水材料填充，电测井，洗井、抽水试验的图表、文字资料和成果报告。

（3）绘制成井剖面图并形成相应的电子表格。

（4）地层岩性鉴别报告。

（5）乙方应按第四篇合同条件及格式的第 7.2.2、7.2.3、7.2.4 条中规定的要求提交相关的图表、照片、文字资料、影像资料。

（6）提交监测站占地协议。

（7）提交井管质量检测报告。

（8）除以上成果资料外，乙方还应向甲方提交由本合同产生的其他应归档文件资料。乙方对所提交资料完整性、真实性负责。

6.2　进度要求

签订合同后____个月内完成本标段的全部工作。

7　招标要求

7.1　对投标人的技术要求

投标人除了应具备"投标人须知"第 2 条"合格的投标人"要求的资质以外，还应达到如下要求：

（1）具有良好的信誉。

（2）具有相类似项目的工作经验，并能够提供类似项目的合同及工作成果。

（3）必须保证有能力组织完成本标书要求的全部建设工作。

（4）在中标后，能认真组织好技术及管理队伍，做好工作计划。投标人在中标后，应按照部项目办的相关要求进行建设工作。

（5）应按期完成建设工作。

（6）应负责将本次监测井建设成果按照归档要求将有关技术文件、资料、报告等文档（包括电子文档）汇集成册交付部项目办。

7.2　标书技术方案的基本要求

投标人应根据本项目的工作目的、任务、工作内容、工作要求和对本项目的理解，编制详细的监测井施工方案。并对监测井建设的工作目的、工作任务、工作内容和要求、工作方法、工作进度和预期工作成果等方面应做重点描述。

投标文件应重点把握项目的现状、需求、任务，提出切合实际的施工方案、工作实施计划及其所采取的质量、安全技术措施。方案必须实用、先进、高效、安全、可靠，并达到项目建设工作的目的。

提出招标中未作规定的合理措施、条款、建议等有关内容。

7.3　投标文件的编制

为清晰表达监测井建设工作方案，投标人的标书技术卷的编制应单独成册。

7.4　提交成果要求

项目完成时，中标人必须向招标人或委托招标人提供符合质量要求的监测井建设成果，并在投标文件中列出详细名录的（如各类附件），一并向项目法人提供。

7.5　参加项目人员要求

投标单位应实行专人负责制，项目经理和技术负责人应具有 3 年以上类似项目的工作经验，并曾参与过与本工程相类似的工作（提供合同或业主单位证明或其他证明），应具有很强的理解、沟通、协调和语言表达能力，并能虚心接受项目管理单位、用户单位的意见和建议。

项目技术负责人必须能够专职、全程负责所承担该项目的建设工作。

投标文件应详细列出项目工作人员的名单及所承担的类似工作内容，对其相类似工作履历进行说明，并提供相关证明文件。

7.6　质保措施的要求和时间

监测井建设工作要达到初步设计对监测井建设的要求，投标人应提出针对本项目的监测井建设质保措施。包括施工中钻井、岩土样采集、井管安装、滤料和止水材料填充、电测井、洗井、抽水试验等环节的具体质保方案。

7.7　保密要求

投标人应严格执行数据保密的有关规定，非经部项目办书面同意，不得将参加本次招标项目和完成项目工作任务而获取的以任何纸制或电子文档等方式体现的信息，资料向任何第三人披露、泄露或许可第三人使用。

7.8　成果版权

本次招标项目完成的所有成果，其版权归招标方所有。

第三部分

质量安全管理

中华人民共和国安全生产法

（中华人民共和国主席令第 13 号　2014 年 8 月 31 日）

目　　录

第一章　总　　则

第一条　为了加强安全生产工作，防止和减少生产安全事故，保障人民群众生命和财产安全，促进经济社会持续健康发展，制定本法。

第二条　在中华人民共和国领域内从事生产经营活动的单位（以下统称生产经营单位）的安全生产适用本法；有关法律、行政法规对消防安全和道路交通安全、铁路交通安全、水上交通安全、民用航空安全以及核与辐射安全、特种设备安全另有规定的，适用其规定。

第三条　安全生产工作应当以人为本，坚持安全发展，坚持安全第一、预防为主、综合治理的方针，强化和落实生产经营单位的主体责任，建立生产经营单位负责、职工参与、政府监管、行业自律和社会监督的机制。

第四条　生产经营单位必须遵守本法和其他有关安全生产的法律、法规，加强安全生产管理，建立、健全安全生产责任制和安全生产规章制度，改善安全生产条件，推进安全生产标准化建设，提高安全生产水平，确保安全生产。

第五条　生产经营单位的主要负责人对本单位的安全生产工作全面负责。

第六条　生产经营单位的从业人员有依法获得安全生产保障的权利，并应当依法履行安全生产方面的义务。

第七条　工会依法对安全生产工作进行监督。

生产经营单位的工会依法组织职工参加本单位安全生产工作的民主管理和民主监督，维护职工在安全生产方面的合法权益。生产经营单位制定或者修改有关安全生产的规章制度，应当听取工会的意见。

第八条　国务院和县级以上地方各级人民政府应当根据国民经济和社会发展规划制定安全生产规划，并组织实施。安全生产规划应当与城乡规划相衔接。

国务院和县级以上地方各级人民政府应当加强对安全生产工作的领导，支持、督促各有关部门依法履行安全生产监督管理职责，建立健全安全生产工作协调机制，及时协调、解决安全生产监督管理中存在的重大问题。

乡、镇人民政府以及街道办事处、开发区管理机构等地方人民政府的派出机关应当按照职责，加强对本行政区域内生产经营单位安全生产状况的监督检查，协助上级人民政府有关部门依法履行安全生产监督管理职责。

第九条 国务院安全生产监督管理部门依照本法，对全国安全生产工作实施综合监督管理；县级以上地方各级人民政府安全生产监督管理部门依照本法，对本行政区域内安全生产工作实施综合监督管理。

国务院有关部门依照本法和其他有关法律、行政法规的规定，在各自的职责范围内对有关行业、领域的安全生产工作实施监督管理；县级以上地方各级人民政府有关部门依照本法和其他有关法律、法规的规定，在各自的职责范围内对有关行业、领域的安全生产工作实施监督管理。

安全生产监督管理部门和对有关行业、领域的安全生产工作实施监督管理的部门，统称负有安全生产监督管理职责的部门。

第十条 国务院有关部门应当按照保障安全生产的要求，依法及时制定有关的国家标准或者行业标准，并根据科技进步和经济发展适时修订。

生产经营单位必须执行依法制定的保障安全生产的国家标准或者行业标准。

第十一条 各级人民政府及其有关部门应当采取多种形式，加强对有关安全生产的法律、法规和安全生产知识的宣传，增强全社会的安全生产意识。

第十二条 有关协会组织依照法律、行政法规和章程，为生产经营单位提供安全生产方面的信息、培训等服务，发挥自律作用，促进生产经营单位加强安全生产管理。

第十三条 依法设立的为安全生产提供技术、管理服务的机构，依照法律、行政法规和执业准则，接受生产经营单位的委托为其安全生产工作提供技术、管理服务。

生产经营单位委托前款规定的机构提供安全生产技术、管理服务的，保证安全生产的责任仍由本单位负责。

第十四条 国家实行生产安全事故责任追究制度，依照本法和有关法律、法规的规定，追究生产安全事故责任人员的法律责任。

第十五条 国家鼓励和支持安全生产科学技术研究和安全生产先进技术的推广应用，提高安全生产水平。

第十六条 国家对在改善安全生产条件、防止生产安全事故、参加抢险救护等方面取得显著成绩的单位和个人给予奖励。

第二章　生产经营单位的安全生产保障

第十七条 生产经营单位应当具备本法和有关法律、行政法规和国家标准或者行业标准规定的安全生产条件；不具备安全生产条件的，不得从事生产经营活动。

第十八条 生产经营单位的主要负责人对本单位安全生产工作负有下列职责：

（一）建立、健全本单位安全生产责任制。

（二）组织制定本单位安全生产规章制度和操作规程。

（三）组织制定并实施本单位安全生产教育和培训计划。

（四）保证本单位安全生产投入的有效实施。

（五）督促、检查本单位的安全生产工作，及时消除生产安全事故隐患。

（六）组织制定并实施本单位的生产安全事故应急救援预案。

（七）及时、如实报告生产安全事故。

第十九条 生产经营单位的安全生产责任制应当明确各岗位的责任人员、责任范围和考核标准等内容。

生产经营单位应当建立相应的机制，加强对安全生产责任制落实情况的监督考核，保证安全生产责任制的落实。

第二十条 生产经营单位应当具备的安全生产条件所必需的资金投入，由生产经营单位的决策机构、主要负责人或者个人经营的投资人予以保证，并对由于安全生产所必需的资金投入不足导致的后果承担责任。

有关生产经营单位应当按照规定提取和使用安全生产费用，专门用于改善安全生产条件。安全生产费用在成本中据实列支。安全生产费用提取、使用和监督管理的具体办法由国务院财政部门会同国务院安全生产监督管理部门征求国务院有关部门意见后制定。

第二十一条 矿山、金属冶炼、建筑施工、道路运输单位和危险物品的生产、经营、储存单位，应当设置安全生产管理机构或者配备专职安全生产管理人员。

前款规定以外的其他生产经营单位，从业人员超过100人的，应当设置安全生产管理机构或者配备专职安全生产管理人员；从业人员在100人以下的，应当配备专职或者兼职的安全生产管理人员。

第二十二条 生产经营单位的安全生产管理机构以及安全生产管理人员履行下列职责：

（一）组织或者参与拟订本单位安全生产规章制度、操作规程和生产安全事故应急救援预案。

（二）组织或者参与本单位安全生产教育和培训，如实记录安全生产教育和培训情况。

（三）督促落实本单位重大危险源的安全管理措施。

（四）组织或者参与本单位应急救援演练。

（五）检查本单位的安全生产状况，及时排查生产安全事故隐患，提出改进安全生产管理的建议。

（六）制止和纠正违章指挥、强令冒险作业、违反操作规程的行为。

（七）督促落实本单位安全生产整改措施。

第二十三条 生产经营单位的安全生产管理机构以及安全生产管理人员应当恪尽职守，依法履行职责。

生产经营单位作出涉及安全生产的经营决策，应当听取安全生产管理机构以及安全生产管理人员的意见。

生产经营单位不得因安全生产管理人员依法履行职责而降低其工资、福利等待遇或者解除与其订立的劳动合同。

危险物品的生产、储存单位以及矿山、金属冶炼单位的安全生产管理人员的任免，应当告知主管的负有安全生产监督管理职责的部门。

第二十四条 生产经营单位的主要负责人和安全生产管理人员必须具备与本单位所从事的生产经营活动相应的安全生产知识和管理能力。

危险物品的生产、经营、储存单位以及矿山、金属冶炼、建筑施工、道路运输单位的主要负责人和安全生产管理人员，应当由主管的负有安全生产监督管理职责的部门对其安全生产知识和管理能力考核合格。考核不得收费。

危险物品的生产、储存单位以及矿山、金属冶炼单位应当有注册安全工程师从事安全生产管理工作。鼓励其他生产经营单位聘用注册安全工程师从事安全生产管理工作。注册安全工程师按专业分类管理，具体办法由国务院人力资源和社会保障部门、国务院安全生产监督管理部门会同国务院有关部门制定。

第二十五条 生产经营单位应当对从业人员进行安全生产教育和培训，保证从业人员具备必要的安全生产知识，熟悉有关的安全生产规章制度和安全操作规程，掌握本岗位的安全操作技能，了解事故应急处理措施，知悉自身在安全生产方面的权利和义务。未经安全生产教育和培训合格的从业人员不得上岗作业。

生产经营单位使用被派遣劳动者的，应当将被派遣劳动者纳入本单位从业人员统一管理，对被派遣劳动者进行岗位安全操作规程和安全操作技能的教育和培训。劳务派遣单位应当对被派遣劳动者进行必要的安全生产教育和培训。

生产经营单位接收中等职业学校、高等学校学生实习的，应当对实习学生进行相应的安全生产教育和培训，提供必要的劳动防护用品。学校应当协助生产经营单位对实习学生进行安全生产教育和培训。

生产经营单位应当建立安全生产教育和培训档案，如实记录安全生产教育和培训的时间、内容、参加人员以及考核结果等情况。

第二十六条 生产经营单位采用新工艺、新技术、新材料或者使用新设备，必须了解、掌握其安全技术特性，采取有效的安全防护措施，并对从业人员进行专门的安全生产教育和培训。

第二十七条 生产经营单位的特种作业人员必须按照国家有关规定经专门的安全作业培训，取得相应资格方可上岗作业。

特种作业人员的范围由国务院安全生产监督管理部门会同国务院有关部门确定。

第二十八条 生产经营单位新建、改建、扩建工程项目（以下统称建设项目）的安全设施，必须与主体工程同时设计、同时施工、同时投入生产和使用。安全设施投资应当纳入建设项目概算。

第二十九条 矿山、金属冶炼建设项目和用于生产、储存、装卸危险物品的建设项目，应当按照国家有关规定进行安全评价。

第三十条 建设项目安全设施的设计人、设计单位应当对安全设施设计负责。

矿山、金属冶炼建设项目和用于生产、储存、装卸危险物品的建设项目的安全设施设计应当按照国家有关规定报经有关部门审查，审查部门及其负责审查的人员对审查结果负责。

第三十一条 矿山、金属冶炼建设项目和用于生产、储存、装卸危险物品的建设项目的施工单位必须按照批准的安全设施设计施工，并对安全设施的工程质量负责。

矿山、金属冶炼建设项目和用于生产、储存危险物品的建设项目竣工投入生产或者使用前，应当由建设单位负责组织对安全设施进行验收，验收合格后方可投入生产和使用。安全生产监督管理部门应当加强对建设单位验收活动和验收结果的监督核查。

第三十二条 生产经营单位应当在有较大危险因素的生产经营场所和有关设施、设备上，设置明显的安全警示标志。

第三十三条 安全设备的设计、制造、安装、使用、检测、维修、改造和报废，应当符合国家标准或者行业标准。

生产经营单位必须对安全设备进行经常性维护、保养并定期检测，保证正常运转。维护、保养、检测应当做好记录，并由有关人员签字。

第三十四条 生产经营单位使用的危险物品的容器、运输工具，以及涉及人身安全、危险性较大的海洋石油开采特种设备和矿山井下特种设备，必须按照国家有关规定，由专业生产单位生产，并经具有专业资质的检测、检验机构检测、检验合格，取得安全使用证或者安全标志方可投入使用。检测、检验机构对检测、检验结果负责。

第三十五条 国家对严重危及生产安全的工艺、设备实行淘汰制度，具体目录由国务院安全生产监督管理部门会同国务院有关部门制定并公布。法律、行政法规对目录的制定另有规定的适用其规定。

省、自治区、直辖市人民政府可以根据本地区实际情况制定并公布具体目录，对前款规定以外的危及生产安全的工艺、设备予以淘汰。

生产经营单位不得使用应当淘汰的危及生产安全的工艺、设备。

第三十六条 生产、经营、运输、储存、使用危险物品或者处置废弃危险物品的，由有关主管部门依照有关法律、法规的规定和国家标准或者行业标准审批并实施监督管理。

生产经营单位生产、经营、运输、储存、使用危险物品或者处置废弃危险物品，必须执行有关法律、法规和国家标准或者行业标准，建立专门的安全管理制度，采取可靠的安全措施，接受有关主管部门依法实施的监督管理。

第三十七条 生产经营单位对重大危险源应当登记建档，进行定期检测、评估、监控，并制定应急预案，告知从业人员和相关人员在紧急情况下应当采取的应急措施。

生产经营单位应当按照国家有关规定将本单位重大危险源及有关安全措施、应急措施报有关地方人民政府安全生产监督管理部门和有关部门备案。

第三十八条　生产经营单位应当建立健全生产安全事故隐患排查治理制度，采取技术、管理措施，及时发现并消除事故隐患。事故隐患排查治理情况应当如实记录，并向从业人员通报。

县级以上地方各级人民政府负有安全生产监督管理职责的部门应当建立健全重大事故隐患治理督办制度，督促生产经营单位消除重大事故隐患。

第三十九条　生产、经营、储存、使用危险物品的车间、商店、仓库不得与员工宿舍在同一座建筑物内，并应当与员工宿舍保持安全距离。

生产经营场所和员工宿舍应当设有符合紧急疏散要求、标志明显、保持畅通的出口。禁止锁闭、封堵生产经营场所或者员工宿舍的出口。

第四十条　生产经营单位进行爆破、吊装以及国务院安全生产监督管理部门会同国务院有关部门规定的其他危险作业，应当安排专门人员进行现场安全管理，确保操作规程的遵守和安全措施的落实。

第四十一条　生产经营单位应当教育和督促从业人员严格执行本单位的安全生产规章制度和安全操作规程，并向从业人员如实告知作业场所和工作岗位存在的危险因素、防范措施以及事故应急措施。

第四十二条　生产经营单位必须为从业人员提供符合国家标准或者行业标准的劳动防护用品，并监督、教育从业人员按照使用规则佩戴、使用。

第四十三条　生产经营单位的安全生产管理人员应当根据本单位的生产经营特点，对安全生产状况进行经常性检查；对检查中发现的安全问题应当立即处理；不能处理的，应当及时报告本单位有关负责人，有关负责人应当及时处理。检查及处理情况应当如实记录在案。

生产经营单位的安全生产管理人员在检查中发现重大事故隐患，依照前款规定向本单位有关负责人报告，有关负责人不及时处理的，安全生产管理人员可以向主管的负有安全生产监督管理职责的部门报告，接到报告的部门应当依法及时处理。

第四十四条　生产经营单位应当安排用于配备劳动防护用品、进行安全生产培训的经费。

第四十五条　两个以上生产经营单位在同一作业区域内进行生产经营活动，可能危及对方生产安全的，应当签订安全生产管理协议，明确各自的安全生产管理职责和应当采取的安全措施，并指定专职安全生产管理人员进行安全检查与协调。

第四十六条　生产经营单位不得将生产经营项目、场所、设备发包或者出租给不具备安全生产条件或者相应资质的单位或者个人。

生产经营项目、场所发包或者出租给其他单位的，生产经营单位应当与承包单位、承租单位签订专门的安全生产管理协议，或者在承包合同、租赁合同中约定各自的安全生产管理职责；生产经营单位对承包单位、承租单位的安全生产工作统一协调、管理，定期进行安全检查，发现安全问题的应当及时督促整改。

第四十七条　生产经营单位发生生产安全事故时，单位的主要负责人应当立即组织抢救，并不得在事故调查处理期间擅离职守。

第四十八条　生产经营单位必须依法参加工伤保险，为从业人员缴纳保险费。

国家鼓励生产经营单位投保安全生产责任保险。

第三章　从业人员的安全生产权利义务

第四十九条　生产经营单位与从业人员订立的劳动合同，应当载明有关保障从业人员劳动安全、防止职业危害的事项，以及依法为从业人员办理工伤保险的事项。

生产经营单位不得以任何形式与从业人员订立协议，免除或者减轻其对从业人员因生产安全事故伤亡依法应承担的责任。

第五十条 生产经营单位的从业人员有权了解其作业场所和工作岗位存在的危险因素、防范措施及事故应急措施，有权对本单位的安全生产工作提出建议。

第五十一条 从业人员有权对本单位安全生产工作中存在的问题提出批评、检举、控告，有权拒绝违章指挥和强令冒险作业。

生产经营单位不得因从业人员对本单位安全生产工作提出批评、检举、控告或者拒绝违章指挥、强令冒险作业而降低其工资、福利等待遇或者解除与其订立的劳动合同。

第五十二条 从业人员发现直接危及人身安全的紧急情况时，有权停止作业或者在采取可能的应急措施后撤离作业场所。

生产经营单位不得因从业人员在前款紧急情况下停止作业或者采取紧急撤离措施而降低其工资、福利等待遇或者解除与其订立的劳动合同。

第五十三条 因生产安全事故受到损害的从业人员，除依法享有工伤保险外，依照有关民事法律尚有获得赔偿的权利的，有权向本单位提出赔偿要求。

第五十四条 从业人员在作业过程中，应当严格遵守本单位的安全生产规章制度和操作规程，服从管理，正确佩戴和使用劳动防护用品。

第五十五条 从业人员应当接受安全生产教育和培训，掌握本职工作所需的安全生产知识，提高安全生产技能，增强事故预防和应急处理能力。

第五十六条 从业人员发现事故隐患或者其他不安全因素，应当立即向现场安全生产管理人员或者本单位负责人报告，接到报告的人员应当及时予以处理。

第五十七条 工会有权对建设项目的安全设施与主体工程同时设计、同时施工、同时投入生产和使用进行监督，提出意见。

工会对生产经营单位违反安全生产法律、法规，侵犯从业人员合法权益的行为有权要求纠正；发现生产经营单位违章指挥、强令冒险作业或者发现事故隐患时，有权提出解决的建议，生产经营单位应当及时研究答复；发现危及从业人员生命安全的情况时，有权向生产经营单位建议组织从业人员撤离危险场所，生产经营单位必须立即作出处理。

工会有权依法参加事故调查，向有关部门提出处理意见，并要求追究有关人员的责任。

第五十八条 生产经营单位使用被派遣劳动者的，被派遣劳动者享有本法规定的从业人员的权利，并应当履行本法规定的从业人员的义务。

第四章 安全生产的监督管理

第五十九条 县级以上地方各级人民政府应当根据本行政区域内的安全生产状况，组织有关部门按照职责分工，对本行政区域内容易发生重大生产安全事故的生产经营单位进行严格检查。

安全生产监督管理部门应当按照分类分级监督管理的要求，制定安全生产年度监督检查计划，并按照年度监督检查计划进行监督检查，发现事故隐患应当及时处理。

第六十条 负有安全生产监督管理职责的部门依照有关法律、法规的规定，对涉及安全生产的事项需要审查批准（包括批准、核准、许可、注册、认证、颁发证照等，下同）或者验收的，必须严格依照有关法律、法规和国家标准或者行业标准规定的安全生产条件和程序进行审查；不符合有关法律、法规和国家标准或者行业标准规定的安全生产条件的，不得批准或者验收通过。对未依法取得批准或者验收合格的单位擅自从事有关活动的，负责行政审批的部门发现或者接到举报后应当立即予以取缔，并依法予以处理。对已经依法取得批准的单位，负责行政审批的部门发现其不再具备安全生产条件的，应当撤销原批准。

第六十一条 负有安全生产监督管理职责的部门对涉及安全生产的事项进行审查、验收，不得收取费用，不得要求接受审查、验收的单位购买其指定品牌或者指定生产、销售单位的安全设备、器材或者其他产品。

第六十二条　安全生产监督管理部门和其他负有安全生产监督管理职责的部门依法开展安全生产行政执法工作，对生产经营单位执行有关安全生产的法律、法规和国家标准或者行业标准的情况进行监督检查，行使以下职权：

（一）进入生产经营单位进行检查，调阅有关资料，向有关单位和人员了解情况。

（二）对检查中发现的安全生产违法行为，当场予以纠正或者要求限期改正；对依法应当给予行政处罚的行为，依照本法和其他有关法律、行政法规的规定作出行政处罚决定。

（三）对检查中发现的事故隐患，应当责令立即排除；重大事故隐患排除前或者排除过程中无法保证安全的，应当责令从危险区域内撤出作业人员，责令暂时停产停业或者停止使用相关设施、设备；重大事故隐患排除后，经审查同意，方可恢复生产经营和使用。

（四）对有根据认为不符合保障安全生产的国家标准或者行业标准的设施、设备、器材以及违法生产、储存、使用、经营、运输的危险物品予以查封或者扣押，对违法生产、储存、使用、经营危险物品的作业场所予以查封，并依法作出处理决定。

监督检查不得影响被检查单位的正常生产经营活动。

第六十三条　生产经营单位对负有安全生产监督管理职责的部门的监督检查人员（以下统称安全生产监督检查人员）依法履行监督检查职责，应当予以配合，不得拒绝、阻挠。

第六十四条　安全生产监督检查人员应当忠于职守，坚持原则，秉公执法。

安全生产监督检查人员执行监督检查任务时，必须出示有效的监督执法证件；对涉及被检查单位的技术秘密和业务秘密应当为其保密。

第六十五条　安全生产监督检查人员应当将检查的时间、地点、内容、发现的问题及其处理情况，作出书面记录，并由检查人员和被检查单位的负责人签字；被检查单位的负责人拒绝签字的，检查人员应当将情况记录在案，并向负有安全生产监督管理职责的部门报告。

第六十六条　负有安全生产监督管理职责的部门在监督检查中，应当互相配合，实行联合检查；确需分别进行检查的，应当互通情况，发现存在的安全问题应当由其他有关部门进行处理的，应当及时移送其他有关部门并形成记录备查，接受移送的部门应当及时进行处理。

第六十七条　负有安全生产监督管理职责的部门依法对存在重大事故隐患的生产经营单位作出停产停业、停止施工、停止使用相关设施或者设备的决定，生产经营单位应当依法执行，及时消除事故隐患。生产经营单位拒不执行，有发生生产安全事故的现实危险的，在保证安全的前提下，经本部门主要负责人批准，负有安全生产监督管理职责的部门可以采取通知有关单位停止供电、停止供应民用爆炸物品等措施，强制生产经营单位履行决定。通知应当采用书面形式，有关单位应当予以配合。

负有安全生产监督管理职责的部门依照前款规定采取停止供电措施，除有危及生产安全的紧急情形外，应当提前 24 小时通知生产经营单位。生产经营单位依法履行行政决定、采取相应措施消除事故隐患的，负有安全生产监督管理职责的部门应当及时解除前款规定的措施。

第六十八条　监察机关依照行政监察法的规定，对负有安全生产监督管理职责的部门及其工作人员履行安全生产监督管理职责实施监察。

第六十九条　承担安全评价、认证、检测、检验的机构应当具备国家规定的资质条件，并对其作出的安全评价、认证、检测、检验的结果负责。

第七十条　负有安全生产监督管理职责的部门应当建立举报制度，公开举报电话、信箱或者电子邮件地址，受理有关安全生产的举报；受理的举报事项经调查核实后，应当形成书面材料；需要落实整改措施的，报经有关负责人签字并督促落实。

第七十一条　任何单位或者个人对事故隐患或者安全生产违法行为，均有权向负有安全生产监督管理职责的部门报告或者举报。

第七十二条　居民委员会、村民委员会发现其所在区域内的生产经营单位存在事故隐患或者安全生产违法行为时，应当向当地人民政府或者有关部门报告。

第七十三条　县级以上各级人民政府及其有关部门对报告重大事故隐患或者举报安全生产违法行为的有功人员给予奖励。具体奖励办法由国务院安全生产监督管理部门会同国务院财政部门制定。

第七十四条　新闻、出版、广播、电影、电视等单位有进行安全生产公益宣传教育的义务，有对违反安全生产法律、法规的行为进行舆论监督的权利。

第七十五条　负有安全生产监督管理职责的部门应当建立安全生产违法行为信息库，如实记录生产经营单位的安全生产违法行为信息；对违法行为情节严重的生产经营单位，应当向社会公告，并通报行业主管部门、投资主管部门、国土资源主管部门、证券监督管理机构以及有关金融机构。

第五章　生产安全事故的应急救援与调查处理

第七十六条　国家加强生产安全事故应急能力建设，在重点行业、领域建立应急救援基地和应急救援队伍，鼓励生产经营单位和其他社会力量建立应急救援队伍，配备相应的应急救援装备和物资，提高应急救援的专业化水平。

国务院安全生产监督管理部门建立全国统一的生产安全事故应急救援信息系统，国务院有关部门建立健全相关行业、领域的生产安全事故应急救援信息系统。

第七十七条　县级以上地方各级人民政府应当组织有关部门制定本行政区域内生产安全事故应急救援预案，建立应急救援体系。

第七十八条　生产经营单位应当制定本单位生产安全事故应急救援预案，与所在地县级以上地方人民政府组织制定的生产安全事故应急救援预案相衔接，并定期组织演练。

第七十九条　危险物品的生产、经营、储存单位以及矿山、金属冶炼、城市轨道交通运营、建筑施工单位应当建立应急救援组织；生产经营规模较小的，可以不建立应急救援组织，但应当指定兼职的应急救援人员。

危险物品的生产、经营、储存、运输单位以及矿山、金属冶炼、城市轨道交通运营、建筑施工单位应当配备必要的应急救援器材、设备和物资，并进行经常性维护、保养，保证正常运转。

第八十条　生产经营单位发生生产安全事故后，事故现场有关人员应当立即报告本单位负责人。

单位负责人接到事故报告后，应当迅速采取有效措施，组织抢救，防止事故扩大，减少人员伤亡和财产损失，并按照国家有关规定立即如实报告当地负有安全生产监督管理职责的部门，不得隐瞒不报、谎报或者迟报，不得故意破坏事故现场、毁灭有关证据。

第八十一条　负有安全生产监督管理职责的部门接到事故报告后，应当立即按照国家有关规定上报事故情况。负有安全生产监督管理职责的部门和有关地方人民政府对事故情况不得隐瞒不报、谎报或者迟报。

第八十二条　有关地方人民政府和负有安全生产监督管理职责的部门的负责人接到生产安全事故报告后，应当按照生产安全事故应急救援预案的要求立即赶到事故现场，组织事故抢救。

参与事故抢救的部门和单位应当服从统一指挥，加强协同联动，采取有效的应急救援措施，并根据事故救援的需要采取警戒、疏散等措施，防止事故扩大和次生灾害的发生，减少人员伤亡和财产损失。

事故抢救过程中应当采取必要措施，避免或者减少对环境造成的危害。

任何单位和个人都应当支持、配合事故抢救，并提供一切便利条件。

第八十三条　事故调查处理应当按照科学严谨、依法依规、实事求是、注重实效的原则，及时、准确地查清事故原因，查明事故性质和责任，总结事故教训，提出整改措施，并对事故责任者提出处理意见。事故调查报告应当依法及时向社会公布。事故调查和处理的具体办法由国务院制定。

事故发生单位应当及时全面落实整改措施，负有安全生产监督管理职责的部门应当加强监督检查。

第八十四条　生产经营单位发生生产安全事故，经调查确定为责任事故的，除了应当查明事故单位的责任并依法予以追究外，还应当查明对安全生产的有关事项负有审查批准和监督职责的行政部门的责任，对有失职、渎职行为的，依照本法第八十七条的规定追究法律责任。

第八十五条　任何单位和个人不得阻挠和干涉对事故的依法调查处理。

第八十六条　县级以上地方各级人民政府安全生产监督管理部门应当定期统计分析本行政区域内发生生产安全事故的情况，并定期向社会公布。

第六章　法　律　责　任

第八十七条　负有安全生产监督管理职责的部门的工作人员，有下列行为之一的，给予降级或者撤职的处分；构成犯罪的，依照刑法有关规定追究刑事责任：

（一）对不符合法定安全生产条件的涉及安全生产的事项予以批准或者验收通过的。

（二）发现未依法取得批准、验收的单位擅自从事有关活动或者接到举报后不予取缔或者不依法予以处理的。

（三）对已经依法取得批准的单位不履行监督管理职责，发现其不再具备安全生产条件而不撤销原批准或者发现安全生产违法行为不予查处的。

（四）在监督检查中发现重大事故隐患不依法及时处理的。

负有安全生产监督管理职责的部门的工作人员有前款规定以外的滥用职权、玩忽职守、徇私舞弊行为的，依法给予处分；构成犯罪的，依照刑法有关规定追究刑事责任。

第八十八条　负有安全生产监督管理职责的部门，要求被审查、验收的单位购买其指定的安全设备、器材或者其他产品的，在对安全生产事项的审查、验收中收取费用的，由其上级机关或者监察机关责令改正，责令退还收取的费用；情节严重的，对直接负责的主管人员和其他直接责任人员依法给予处分。

第八十九条　承担安全评价、认证、检测、检验工作的机构，出具虚假证明的，没收违法所得；违法所得在 10 万元以上的，并处违法所得 2 倍以上 5 倍以下的罚款；没有违法所得或者违法所得不足 10 万元的，单处或者并处 10 万元以上 20 万元以下的罚款；对其直接负责的主管人员和其他直接责任人员处 2 万元以上 5 万元以下的罚款；给他人造成损害的，与生产经营单位承担连带赔偿责任；构成犯罪的，依照刑法有关规定追究刑事责任。

对有前款违法行为的机构，吊销其相应资质。

第九十条　生产经营单位的决策机构、主要负责人或者个人经营的投资人不依照本法规定保证安全生产所必需的资金投入，致使生产经营单位不具备安全生产条件的，责令限期改正，提供必需的资金；逾期未改正的，责令生产经营单位停产停业整顿。

有前款违法行为，导致发生生产安全事故的，对生产经营单位的主要负责人给予撤职处分，对个人经营的投资人处 2 万元以上 20 万元以下的罚款；构成犯罪的，依照刑法有关规定追究刑事责任。

第九十一条　生产经营单位的主要负责人未履行本法规定的安全生产管理职责的，责令限期改正；逾期未改正的，处 2 万元以上 5 万元以下的罚款，责令生产经营单位停产停业整顿。

生产经营单位的主要负责人有前款违法行为，导致发生生产安全事故的，给予撤职处分；构成犯罪的，依照刑法有关规定追究刑事责任。

生产经营单位的主要负责人依照前款规定受刑事处罚或者撤职处分的，自刑罚执行完毕或者受处分之日起，5 年内不得担任任何生产经营单位的主要负责人；对重大、特别重大生产安全事故负有责任的，终身不得担任本行业生产经营单位的主要负责人。

第九十二条　生产经营单位的主要负责人未履行本法规定的安全生产管理职责，导致发生生产安全事故的，由安全生产监督管理部门依照下列规定处以罚款：

（一）发生一般事故的，处上 1 年年收入 30％的罚款。

（二）发生较大事故的，处上 1 年年收入 40％的罚款。

（三）发生重大事故的，处上 1 年年收入 60％的罚款。

（四）发生特别重大事故的，处上 1 年年收入 80％的罚款。

第九十三条　生产经营单位的安全生产管理人员未履行本法规定的安全生产管理职责的，责令限期改正；导致发生生产安全事故的，暂停或者撤销其与安全生产有关的资格；构成犯罪的，依照刑法有关规定追究刑事责任。

第九十四条　生产经营单位有下列行为之一的，责令限期改正，可以处 5 万元以下的罚款；逾期未改正的，责令停产停业整顿，并处 5 万元以上 10 万元以下的罚款，对其直接负责的主管人员和其他直接责任人员处 1 万元以上 2 万元以下的罚款：

（一）未按照规定设置安全生产管理机构或者配备安全生产管理人员的。

（二）危险物品的生产、经营、储存单位以及矿山、金属冶炼、建筑施工、道路运输单位的主要负责人和安全生产管理人员未按照规定经考核合格的。

（三）未按照规定对从业人员、被派遣劳动者、实习学生进行安全生产教育和培训，或者未按照规定如实告知有关的安全生产事项的。

（四）未如实记录安全生产教育和培训情况的。

（五）未将事故隐患排查治理情况如实记录或者未向从业人员通报的。

（六）未按照规定制定生产安全事故应急救援预案或者未定期组织演练的。

（七）特种作业人员未按照规定经专门的安全作业培训并取得相应资格上岗作业的。

第九十五条　生产经营单位有下列行为之一的，责令停止建设或者停产停业整顿，限期改正；逾期未改正的，处 50 万元以上 100 万元以下的罚款，对其直接负责的主管人员和其他直接责任人员处 2 万元以上 5 万元以下的罚款；构成犯罪的，依照刑法有关规定追究刑事责任：

（一）未按照规定对矿山、金属冶炼建设项目或者用于生产、储存、装卸危险物品的建设项目进行安全评价的。

（二）矿山、金属冶炼建设项目或者用于生产、储存、装卸危险物品的建设项目没有安全设施设计或者安全设施设计未按照规定报经有关部门审查同意的。

（三）矿山、金属冶炼建设项目或者用于生产、储存、装卸危险物品的建设项目的施工单位未按照批准的安全设施设计施工的。

（四）矿山、金属冶炼建设项目或者用于生产、储存危险物品的建设项目竣工投入生产或者使用前，安全设施未经验收合格的。

第九十六条　生产经营单位有下列行为之一的，责令限期改正，可以处 5 万元以下的罚款；逾期未改正的，处 5 万元以上 20 万元以下的罚款，对其直接负责的主管人员和其他直接责任人员处 1 万元以上 2 万元以下的罚款；情节严重的，责令停产停业整顿；构成犯罪的，依照刑法有关规定追究刑事责任：

（一）未在有较大危险因素的生产经营场所和有关设施、设备上设置明显的安全警示标志的。

（二）安全设备的安装、使用、检测、改造和报废不符合国家标准或者行业标准的。

（三）未对安全设备进行经常性维护、保养和定期检测的。

（四）未为从业人员提供符合国家标准或者行业标准的劳动防护用品的。

（五）危险物品的容器、运输工具，以及涉及人身安全、危险性较大的海洋石油开采特种设备和矿山井下特种设备未经具有专业资质的机构检测、检验合格，取得安全使用证或者安全标志，投入使用的。

（六）使用应当淘汰的危及生产安全的工艺、设备的。

第九十七条　未经依法批准，擅自生产、经营、运输、储存、使用危险物品或者处置废弃危险物品的，依照有关危险物品安全管理的法律、行政法规的规定予以处罚；构成犯罪的，依照刑法有关规定追究刑事责任。

第九十八条　生产经营单位有下列行为之一的，责令限期改正，可以处 10 万元以下的罚款；逾期未改正的，责令停产停业整顿，并处 10 万元以上 20 万元以下的罚款，对其直接负责的主管人员和其他直接责任人员处 2 万元以上 5 万元以下的罚款；构成犯罪的，依照刑法有关规定追究刑事责任：

（一）生产、经营、运输、储存、使用危险物品或者处置废弃危险物品，未建立专门安全管理制度、未采取可靠的安全措施的。

（二）对重大危险源未登记建档，或者未进行评估、监控，或者未制定应急预案的。

（三）进行爆破、吊装以及国务院安全生产监督管理部门会同国务院有关部门规定的其他危险作业，未安排专门人员进行现场安全管理的。

（四）未建立事故隐患排查治理制度的。

第九十九条　生产经营单位未采取措施消除事故隐患的，责令立即消除或者限期消除；生产经营单位拒不执行的，责令停产停业整顿，并处 10 万元以上 50 万元以下的罚款，对其直接负责的主管人员和其他直接责任人员处 2 万元以上 5 万元以下的罚款。

第一百条　生产经营单位将生产经营项目、场所、设备发包或者出租给不具备安全生产条件或者相应资质的单位或者个人的，责令限期改正，没收违法所得；违法所得 10 万元以上的，并处违法所得 2 倍以上 5 倍以下的罚款；没有违法所得或者违法所得不足 10 万元的，单处或者并处 10 万元以上 20 万元以下的罚款；对其直接负责的主管人员和其他直接责任人员处 1 万元以上 2 万元以下的罚款；导致发生生产安全事故给他人造成损害的，与承包方、承租方承担连带赔偿责任。

生产经营单位未与承包单位、承租单位签订专门的安全生产管理协议或者未在承包合同、租赁合同中明确各自的安全生产管理职责，或者未对承包单位、承租单位的安全生产统一协调、管理的，责令限期改正，可以处 5 万元以下的罚款，对其直接负责的主管人员和其他直接责任人员可以处 1 万元以下的罚款；逾期未改正的，责令停产停业整顿。

第一百零一条　两个以上生产经营单位在同一作业区域内进行可能危及对方安全生产的生产经营活动，未签订安全生产管理协议或者未指定专职安全生产管理人员进行安全检查与协调的，责令限期改正，可以处 5 万元以下的罚款，对其直接负责的主管人员和其他直接责任人员可以处 1 万元以下的罚款；逾期未改正的，责令停产停业。

第一百零二条　生产经营单位有下列行为之一的，责令限期改正，可以处 5 万元以下的罚款，对其直接负责的主管人员和其他直接责任人员可以处 1 万元以下的罚款；逾期未改正的，责令停产停业整顿；构成犯罪的，依照刑法有关规定追究刑事责任：

（一）生产、经营、储存、使用危险物品的车间、商店、仓库与员工宿舍在同一座建筑内，或者与员工宿舍的距离不符合安全要求的。

（二）生产经营场所和员工宿舍未设有符合紧急疏散需要、标志明显、保持畅通的出口，或者锁闭、封堵生产经营场所或者员工宿舍出口的。

第一百零三条　生产经营单位与从业人员订立协议，免除或者减轻其对从业人员因生产安全事故伤亡依法应承担的责任的，该协议无效；对生产经营单位的主要负责人、个人经营的投资人处 2 万元以上 10 万元以下的罚款。

第一百零四条　生产经营单位的从业人员不服从管理，违反安全生产规章制度或者操作规程的，由生产经营单位给予批评教育，依照有关规章制度给予处分；构成犯罪的，依照刑法有关规定追究刑事责任。

第一百零五条　违反本法规定，生产经营单位拒绝、阻碍负有安全生产监督管理职责的部门依法实施监督检查的，责令改正；拒不改正的，处 2 万元以上 20 万元以下的罚款；对其直接负责的主管人员和其他直接责任人员处 1 万元以上 2 万元以下的罚款；构成犯罪的，依照刑法有关规定追究刑事责任。

第一百零六条 生产经营单位的主要负责人在本单位发生生产安全事故时，不立即组织抢救或者在事故调查处理期间擅离职守或者逃匿的，给予降级、撤职的处分，并由安全生产监督管理部门处上1年年收入60％～100％的罚款；对逃匿的处15日以下拘留；构成犯罪的，依照刑法有关规定追究刑事责任。

生产经营单位的主要负责人对生产安全事故隐瞒不报、谎报或者迟报的，依照前款规定处罚。

第一百零七条 有关地方人民政府、负有安全生产监督管理职责的部门，对生产安全事故隐瞒不报、谎报或者迟报的，对直接负责的主管人员和其他直接责任人员依法给予处分；构成犯罪的，依照刑法有关规定追究刑事责任。

第一百零八条 生产经营单位不具备本法和其他有关法律、行政法规和国家标准或者行业标准规定的安全生产条件，经停产停业整顿仍不具备安全生产条件的，予以关闭；有关部门应当依法吊销其有关证照。

第一百零九条 发生生产安全事故，对负有责任的生产经营单位除要求其依法承担相应的赔偿等责任外，由安全生产监督管理部门依照下列规定处以罚款：

（一）发生一般事故的，处20万元以上50万元以下的罚款。

（二）发生较大事故的，处50万元以上100万元以下的罚款。

（三）发生重大事故的，处100万元以上500万元以下的罚款。

（四）发生特别重大事故的，处500万元以上1000万元以下的罚款；情节特别严重的，处1000万元以上2000万元以下的罚款。

第一百一十条 本法规定的行政处罚，由安全生产监督管理部门和其他负有安全生产监督管理职责的部门按照职责分工决定。予以关闭的行政处罚由负有安全生产监督管理职责的部门报请县级以上人民政府按照国务院规定的权限决定；给予拘留的行政处罚由公安机关依照治安管理处罚法的规定决定。

第一百一十一条 生产经营单位发生生产安全事故造成人员伤亡、他人财产损失的，应当依法承担赔偿责任；拒不承担或者其负责人逃匿的，由人民法院依法强制执行。

生产安全事故的责任人未依法承担赔偿责任，经人民法院依法采取执行措施后，仍不能对受害人给予足额赔偿的，应当继续履行赔偿义务；受害人发现责任人有其他财产的，可以随时请求人民法院执行。

第七章 附 则

第一百一十二条 本法下列用语的含义：

危险物品，是指易燃易爆物品、危险化学品、放射性物品等能够危及人身安全和财产安全的物品。

重大危险源，是指长期地或者临时地生产、搬运、使用或者储存危险物品，且危险物品的数量等于或者超过临界量的单元（包括场所和设施）。

第一百一十三条 本法规定的生产安全一般事故、较大事故、重大事故、特别重大事故的划分标准由国务院规定。

国务院安全生产监督管理部门和其他负有安全生产监督管理职责的部门应当根据各自的职责分工，制定相关行业、领域重大事故隐患的判定标准。

第一百一十四条 本法自2002年11月1日起施行。

水利工程建设安全生产管理规定

（水利部令第 26 号　2005 年 7 月 22 日）

第一章　总　　则

第一条　为了加强水利工程建设安全生产监督管理，明确安全生产责任，防止和减少安全生产事故，保障人民群众生命和财产安全，根据《中华人民共和国安全生产法》《建设工程安全生产管理条例》等法律、法规，结合水利工程的特点，制定本规定。

第二条　本规定适用于水利工程的新建、扩建、改建、加固和拆除等活动及水利工程建设安全生产的监督管理。

前款所称水利工程是指防洪、除涝、灌溉、水力发电、供水、围垦等（包括配套与附属工程）各类水利工程。

第三条　水利工程建设安全生产管理，坚持安全第一，预防为主的方针。

第四条　发生生产安全事故，必须查清事故原因，查明事故责任，落实整改措施，做好事故处理工作，并依法追究有关人员的责任。

第五条　项目法人（或者建设单位，下同）、勘察（测）单位、设计单位、施工单位、建设监理单位及其他与水利工程建设安全生产有关的单位，必须遵守安全生产法律、法规和本规定，保证水利工程建设安全生产，依法承担水利工程建设安全生产责任。

第二章　项目法人的安全责任

第六条　项目法人在对施工投标单位进行资格审查时，应当对投标单位的主要负责人、项目负责人以及专职安全生产管理人员是否经水行政主管部门安全生产考核合格进行审查。有关人员未经考核合格的，不得认定投标单位的投标资格。

第七条　项目法人应当向施工单位提供施工现场及施工可能影响的毗邻区域内供水、排水、供电、供气、供热、通信、广播电视等地下管线资料，气象和水文观测资料，拟建工程可能影响的相邻建筑物和构筑物、地下工程的有关资料，并保证有关资料的真实、准确、完整，满足有关技术规范的要求。对可能影响施工报价的资料，应当在招标时提供。

第八条　项目法人不得调减或挪用批准概算中所确定的水利工程建设有关安全作业环境及安全施工措施等所需费用。工程承包合同中应当明确安全作业环境及安全施工措施所需费用。

第九条　项目法人应当组织编制保证安全生产的措施方案，并自开工报告批准之日起 15 日内报有管辖权的水行政主管部门、流域管理机构或者其委托的水利工程建设安全生产监督机构（以下简称安全生产监督机构）备案。建设过程中安全生产的情况发生变化时，应当及时对保证安全生产的措施方案进行调整，并报原备案机关。

保证安全生产的措施方案应当根据有关法律法规、强制性标准和技术规范的要求并结合工程的具体情况编制，应当包括以下内容：

（一）项目概况；

（二）编制依据；

（三）安全生产管理机构及相关负责人；

（四）安全生产的有关规章制度制定情况；

（五）安全生产管理人员及特种作业人员持证上岗情况等；

（六）生产安全事故的应急救援预案；

（七）工程度汛方案、措施；

（八）其他有关事项。

第十条 项目法人在水利工程开工前，应当就落实保证安全生产的措施进行全面系统的布置，明确施工单位的安全生产责任。

第十一条 项目法人应当将水利工程中的拆除工程和爆破工程发包给具有相应水利水电工程施工资质等级的施工单位。

项目法人应当在拆除工程或者爆破工程施工 15 日前，将下列资料报送水行政主管部门、流域管理机构或者其委托的安全生产监督机构备案：

（一）施工单位资质等级证明；

（二）拟拆除或拟爆破的工程及可能危及毗邻建筑物的说明；

（三）施工组织方案；

（四）堆放、清除废弃物的措施；

（五）生产安全事故的应急救援预案。

第三章 勘察（测）、设计、建设监理及其他有关单位的安全责任

第十二条 勘察（测）单位应当按照法律、法规和工程建设强制性标准进行勘察（测），提供的勘察（测）文件必须真实、准确，满足水利工程建设安全生产的需要。

勘察（测）单位在勘察（测）作业时，应当严格执行操作规程，采取措施保证各类管线、设施和周边建筑物、构筑物的安全。

勘察（测）单位和有关勘察（测）人员应当对其勘察（测）成果负责。

第十三条 设计单位应当按照法律、法规和工程建设强制性标准进行设计，并考虑项目周边环境对施工安全的影响，防止因设计不合理导致生产安全事故的发生。

设计单位应当考虑施工安全操作和防护的需要，对涉及施工安全的重点部位和环节在设计文件中注明，并对防范生产安全事故提出指导意见。

采用新结构、新材料、新工艺以及特殊结构的水利工程，设计单位应当在设计中提出保障施工作业人员安全和预防生产安全事故的措施建议。

设计单位和有关设计人员应当对其设计成果负责。

设计单位应当参与与设计有关的生产安全事故分析，并承担相应的责任。

第十四条 建设监理单位和监理人员应当按照法律、法规和工程建设强制性标准实施监理，并对水利工程建设安全生产承担监理责任。

建设监理单位应当审查施工组织设计中的安全技术措施或者专项施工方案是否符合工程建设强制性标准。

建设监理单位在实施监理过程中，发现存在生产安全事故隐患的，应当要求施工单位整改；对情况严重的，应当要求施工单位暂时停止施工，并及时向水行政主管部门、流域管理机构或者其委托的安全生产监督机构以及项目法人报告。

第十五条 为水利工程提供机械设备和配件的单位，应当按照安全施工的要求提供机械设备和配件，配备齐全有效的保险、限位等安全设施和装置，提供有关安全操作的说明，保证其提供的机械设备和配件等产品的质量和安全性能达到国家有关技术标准。

第四章 施工单位的安全责任

第十六条 施工单位从事水利工程的新建、扩建、改建、加固和拆除等活动，应当具备国家规定

的注册资本、专业技术人员、技术装备和安全生产等条件，依法取得相应等级的资质证书，并在其资质等级许可的范围内承揽工程。

第十七条 施工单位应当依法取得安全生产许可证后方可从事水利工程施工活动。

第十八条 施工单位主要负责人依法对本单位的安全生产工作全面负责。施工单位应当建立健全安全生产责任制度和安全生产教育培训制度，制定安全生产规章制度和操作规程，保证本单位建立和完善安全生产条件所需资金的投入，对所承担的水利工程进行定期和专项安全检查，并做好安全检查记录。

施工单位的项目负责人应当由取得相应执业资格的人员担任，对水利工程建设项目的安全施工负责，落实安全生产责任制度、安全生产规章制度和操作规程，确保安全生产费用的有效使用，并根据工程的特点组织制定安全施工措施，消除安全事故隐患，及时、如实报告生产安全事故。

第十九条 施工单位在工程报价中应当包含工程施工的安全作业环境及安全施工措施所需费用。对列入建设工程概算的上述费用，应当用于施工安全防护用具及设施的采购和更新、安全施工措施的落实、安全生产条件的改善，不得挪作他用。

第二十条 施工单位应当设立安全生产管理机构，按照国家有关规定配备专职安全生产管理人员。施工现场必须有专职安全生产管理人员。

专职安全生产管理人员负责对安全生产进行现场监督检查。发现生产安全事故隐患应当及时向项目负责人和安全生产管理机构报告；对违章指挥、违章操作的，应当立即制止。

第二十一条 施工单位在建设有度汛要求的水利工程时，应当根据项目法人编制的工程度汛方案、措施制定相应的度汛方案，报项目法人批准；涉及防汛调度或者影响其他工程、设施度汛安全的，由项目法人报有管辖权的防汛指挥机构批准。

第二十二条 垂直运输机械作业人员、安装拆卸工、爆破作业人员、起重信号工、登高架设作业人员等特种作业人员，必须按照国家有关规定经过专门的安全作业培训，并取得特种作业操作资格证书后方可上岗作业。

第二十三条 施工单位应当在施工组织设计中编制安全技术措施和施工现场临时用电方案，对下列达到一定规模的危险性较大的工程应当编制专项施工方案，并附具安全验算结果，经施工单位技术负责人签字以及总监理工程师核签后实施，由专职安全生产管理人员进行现场监督：

（一）基坑支护与降水工程；

（二）土方和石方开挖工程；

（三）模板工程；

（四）起重吊装工程；

（五）脚手架工程；

（六）拆除、爆破工程；

（七）围堰工程；

（八）其他危险性较大的工程。

对前款所列工程中涉及高边坡、深基坑、地下暗挖工程、高大模板工程的专项施工方案，施工单位还应当组织专家进行论证、审查。

第二十四条 施工单位在使用施工起重机械和整体提升脚手架、模板等自升式架设设施前，应当组织有关单位进行验收，也可以委托具有相应资质的检验检测机构进行验收；使用承租的机械设备和施工机具及配件的，由施工总承包单位、分包单位、出租单位和安装单位共同进行验收。验收合格的方可使用。

第二十五条 施工单位的主要负责人、项目负责人、专职安全生产管理人员应当经水行政主管部门安全生产考核合格后方可任职。

施工单位应当对管理人员和作业人员每年至少进行一次安全生产教育培训，其教育培训情况记入个人工作档案。安全生产教育培训考核不合格的人员不得上岗。

施工单位在采用新技术、新工艺、新设备、新材料时，应当对作业人员进行相应的安全生产教育培训。

第五章 监 督 管 理

第二十六条 水行政主管部门和流域管理机构按照分级管理权限，负责水利工程建设安全生产的监督管理。水行政主管部门或者流域管理机构委托的安全生产监督机构，负责水利工程施工现场的具体监督检查工作。

第二十七条 水利部负责全国水利工程建设安全生产的监督管理工作，其主要职责是：

（一）贯彻、执行国家有关安全生产的法律、法规和政策，制定有关水利工程建设安全生产的规章、规范性文件和技术标准；

（二）监督、指导全国水利工程建设安全生产工作，组织开展对全国水利工程建设安全生产情况的监督检查；

（三）组织、指导全国水利工程建设安全生产监督机构的建设、考核和安全生产监督人员的考核工作以及水利水电工程施工单位的主要负责人、项目负责人和专职安全生产管理人员的安全生产考核工作。

第二十八条 流域管理机构负责所管辖的水利工程建设项目的安全生产监督工作。

第二十九条 省、自治区、直辖市人民政府水行政主管部门负责本行政区域内所管辖的水利工程建设安全生产的监督管理工作，其主要职责是：

（一）贯彻、执行有关安全生产的法律、法规、规章、政策和技术标准，制定地方有关水利工程建设安全生产的规范性文件；

（二）监督、指导本行政区域内所管辖的水利工程建设安全生产工作，组织开展对本行政区域内所管辖的水利工程建设安全生产情况的监督检查；

（三）组织、指导本行政区域内水利工程建设安全生产监督机构的建设工作以及有关的水利水电工程施工单位的主要负责人、项目负责人和专职安全生产管理人员的安全生产考核工作。

市、县级人民政府水行政主管部门水利工程建设安全生产的监督管理职责，由省、自治区、直辖市人民政府水行政主管部门规定。

第三十条 水行政主管部门或者流域管理机构委托的安全生产监督机构，应当严格按照有关安全生产的法律、法规、规章和技术标准，对水利工程施工现场实施监督检查。

安全生产监督机构应当配备一定数量的专职安全生产监督人员。安全生产监督机构以及安全生产监督人员应当经水利部考核合格。

第三十一条 水行政主管部门或者其委托的安全生产监督机构应当自收到本规定第九条和第十一条规定的有关备案资料后20日内，将有关备案资料抄送同级安全生产监督管理部门。流域管理机构抄送项目所在地省级安全生产监督管理部门，并报水利部备案。

第三十二条 水行政主管部门、流域管理机构或者其委托的安全生产监督机构依法履行安全生产监督检查职责时，有权采取下列措施：

（一）要求被检查单位提供有关安全生产的文件和资料；

（二）进入被检查单位施工现场进行检查；

（三）纠正施工中违反安全生产要求的行为；

（四）对检查中发现的安全事故隐患，责令立即排除；重大安全事故隐患排除前或者排除过程中无法保证安全的，责令从危险区域内撤出作业人员或者暂时停止施工。

第三十三条 各级水行政主管部门和流域管理机构应当建立举报制度，及时受理对水利工程建设生产安全事故及安全事故隐患的检举、控告和投诉；对超出管理权限的，应当及时转送有管理权限的部门。举报制度应当包括以下内容：

（一）公布举报电话、信箱或者电子邮件地址，受理对水利工程建设安全生产的举报；

（二）对举报事项进行调查核实，并形成书面材料；

（三）督促落实整顿措施，依法作出处理。

第六章　生产安全事故的应急救援和调查处理

第三十四条　各级地方人民政府水行政主管部门应当根据本级人民政府的要求，制定本行政区域内水利工程建设特大生产安全事故应急救援预案，并报上一级人民政府水行政主管部门备案。流域管理机构应当编制所管辖的水利工程建设特大生产安全事故应急救援预案，并报水利部备案。

第三十五条　项目法人应当组织制定本建设项目的生产安全事故应急救援预案，并定期组织演练。应急救援预案应当包括紧急救援的组织机构、人员配备、物资准备、人员财产救援措施、事故分析与报告等方面的方案。

第三十六条　施工单位应当根据水利工程施工的特点和范围，对施工现场易发生重大事故的部位、环节进行监控，制定施工现场生产安全事故应急救援预案。实行施工总承包的，由总承包单位统一组织编制水利工程建设生产安全事故应急救援预案，工程总承包单位和分包单位按照应急救援预案，各自建立应急救援组织或者配备应急救援人员，配备救援器材、设备，并定期组织演练。

第三十七条　施工单位发生生产安全事故，应当按照国家有关伤亡事故报告和调查处理的规定，及时、如实地向负责安全生产监督管理的部门以及水行政主管部门或者流域管理机构报告；特种设备发生事故的，还应当同时向特种设备安全监督管理部门报告。接到报告的部门应当按照国家有关规定如实上报。

实行施工总承包的建设工程，由总承包单位负责上报事故。

发生生产安全事故，项目法人及其他有关单位应当及时、如实地向负责安全生产监督管理的部门以及水行政主管部门或者流域管理机构报告。

第三十八条　发生生产安全事故后，有关单位应当采取措施防止事故扩大，保护事故现场。需要移动现场物品时，应当做出标记和书面记录，妥善保管有关证物。

第三十九条　水利工程建设生产安全事故的调查、对事故责任单位和责任人的处罚与处理，按照有关法律、法规的规定执行。

第七章　附　　则

第四十条　违反本规定，需要实施行政处罚的，由水行政主管部门或者流域管理机构按照《建设工程安全生产管理条例》的规定执行。

第四十一条　省、自治区、直辖市人民政府水行政主管部门可以结合本地区实际制定本规定的实施办法，报水利部备案。

第四十二条　本规定自 2005 年 9 月 1 日起施行。

水利工程质量事故处理暂行规定

（水利部令第 9 号　1999 年 3 月 4 日）

一、总　　则

第一条　为加强水利工程质量管理，规范水利工程质量事故行为，根据《中华人民共和国建筑法》和《中华人民共和国行政处罚法》，制定本规定。

第二条　凡在中华人民共和国境内进行各类水利工程的质量事故处理时，必须遵守本规定。

本规定所称工程质量事故是指在水利工程建设过程中，由于建设管理、监理、勘测、设计、咨询、施工、材料、设备等原因造成工程质量不符合规程规范和合同规定的质量标准，影响使用寿命和对工程安全运行造成隐患和危害的事件。

第三条　水利工程质量事故处理除执行本规定外，还应执行国家有关规定。因质量事故造成人身伤亡的，还应遵从国家和水利部伤亡事故处理的有关规定。

第四条　发生质量事故，必须坚持"事故原因不查清楚不放过、主要事故责任者和职工未受到教育不放过、补救和防范措施不落实不放过"的原则，认真调查事故原因，研究处理措施，查明事故责任，做好事故处理工作。

第五条　水利工程质量事故处理实行分级管理的制度。

水利部负责全国水利工程质量事故处理管理工作，并负责部属重点工程质量事故处理工作。

各流域机构负责本流域水利工程质量事故处理管理工作，并负责本流域中央投资为主的省（自治区、直辖市）界及国际边界河流上的水利工程质量事故处理工作。

各省、自治区、直辖市水利（水电）厅（局）负责本辖区水利工程质量事故处理管理工作和所属水利工程质量事故处理工作。

第六条　工程建设中未执行国家和水利部有关建设程序、质量管理、技术标准的有关规定，或违反国家和水利部项目法人责任制、招标投标投制、建设监理制和合同管理制及其他有关规定而发生质量事故的，对有关单位或个人从严从重处罚。

二、事　故　分　类

第七条　工程质量事故按直接经济损失的大小，检查、处理事故对工期的影响时间长短和对工程正常使用的影响，分为一般质量事故、较大质量事故、重大质量事故、特大质量事故。

第八条　一般质量事故指对工程造成一定经济损失，经处理后不影响正常使用并不影响使用寿命的事故。

较大质量事故是指对工程造成较大经济损失或延误较短工期，经处理后不影响正常使用但对工程寿命有一定影响的事故。

重大质量事故是指对工程造成重大经济损失或较长时间延误工期，经处理后不影响正常使用但对工程寿命有较大影响的事故。

特大质量事故是指对工程造成特大经济损失或长时间延误工期，经处理手仍对正常使用和工程寿命造成较大影响的事故。

水利工程质量事故分类标准见附录。

三、事　故　报　告

第九条　发生质量事故后，项目法人将事故的简要情况向项目主管部门报告。项目主管部门接事故报告报告后，按照管理权限向上级水行政主管部门报告。

一般质量事故向项目主管部门报告。

较大质量事故逐级向省级水行政主管部门或流域机构报告。

重大质量事故逐级向省级水行政主管部门或流域机构报告抄报水利部。

特大质量事故逐级向水利部和有关部门报告。

第十条　事故发生后，事故单位要严格保护现场，采取有效措施抢救人员和财产，防止事故扩大。因抢救人员、疏导交通等原因需移动现场物件时，应当作出标志、绘制现场简图并作出书面记录，妥善保管现场重要痕迹、物证，并进行拍照或录像。

第十一条　发生（发现）较大、重大和特大质量事故，事故单位要在48小时内向第九条所规定单位写出书面报告；突发性事故，事故单位要在4小时内电话向上述单位报告。

第十二条　事故报告应当包括以下内容：

（一）工程名称、建设规模、建设地点、工期，项目法人、主管部门及负责人电话；

（二）事故发生的时间、地点、工程部位以及相应的参建单位名称；

（三）事故发生的简要经过、伤亡人数和直接经济损失的初步估计；

（四）事故发生原因初步分析；

（五）事故发生后采取的措施及事故控制情况；

（六）事故报告单位、负责人及联系方式。

第十三条　有关单位接到事故报告后，必须采取有效措施，防止事故扩大，并立即按照管理权限向上级部门报告或组织事故调查。

四、事　故　调　查

第十四条　发生质量事故，要按照第十五、十六、十七、十八条规定的管理权限组织调查组进行调查，查明事故原因，提出处理意见，提交事故调查报告。

事故调查组成员由主管部门根据需要确定并实行回避制度。

第十五条　一般事故由项目法人组织设计、施工、监理等单位进行调查，调查结果报项目主管部门核备。

第十六条　较大质量事故由项目主管部门组织调查组进行调查，调查结果报上级主管部门批准并报省级水行政主管部门核备。

第十七条　重大质量事故由省级以上水行政主管部门组织调查组进行调查，调查结果报水利部核备。

第十八条　特大质量事故由水利部组织调查。

第十九条　事故调查组的主要任务：

（一）查明事故发生的原因、过程、财产损失情况和对后续工程的影响；

（二）组织专家进行技术鉴定；

（三）查明事故的责任单位和主要责任者应负的责任；

（四）提出工程处理和采取措施的建议；

（五）提出对责任单位和责任者的处理建议；

（六）提交事故调查报告。

第二十条　调查组有权向事故单位、各有关单位和个人了解事故的有关情况。有关单位和个人必须实事求是地提供有关文件或材料，不得以任何方式阻碍或干扰调查组正常工作。

第二十一条 事故调查组提交的调查报告经主持单位同意后，调查工作即告结束。

第二十二条 事故调查费用暂由项目法人垫付，待查清责任后由责任方负担。

五、工 程 处 理

第二十三条 发生质量事故，必须针对事故原因提出工程处理方案，经有关单位审定后实施。

第二十四条 一般质量事故由项目法人负责组织有关单位制定处理方案并实施，报上级主管部门备案。

第二十五条 较大质量事故由项目法人负责组织有关单位制定处理方案，经上级主管部门审定后实施，报省级水行政主管部门或流域机构备案。

第二十六条 重大质量事故由项目法人负责组织有关单位提出处理方案，征得事故调查组意见后，报省级水行政主管部门或流域机构审定后实施。

第二十七条 特大质量事故由项目法人负责组织有关单位提出处理方案，征得事故调查组意见后，报省级水行政主管部门或流域机构审定后实施，并报水利部备案。

第二十八条 事故处理需要进行设计变更的，需原设计单位或有资质的单位提出设计变更方案。需要进行重大设计变更的，必须经原设计审批部门审定后实施。

第二十九条 事故部位处理完成后，必须按照管理权限经过质量评定与验收后，方可投入使用或进入下一阶段施工。

六、事 故 处 罚

第三十条 对工程事故责任人和单位需进行行政处罚的，由县以上水行政主管部门或以授权的流域机构按照第五条规定的权限和《水行政处罚实施办法》进行处罚。

特大质量事故和降低或吊销有关设计、施工、监理、咨询等单位资质的处罚，由水利部或水利部会同有关部门进行处罚。

第三十一条 由于项目法人责任酿成质量事故，令其立即整改；造成较大以上质量事故的，进行通报批证，调整项目法人，对有关责任人处以行政处分；构成犯罪的，移送司法机关依法处理。

第三十二条 由于监理单位责任造成质量事故，令其立即整改并可处以罚款；造成较大以上质量事故的，处以罚款、通报批评、停业整顿、降低资质等级，直至吊销水利工程监理资质证书，对主要责任人处以行政处分，取消监理从业资格、收缴监督工程师资格证书、监理岗位证书；构成犯罪的，移送司法机关依法处理。

第三十三条 由于咨询、勘测、设计单位责任造成质量事故，令其立即整改并可处以罚款；造成较大以上质量事故的，处以通报批评、停业整顿、降低资质等级、吊销水利工程勘测、设计资格，对主要责任人处以行政处分，取消水利工程勘测、设计执业资格；构成犯罪的，移送司法机关依法处理。

第三十四条 由于施工单位责任造成质量事故，令其立即自筹资金进行事故处理，并处以罚款；造成较大以上质量事故的，处以通报批评、停业整顿、降低资质等级、直至吊销资质证书，对主要责任人处以行政处分，取消水利工程施工执业资格；构成犯罪的，移送司法机关依法处理。

第三十五条 由于设备、原材料等供应单位责任造成质量事故，对其进行通报批评、罚款；构成犯罪的，移送司法机关依法处理。

第三十六条 对监督不到位或只收费不监督的质量监督单位处以通报批评、限期整顿、重新组建质量监督机构，对有关责任人处以行政处分、取消质量监督资格；构成犯罪的，移送司法机关依法处理。

第三十七条 对隐情不报或阻碍调查组进行调查工作的单位或个人，上主管部门视情节给予行政处分；构成犯罪的，移送司法机关依法处理。

第三十八条 对不按本规定进行事故的报告、调查和处理而造成事故进一步扩大或贻误处理时机的单位和个人，由上级水行政主管部门给予通报批评，情节严重的，追究其责任人的责任；构成犯罪的，移送司法机关依法处理。

第三十九条 因设备质量引发的质量事故，按照《中华人民共和国产品质量法》的规定进行处理。

七、附 则

第四十条 本规定由水利部负责解释。

第四十一条 本规定自发布之日起施行。

附录

水利工程质量事故分类标准

损失情况	事故类别	特大质量事故	重大质量事故	较大质量事故	一般质量事故
事故处理所需的物质、器材和设备、人工等直接损失费用/万元	大体积混凝土，金结制作和机关安装工程	＞3000	＞500 ≤3000	＞100 ≤500	＞20 ≤100
	土石方工程，混凝土薄壁工程	＞1000	＞100 ≤1000	＞30 ≤100	＞10 ≤30
事故处理所需合理工期/月		＞6	＞3 ≤6	＞1 ≤3	≤1
事故处理后对工程功能和寿命影响					

注 直接经济损失费用为必需条件，其余两项主要适用于大中型工程；小于一般质量事故的质量问题称为质量缺陷。

水利工程质量管理规定

(水利部令第 7 号　1997 年 12 月 21 日)

第一章　总　　则

第一条　根据国务院《质量振兴纲要（1996—2010 年）》和有关规定，为了加强对水利工程的质量管理，保证工程质量，制定本规定。

第二条　凡在中华人民共和国境内从事水利工程建设活动的单位〔包括项目法人（建设单位）、监理、设计、施工等单位〕或个人，必须遵守本规定。

第三条　本规定所称水利工程是指由国家投资、中央和地方合资、地方投资以及其他投资方式兴建的防洪、除涝灌溉、水力发电、供水、围垦等（包括配套与附属工程）各类水利工程。

第四条　本规定所称水利工程质量是指在国家和水利行业现行的有关法律、法规、技术标准和批准的设计文件及工程合同中，对兴建的水利工程的安全、适用、经济、美观等特性的综合要求。

第五条　水利部负责全国水利工程质量管理工作。

各流域机构受水利部的委托负责本流域由流域机构管辖的水利工程的质量管理工作，指导地方水行政主管部门的质量管理工作。

各省、自治区、直辖市水行政主管部门负责本行政区域内水利工程质量管理工作。

第六条　水利工程质量实行项目法人（建设单位）负责、监理单位控制、施工单位保证和政府监督相结合的质量管理体制。

水利工程质量由项目法人（建设单位）负全面责任。监理、施工、设计单位按照合同及有关规定对各自承担的工作负责。质量监督机构履行政府部门监督职能，不代替项目法人（建设单位）、监理、设计、施工单位的质量管理工作。水利工程建设各方均有责任和权利向有关部门和质量监督机构反映工程质量问题。

第七条　水利工程项目法人（建设单位）、监理、设计、施工等单位的负责人，对本单位的质量工作负领导责任。各单位在工程现场的项目负责人对本单位在工程现场的质量工作负直接领导责任。各单位的工程技术负责人对质量工作负技术责任。具体工作人员为直接责任人。

第八条　水利工程建设各单位要积极推行全面质量管理，采用先进的质量管理模式和管理手段，推广先进的科学技术和施工工艺，依靠科技进步和加强管理，努力创建优质工程，不断提高工程质量。各级水行政主管部门要对提高工程质量做出贡献的单位和个人实行奖励。

第九条　水利工程建设各单位要加强质量法制教育，增强质量法制观念，把提高劳动者的素质作为提高质量的重要环节，加强对管理人员和职工的质量意识和质量管理知识的教育，建立和完善质量管理的激励机制，积极开展群众性质量管理和合理化建议活动。

第二章　工程质量监督管理

第十条　政府对水利工程的质量实行监督的制度。

水利工程按照分级管理的原则由相应水行政主管部门授权的质量监督机构实施质量监督。

第十一条　水利工程质量监督机构必须按照水利部有关规定设立，经省级以上水行政主管部门资质审查合格，方可承担水利工程的质量监督工作。

各级水利工程质量监督机构必须建立健全质量监督工作机制，完善监督手段，增强质量监督的权威性和有效性。各级水利工程质量监督机构要加强对贯彻执行国家和水利部有关质量法规、规范情况的检查，坚决查处有法不依、执法不严、违法不究以及滥用职权的行为。

第十二条　水利部水利工程质量监督机构负责对流域机构、省级水利工程质量监督机构和水利工程质量检测单位进行统一规划、管理和资质审查。各省、自治区、直辖市设立的水利工程质量监督机构负责本行政区域内省级以下水利工程质量监督机构和水利工程质量检测单位统一规划管理和资质审查。

第十三条　水利工程质量监督机构负责监督设计、监理、施工单位在其资质等级允许范围内从事水利工程建设的质量工作，负责检查、督促建设、监理、设计、施工单位建立健全质量体系。水利工程质量监督机构按照国家和水利行业有关工程建设法规、技术标准和设计文件实施工程质量监督，对施工现场影响工程质量的行为进行监督检查。

第十四条　水利工程质量监督实施以抽查为主的监督方式，运用法律和行政手段，做好监督抽查后的处理工作。工程竣工验收时，质量监督机构应对工程质量等级进行核定。未经质量核定或核定不合格的工程，施工单位不得交验，工程主管部门不能验收，工程不得投入使用。

第十五条　根据需要，质量监督机构可委托经计量认证合格的检测单位，对水利工程有关部位以及所采用的建筑材料和工程设备进行抽样检测。

水利部水利工程质量监督机构认定的水利工程质量检测机构出具的数据是全国水利系统的最终检测。各省级水利工程质量监督机构认定的水利工程质量检测机构所出具的检测数据是本行政区域内水利系统的最高检测。

第三章　项目法人（建设单位）质量管理

第十六条　项目法人（建设单位）应根据国家和水利部有关规定依法设立，主动接受水利工程质量监督机构对其质量体系的监督检查。

第十七条　项目法人（建设单位）应根据工程规模和工程特点，按照水利部有关规定，通过资质审查招标选择勘测设计、施工、监理单位并实行合同管理。在合同文件中必须有工程质量条款，明确图纸、资料、工程、材料、设备等的质量标准及合同双方的质量责任。

第十八条　项目法人（建设单位）要加强工程质量管理，建立健全施工质量检查体系，根据工程特点建立质量管理机构和质量管理制度。

第十九条　项目法人（建设单位）在工程开工前，应按规定向水利工程质量监督机构办理工程质量监督手续。在工程施工过程中，应主动接受质量监督机构对工程质量的监督检查。

第二十条　项目法人（建设单位）应组织设计和施工单位进行设计交底；施工中应对工程质量进行检查，工程完工后，应及时组织有关单位进行工程质量验收、签证。

第四章　监理单位质量管理

第二十一条　监理单位必须持有水利部颁发的监理单位资格等级证书，依照核定的监理范围承担相应水利工程的监理任务。监理单位必须接受水利工程质量监督机构对其监理资格质量检查体系及质量监理工作的监督检查。

第二十二条　监理单位必须严格执行国家法律、水利行业法规、技术标准，严格履行监理合同。

第二十三条　监理单位根据所承担的监理任务向水利工程施工现场派出相应的监理机构，人员配备必须满足项目要求。监理工程师上岗必须持有水利部颁发的监理工程师岗位证书，一般监理人员上岗要经过岗前培训。

第二十四条　监理单位应根据监理合同参与招标工作，从保证工程质量全面履行工程承建合同出发，签发施工图纸；审查施工单位的施工组织设计和技术措施；指导监督合同中有关质量标准、要求的实施；参加工程质量检查、工程质量事故调查处理和工程验收工作。

第五章 设计单位质量管理

第二十五条 设计单位必须按其资质等级及业务范围承担勘测设计任务，并应主动接受水利工程质量监督机构对其资质等级及质量体系的监督检查。

第二十六条 设计单位必须建立健全设计质量保证体系，加强设计过程质量控制，健全设计文件的审核、会签批准制度，做好设计文件的技术交底工作。

第二十七条 设计文件必须符合下列基本要求：

（一）设计文件应当符合国家、水利行业有关工程建设法规、工程勘测设计技术规程、标准和合同的要求；

（二）设计依据的基本资料应完整、准确、可靠，设计论证充分，计算成果可靠；

（三）设计文件的深度应满足相应设计阶段有关规定要求，设计质量必须满足工程质量、安全需要并符合设计规范的要求。

第二十八条 设计单位应按合同规定及时提供设计文件及施工图纸，在施工过程中要随时掌握施工现场情况，优化设计，解决有关设计问题。对大中型工程，设计单位应按合同规定在施工现场设立设计代表机构或派驻设计代表。

第二十九条 设计单位应按水利部有关规定在阶段验收、单位工程验收和竣工验收中，对施工质量是否满足设计要求提出评价意见。

第六章 施工单位质量管理

第三十条 施工单位必须按其资质等级和业务范围承揽工程施工任务，接受水利工程质量监督机构对其资质和质量保证体系的监督检查。

第三十一条 施工单位必须依据国家、水利行业有关工程建设法规、技术规程、技术标准的规定以及设计文件和施工合同的要求进行施工，并对其施工的工程质量负责。

第三十二条 施工单位不得将其承接的水利建设项目的主体工程进行转包。对工程的分包，分包单位必须具备相应资质等级，并对其分包工程的施工质量向总包单位负责，总包单位对全部工程质量向项目法人（建设单位）负责。工程分包必须经过项目法人（建设单位）的认可。

第三十三条 施工单位要推行全面质量管理，建立健全质量保证体系，制定和完善岗位质量规范、质量责任及考核办法，落实质量责任制。在施工过程中要加强质量检验工作，认真执行"三检制"，切实做好工程质量的全过程控制。

第三十四条 工程发生质量事故，施工单位必须按照有关规定向监理单位、项目法人（建设单位）及有关部门报告，并保护好现场，接受工程质量事故调查，认真进行事故处理。

第三十五条 竣工工程质量必须符合国家和水利行业现行的工程标准及设计文件要求，并应向项目法人（建设单位）提交完整的技术档案、试验成果及有关资料。

第七章 建筑材料、设备采购的质量管理和工程保修

第三十六条 建筑材料和工程设备的质量由采购单位承担相应责任。凡进入施工现场的建筑材料和工程设备均应按有关规定进行检验。经检验不合格的产品不得用于工程。

第三十七条 建筑材料和工程设备的采购单位具有按合同规定自主采购的权利，其他单位或个人不得干预。

第三十八条 建筑材料或工程设备应当符合下列要求：

（一）有产品质量检验合格证明；

（二）有中文标明的产品名称、生产厂名和厂址；

（三）产品包装和商标式样符合国家有关规定和标准要求；

（四）工程设备应有产品详细的使用说明书，电气设备还应附有线路图；

（五）实施生产许可证或实行质量认证的产品，应当具有相应的许可证或认证证书。

第三十九条 水利工程保修期从工程移交证书写明的工程完工日起一般不少于 1 年。有特殊要求的工程，其保修期限在合同中规定。

工程质量出现永久性缺陷的，承担责任的期限不受以上保修期限制。

第四十条 水利工程在规定的保修期内出现工程质量问题，一般由原施工单位承担保修，所需费用由责任方承担。

第八章 罚 则

第四十一条 水利工程发生重大工程质量事故，应严肃处理。对责任单位予以通报批评、降低资质等级或收缴资质证书；对责任人给予行政纪律处分，构成犯罪的，移交司法机关进行处理。

第四十二条 因水利工程质量事故造成人身伤亡及财产损失的，责任单位应按有关规定，给予受损方经济赔偿。

第四十三条 项目法人（建设单位）有下列行为之一的，由其主管部门予以通报批评或其他纪律处理。

（一）未按规定选择相应资质等级的勘测设计、施工、监理单位的；

（二）未按规定办理工程质量监督手续的；

（三）未按规定及时进行已完工程验收就进行下一阶段施工和未经竣工或阶段验收，而将工程交付使用的；

（四）发生重大工程质量事故没有按有关规定及时向有关部门报告的。

第四十四条 勘测设计、施工、监理单位有下列行为之一的，根据情节轻重，予以通报批评、降低资质等级直至收缴资质证书，经济处理按合同规定办理，触犯法律的，按国家有关法律处理：

（一）无证或超越资质等级承接任务的；

（二）不接受水利工程质量监督机构监督的；

（三）设计文件不符合本规定第二十七条要求的；

（四）竣工交付使用的工程不符合本规定第三十五条要求的；

（五）未按规定实行质量保修的；

（六）使用未经检验或检验不合格的建筑材料和工程设备，或在工程施工中粗制滥造、偷工减料、伪造记录的；

（七）发生重大工程质量事故没有及时按有关规定向有关部门报告的；

（八）经水利工程质量监督机构核定工程质量等级为不合格或工程需加固或拆除的。

第四十五条 检测单位伪造检验数据或伪造检验结论的，根据情节轻重，予以通报批评、降低资质等级直至收缴资质证书。因伪造行为造成严重后果的，按国家有关规定处理。

第四十六条 对不认真履行水利工程质量监督职责的质量监督机构，由相应水行政主管部门或其上一级水利工程质量监督机构给予通报批评、撤换负责人或撤销授权并进行机构改组。

从事工程质量监督的工作人员执法不严，违法不究或者滥用职权、贪污受贿，由其所在单位或上级主管部门给予行政处分，构成犯罪的，依法追究刑事责任。

第九章 附 则

第四十七条 本规定由水利部负责解释。

第四十八条 本规定自发布之日起施行。

水利工程建设监理规定

（水利部令第 28 号　2006 年 12 月 18 日）

第一章　总　　则

第一条　为规范水利工程建设监理活动，确保工程建设质量，根据《中华人民共和国招标投标法》《建设工程质量管理条例》《建设工程安全生产管理条例》等法律法规，结合水利工程建设实际，制定本规定。

第二条　从事水利工程建设监理以及对水利工程建设监理实施监督管理适用本规定。

本规定所称水利工程是指防洪、排涝、灌溉、水力发电、引（供）水、滩涂治理、水土保持、水资源保护等各类工程（包括新建、扩建、改建、加固、修复、拆除等项目）及其配套和附属工程。

本规定所称水利工程建设监理是指具有相应资质的水利工程建设监理单位（以下简称监理单位），受项目法人（建设单位，下同）委托，按照监理合同对水利工程建设项目实施中的质量、进度、资金、安全生产、环境保护等进行的管理活动，包括水利工程施工监理、水土保持工程施工监理、机电及金属结构设备制造监理、水利工程建设环境保护监理。

第三条　水利工程建设项目依法实行建设监理。

总投资 200 万元以上且符合下列条件之一的水利工程建设项目，必须实行建设监理：

（一）关系社会公共利益或者公共安全的；

（二）使用国有资金投资或者国家融资的；

（三）使用外国政府或者国际组织贷款、援助资金的。

铁路、公路、城镇建设、矿山、电力、石油天然气、建材等开发建设项目的配套水土保持工程，符合前款规定条件的，应当按照本规定开展水土保持工程施工监理。

其他水利工程建设项目可以参照本规定执行。

第四条　水利部对全国水利工程建设监理实施统一监督管理。

水利部所属流域管理机构（以下简称流域管理机构）和县级以上地方人民政府水行政主管部门对其所管辖的水利工程建设监理实施监督管理。

第二章　监理业务委托与承接

第五条　按照本规定必须实施建设监理的水利工程建设项目，项目法人应当按照水利工程建设项目招标投标管理的规定，确定具有相应资质的监理单位，并报项目主管部门备案。

项目法人和监理单位应当依法签订监理合同。

第六条　项目法人委托监理业务，应当执行国家规定的工程监理收费标准。

项目法人及其工作人员不得索取、收受监理单位的财物或者其他不正当利益。

第七条　监理单位应当按照水利部的规定，取得《水利工程建设监理单位资质等级证书》，并在其资质等级许可的范围内承揽水利工程建设监理业务。

两个以上具有资质的监理单位，可以组成一个联合体承接监理业务。联合体各方应当签订协议，明确各方拟承担的工作和责任，并将协议提交项目法人。联合体的资质等级按照同一专业内资质等级较低的一方确定。联合体中标的，联合体各方应当共同与项目法人签订监理合同，就中标项目向项目法人承担连带责任。

第八条 监理单位与被监理单位以及建筑材料、建筑构配件和设备供应单位有隶属关系或者其他利害关系的，不得承担该项工程的建设监理业务。

监理单位不得以串通、欺诈、胁迫、贿赂等不正当竞争手段承揽水利工程建设监理业务。

第九条 监理单位不得允许其他单位或者个人以本单位名义承揽水利工程建设监理业务。

监理单位不得转让监理业务。

第三章 监理业务实施

第十条 监理单位应当聘用具有相应资格的监理人员从事水利工程建设监理业务。监理人员包括总监理工程师、监理工程师和监理员。监理人员资格应当按照行业自律管理的规定取得。

监理工程师应当由其聘用监理单位（以下简称注册监理单位）报水利部注册备案，并在其注册监理单位从事监理业务；需要临时到其他监理单位从事监理业务的，应当由该监理单位与注册监理单位签订协议，明确监理责任等有关事宜。

监理人员应当保守执（从）业秘密，并不得同时在两个以上水利工程项目从事监理业务，不得与被监理单位以及建筑材料、建筑构配件和设备供应单位发生经济利益关系。

第十一条 监理单位应当按下列程序实施建设监理：

（一）按照监理合同，选派满足监理工作要求的总监理工程师、监理工程师和监理员组建项目监理机构进驻现场；

（二）编制监理规划，明确项目监理机构的工作范围、内容、目标和依据，确定监理工作制度、程序、方法和措施，并报项目法人备案；

（三）按照工程建设进度计划，分专业编制监理实施细则；

（四）按照监理规划和监理实施细则开展监理工作，编制并提交监理报告；

（五）监理业务完成后，按照监理合同向项目法人提交监理工作报告、移交档案资料。

第十二条 水利工程建设监理实行总监理工程师负责制。

总监理工程师负责全面履行监理合同约定的监理单位职责，发布有关指令，签署监理文件，协调有关各方之间的关系。

监理工程师在总监理工程师授权范围内开展监理工作，具体负责所承担的监理工作，并对总监理工程师负责。

监理员在监理工程师或者总监理工程师授权范围内从事监理辅助工作。

第十三条 监理单位应当将项目监理机构及其人员名单、监理工程师和监理员的授权范围书面通知被监理单位。监理实施期间监理人员有变化的，应当及时通知被监理单位。

监理单位更换总监理工程师和其他主要监理人员的，应当符合监理合同的约定。

第十四条 监理单位应当按照监理合同，组织设计单位等进行现场设计交底，核查并签发施工图。未经总监理工程师签字的施工图不得用于施工。

监理单位不得修改工程设计文件。

第十五条 监理单位应当按照监理规范的要求，采取旁站、巡视、跟踪检测和平行检测等方式实施监理，发现问题应当及时纠正、报告。

监理单位不得与项目法人或者被监理单位串通、弄虚作假、降低工程或者设备质量。

监理人员不得将质量检测或者检验不合格的建设工程、建筑材料、建筑构配件和设备按照合格签字。

未经监理工程师签字，建筑材料、建筑构配件和设备不得在工程上使用或者安装，不得进行下一道工序的施工。

第十六条 监理单位应当协助项目法人编制控制性总进度计划，审查被监理单位编制的施工组织设计和进度计划，并督促被监理单位实施。

第十七条　监理单位应当协助项目法人编制付款计划，审查被监理单位提交的资金流计划，按照合同约定核定工程量，签发付款凭证。

未经总监理工程师签字，项目法人不得支付工程款。

第十八条　监理单位应当审查被监理单位提出的安全技术措施、专项施工方案和环境保护措施是否符合工程建设强制性标准和环境保护要求，并监督实施。

监理单位在实施监理过程中，发现存在安全事故隐患的，应当要求被监理单位整改；情况严重的，应当要求被监理单位暂时停止施工，并及时报告项目法人。被监理单位拒不整改或者不停止施工的，监理单位应当及时向有关水行政主管部门或者流域管理机构报告。

第十九条　项目法人应当向监理单位提供必要的工作条件，支持监理单位独立开展监理业务，不得明示或者暗示监理单位违反法律法规和工程建设强制性标准，不得更改总监理工程师指令。

第二十条　项目法人应当按照监理合同及时、足额支付监理单位报酬，不得无故削减或者拖延支付。

项目法人可以对监理单位提出并落实的合理化建议给予奖励。奖励标准由项目法人与监理单位协商确定。

第四章　监　督　管　理

第二十一条　县级以上人民政府水行政主管部门和流域管理机构应当加强对水利工程建设监理活动的监督管理，对项目法人和监理单位执行国家法律法规、工程建设强制性标准以及履行监理合同的情况进行监督检查。

项目法人应当依据监理合同对监理活动进行检查。

第二十二条　县级以上人民政府水行政主管部门和流域管理机构在履行监督检查职责时，有关单位和人员应当客观、如实反映情况，提供相关材料。

县级以上人民政府水行政主管部门和流域管理机构实施监督检查时，不得妨碍监理单位和监理人员正常的监理活动，不得索取或者收受被监督检查单位和人员的财物，不得谋取其他不正当利益。

第二十三条　县级以上人民政府水行政主管部门和流域管理机构在监督检查中，发现监理单位和监理人员有违规行为的应当责令纠正，并依法查处。

第二十四条　任何单位和个人有权对水利工程建设监理活动中的违法违规行为进行检举和控告。有关水行政主管部门和流域管理机构以及有关单位应当及时核实、处理。

第五章　罚　　则

第二十五条　项目法人将水利工程建设监理业务委托给不具有相应资质的监理单位，或者必须实行建设监理而未实行的，依照《建设工程质量管理条例》第五十四条、第五十六条处罚。

项目法人对监理单位提出不符合安全生产法律、法规和工程建设强制性标准要求的，依照《建设工程安全生产管理条例》第五十五条处罚。

第二十六条　项目法人及其工作人员收受监理单位贿赂、索取回扣或者其他不正当利益的，予以追缴，并处违法所得3倍以下且不超过3万元的罚款；构成犯罪的，依法追究有关责任人员的刑事责任。

第二十七条　监理单位有下列行为之一的，依照《建设工程质量管理条例》第六十条、第六十一条、第六十二条、第六十七条、第六十八条处罚：

（一）超越本单位资质等级许可的业务范围承揽监理业务的；

（二）未取得相应资质等级证书承揽监理业务的；

（三）以欺骗手段取得的资质等级证书承揽监理业务的；

（四）允许其他单位或者个人以本单位名义承揽监理业务的；

（五）转让监理业务的；

（六）与项目法人或者被监理单位串通，弄虚作假、降低工程质量的；

（七）将不合格的建设工程、建筑材料、建筑构配件和设备按照合格签字的；

（八）与被监理单位以及建筑材料、建筑构配件和设备供应单位有隶属关系或者其他利害关系承担该项工程建设监理业务的。

第二十八条 监理单位有下列行为之一的，责令改正，给予警告；无违法所得的，处 1 万元以下罚款，有违法所得的，予以追缴，处违法所得 3 倍以下且不超过 3 万元罚款；情节严重的，降低资质等级；构成犯罪的，依法追究有关责任人员的刑事责任：

（一）以串通、欺诈、胁迫、贿赂等不正当竞争手段承揽监理业务的；

（二）利用工作便利与项目法人、被监理单位以及建筑材料、建筑构配件和设备供应单位串通，谋取不正当利益的。

第二十九条 监理单位有下列行为之一的，依照《建设工程安全生产管理条例》第五十七条处罚：

（一）未对施工组织设计中的安全技术措施或者专项施工方案进行审查的；

（二）发现安全事故隐患未及时要求施工单位整改或者暂时停止施工的；

（三）施工单位拒不整改或者不停止施工，未及时向有关水行政主管部门或者流域管理机构报告的；

（四）未依照法律、法规和工程建设强制性标准实施监理的。

第三十条 监理单位有下列行为之一的，责令改正，给予警告；情节严重的，降低资质等级：

（一）聘用无相应监理人员资格的人员从事监理业务的；

（二）隐瞒有关情况、拒绝提供材料或者提供虚假材料的。

第三十一条 监理人员从事水利工程建设监理活动，有下列行为之一的，责令改正，给予警告；其中，监理工程师违规情节严重的，注销注册证书，2 年内不予注册；有违法所得的，予以追缴，并处 1 万元以下罚款；造成损失的，依法承担赔偿责任；构成犯罪的，依法追究刑事责任：

（一）利用执（从）业上的便利，索取或者收受项目法人、被监理单位以及建筑材料、建筑构配件和设备供应单位财物的；

（二）与被监理单位以及建筑材料、建筑构配件和设备供应单位串通，谋取不正当利益的；

（三）非法泄露执（从）业中应当保守的秘密的。

第三十二条 监理人员因过错造成质量事故的，责令停止执（从）业 1 年，其中：监理工程师因过错造成重大质量事故的，注销注册证书，5 年内不予注册；情节特别严重的，终身不予注册。

监理人员未执行法律、法规和工程建设强制性标准的，责令停止执（从）业 3 个月以上 1 年以下，其中：监理工程师违规情节严重的，注销注册证书，5 年内不予注册；造成重大安全事故的，终身不予注册；构成犯罪的，依法追究刑事责任。

第三十三条 水行政主管部门和流域管理机构的工作人员在工程建设监理活动的监督管理中玩忽职守、滥用职权、徇私舞弊的，依法给予处分；构成犯罪的，依法追究刑事责任。

第三十四条 依法给予监理单位罚款处罚的，对单位直接负责的主管人员和其他直接责任人员处单位罚款数额 5% 以上、10% 以下的罚款。

监理单位的工作人员因调动工作、退休等原因离开该单位后，被发现在该单位工作期间违反国家有关工程建设质量管理规定，造成重大工程质量事故的，仍应当依法追究法律责任。

第三十五条 降低监理单位资质等级、吊销监理单位资质等级证书的处罚以及注销监理工程师注册证书，由水利部决定；其他行政处罚由有关水行政主管部门依照法定职权决定。

第六章　附　则

第三十六条　本规定所称机电及金属结构设备制造监理是指对安装于水利工程的发电机组、水轮机组及其附属设施，以及闸门、压力钢管、拦污设备、起重设备等机电及金属结构设备生产制造过程中的质量、进度等进行的管理活动。

本规定所称水利工程建设环境保护监理是指对水利工程建设项目实施中产生的废（污）水、垃圾、废渣、废气、粉尘、噪声等采取的控制措施所进行的管理活动。

本规定所称被监理单位是指承担水利工程施工任务的单位，以及从事水利工程的机电及金属结构设备制造的单位。

第三十七条　监理单位分立、合并、改制、转让的，由继承其监理业绩的单位承担相应的监理责任。

第三十八条　有关水利工程建设监理的技术规范，由水利部另行制定。

第三十九条　本规定自 2007 年 2 月 1 日起施行。《水利工程建设监理规定》（水建管〔1999〕637号）、《水土保持生态建设工程监理管理暂行办法》（水建管〔2003〕79 号）同时废止。

《水利工程设备制造监理规定》（水建管〔2001〕217 号）与本规定不一致的，依照本规定执行。

国家地下水监测工程（水利部分）监测站
施工质量和安全监督检查手册（试行）

（地下水〔2015〕73号 2015年11月26日）

1 总 体 要 求

为保证国家地下水监测工程监测站施工质量和安全生产要求，在监测站建设过程中，检查和现场管理人员可通过现场巡视和查阅资料等方式，根据以下有关条款和附件，对施工单位、监理单位的工作进行监督和检查。

1.1 施工质量

原材料和中间产品见证试验和平行检测；监测井钻进、井管安装、填滤、洗井、抽水试验等环节，施工质量的保证措施；流量站建设；自动监测设备抽样检测和安装调试；井口保护设施、站房、水准点建设等；水质采样及送检等。

1.2 安全生产

施工现场材料、设备、人员的安全措施；监理现场安全检查情况；出现不符合安全生产的情况是否及时整改等。

2 监测站土建施工准备质量和安全控制

2.1 施工现场检查

2.1.1 施工现场安全检查

检查要点：

（1）施工现场总体布置是否符合要求，是否合理，是否存在相互干扰影响的地方。

（2）施工现场是否达到施工条件。

（3）施工现场是否设置安全警示牌。

（4）施工人员是否按要求佩戴安全帽等防护用具。

（5）泥浆槽、沉砂池周边是否采取防护措施；供排水系统设置是否符合有关规定、安全合理。

（6）施工现场供电设备是否符合安全要求。

（7）施工现场是否配备消防用具等。

（8）若有夜间施工，是否配备相应照明设施。

（9）特殊工种是否具有相应的岗位证书。

（10）监理单位对施工现场开展的检查工作及相关工作记录。

2.1.2 原材料现场检查

本工程监测井成井原材料主要有：钢管（D146、D168、D219）、PVC－U（D200）管、滤料和止水材料等。

检查要点：

（1）钢管：进场外观检查，如：查看外观是否存在裂痕、弯曲等表面缺陷；使用游标卡尺测量管径、壁厚等尺寸是否符合设计要求等。

（2）PVC－U管：进场外观检查，如：检查井管外观是否存在划痕、凹陷、可见杂质、色泽不均及分解变色线等可能影响质量的表面缺陷；使用游标卡尺测量管径、壁厚等尺寸是否符合设计要求等。

（3）滤料：滤料的规格、级配等是否符合要求。

（4）止水材料：水泥标号、黏土球材料（颗粒大小）是否符合设计要求。

（5）施工单位是否按表 2.1 要求对原材料进行见证试验，监理单位是否按表 2.1 要求对原材料进行平行检测。检查人员可对其见证试验和平行检测取样过程进行监督。

表 2.1　　　　　　　　　　　　　监测井原材料见证试验及平行检测计划表

施工项目	材料检验项目	施工复试检验批（每标段）	见证频率/%	平行频率/%
监测井	管材	钢管不复试，提供出厂合格证、材质单及第三方报告，PVC-U 每标段、每厂家至少 1 组	100	0
	滤料-筛分析	10 个井 1 组，每标段至少 1 组	100	5

2.1.3　施工设备的检查

检查要点：钻机、水泵和卷扬机等设备是否存在影响其正常工作的因素，各部位零件是否完好无损等。设备若存在问题，监理单位是否督促施工立即维修或更换。

2.2　相关资料检查

2.2.1　施工单位资质及人员资格检查

检查要点：

（1）对施工单位技术资质等级进行复检。

（2）对项目经理和主要技术负责人资格进行复检。

（3）对施工操作人员相关上岗证（钻探工作人员上岗资格证）进行复检。

（4）主要技术人员和技工承诺坚守工作场点或关键施工时段在场的时间。

（5）监理单位对施工单位资质及人员资格检查开展的工作及相关工作记录。

2.2.2　施工技术准备的检查

检查要点：

（1）是否有施工安全交底记录、施工技术交底记录等。

（2）监理单位对相关交底记录的审查意见。

2.2.3　原材料相关质量证明材料及抽样检测结果

检查要点：

（1）钢管、PVC-U 管、滤料、止水等原材料进场报验单及其附件是否完备，附件主要包括：钢管、PVC-U 管等原材料出厂合格证、材质单和第三方报告；水泥进场报验单；滤料筛分报告；钢管、PVC-U 管、滤料、止水等原材料进场外观验收检查记录；PVC-U 管材、滤料等见证试验报告等。

（2）是否有钢管、PVC-U 管、滤料、止水等原材料现场检查过程的照片。

（3）监理对原材料现场及质量证明材料开展的检查工作及相关工作记录。

（4）监理单位是否按要求在现场进行见证取样，是否有见证试验取样过程的照片。

2.2.4　钻探设备等资料的复核

检查要点：

（1）是否有施工设备进场报验单。

（2）是否填写《钻探设备安装质量及安全情况检查表》。

（3）是否有钻机等设备安装调试过程的照片。

（4）监理单位对钻机等设备是否能正常运行所开展的检查工作及相关工作记录。

2.2.5 检查施工单位应提交的各种方案

检查要点：

（1）安全质量保证方案、施工技术方案申报表、施工进度计划申报表、现场组织机构及主要人员报审表等相关材料是否完备并符合要求。

（2）监理单位对上述方案开展的检查工作及相关工作记录。

2.2.6 检查开工手续是否完备

检查要点：合同工程开工申请表、合同工程开工批复等资料是否齐全并符合要求。

3 监测井建设关键工序施工及其质量控制

3.1 新建监测井成井过程检查

3.1.1 监测井钻进过程质量控制

1. 井深检查

（1）钻杆长度：在钻进过程中，根据终孔时钻杆的总长度估算井深。

（2）井管长度：在井管安装过程中，根据下管长度对井深数据进行复核。如果监测井从井底到井口（与地面平齐位置）全部需要下管，下管总长度（从井底到井口）即为井深；如果监测井某部位以下为坚实、致密的基岩，基岩部分可以不安井管，井深则为基岩的厚度和其他部位下管长度的总和。

（3）实际测量：成井后，用测量工具实际测量井深数据。

（4）监理方应用测量工具复核井深数据，建设单位可根据需要对井深数据进行抽检。

2. 孔径检查

（1）如果监测井没有变径，可根据终孔时钻头的尺寸来确定终孔孔径。

（2）如果监测井有变径，则在每一次变径前测量钻头的尺寸来确定变径前的孔径，测量终孔时钻头的尺寸确定终孔孔径。

（3）若有必要制作检验直径的框篮，实际下置井中进行检验。

3. 井斜的检查

检查监测井的井斜数据及相关记录，检查监理是否对井斜结果进行测量复核。

4. 资料检查

在监测井钻进过程结束后，应注意检查下列资料是否齐全：

（1）是否上传疏孔、扫孔和换浆过程的照片。

（2）是否有施工记录表；是否有相关施工过程的照片。

（3）是否有井深、孔径、井斜测量等相关资料和记录表；是否上传相关测量过程的照片。

（4）是否按设计和合同有关规定的采样站点进行岩（土）样采集并按要求存放、描述和编录〔基岩岩芯及原状土样应按上下层次顺序依次整齐排放（或装入岩芯箱内）以便检查验收；扰动土样应按上下层次序装入布袋或塑料袋内，并编写序号〕；是否有岩（土）样分析成果；是否有岩土样采集单、岩芯编录表；是否有岩土样采集、存放的照片。

（5）监理单位是否按要求对钻进过程进行旁站，是否有对井深、孔径、井斜各项数据进行验证和校核的工作记录。

3.1.2 监测井井管安装过程质量控制

1. 电测井资料检查

检查要点：

（1）监测井柱状图、电测井曲线、含水层岩性、埋深、厚度等资料是否齐全。

（2）是否有电测井的照片，相关井深、含水层厚度、含水层顶板距井口地面高度等数据是否清晰。

（3）是否填写《监测井成井实际结构图》相关内容。

2. 井管安装

井管安装前，施工单位应进行配管、排管（从井底的沉淀管开始到井口井壁管按顺序排管并编号）相关资料，利用电测井资料和施工过程中实际采集岩（土）样进行校核分析，确保滤水管与含水层位置一致。

检查要点：

（1）是否有下管记录表，下管记录表和配管、排管资料是否相符。

（2）是否有配管、排管、安装过滤器及下管过程的图片；井管编号等数字是否清晰，井管间接头位置照片是否清晰；接管方法是否符合设计要求，是否有变更及变更原因。

（3）监理单位是否按要求进行旁站。

3.1.3　滤料、封闭和止水效果质量控制

1. 充填滤料位置检查

检查要点：充填滤料前是否对滤料进行水洗；充填滤料前后是否对滤料位置、滤料数量进行复核。

2. 封闭止水效果检查

检查方法：先测得止水管内外的稳定水位，然后提（注）水，使管内外水位差值增加至所需检查值，半小时后进行观测；若管内水位波动值（变幅）小于 0.1m 则止水有效。

3. 资料检查

检查要点：

（1）是否有填滤、封闭和止水过程中的施工记录及表格；止水效果是否满足要求。

（2）是否有滤料、封闭止水材料填充过程的图片。

（3）是否填写《监测井工序质量验收记录表》相关栏位数据。

（4）监理单位是否按要求进行旁站。

3.1.4　洗井及其效果质量控制

检查要点：

（1）按照规范要求检查洗井方法（空气压缩机洗井、活塞洗井和水泵抽水等）是否得当。

（2）是否按规范和相关要求进行洗井工作。

（3）是否有洗井过程的照片，洗井数据是否符合相关规范要求。

（4）监理单位是否按要求进行旁站。

3.1.5　抽水试验及其效果质量控制

检查要点：

（1）是否按要求进行抽水试验。

（2）是否有水位、水量、稳定时间等抽水试验数据，数据记录是否符合规范要求；是否计算有关水文地质参数（如渗透系数等）。

（3）是否有抽水试验过程的照片。

3.2　改建井检查

改建井主要是洗井清淤、抽水试验和井口基础设施的维护等。

3.2.1　洗井清淤

可参考新建站洗井质量控制方法。若淤积严重且坚实，清淤也可间歇急剧灌水冲击（若为浅井可用冲击泵），再及时抽吸实施。

3.2.2　抽水试验

可参考新建站抽水试验质量控制方法。

3.2.3　井口保护设施的维护

现有井口保护设施无法满足要求时，可全部清除，进行基础处理后重新建设。具体方法参照第 4章附属设施建设相关内容。

3.3 流量站施工过程检查

3.3.1 材料现场检查

流量站施工原材料主要有：橡胶止水带、嵌缝材料、钢筋、水泥、防渗膜等。

中间产品主要有混凝土和砂浆等。

检查要点：

（1）是否按表3.1要求对原材料、中间产品进行现场检查和相关质量证明文件（厂家合格证或第三方报告）的检查；是否有原材料、中间产品现场检查的照片。

表3.1　　　　流量站原材料及中间产品现场检查、外观检查及质量证明文件要求

施工项目	材料检验项目	检查及质量证明文件
流量站	混凝土	正式配合比、现场检查搅拌生产情况、坍落度
	砂砾料相对密度	监理现场查看回填压实情况
	回填土压实度	监理现场查看回填压实情况
	橡胶止水带	附出厂合格证及第三方报告
	嵌缝材料	附出厂合格证及第三方报告
	钢筋	进场外观检查、材质单、厂家或第三方报告
	防渗膜	附出厂合格证及第三方报告

（2）施工单位是否按表3.2要求对混凝土、水泥砂浆等中间产品进行见证试验，监理单位是否按表3.2要求对混凝土、水泥砂浆等中间产品进行平行检测，是否提交相关见证试验和平行检测报告；是否有中间产品见证试验及平行检测取样的照片。

表3.2　　　　流量站原材料见证试验及平行检测计划表

施工项目	材料检验项目	施工复试检验批（每标段）	见证频率/%	平行频率
流量站	混凝土抗压	每站一组	100	1组
	水泥砂浆抗压	每站一组	100	1组

（3）监理单位对上述原材料、中间产品进场意见。

3.3.2 施工过程质量控制

检查要点：

（1）流量站施工前是否按要求进行基础处理；安装断面位置是否顺直、均匀，是否漏水等。

（2）若为预制构件，应提前检查构件质量、尺寸是否符合要求，是否按照建筑物的形式、结构、边界条件和水力特性选择合适的方法对流量系数进行滤定及验证，若安装有偏差，是否及时调整；若为现场浇筑，应注意各部位浇筑尺寸是否符合设计要求，混凝土养护时间等是否符合要求。

（3）若出现质量缺陷是否及时采取补救措施。

（4）水位计仪器指标和安装是否符合设计要求并采取保护措施。

（5）是否有流量站施工过程及建成后的照片。

（6）监理单位是否按要求进行旁站。

3.4 水样采集与检测

检查要点：

（1）施工单位是否配合做好水质采样有关工作。

（2）水质采样单位是否按要求进行水样采集和分析，水样存放方法、时间是否符合要求（是否保存或加入稳定剂应记录），是否按要求送检；是否有水样采集单（应包含测定项目、站点名称、含水层结构、采样方法、采样深度、水位、水温、采样时间、采样人等信息），水样采集单上的信息是否填写完整、清晰。

（3）监理单位是否对水质采样工作进行监督。

4 附属设施建设

本工程附属设施建设主要有井口保护设施/站房施工、水准点标石埋设、标志牌安装等。

4.1 材料现场检查

4.1.1 材料检查

井口保护设施/站房施工原材料主要有钢筋、水泥、砖等。中间产品主要有混凝土和砂浆等。

检查要点：

（1）是否按表4.1要求对原材料、中间产品进行现场及相关质量证明文件（厂家合格证或第三方报告）检查；是否有中间产品现场检查的照片。

表4.1　井口保护设施/站房原材料及中间产品现场检查、外观检验及质量证明文件要求

施工项目	材料检验项目	检查及质量证明文件
站房/井口保护设施	回填土压实度	监理现场查看回填压实情况
	混凝土	正式配合比、现场检查搅拌生产情况、坍落度
	钢筋	进场外观检查、材质单、厂家或第三方报告
	砂浆	正式配合比、现场检查搅拌生产情况、稠度
	砖	进场外观检查、厂家合格证或第三方报告
	防渗膜	附出厂合格证及第三方报告

（2）施工单位是否按表4.2要求对中间产品进行见证试验，监理单位是否按表4.2要求对中间产品进行平行检测，是否提交相关见证试验及平行检测报告；是否有中间产品见证试验及平行检测取样的照片。

表4.2　站房原材料见证试验及平行检测计划表

施工项目	材料检验项目	施工复试检验批（每标段）	见证频率/%	平行频率
站房	混凝土抗压	每标段一组	100	1组

4.1.2 井口保护设施

1. 外观检查

检查要点：

（1）井口保护设施的尺寸、锁具、通讯盖板、通气孔等是否符合设计要求，如不符合要求是否更换。

（2）是否有井口保护设施外观检查的照片。

2. 资料检查

井口保护设施外观验收检查记录。

4.2 施工过程检查

4.2.1 井口保护设施施工

检查要点：

（1）是否按设计要求进行安装前基础处理，安装方法是否符合设计要求，安装是否牢固、稳定；现浇井口基础，施工方法是否恰当，混凝土浇筑养护时间等是否符合要求。

（2）井口保护设施安装是否垂直，是否标记可接测高程的点等。

（3）是否填写《监测井工序质量验收记录表》相关栏位数据。

（4）是否有井口保护设施施工过程及建成后的照片。

（5）是否有井口保护设施工程报告书。

（6）监理单位是否按要求进行旁站。

4.2.2 站房施工

检查要点：

（1）站房的结构尺寸等是否符合设计要求。

（2）是否填写《监测井工序质量验收记录表》相关栏位数据。

（3）是否有站房施工过程及建成后的照片。

（4）是否有站房工程报告书。

（5）监理单位是否按要求进行旁站。

4.2.3 水准点标石埋设

检查要点：

（1）是否有水准点埋设位置的图片。

（2）是否按设计及规范要求进行埋石基础处理。

（3）是否填写《监测井工序质量验收记录表》相关栏位数据。

（4）是否提交埋设水准点标石工程报告书（每标段提交一个报告）。

（5）是否有水准标石及其埋设过程和埋设结束后的照片。

（6）是否有监理单位对水准点埋设工作的验收意见。

4.2.4 标志牌

检查要点：

（1）标志牌外观是否符合设计要求，监测井名称、编号、监测项目、所属单位名称、设置日期、保护级别和联系电话等信息是否清晰。

（2）是否有标志牌安装后的照片。

（3）是否填写《监测井工序质量验收记录表》中相关栏位数据。

5 自动监测设备安装与调试

5.1 自动监测设备资料检查

检查要点：

（1）自动监测设备进场报验单及其附件是否完备（附件主要有出厂合格证、检验报告和进场设备外观验收检查记录等）。

（2）是否按《国家地下水监测工程（水利部分）产品抽样检验测试实施办法》有关规定对自动监测设备进行抽检，抽检结果是否符合要求，是否有水利部水文仪器及岩土工程仪器质量监督检验测试中心出具的自动监测设备抽样检测报告。

（3）产品使用手册（或产品说明书）中的技术指标是否符合设计要求。

5.2 自动监测设备进场外观检查

检查要点：

（1）产品是否有抽样检测单位的标识码。

（2）包装是否有损坏。

（3）开箱后核验产品型号与中标型号是否一致。

（4）自动监测设备及配件是否有损坏。

（5）监理单位是否开展自动监测设备的检查工作及其工作记录。

5.3 自动监测设备安装调试过程检查

检查要点：

（1）井口保护设施安装是否符合要求。

（2）是否与省级中心进行通信调试并实现正常传输数据；是否按设计要求的通信规约、监测频次、报送频次进行设置；是否效验传输数据的准确性。

（3）是否置入井点高程的相关参数，并能将埋深数据转换为水位数据。

（4）电缆线预留是否合适。

（5）水质五参数电极法所选参数是否符合设计要求。

（6）安装 UV 探头的水质自动监测站是否符合设计要求。

（7）是否有自动监测设备安装与调试过程的照片。

附件

地下水监测站施工技术要点

1　监测井结构施工技术要点

1.1　新建监测井结构施工技术要点

新建站成井工艺流程依次包括钻进、岩土样采集和地层岩性鉴别（其中钻进含护壁和冲洗介质）；井管安装；填滤、封闭和止水；洗井；抽水试验等。

1.1.1　钻进、岩土样采集和地层岩性鉴别

1. 钻进应符合下列规定

（1）钻进方法应根据地层岩性选用。松散岩层钻进过程中，当遇到漂石、块石等造成钻进困难时，可改用冲击钻进或采取井内爆破措施。爆破设计应保证附近的地下管线及地面建筑物的安全。

（2）钻机就位后，应用钻机塔身前后左右的垂直标杆检查钻机塔身导杆，校正位置，使钻杆垂直对准井孔中心，确保钻进垂直度偏差不大于 1‰。

（3）井身应圆正、垂直。其中：井身直径不得小于设计井径；每 100m 井段的顶角偏斜递增速度不应超过 1°；井段的顶角和方位角不得有突变。设置的护口管应保证在施工过程中不松动，井口不坍塌。

（4）钻进时应合理选用钻进参数，必要时应安装钻铤和导正器。发现孔斜征兆时应及时纠正。钻具的弯曲、磨损应定期检查，不合理者严禁使用。

（5）根据地层岩性、钻进方法及施工用水情况，确定适宜的护壁方法。

松散岩层钻进采用水压护壁，孔内宜有 3m 以上的水头压力；采用泥浆护壁时，孔内泥浆面距地面应小于 0.5m。

基岩顶部的松散覆盖层或破碎岩层，应采用套管护壁。当采用泥浆护壁钻进时，泥浆密度宜为 1.1～1.2，遇到高压含水层或流沙层等易坍塌地层时，泥浆密度可酌情加大；中砂、粗砂、卵砾石地层的泥浆黏度宜为 18～22s；细砂、粉细砂地层的泥浆黏度宜为 16～18s。当采用冲击钻进时，孔内泥浆含砂量不应大于 8%，胶体率不应低于 70%。当采用回转钻进时，孔内泥浆含砂量不应大于 12%，胶体率不应低于 80%。井孔较深时，胶体率应适当提高。

停钻期间应将钻具提出，并定时搅动井内泥浆。泥浆漏失时，应随时补充。

（6）在保证井壁稳定、减少对含水层渗透性影响和提高钻进效率的前提下，应根据地层岩性、钻进方法和施工条件选择适宜的冲洗介质。

（7）在钻进过程中应定时测量冲洗介质的各项性能指标，并保证冲洗介质的各项性能指标符合有关规定的要求。

冲洗介质应根据地层岩性、钻进方法和施工条件选择清水、泥浆、空气或者泡沫等，并应符合下列要求：

1）保证井壁的稳定。

2）减少对含水层渗透性和水质的影响。

3）提高钻进效率。

（8）在钻进过程中，应对水位、水温、冲洗液消耗量、漏水位置、自流水水头和自流量、孔壁坍塌、涌砂和气体逸出情况、岩层变层深度、含水构造和溶洞的起止深度等进行观测和记录。

1）水位观测：每次提钻后下钻前各观测一次，停钻时间较长时，观测时间视水位变化快慢而定；遇水位突变或有异议的含水层应停钻，测其水位或水头高度。

2）水温观测：一般在孔内水位和漏水量有很大变化时才进行观测。

3）冲洗液消耗量观测：每班至少观测一次，当发现有突然变化时增加观测次数。

4）涌水、漏水观测：发现涌水及严重漏水时，记录其位置、起止深度。

5）其他观测：对掉钻、坍塌掉块、换径变层、返水颜色突变及涌砂、气体逸出等现象，记录其起止深度。

2. 岩土样采集应符合下列规定

水文地质钻探的主要目的之一，是从地下取出岩心，通过对岩心的观察、鉴定、化验编录与综合研究，了解岩层的岩性、结构构造、厚度及含水层的特征、矿物成分、粒度、孔隙度、透水性、含水层厚度、含水层顶底板岩性等水文地质资料，作为水文地质评价的主要依据。同时也是钻探成井工作中选择井管类型和砾料级配规格的依据。因此岩心采取数量的多少、质量的好坏，直接影响钻孔质量和水文地质的成果，所以它是衡量水文地质钻探钻孔质量的重要指标。

（1）岩土样采集应符合下列规定：

1）松散层宜采鉴别样，每层应至少取土样一个。冲击钻进时，可用抽筒或钻头带取鉴别样；回转无岩芯钻进时，可在井口冲洗液中捞取鉴别样，所采鉴别样应准确反映原有地层的埋深、岩性、结构及颗粒组成。

2）对于松散层同一岩性岩土层采集一个岩土样，每个岩土样采集量应不少于1kg，基岩岩芯采取率应不低于50％。

3）在各种地质单元均选取典型监测井进行岩土样采集，保证探井揭露的各岩土层，应至少采集1个岩土样。

4）应记录各岩土样的采集深度，进行编号并现场填写岩土样采集单。岩土样采集单式样见表1-1。

表1-1　　　　　　　　　　　　岩土样采集单（式样）

岩土样编号		采集量	_____ kg
监测井编号		岩土样采集深度	_____ m
监测井位置			
采样日期	___年___月___日___时	采样人姓名	

5）岩土样应按地层顺序存放，并及时进行描述和编录。岩土样应密封保存至工程验收，必要时可延长存放时间。

（2）岩心描述的顺序及内容：

1）基岩的描述内容大致是：定名、颜色、结构、矿物成分、岩心破碎情况（岩心形状）、岩心采样率、节理、裂隙，岩溶的发育程度、充填情况和充填物，断层擦痕、断层泥及其填充物，风化程度、化石、层与层的相互关系及层理性质等。

2）松散层的描述内容大致为：定名、颜色、湿度、成分（粒度成分及所占百分数）、磨圆度、分选性、结核、包裹体、结构层的相互关系及层理特征、胶结程度及胶结类型、化石等。

3）岩心采取的要求，对于不同岩层和不同目的的钻孔是不同的，其基本要求是力求准确地从钻孔中采取能够代表相应孔段的和足够长度的岩心。

$$岩心采取率＝[采取的岩心长度(m)/相应的进尺长度(m)]×100\%$$

（3）岩心编录程序：

1）抄录班报表的回次进尺，施工方法（钻探方法、扩孔方法、变径及其深度）及有关的水文地质现象记载。

2）校正回次位置及填写岩心标签。

3）整理岩心，检查上下顺序，校正岩心长度。

4）鉴定岩性，确定分层位置，填写分层标签，并分层取代表性鉴定样及分析样品（注明取样深度）。

　　5）终孔后，在完成上述工作的基础上将岩心按顺序装箱保存。

　　3. 地层岩性鉴别应符合下列规定

　　（1）在钻进中，应现场鉴别监测井揭露的各岩土层的岩性名称，并记录相应深度。

　　（2）当有采集岩土样要求时，应根据采集的岩土样鉴别各岩土层的岩性名称、深度；当采用无岩芯钻进且具有水文物探井资料时，应根据水文物探井资料和钻进中返出的岩土粉屑综合分析鉴别各岩土层的岩性名称、深度；当采用无岩芯钻进且没有水文物探井资料时，应根据钻进中返出的岩土粉屑鉴别各岩土层的岩性名称、深度。

　　（3）松散层岩土的名称应符合表1-2的规定：

表1-2　　　　　　　　　　　　　**松散层岩土的名称**

类别	名称	说　　　明
碎石土类	漂石	圆形及亚圆形为主，粒径大于200mm的颗粒超过全重的50%
	块石	棱角性为主，粒径大于200mm的颗粒超过全重的50%
	卵石	圆形及亚圆形为主，粒径大于20mm的颗粒超过全重的50%
	碎石	棱角形为主，粒径大于20mm的颗粒超过全重的50%
	圆砾	圆形及亚圆形为主，粒径大于2mm的颗粒超过全重的50%
	角砾	棱角形为主，粒径大于2mm的颗粒超过全重的50%
砂土类	砾砂	粒径大于2mm的颗粒占过全重的25%～50%
	粗砂	粒径大于0.5mm的颗粒超过全重的50%
	中砂	粒径大于0.25mm的颗粒超过全重的50%
	细砂	粒径大于0.075mm的颗粒超过全重的85%
	粉砂	粒径大于0.075mm的颗粒不超过全重的50%
黏性土类	粉土	塑性指数 $I_P \leqslant 10$
	粉质黏土	塑性指数 $10 < I_P \leqslant 17$
	黏土	塑性指数 $I_P > 17$

注　定名时应根据粒径分组由大到小，以最先符合者确定。

　　4. 终孔

　　钻进至设计深度，可根据井口溢出或泥浆泵抽的泥浆密度初步判断井中是否有含水层，若泥浆密度变小井中应有含水层；在进行电测井后，结合地层分析含水层厚度进行水量初步估计。达到了以下设计要求即可终井。

　　（1）地下含水层为孔隙潜水，当其厚度不大于30m时，凿穿整个含水层（组）；大于30m时，凿至多年最低水位以下10m。

　　（2）地下含水层为孔隙承压水，当其厚度不大于10m时，凿穿整个含水层（组）；大于10m时，凿至该含水层（组）顶板以下不小于10m。

　　（3）地下含水层为岩溶水，应凿穿岩溶水上部覆盖岩层，到岩溶发育部位一定深度为止。

　　（4）当钻进达到设计深度没有发现地下水时，由施工单位及时向监理工程师提出工程变更申请，然后由总监理工程师报告给建设单位，再会同设计单位协商确定是否加深钻进或变更监测井位置等。

1.1.2　井管安装

　　井管是垂直安装在地下的建筑物，当井壁不稳定时，井内必须安装井管。井管包括井壁管和滤水管两部分，滤水管安装在含水层处，滤水管起滤水挡砂的作用。井管下端的井壁管为沉砂管，以沉淀水中所含的沙砾。在井管柱与井壁之间的环状间隙内，根据岩层情况填入填充物，即在含水层填入筛选的砾石，以增大出水量，并起过滤作用。在非含水层段或计划封闭的不良含水层段填入黏土或水泥等止水物，达到封闭和止水的目的，以防止井水被污染。

1. 电测井

井管安装前应进行电测井，再结合地层分析含水层厚度，进行水量初步估计。

电测井采用梯度电极或电位电极与地面电极在钻孔中建立直流电场，测量延井轴分布的两点之间的电位差来求取地层的视电阻率，根据视电阻率曲线形态划分地层确定其厚度，定量估算地层的电阻率和孔隙度。观测方法为：在钻孔中放置与方法相应的电极系装置（包括供电电极、测量电极及相应的电子电路），通过供电电极向井孔地层通入电流产生电场，记录测量电极之间的电位差，当电极系沿着钻孔从井底向上以一定速度移动时，测量出整个钻孔地层剖面的视电阻率值。电测井工作应当遵循以下几个原则：

（1）测井速度根据仪器延时参数和测量精度要求而定，不大于 1000m/h。

（2）标记电缆深度时，应挂相当于井下仪器重量的挂锤。

（3）测井曲线首尾必须记录有基线，首尾基线偏移不大于 2mm。

（4）曲线线迹清楚，当曲线出现断记和畸变时，必须在现场查明，采取有效措施后重新记录。

（5）视电阻率进行标准测井时，应使梯度和电位测井曲线能兼顾分层定厚和估算渗透层及其侵入带的真电阻率。

2. 井管规格及要求

根据井管在监测井不同位置作用的不同，将井管分过滤管、沉淀管和井壁管。

过滤管介于井壁管和沉淀管之间，监测井凿穿的地下水监测目标含水层全部安装过滤管。钢制过滤管开孔率为 25%～30%，PVC-U 过滤管开孔率为 5%～10%，开孔方式为圆孔且呈梅花形排列。过滤器主要采用缠丝过滤管、骨架过滤管以及填砾过滤器。

沉淀管安装在监测井底部，材质和井壁管相同。钢制沉淀管的管底用钢板焊接封死，或利用混凝土封死；PVC-U 沉淀管的管底用木塞封死。沉淀管的长度按设计要求：当井深＜50m，采用长度 3m 的沉淀管；井深≥50m，则采用长度 5m 的沉淀管。

3. 井管管材及直径

本工程采用的井管材质为钢管（规格尺寸见表1-3）和 PVC-U 管（规格尺寸见表1-4）。各井管管径以设计图为准。

表 1-3　　　　　　　　　　　　钢制井壁管规格尺寸

无 缝 钢 管			焊 接 钢 管		
公称直径/mm	外直径/mm	壁厚/mm	公称直径/mm	外直径/mm	壁厚/mm
146	146（139.7）	7.5	146	139.7	8
168	168（168.3）	8	168	168.3	8
219	219（219.1）	9	219	219.1	8.8

注　1. 无缝钢制井壁管规格尺寸参照 GB/T 17395；焊接钢管规格尺寸参照 GB/T 21835。
　　2. 括号内尺寸为相应的 ISO 4200 的规格，与焊接钢管的公称直径一致。

表 1-4　　　　　　　　　　　　PVC-U 井管规格尺寸

公称直径 /mm	外直径 /mm	壁厚 /mm	过滤管开孔率 /%	井壁管（常见）L/mm	过滤管 L/mm	螺纹长度 L2/mm
160	160	7.7	4-15	3000 或 6000	3200	120
200	200	9.6	4-15			
250	250	11.9	4-15			

注　过滤管开孔形式可为圆孔、条孔；条孔可平行于管轴线，也可垂直于管轴线；井管长度 L，可根据用户或生产需要调整。

4. 管材技术要求

管材质量应符合《机井井管标准》（SL/T 154—2013）或《水井用·聚氯乙烯（PVC-U）管材》

（CJ/T 308—2009）相关规定。

（1）一般要求。

1）生产井管的原材料应符合国家现行相关标准。

2）井管的强度应满足机井施工和正常运行所需的强度要求。

3）井管端头构造应满足井管连接工艺并能达到下管施工过程中的强度要求。

4）井管端面倾斜度不应大于 3mm。

5）井管弯曲度不应超过其有效长度的 0.3%。

6）过滤管开孔布置和开孔尺寸，应按照井管强度和结构要求设计。

7）过滤管缠丝材质可采用镀锌铁丝或浸塑镀锌铁丝。当有特殊防腐要求时，可用铜丝、不锈钢丝或高强度聚乙烯纤维等。

（2）钢管。

1）钢制穿孔缠丝过滤管的垫筋高度宜为 6～8mm，垫筋间距宜保证缠丝距管壁 2～4mm，垫筋两端应设挡箍。

2）全焊 V 形缠丝过滤管应符合下列规定：

a. 条筋和缠丝表面应光滑，无裂纹，毛刺等。焊点处应光洁平整，缝隙处无残留污物。

b. 条筋、缠丝、管接箍之间焊接牢固。管外表面出现的烧伤点不应超过焊点总数的 2%。

c. 缠丝间距允许偏差为设计丝距的 ±10%。

3）桥式过滤管和全焊 V 形缠丝过滤管应进行压扁试验。试验时，当两平板间距离为过滤管外径的 2/3 时，焊缝处不应出现裂缝或裂口，不应出现分层或金属过烧现象。

4）钢制井管的尺寸允许偏差应符合下列规定：

a. 过滤管管体长度偏差不应大于 ±10mm，外径偏差和内径偏差不应大于 ±5mm。

b. 桥式过滤管的实头长度偏差和全焊 V 形缠丝过滤管的接箍长度偏差，不应大于 ±10mm。

钢制井壁管使用条件见表 1-5。

表 1-5 　　　　　　　　　　　　钢制井壁管使用条件

井管	适宜井深/m	连接方式	井管	适宜井深/m	连接方式
无缝钢制井壁管	＜1000	帮筋对口焊接	螺旋缝焊接钢制井壁管	＜500	帮筋对口焊接
				＜700	加箍对口焊接
	＜1500	加箍对口焊接	直缝焊接钢制井壁管	＜1000	帮筋对口焊接
	＜3000	丝扣连接		＜1300	加箍对口焊接

（3）PVC-U 井管。

1）材料应采用 PVC-U 混合料，聚氯乙烯树脂占混合料的质量百分比不低于 90%。

2）井管接口用的弹性密封橡胶圈和粘接接口的黏结剂应由管材生产厂配套供应。黏结剂必须采用符合硬聚氯乙烯材质要求的溶剂型黏结剂。

3）弹性密封橡胶圈的外观应光滑平整，并不得有气孔、裂缝、卷褶、破损、重皮等缺陷。

4）弹性密封橡胶圈应采用具有耐酸、碱、污水腐蚀的合成橡胶，其性能应符合下列要求：

a. 邵氏硬度：50±5。

b. 伸长率：≥500%。

c. 拉断强度：≥16MPa。

d. 永久变形：＜20%。

e. 老化系数：≥0.8（70℃，144h）。

PVC-U 井管的物理和力学性能见表 1-6。

表 1-6   PVC-U 井管的物理和力学性能

项　　目	要求	项　　目	要求
密度/(kg/m³)	1350~1460	环刚度/(kN/m²)	≥12.5
纵向回缩率/%	≤5	拉伸屈服应力/MPa	≥43
维卡软化温度/℃	≥80	落锤冲击试验 0℃ TIR/%	≤5

5）井管内外表面应光滑，无明显划痕、凹陷、可见杂质和其他影响井管质量的表面缺陷，不应有明显的色泽不均及分解变色线，管材两端面应切割平整。

PVC-U 井管尺寸允许偏差见表 1-7。

表 1-7   PVC-U 井管尺寸允许偏差

公称直径/mm	外径偏差/mm	壁厚偏差/mm	管体长度/mm	
			井壁管	过滤管
160	＋0.5	＋1.1	＋10	＋10
200	＋0.6	＋1.2		
250	＋0.8	＋1.4		
280	＋0.9	＋1.5		

6）PVC-U 井管连接处最小壁厚不应小于井管平均壁厚的 70%。

5．井管连接方式

（1）井管连接的基本要求：

1）井管连接处要牢固可靠，并能承受下管时所产生的拉力。

2）井管连接处要求封闭，无渗漏现象。

3）连接后要同心，不能有明显的偏心或弯曲现象。

4）井管连接时，要操作方便，减低劳动强度，便于野外作业，尽量减少其他附属设备。

（2）井管连接方法：

1）丝扣连接方法。这是井管最常用的一种连接方式，凡是能够加工成型丝扣的井管均能采用。它主要用于金属井管，其优点是连接后牢固可靠、同心度好、封闭性能好、连接方便速度快。

2）螺钉连接方法。两管之间的连接是通过无丝扣接箍和螺钉连接。

3）井管焊接连接方法。常用于无缝钢管、钢板卷管、管口镶有接箍的钢筋混凝土井管等。包括电焊连接方法、塑料焊接方法。

4）粘接方法。借助胶黏剂在表面上所产生的黏合力，将同种或不同种材料牢固的连接在一起的方法。

5）承插连接方法。主要用于带承插接头的铸铁管、混凝土管、陶瓷管和塑料管等。

6）对口连接：主要用于平口水泥管，两管对接处多采用沥青水泥、外包扎塑料布封闭，防止接头处涌砂。

6．井管安装前的准备工作

（1）校正孔深：应精确丈量钻孔深度，以保证准确无误地安装井管和滤水管。

（2）破壁、换浆、探孔。

1）在松散地层中由于使用泥浆钻进，在孔壁上形成较厚的泥皮，特别是钻进复杂的地区或因孔内事故时间过长，孔壁泥皮增厚，这对下管及洗井带来影响，影响与含水层的连通性及出水量。为此在交换孔内泥浆时同时要将孔壁上的泥皮除掉。

采用扩孔刮洗孔壁法，此法多用于浅孔。采用比原钻头直径大 20~30mm 的扩孔钻头进行扩孔，将孔壁上的泥皮刮掉。扩孔时要轻压、慢转、大泵量、扩至含水层时，要上下提动钻具，反复多扩几次，以便刮净泥皮。

2）钻到预计孔深后，当孔内泥浆黏度较大，含砂量较高时，应及时向孔内送入黏度低（18～20s）、含砂量少、胶体率高的优质泥浆，替换出孔内的原有泥浆。以保证下管过程中，孔内泥浆不产生沉淀物，而使井管顺利下到预计位置，同时防止堵塞滤水管的孔隙，以扩大填砾厚度，利于洗井。

冲孔换浆工作应在扩孔后期开始，当扩孔至预计孔深前 10～30m 时，逐渐稀释泥浆进行扩孔，直至终孔再进行冲孔换浆。换浆过程应保持泥浆的性能逐渐由稠变稀，防止泥浆性能突变，导致粗颗粒沉淀或孔壁坍塌。

3）探孔是检查井的深度，直径和孔壁是否平滑，以保证下管工作顺利进行。

（3）根据钻进中取得的地层岩性鉴别资料和电测井资料，核定监测井结构设计中井壁管、过滤管、沉淀管的长度和下置位置，并进行配管。

（4）检查、排列井管：丈量井管用的量具（钢尺或皮尺），要和校正孔深的量具一致，以防造成误差；按照下管顺序对井管进行排列、编号（先下处于井底的管，从下到上依次编号），并做好记录，务必使滤水管安装到含水层的预订位置，对井管要按质量要求严格进行检查，不符合质量标准者，应立即修理、调整或更换。

（5）检查起重设备和工具：下管前应对钻塔（桅杆）、钻机离合器、升降机制带、游动滑车、钢丝绳及各处钢丝绳卡等进行认真检查，不符合要求的应立即修理、调整或更换。

（6）对砾料、止水材料（泥球）以及辅助工具等进行质量和数量的校对。

（7）清理现场，清除钻孔附近的障碍物，撤去不用的机械设备。

7. 井管安装

（1）根据管材强度、下置深度和起重设备安全负荷的大小，选择适宜的下管方法。当井管的自重或浮重小于井管的允许抗拉力和起重设备的安全负荷时，可采用提吊下管法；当井管的自重或浮重超过井管的允许抗拉力或起重设备的安全负荷时，宜采用托盘下管法或浮板下管法；当监测井的结构复杂（或下卧深度较大）时，宜采用多级下管法。

（2）采用填砾过滤器的监测井，下管前应在井口设置找中器。

（3）安装井管时，井管应直立于井口中心，井管的上端口应保持水平，应有导正装置，确保井管垂直下入井内，并使井管居中，以保证井管四周砾料均匀分布；相邻两节井管的结合应紧密和保持竖直，接头处的强度满足下管安全和成井质量要求；处于监测井下端的沉淀管应封底；井管的偏斜度应符合"每 100m 井段的顶角偏斜递增速度不应超过 1°"（SL 360—2006 中 3.3.3 条 2 款）的规定；过滤管安装深度的偏差应为±300mm。井壁管高出监测井附近地面 50mm。

1.1.3 填砾、封闭和止水

1. 填砾

下管结束后要进行填砾工作，不要拖延时间，以免造成孔内涌砂，严重时造成钻孔报废。本工程充填所用滤料主要有砂、石英砂和砾石。

（1）滤料的检验。

1）取样（适用于石英砂、砾石滤料）。

a. 堆积石英砂/砾石滤料的取样。在滤料堆上取样时，应将滤料堆表面划分成若干个面积相同的方形块，于每一方块的中心点用采样器或铁铲伸入到滤料表面 150mm 以下采取。然后将从所有方块中取出的等量（以下取样均为等量合并）样品置于一块洁净、光滑的塑料布上，充分混匀，摊平成 1 个正方形，在正方形上画对角线，分为 4 块，取相对的 2 块混匀，作为 1 份样品（即四分法取样），装入一个洁净容器内。样品采取量应不少于 4kg。

b. 袋装石英砂滤料的取样。取袋装滤料样品时，由每批产品总袋数的 5% 中取样，批量小时不少于 3 袋。用取样器从袋口中心垂直插入 1/2 深度处采取。然后将从每袋中取出的样品合并，充分混匀，用四分法缩减至 4kg，装入一个洁净容器内。

砾石承托料的取样量可根据测定项目计算。

2）石英砂/砾石滤料应送检测中心进行检验。

a. 石英砂检测项目：破碎率、磨损率、密度、含泥量、轻物质含量、灼烧减量、盐酸可溶率、筛分（根据筛分曲线确定石英砂滤料的有效粒径和不均匀系数）等。

b. 砾石检测项目：砾石密度、砾石含泥量、砾石盐酸可溶率等。

（2）围（回）填滤料。

围（回）填滤料是增大过滤器及其周围有效孔隙率，减小地下水流入过滤器的阻力，增大水井出水量，防止涌砂，延长水井使用寿命的重要措施。围填滤料的质量取决于滤料的质量和填砾方法。

下置填砾过滤器的监测井，井管安装后应及时进行填砾。填砾应符合下列规定：

1）采用泥浆护壁钻进的监测井，井内泥浆应进行稀释。

2）滤料的质量应符合下列规定：

a. 填砾过滤器的滤料应选用质地坚硬、密度大、磨圆度良好的砂、砂砾石和石英砂，易溶于盐酸和含铁、锰的砾石以及片状或多棱角碎石，不宜用作滤料。

b. 过滤管所在位置含水层岩土的颗粒级配系数应按式（1）计算。

$$\eta_2 = d_{60}/d_{10} \tag{1}$$

式中　η_2——颗粒级配系数（无因次）；

d_{60}、d_{10}——过滤管所在位置含水层岩土样筛分重量累计 60%、10% 时的最大颗粒直径，mm。

当过滤管所在位置含水层岩土的颗粒级配系数分别为 $\eta_2 < 3$、$\eta_2 = 3$、$\eta_2 > 3$ 时，应分别按式（2）、式（3）、式（4）确定滤料的粒径。

$$D_{50-1} = 8d_{50} \tag{2}$$
$$D_{50-2} = 9d_{50} \tag{3}$$
$$D_{50-3} = 10d_{50} \tag{4}$$

式中　$D_{50-1} = 8d_{50}$——$\eta_2 < 3$ 时滤料的粒径，mm；

$D_{50-2} = 9d_{50}$——$\eta_2 = 3$ 时滤料的粒径，mm；

$D_{50-3} = 10d_{50}$——$\eta_2 > 3$ 时滤料的粒径，mm。

c. 滤料的数量应按公（5）计算：

$$V = 0.785(D_k^2 - D_g^2)L\alpha \tag{5}$$

式中　V——滤料数量，m^3；

D_k——填砾井段的井径，m；

D_g——过滤管外径，m；

L——填砾井段的长度，m；

α——超径系数（无因次），$\alpha = 1.2 \sim 1.5$。

滤料的粒径应根据含水层颗粒筛分数据确定，滤料颗粒的大小决定填滤层的滤水性能。滤料直径大，透水性能好，但挡砂性能差；反之，挡砂性能好，渗透性能差，影响出水量。滤料直径为含水层（筛分颗粒占总重量的 50% 的颗粒直径）粒径的 $6 \sim 8$ 倍。

填砾的厚度应根据含水层颗粒大小和钻孔类型确定，一般 $75 \sim 100mm$，细砂地层适当加厚。

d. 认真检查滤料的质量和规格，不符合要求的滤料不准填入孔内，含泥土杂质较多的滤料，要用水冲洗干净后才准使用。

e. 滤料应自滤水管底端以下不小于 1m 处充填至滤水管顶端以上不小于 3m 处，填砾前应丈量现场堆放的砾料体积。

f. 填砾的高度：洗井和抽水试验过程中，管外所填滤料会伴随洗井和抽水下沉密实。因此，填砾高度一般需超过所利用含水层的顶板。

g. 填砾方法应根据地层情况、成井深度、所采用的钻进设备等确定。填滤的速度不宜太快，不能整车倒入，要沿着井的四周均匀填入，不允许只在一个方向上填入，不论钻孔深浅，填滤必须一次完成，不能中途停歇，以免滤料分选和井壁坍塌。常用的填砾方法有边冲边投法（动水投砾）、先冲后投法（静水投砾）和边抽边填法。

h. 填砾时，滤料应沿井壁四周均匀连续填入，始终保持井管稳定；应随时记录已填入滤料的数量和测量滤料填充深度，当发现填入滤料的数量与根据测量的滤料填充深度计算的滤料数量有较大差别时，应及时找出原因并采取稳妥措施进行排除。

i. 滤料填至预订位置后，在进行止水或管外封闭前，应再次测定填砾位置。若有下沉，应补填至预订位置。

2. 封闭和止水

封闭就是在井壁管或沉淀管外围填充止水材料，阻止水体渗流的工艺。

止水就是对目标含水层以外的其他含水层或非含水层进行封闭隔离，防止对含水层的干扰和污染，取得分层的水位、水量、水质、水温等资料。

封闭和止水材料的检验：

本工程使用的封闭和止水材料为优质钙基膨润土。膨润土质量指标见表 1-8。

表 1-8　　　　　　　　　　　　膨 润 土 质 量 指 标

项　　目	合格品指标	项　　目	合格品指标
水分/%	≤13.0	使用效果	符合要求

（1）检验规则：

1）组批：同原料、同工艺、同规格、同批号包装生产出厂的，并具有同样质量证明书的产品为一批。

2）取样：在每批产品中按随机取样法抽取 5 袋，每袋用取样器在逢口处取出约 100g，混成 500g 试样。

3）验收规则：水分和使用效果两项为膨润土的批检项目。交由检测中心进行检测。

4）允许差：同一试样应进行平行测定，两次测定结果之差不应超过 0.5%。

5）包装：包装袋应具有足够的强度，不允许破损。包装袋上应注明产品名称、生产厂名、厂址、规格、出厂日期（批号）、注册商标、净重、执行标准号及等级，并应附有质量检验合格证。

6）储存：应注意防雨、防潮。

（2）封闭和止水应符合下列规定：

1）根据钻孔施工目的不同，进行不同位置的止水。填充滤料下端以下井段的封闭和止水，应在填砾之前进行；充填滤料顶端以上井段的封闭和止水，应在填砾之后进行。

2）止水的材料宜选用优质黏土做成的黏土球，黏土球的粒径宜为 20～30mm，并在半干的硬塑或可塑状态下缓慢、连续填入。封闭和止水材料的数量应符合式（6）要求。

$$V_1 = 0.785(D_{k-1}^2 - D_{g-1}^2)L_1\alpha \tag{6}$$

式中　V_1——封闭和止水材料数量，m^3；

　　　D_{k-1}——封闭和止水井段的井径，m；

　　　D_{g-1}——封闭和止水井段井壁管外径，m；

　　　L_1——封闭和止水井段的长度，m；

　　　α——超径系数（无因次），$\alpha=1.2～1.5$。

3）位置应根据施工目的和客观条件尽量选择在隔水性能较好的层位、孔壁完整的部分进行止水工作。

4）止水后，应检验封闭和止水的效果，当未达到要求时，应重新进行封闭和止水。止水有效期应保证长期可靠。

5）材料不能对水质有污染作用。

1.1.4　洗井

洗井质量的优劣关系到监测井内地下水动态变化是否灵敏，是监测站成败的关键，应注意洗井质量。

洗井的目的是要彻底清除井内的泥浆，破坏井壁泥皮，抽出渗入含水层中的泥浆和细小颗粒，使过滤器周围形成一个良好的人工滤层，以增加井孔涌水量。为防止泥皮硬化，在成井后应立即进行洗井。

1. 洗井应符合下列规定

（1）封闭和止水后应及时进行洗井。

（2）宜采用两种或两种以上洗井方法联合进行洗井。

（3）应根据含水层岩性特征、监测井结构和井管强度等因素，选择适宜的洗井方法。当松散层监测井的井管强度允许时，宜采用活塞与空气压缩机联合洗井；采用泥浆护壁钻进且监测井井壁泥皮不宜排除时，宜采用化学洗井；碳酸盐岩类监测井，宜采用液态二氧化碳配合六价偏磷酸钠或盐酸联合洗井；碎屑岩、岩浆岩类监测井，宜采用活塞或空气压缩机与液态二氧化碳等方法联合洗井。

2. 常用的洗井方法

（1）空压机洗井：空压机震荡洗井，使用空压机间歇向孔内送风，使孔内水位发生剧烈震荡，加速对井壁泥皮的破坏和管外天然过滤层的形成。注意沉没比。

（2）活塞洗井：是破坏泥皮、清除渗入含水层中泥浆的有效方法之一，如与其他方法结合使用，更能显著的提高洗井效率，保证洗井质量，使水井获得更大出水量。这种方法适用于井管强度高及粗颗粒地层。按活塞结构、在孔内运动方式不同，活塞洗井分为两种工作原理：第一种，活塞在孔内上下往复运动，产生抽、压作用，当活塞下行时，活塞下部的液体产生水力冲击，高压水通过滤水管、砾料层冲向孔壁破坏泥皮；当活塞上行时，其活塞下部孔段造成局部负压，而地下水又迅速吸入滤水管内，使孔壁泥皮又一次受到破坏，活塞不断地上下运动，而形成反复的抽压作用，将含水层中的细砂及泥浆溶液抽吸出来，疏通含水层，达到洗井目的。第二种，活塞在孔内自下而上的单向运动，产生单向的抽吸作用。当活塞自井管下部往上运动时，在活塞下部的孔段内产生负压，促使地下水流入孔内，从而破坏泥皮，当活塞继续上升孔内造成连续负压，使地下水不断向孔内补给，从而使地下水携带细砂、泥浆、泥皮离开含水层，而疏通含水层通道达到洗井的目的。

1）活塞洗井操作要求：

a. 活塞直径应根据井管内壁平整情况选定。活塞直径一般小于井管内径 $10\sim20$mm。

b. 活塞下降速度要适当，提升速度一般在 $0.6\sim1.2$m/s。

c. 采用自上而下逐段洗井，效果较好。洗井时间视具体情况掌握，一般当水中含砂量不多时，即可停止。

d. 经常注意对比沉砂量、水位、出水量的变化情况。粗颗粒地层可多拉、猛拉；反之则少拉、慢拉。

e. 低强度、连接不牢的井管，不宜使用活塞洗井。

2）活塞洗井注意事项：

a. 活塞洗井前要做好井口回填工作，洗井过程中发现回填物下沉，应该立即补填至井口防止坍塌。

b. 在井管强度大的情况下，活塞外径与井管内径相近似，在保证安全情况下活塞活动要快；在井管强度低的井管内，活塞外径要稍小些，活塞材质柔软，活塞上下钢板不宜过大。

3. 洗井效果检查

（1）连续两次单位出水量之差小于其中任何一次单位出水量的 10%。

（2）井底沉淀物厚度小于井深的 $5\permil$。

洗井前测一下井深，抽完水后再测一下井深，二者之差即为沉淀物厚度。

（3）洗井出水的含砂量的体积比小于 1/20000。

（4）洗井后进行透水灵敏度试验，试验结果应满足"向监测井内注入 1m 井管容积的水量时，水位恢复时间超过 15min 时，应进行洗井"（《地下水监测规范》SL 183—2005 第 3.5.1 条第 5 款）的规定。

1.1.5 抽水试验

洗井结束后，应捞取井内沉淀物并进行抽水试验。

1. 抽水试验的目的

（1）确定水井（孔）的特征曲线和实际涌水量，评价含水层的富水性，推断和计算井（孔）最大涌水量与单位涌水量。

（2）确定含水层水文地质参数，为评价地下水资源提供依据。

（3）确定影响半径、合理井距、降落漏斗的形态及其扩展情况。

（4）了解地下水、地表水（或岩溶地区地下水系）及不同含水层（组）之间的水力联系。

2. 抽水试验的现场准备

（1）测量抽水孔及观测孔深度，如发现可能影响抽水、观测的沉砂时应予以清洗。

（2）在正式抽水前数日，应对所有抽水孔、观测孔及附近水点进行水位统测，编制初始水位等水位线图。

（3）检查各种用具、记录册是否齐备和可用，检查抽水设备、动力装置及井中和场地上其他设备的质量和安装情况。

（4）安置、构筑和检查排水设施。

（5）进行试抽，全面检查抽水试验的各项准备工作。

3. 抽水试验应符合下列规定

（1）采用单孔稳定流抽水试验。

（2）根据设计要求进行 3 次降深和一次最大降深抽水试验。其中最大降深值为潜水含水层厚度的 1/3～1/2（对潜水完整井从含水层底板算起水柱高度，非完整井从孔底水柱高度），承压水一般应降至含水层顶板；其余 2 次下降值应分别为最大降深值的 1/3 和 2/3。

（3）抽水试验的稳定标准是在抽水稳定延续时间内，抽水孔出水量和动水位与时间的关系曲线只在一定范围内波动，没有持续上升和下降的趋势，主孔水位波动值不超过水位降深的 1%，涌水量的波动值不超过正常的 5%。

（4）抽水试验前，应设置井口固定点标志并测量监测井内静水位。

（5）抽水试验的水位降深次数、每次水位降深值、稳定标准、稳定延续时间以及同步监测动水位和出水量等要求，应按照供水水文地质勘察规范（GB 50027—2001）第 6 章的相关规定执行。

1）降深：抽水前，用水位测量仪测量静水位。抽水后同方法测动水位，两者之差即为降深。

2）抽水试验的稳定延续时间应符合下列要求：

a. 卵石、圆砾和粗砂含水层为 8h。

b. 中砂、细砂和粉砂含水层为 16h。

c. 基岩含水层为 24h。

3）抽水试验时，动水位和出水量观测的时间，应在抽水开始后的第 5min、10min、15min、20min、25min、30min 各测一次，以后每隔 30min 测一次。

4）水量：可安装水表（应读数到 0.1m³）测量，也可用流量计测量，或用堰板/堰槽/堰箱测量。如可做一个三角堰，让水从三角口流出，当水量稳定时，量顶角与水面的高度（应读数到 mm），可在三角堰流量表里查到同高度对应的水量值。

（6）抽水试验的水位和出水量应连续进行观测，稳定延续时间为 6～8h。管井出水量和动水位应按稳定值确定。

（7）抽水试验时，应防止抽出的水在抽水影响范围内回渗到含水层中。

（8）抽水试验终止前，应完成水样采集，并进行含砂量的确定［管井出水的含砂量（体积比）不得超过 1/20000］和水质分析。

（9）抽水试验结束后要进行水位恢复，并应分别按照供水水文地质勘察规范（GB 50027—2001）第 8.2 节和第 8.4 节的相关规定，计算含水层的渗透系数和该监测井的影响半径。

1.2　流量站施工技术要点

对于流量小于 $0.5m^3/s$ 的泉水或坎儿井站，在现场施工放样的基础上，采用预制厂或实验室预制钢筋混凝土预制构件，运至现场进行施工和安装埋设。流量大于 $0.5m^3/s$ 的泉水或地下暗河监测站，则采用钢筋混凝土现场浇注的方式进行施工建设。

1.2.1　测流堰槽安装

（1）堰槽中心线应与河渠轴线完全重合，两边呈对称布置。垂直流向的堰板或导流板应竖直，迎水壁面应光滑平整。各部分装置应准确牢固，且不致因水流和温度的变化而腐蚀变形。

（2）应做好基础处理，保证安装质量，不致因各种原因发生倾覆、滑动、断裂、沉陷和漏水情况。为防止可能发生的下游冲刷，必要时可建造消能池。消能池以下的河床和岸边宜用块石护砌。

（3）堰顶应经常保持良好的光洁度，距堰顶上下游最大水头距离以内应平整光滑。现场浇筑的堰，其堰顶应采用优质水泥抹面，或用优质不腐蚀材料整饰表面。喉道应经常保持良好的表面光洁度，其距喉道上下游各 $H_{max}/2$ 距离以内应平整光滑。现场浇筑的槽体，其喉道应采用优质水泥抹面，或用优质不腐蚀材料贴面。

薄壁堰的堰口宜用工厂加工的整体金属构件，并嵌于混凝土中。堰板可用不锈钢、低碳钢或铸铁等材料制作。薄壁堰的堰顶表面光洁度应相当于滚轧金属板或刨平、砂磨并涂漆的木板的光洁度。

建筑物下游的水流条件对尾水位影响很大，并会影响测流槽的运用。长喉道测流槽应保证在各种运用条件下，不会变成淹没流。在河流中建造测流槽会改变水流条件，引起建筑物下游的冲刷，并可能使较远的下游河床淤积，特别是在低流量的时候，可能会抬高正常水位而淹没测流槽，因此应及时清除这些淤积。

（4）堰槽安装后应进行竣工测量，经验收合格后方可使用。竣工测量应计算各有关尺度的平均值和它们的 95% 置信限的标准差。前者用于流量计算，后者用来推求流量计算的不确定度，各部位尺寸的允许偏差应符合下列规定：

1）测流堰各部位尺寸的允许偏差应符合下列规定：

a. 堰顶宽的允许偏差为该宽度的 0.2%，且最大绝对值不大于 0.01m。

b. 堰顶的水平表面允许倾斜偏差为堰顶水平长度的 0.1% 的坡度。

c. 堰顶长度的允许偏差为该长度的 0.5%。

d. 控制断面为三角形或梯形的横向坡度允许偏差为该坡度的 0.1%～0.2%。

e. 堰的上下游纵向坡度的允许偏差为该纵向坡度的 1%。

f. 堰高的允许偏差为设计堰高的 0.2%，且最大绝对值不应大于 0.01m。

2）测流槽各部位尺寸的允许偏差应符合下列规定：

a. 喉道底宽小于 0.2%，且不大于 0.01m。

b. 喉道水平表面的水平偏差不大于长度的 0.1%。

c. 喉道两竖直表面之间的宽度不大于 0.2%，且不大于 0.01m。

d. 喉道底部的平均纵、横向坡度不大于 0.1%。

e. 喉道斜面坡度不大于 0.1%。

f. 喉道长度不大于 1%。

g. 喉道以上的进口渐变段柱面或锥面的偏差不大于 0.1%。

h. 喉道以上的进口渐变段水平表面的水平偏差不大于 0.1％。

i. 喉道以下的出口渐变段水平表面的水平偏差不大于 0.3％。

j. 其他竖直或倾斜表面的平面或曲面偏差不大于 1％；衬砌的行近河槽底部的平面偏差不大于 0.1％。

3）巴歇尔槽各部位尺寸的允许偏差应符合下列规定：

a. 喉道底面纵横向平均坡度的偏差不大于 0.1％。

b. 上游进口渐变段长度的偏差不大于 0.1％。

c. 下游进口渐变段长度的偏差不大于 0.3％。

d. 其他垂直和倾斜面上的平面或曲线偏差不大于 1％。

1.2.2 测流堰槽水头测量

（1）水头测量应在各类标准堰槽所规定的断面位置上进行。上下游水头观测，宜设置在堰槽的同一岸。测流槽上游水头应在收缩段上游足够远的地点进行观测，以便消除水位下降的影响，但又应充分靠近测流槽，以保证观测断面和喉道之间的能量损失可忽略不计。水头测量断面宜设置在进口渐变段前缘上游 3～4 倍最大水头之间的一段距离内。

（2）水头测量宜采用自记设备，当水头变幅小于 0.5m 或要求记测至 1mm 的小型堰槽，可采用针（钩）形水位计。只有在观测精度要求不高或其他特殊情况下，方可设立直立式或其他形式的水尺进行人工测记。

（3）采用浮子式自记水位计时，除执行 GB/T 50138—2010 的有关规定外，还应符合下列要求：

1）连通管的进水口应与行近河槽正交平接，管口下边缘与槽底齐平。连通管宜水平埋设，接头处要严防渗漏，管的内壁应光滑平整，并做防护处理。

2）连通管的进水口，宜设适合的多孔管帽，以减弱水流扰动和防止泥沙输入，但应避免由此产生水流滞后现象。

3）静水井口缘应超出最大设计水头 0.3m，井底应低于进水管下边缘 0.3m。

4）井口大小应与观测仪器和清淤要求相适应。浮筒和平衡锤与井壁的距离不应小于 75mm，两者也应保持适当的间隔。

（4）应在堰槽附近的适当位置设立基本水准点，用来测定水头零点的高程。水准点高程应从国家统一的水准基面接测，不具备条件时可采用假定基面。

（5）水头零点高程应精确测定。控制断面为三角形的定点高程、水平堰顶高程要采用不同方法在不同部位进行多次测量，再取其平均值确定。槽底高程应采用不同方法在不同部位上多次测量取其平均值确定。为避免表面张力和水面起伏度的影响，任何堰均不得用静止水面间接推求水头零点高程。

（6）自记设备应随时保持正常运行。更换自记纸或读取存储数据时，应同时与校核水尺进行校测，记录水位与水尺水位的校核水位差不应大于 10mm。因测井内外水体密度差引起的水位差超过 10mm 时，应进行滞后改正。上下游水头观测的自记钟应严格对准，不应有计时差，以确切反映瞬时上下游水位差。

（7）在检查自记记录或人工观测水头的同时，应注意测记水流流态，有无横比降、回流、漩涡、河槽冲淤及泥沙和漂浮物等情况。

1.3 施工安全措施

1.3.1 施工安全管理措施

（1）工程开工前，监理部督促施工单位设置安全管理机构及配备专职安全管理人员，建立健全施工安全保证体系、安全管理规章制度和安全生产责任制，对职工进行施工安全教育和培训。审查施工组织设计中的安全技术措施或者专项施工方案是否符合工程建设强制性标准。审查未通过的，安全技术措施及专项施工方案不得实施。如需补充完善或修改的，及时督促施工单位修改、补充或完善。

（2）贯彻执行"安全第一，预防为主"的方针，督促施工单位按照施工组织设计中的安全技术措施和专项方案组织施工，监督施工单位认真执行国家现行有关安全生产的法律、法规、建设行政主管部门有关安全生产的规章、标准、技术操作规程，全面落实安全防护措施，确保人员、机械设备及工程安全。

（3）施工过程中，发现不安全因素和安全隐患时，应指示施工单位采取有效措施予以整改。施工单位必须按照整改要求按期整改，整改完成自检合格后，通知监理工程师予以复查，复查合格后方可进行后续施工。若施工单位延误或拒绝整改时，监理部可责令其停工。当监理工程师发现存在重大安全隐患时，应立即指示施工单位停工，做好防患措施，并及时向建设单位报告；如有必要，应向政府有关主管部门报告、检查、整改、复查、报告等情况应记载在监理日志、监理月报中。

（4）完善安全检查制度，采用日常检查和定期抽查相结合的检查办法。

1）日常检查：监理人员不定期巡视工地现场，对安全生产的实施情况（如特种作业人员持证上岗情况、进入现场的主要施工机械的安全状况、各种安全标志和安全防护措施是否符合强制性标准要求、是否对施工人员进行了安全技术交底，交底内容是否全面、具体、具有针对性、安全生产费用的使用情况等）进行检查。如果类似问题多次发生，监理部将按照合同对施工单位采取必要的措施，监督其纠正、提出警告、进行处罚、直至要求施工单位的现场负责人退场。

2）定期抽查：除日常检查外，每月定期抽查一次。由监理部负责采用视频方式进行抽查（也可邀请建设单位参与），一起对整个工区的安全生产情况进行定期抽查和评比。对不符合要求的区域，除责成施工单位采取措施进行纠正外，还将在全工区进行通报。

（5）召开安全生产会。由监理部负责安全管理的监理工程师召集，每月召开一次，会议可以采取网络电话或视频方式进行，总监、施工单位项目经理、建设单位代表参加。会议将结合现场检查情况，指出前段安全施工方面存在的问题，提出整改意见和建议；对下一步的安全管理工作进行部署等。

（6）施工现场安全生产管理规定。

1）施工现场有利于生产，方便职工生活，符合防洪、防火等安全要求，具备安全生产、文明施工的条件。

2）施工现场内设置醒目的安全警示标志；防火、防洪、防雷击等安全设施完备且定期检查，如有损坏及时修理。

3）现场运输道路平整、畅通、排水设施良好；特殊、危险地段设醒目的标志，夜间设有照明设施。

4）施工现场内各种材料分类码放整齐稳固，建筑垃圾及时清理，以保持现场的整洁有序。

（7）消防安全管理规定。

1）施工单位应建立、健全各级消防责任制和管理制度，配备相应的消防设备，做好日常防火安全巡视检查，及时消除火灾隐患。

2）根据施工生产防火安全需要，应配备相应的消防器材和设备，存放在明显易于取用的位置。消防器材及设备附近，严禁堆放其他物品。

3）消防用器材设备，应妥善管理，定期检验，及时更换过期器材，消防设备器材不应挪作他用。

4）根据施工生产防火安全的需要，合理布置消防通道和各种防火标志，消防通道应保持通畅，宽度不应小于3.5m。

5）宿舍、办公室、休息室内严禁存放易燃易爆物品，未经许可不得使用电炉。

6）施工区域需要使用明火时，应将使用区进行防火分隔，清除动火区域内的易燃、可燃物，配置消防器材，并应有专人监护。

7）油料等常用的易燃易爆危险品存放使用场所、仓库，应有严格的防火措施和相应的消防设施，严禁使用明火和吸烟。明显位置设置醒目的禁火警示标志及安全防火规定标识。

8）施工生产作业区与建筑物之间的防火安全距离应遵守下列规定：用火作业区距所建的建筑物

和其他区域不应小于 25m；仓库区、易燃、可燃材料堆集场距所建的建筑物和其他区域不应小于 20m；易燃品集中站距所建的建筑物和其他区域不应小于 30m。

（8）防雷。

雨季施工时，施工现场所有用电设备、机械设备若在相邻建筑物、构筑物的防雷装置的保护范围以外，应按规范规定安装防雷装置。

（9）施工标志管理规定。

1）主要施工部位、作业点和危险区域及主要通道口均应挂设相关的安全标志。

2）施工机械设备应随机挂设安全操作规程牌。

3）各种安全标志应符合规范规定，制作美观、统一。

（10）强制保险措施。

要求包括驻京监理部人员、现场监理人员和施工单位现场人员都需购买人身意外险。

（11）加强安全生产宣传工作，强化各方人员的安全意识。

（12）抓好重点危险工序的安全生产措施的检查落实，做到预防为主、消除隐患，避免安全事故的发生。

（13）对工程中发生的安全事故，严格执行安全生产责任追究制度，做到"四不放过"原则。消除所有的事故隐患，确保工地安全生产和各项目标的如期实现。

1.3.2　施工安全技术措施

1. 施工机械设备安全使用

（1）施工机械设备的安全装置必须齐全和处于良好状态。对裸露的传动部位或者突出部位要装防护罩或防护栏杆。

（2）各种机械电器设备都要按制度要求维护保养，施工期间应经常对机械设备、塔架、提引系统进行安全检查，设备运行时，不得拆卸和检修。不准跨越防护栏杆或传动部位。

（3）卷扬机上的钢丝绳要有足够强度，操作卷扬机时严禁用手扶摸钢丝绳和卷筒，并要与孔口、塔上操作者密切配合。上下钻具时应慢提轻放，不得猛刹，猛放。孔口操作者拖插垫时，手要握垫叉柄，抽出或插好垫后，应站到钻具起落范围以外安全位置。

（4）水龙头、高压胶管要有防缠绕和防脱落装置，钻进中不准以人力扶水龙头或高压胶管，机上修理水龙头时，要切断电源或切断动力，并把回转器手柄放在空挡位置，防止失误触动手柄导致主杆回转伤人。

（5）要做夏季、冬季、雨季和台风等恶劣天气条件下的安全防护工作。

（6）防洪度汛措施。汛期前，协助发包人审查设计单位制定的防洪度汛方案和施工单位编写的防洪度汛措施，协助发包人组织安全度汛大检查和做好安全度汛、防汛防灾工作。

2. 施工用电安全措施

（1）开工前，由监理工程师复核施工单位施工临时用电的负荷计算，协助施工单位确定电源进线、变压器容量、导线截面等主要电器设备的类型、规格是否符合施工安全的要求。

（2）强化施工安全用电的监控

1）严禁施工单位在高、低压线路下方搭设任何生活设施、作业棚，或堆放构件、架具、材料及其他杂物，所有施工临时设施的外侧外缘与外电架空线路的边线之间必须保持足够的安全距离。

2）施工现场的临时道路与外电架空线路交叉时，应遵守《施工现场临时用电安全技术规范》的规定。必要时应采取一定安全预防措施。

3）对于未能达到《施工现场临时用电安全技术规范》规定的最小安全距离的各种设备、设施，必须严格要求施工单位根据实际情况提出妥善的安全防护措施，如增设屏障、遮栏、围栏或保护网，悬挂醒目标志牌等，并经监理部审批后认真付诸实施。

4）在架空线路附近施工时，必须采取有效措施，防止架空线路中的杆倾斜、悬倒。现场线路用绝缘材料固定，不随地拖拉或绑在机具上，不使用有老化现象的电线、电缆，露天照明不使用花线或塑料胶质线，过道电线应有过道保护。

5）对所有电气设备进行防雷接地和重复接地。使用电器不超负荷（包括电线）。

6）严格要求施工单位对施工现场专用的所有中性点直接接地的电力线路全部采用 TN－S 接零保护系统，所有电气设备的金属外壳必须与专用保护零线连接。

7）所有开关、配电箱的设置安装必须符合"三级配电两级保护"的要求，末级开关箱必须安装漏电保护参数匹配的漏电保护装置，并做到"一机一闸、一漏一箱"，闸具完好，接线有序，标记清楚，门锁有效，防雨措施妥当。

1.4 监测站（井）工程报告书

施工单位应编写监测井工程报告书，报告书应包括下列内容：文字说明、绘制监测井平面位置示意图、监测井综合柱状图、岩土样筛分和土工试验成果资料及监测井验收单等。

（1）文字说明应包括下列内容：

1）施工单位名称，展示施工资质证书，施工的起讫时间；监测井所属监测站的名称、位置和编号。

2）依次描述下列成井工艺流程的工作过程和成果：

a. 钻进方法，采用的护壁方法和冲洗介质的各项性能指标及探井。

b. 岩土样采集和地层岩性鉴别。

c. 井管配置与安装。

d. 填砾、封闭和止水及效果检验；井身顶角偏斜的测定结果。

e. 洗井及效果检验。

3）施工中出现的特殊情况，采用的处理方法和结果。

4）施工成果的自我评价——完成监测井施工任务书的情况。

（2）应根据岩土样筛分和土工试验成果获地层岩性鉴别结果，绘制符合下列要求的监测井综合柱状图：

1）监测井综合柱状图由地层柱状图、井管安装位置图、深度、厚度和岩性描述构成。

2）地层柱状图的岩土图例，按供水水文地质勘查规范（GB 50027—2001）附录 C 中第 C.1 节执行。地层柱状图的纵向比例尺按 A.0.2 条 1 款执行（A.0.2 条 1 款：当设计井深不大于 100m 时，比例尺不宜小于 1∶250；当设计井深大于 100m 且不大于 200m 时，比例尺不宜小于 1∶500；当设计井深大于 200m 时，比例尺不宜小于 1∶1000）。

3）井管安装位置图中，应要求标示出井壁管、过滤管、沉淀管的位置，纵向比例尺同地层柱状图。

4）深度、厚度的单位均为 m，其中：深度用地面至所示岩土层顶板的距离表示；厚度用所示岩土层顶板至底板的距离表示。

5）岩性描述内容包括岩性名称、颜色、致密程度、裂隙发育情况、渗透性能、薄层夹层的岩性和发育特征等。

（3）流量站建设完工后，可参照有关规定编写工程报告书。

2 附 属 设 施 建 设

2.1 井口保护设施

各类地下水监测站的监测井均应设置井口保护设施。

2.1.1 井口保护设施相关规定

（1）井口保护设施包括井口保护装置、井口基础处理和标志牌。水位、水温监测井还应包括井口固定点标志。

（2）标志牌应设置在井口保护装置或站房的外侧，材料、尺寸应符合设计要求。在标志牌上应注明监测井的名称、编号、监测项目、所属单位名称、设置日期、保护级别和联系电话等。

（3）设置井口固定点标志。井口固定点标志应为永久性标志，应清晰、不宜脱落。

2.1.2 井口保护设施设计要求

本次初步设计井口保护设施共包括筒式（A）和箱式（B）两种，其中筒式根据基础连接方式不同分为混凝土浇筑（A1）和地脚螺栓连接（A2）两种方案。

（1）A方案（筒式）定制一般要求：

1）材质与外涂料：采用普通碳钢（表面镀锌），整体喷塑。

2）一般尺寸：出地面高度700mm，厚度为8mm，直径为300～400mm，对于$D146$钢管，建议保护装置直径为300mm，$D200$PVC-U管或$D219$钢管，保护装置直径可选择400mm直径。

井口保护装置与基础为浇筑方式的，应埋入地下不小于300mm，保护装置总高度不小于1000mm。

3）上盖：材质与保护筒保持一致，尺寸大小应满足与保护筒紧密相连，并具有防水功能；直径300mm井口保护装置建议上盖直径为316mm；直径400mm井口保护装置建议上盖直径为416mm；上盖应配置通讯盖板（直径10～12cm），使用非金属对通信信号衰减小的专业材料，一般为专用的工程塑料，具有抗冲击、抗老化、耐腐蚀、耐高温低温的性能；通讯盖板与上盖应安装牢固，并有可固定通讯天线的装置；上盖与保护筒通过转轴和专用锁具连接，当上盖打开时，可以与保护筒保持90°夹角，能够放置移动数据识读转储设备或水位巡测设备。

4）锁具：使用专门设计的锁具，采用专用锁头与锁栓，配置专用工具；防盗锁由M20四角螺栓从下向上经过保护筒上的锁扣与防盗螺母连接；为防止雨水渗入，螺栓未贯穿上盖。

5）通气孔：井口保护装置口沿下20～30mm处，沿四周均匀分布由外向内按45°角向上，打数个孔（建议4～6个），直径2～4mm。

6）井口固定高程点：为便于测量水位，在保护筒顶端内侧切割一个长20mm、宽4mm、深2mm的凹槽，内喷刷防锈漆、红油漆，作为井口固定高程点。

（2）B方案（箱式）定制一般要求：

1）材质与外涂料：采用不锈钢板件折弯焊接而成（折弯角度$R \leqslant 3$），完成之后修理焊缝，箱体表面静电喷漆。建于公园、绿地内的可涂刷彩色涂料，以达到与周围环境和谐的效果。

2）形状与尺寸：采用长方体形式，建议箱体长565mm、宽420mm、高1200mm。

3）通气带与通气窗：为防止箱体内温度过高影响仪器性能，箱体顶盖下方需预留20mm高通气带，以便上部空气对流；箱体设置通气窗，内置不锈钢防虫网，防虫网与箱体点焊连接。

4）安装架：建议在保护箱内，距保护箱底盘上方12cm处设置安装架，用于安装仪器设备，其尺寸大小应能满足仪器设备安装要求。

5）井口固定高程点：为便于测量水位，在井口口沿切割一个长20mm、宽4mm，深2mm的凹槽，内喷刷防锈漆、红油漆，作为井口固定高程点。

2.1.3 地基处理施工

井口地基处理应符合设计要求：无冻土地区，建议一般处理深度400mm；对于有冻土层的地区，建议一般处理深度为冻土深（H）以下200mm，总深度为（$H+200$）mm；地基处理直径为600mm。

井口基础处理可预制后在现场埋置，也可现场浇筑。采用钢筋混凝土浇筑基础，施工工序如下：槽底或模板内清理→混凝土拌制→混凝土浇筑→混凝土振捣→混凝土找平→混凝土养护。

2.1.4 井口保护设施安装

（1）A方案安装要求。

A1：现场浇筑方案，现场地基（含固定板）处理建议直径为600mm。

井管外壁采用水泥进行密封，并采用C25混凝土进行基础现场浇筑，浇筑过程中井口保护装置应铅直，埋设深度不小于 300mm，可高出地面 50mm，高出部分可斜坡浇筑。

A2：地脚螺栓连接方案，该方案地基分为基础上部和下部 2 部分。基础上部为圆柱体，处理直径建议为 540mm；处理基础下部建议为长、宽 600mm，高 200mm 的长方体。先将基础采用 C25 混凝土进浇筑至与地面齐平，并将 3 个 M12 地脚螺栓预埋于基础内 5～10mm；井口保护装置底部应配置 3 个地脚螺栓接口，以便通过法兰盘和地脚螺栓与基础紧固。井口保护装置安装后，再采用 C25 混凝土浇筑高出地面 50mm 的圆形混凝土基础，以保护井口保护设施，并做好防水。

（2）B 方案安装要求。

基础为 C25 混凝土现场浇筑，可出地面高度 200mm，出地面部分表面贴白瓷片。6 个 M10 地脚螺栓预埋于基础内 5～10mm，保护箱体与螺栓底盘焊接，通过地脚螺栓将箱体与基础连接紧固。建于公园、绿地内的可涂刷彩色涂料，以达到与周围环境和谐的效果。

（3）有 UV 探头水质自动站安装要求。

含 UV 探头的自动水质监测站，井口保护设施需建立杆，采用表面光滑、酸洗热镀锌钢管，立杆上安装仪器保护箱、避雷针以及太阳能板支架。

2.1.5 井口装置工程报告书

施工单位应编写井口装置工程报告书，报告书应包括下列内容：

（1）施工单位名称，展示施工资质证书，施工起讫时间；监测井所属监测站的名称、位置和编号。

（2）描述井口一体化防护装置的材料、尺寸等。

（3）井口基础处理的材料和浇筑方法。

（4）标识牌的外形尺寸、设置位置及标示的项目和文字。

（5）水位监测井和水温监测井设置的井口固定点位置和制作方法。

2.2 站房施工

2.2.1 站房施工要求

（1）站房建设施工包括基础开挖、混凝土垫层浇筑、混凝土结构施工（钢筋工程、模板工程和混凝土工程）、砌体工程施工、装饰工程施工（内墙抹灰、釉面砖镶贴、门安装）等。

（2）监测站房要简单实用、醒目牢固、有避雷措施，同时应方便维修保养。在城市周边的还应考虑减少占地，节约成本，可容纳监测仪器设备即可，外形美观，与周围环境相协调，可考虑与景观或城市公用设施结合等方式。

（3）监测站房室内面积 3.9m²，层高 2.7m，室内外高差 0.30m，屋面采用Ⅱ级防水，防水层耐用年限 15 年，屋面为不上人屋面。外墙面采用丙烯酸料墙面（白色）；室内防潮地面层水泥砂浆地面，水泥砂浆踢脚，顶棚为混合砂浆顶棚乳胶漆面层；室外台阶为水泥砂浆抹面；室外门窗为钢制防盗门（如需窗，为塑钢中空玻璃推拉窗）。

（4）应按照站房设计图和施工材料说明书进行施工。

2.2.2 站房工程报告书

施工单位应编写站房工程报告书，报告书应包括下列内容：

（1）施工单位名称，展示施工资质证书，施工起讫时间；监测站的名称、位置和编号。

（2）站房的使用面积、站房内的长度、宽度和高度。

（3）采用的材料和建筑方法，门、窗、避雷针等装置的防盗、防雷击性能，站房的坚固、通风、防水、防潮、防冻保温和抗震性能。

2.3 水准标石埋设

2.3.1 埋设要求

（1）选定水准点时，必须能保证点位地基坚实稳定、安全僻静，并利于标石长期保存与观测。

（2）水准点应尽可能选在路线附近机关、学校、公园内。下列地点不应选埋水准点：

1）易受水淹、潮湿或地下水位较高的地点。

2）易发生土崩、滑坡、沉陷、隆起等地面局部变形的地区。

3）土堆、河堤、冲积层河岸及土质松软与地下水位变化较大（如油井、机井附近）的地点。

4）距铁路 50m、距公路 30m（特殊情况可酌情处理）以内或其他受剧烈震动的地点。

5）不坚固或准备拆修的建筑物上。

6）短期内将因修建而可能毁掉标石或阻碍观测的地点。

7）地形隐蔽不便观测的地点。

2.3.2 埋设方法

（1）应在每个水位基本监测站的监测井附近埋设 1 个校核水准点的水准标石，每 10 个水位基本监测站范围内应至少具有 1 个基本水准点。

（2）应根据地质条件、岩土状况、冻土深度和坚固建筑物的分布，按照《国家地下水监测工程（水利部分）初步设计报告》水准点设计方案，参考《国家三、四等水准测量规范》（GB 12898—91）的相关规定，选择适宜的安置和造埋方法。

1）水准标志的安置：水准标石顶面的中央应嵌入一个圆球部为铜或不锈钢的金属水准标志，标志须安放正直，镶接牢固，其顶部应高出标石面 1～2cm。

2）水准标石埋设要求：

a. 基岩水准标石的造埋：深层基岩（埋设岩层距地面深度超过 3m）水准标石，应根据地质条件，设计成单层或多层保护管式的标石。须由专业单位设计和建造；浅层基岩（埋设岩层距地面深度不超过 3m）水准标石，应先将岩层外部的覆盖物和风化层彻底清除，然后在岩层上开凿一个深 1.0m 的坑，并在其中绑扎钢筋后浇灌混凝土柱石，柱石的高度与断面的大小，视基岩距地面深度而定，以能确保标体的稳固与便于观测为准。在柱石体北侧下方距上标志 0.7m 处安置墙角水准标志。柱石高度不足 0.7m 时，可在北侧下方的基岩上安置普通水准标志。

b. 混凝土水准点标石的造埋：混凝土基本标石须在现场浇筑。混凝土普通标石可先行预制柱体，然后运至各点埋设。在有条件的地区，基本标石与普通标石均可用整块的花岗岩等坚硬石料凿成不小于规定尺寸的柱石代替混凝土柱石，并在其顶部中央位置凿一个光滑的半球体代替水准标志。柱石埋设时其底盘必须在现场浇筑。

c. 岩层水准标石的造埋：在出露岩层上埋设基本标石或普通标石时，必须首先清除表层风化物，开凿深 0.5m、口径 0.7m 的坑后，再开凿安置水准标志洞孔，嵌入标志。禁止在高出地面的孤立岩石上埋设水准点。当岩层深度大于 1.0m 时，可在岩层上凿出略大于柱石地面的平面，在其上方浇筑基本标石或普通标石的柱石。岩层水准标石的标志必须埋入地面下 0.5m。

d. 深冻土区和永久冻土区标石的造埋：

深冻土区埋设的普通水准标石，可采用微量爆破技术将坑底阔成球形或其他比较规则的形状，现场浇灌标石。

永久冻土区埋设的标石，基座必须埋在最大熔接线以下。采用机械或人工钻孔，现场浇灌标石。

3）水准点位选定后，埋石所占用的土地应得到土地使用者和管理者的同意。

在埋石过程中应当向当地群众和干部宣传保护测量标志的重大意义和注意事项；埋石结束后应向当地政府机构办理委托保管手续。

4）水准标石埋设后，一般地区至少需要经过 1 个雨季，冻土地区至少还需经过 1 个解冻期，岩层上埋设的标石至少需经过 1 个月，方可进行观测。

5）埋石结束后应上交的资料：

a. 测量标志委托保管书。

b. 埋石后的水准点之记及路线图。

c. 埋石工作技术总结（扼要说明埋石工作情况，埋石中的特殊问题及对观测工作的建议等）。

2.3.3　埋设水准标石工程报告书

施工单位应编写埋设水准标石工程报告书，报告书应包括下列内容：

（1）施工单位名称，展示施工资质证书，施工起讫时间；水准标石的名称、位置和编号。

（2）水准标石的类型和埋设标石的类型，埋设标石的规格和采用的材料，水准标石的安置和造埋方法，水准标石的外部装饰状况。

2.4　标志牌

标示牌材料应防风蚀雨蚀。标示牌规格为长500mm、宽300mm、厚2mm的标牌，"国家地下水监测站点"所属字体为隶书字高6mm（200号），"标题、警示语、监测站编号、监测项目、设置日期、所属单位、联系电话"以及字体为隶书字高4.5cm（150号），安装于测站醒目处。仪器保护箱的标示牌以软铁皮为材料，规格应小于站房标示牌，大小应与保护箱相适应，铆固于保护箱外。

2.5　防雷要求

有防雷需求的监测站，防雷等级取Ⅱ级，滚球半径20m或30m。具体做法：在保护装置上部安装单只避雷针，规格为Φ12圆钢。引下线用扁铁焊接接入地网，地网采用环形接地网。可根据施工实际及《建筑物防雷设计规范》第5节调整，但必须满足接地电阻<10Ω。

3　自动监测系统设备安装与调试

3.1　设备安装的一般规定

（1）自动监测与采集子系统的遥测终端机和自动存储子系统的固态存储器，应具有防潮、防尘、防水和防寒保温措施。

（2）安装时，首先要根据人工实测地下水埋深和仪器放入水中深度，同时参考同一水文地质单元区已有测站年水位变幅情况，给出合适的线缆长度。

（3）水位变化幅度较小的监测井，应预留线缆长度一般为2～5m；水位变化幅度较大的监测井，应预留线缆长度一般为6～20m。

（4）井口保护设施内对高程进行标注，线缆长度的终点须对准高程标志点。

（5）将传输电缆线与自动传输设备连接，对于有自动大气压力补偿的设备，为了避免因水汽凝结堵塞补偿通道，造成测量数据漂移。在安装时，应将大气压力补偿通气电缆处于微弯曲状态，并在通气管管口设置相应的保护措施，如在管口安装干燥瓶等。如无自动大气压力补偿的设备，应现场测量气压进行补偿修正。

（6）监测站站房应安装接地电阻小于10Ω的避雷针或安装接地装置。

（7）安装UV探头的站，应采取防雷措施。

3.2　安装和检查注意事项

（1）设备安装和检查应按照产品使用手册或产品说明书和相关规程要求进行。

（2）传感器安装后应模拟参数变化进行现场准确度考核，若准确度达不到要求，应检查原因加以排除，否则不得投入系统运行。

（3）设备安装后应对设备运行状况进行系统的校验和调试，主要包括模拟传感器参数变化、遥测终端机的各项参数设置、发送数据以及固态存储器数据的写入、读取和监测数据的一致检查，确保设备性能完好和测量精度满足设计要求。若不能传输或传输数据不准确，应及时查明原因并排除故障。

（4）安装过程中出现的问题和处理结果应详细记录备查。

（5）应与常规监测方法进行同步对比测试。

（6）自动监测设备安装调试完成后，应编写自动监测系统设备安装与调试工程报告书，报告书应包括下列内容：

1）施工单位名称，施工单位资质证书，设备的安装与调试工程起讫时间。

2）自动监测系统平面结构图，在该图中表示各自动监测站的平面分布及编号，以及中心站、分中心站的位置及名称。

3）描述自动监测与采集子系统、自动存储子系统及自动传输与接收子系统主要设备和辅助设备的选择和采用情况。

4）遥测终端机和固态存储器的防潮、防尘、防水和防寒保温措施。

5）自动监测站站房避雷针的接地电阻值，室外传输电缆防雷击措施。

6）自动监测系统安装工程完成后，对全部设备进行校验和调试的工作情况和结果以及与常规监测方法进行同步对比测试的起讫时间和结果。

第四部分

批复文件

关于转发《印发国家发展改革委关于审批国家地下水监测工程项目建议书的请示的通知》的通知

（水利部　水文资〔2010〕221 号　2010 年 12 月 10 日）

各流域机构水文局、各省（自治区、直辖市）水文水资源（勘测）局（总站、中心），陕西省地下水管理监测局、新疆生产建设兵团水利局水文处：

水利部和国土资源部联合上报的《关于报送国家地下水监测工程项目建议书及专家评审意见的函》（水规计〔2008〕627 号）已经国家发展和改革委员会报国务院批准。现将国家发展改革委《印发国家发展改革委关于审批国家地下水监测工程项目建议书的请示的通知》（发改投资〔2010〕2658 号）印发给你们，请你单位按国家发展改革委文件要求，认真做好项目的前期准备工作，具体要求如下。

一、切实加强对《国家地下水监测工程》项目的领导。地下水监测是一项基础性、公益性工作，是落实最严格水资源管理制度，实现水资源科学管理等的重要基础。目前水利系统的地下水监测工作还存在着经费投入不足、站网布局不合理、专用监测井严重缺乏、采集与传输手段落后等突出问题。《国家地下水监测工程》由国家发展改革委批复立项，充分说明了地下水监测工作的重要性、存在问题的突出性，该项目是水文部门继国家防汛抗旱指挥系统后又一国家重大工程项目。请各单位务必高度重视，切实加强领导。一是要落实专门人员，明确一名局领导具体负责，组建项目管理机构；二是要加强与水利厅等有关部门的沟通，积极争取并落实站点察勘等项目前期工作经费；三是要按照水利部文件《关于加强地下水监测工作的通知》（水文〔2008〕13 号）要求，加快推进省级地下水监测机构的建立。

二、切实加强《国家地下水监测工程》项目前期工作。为做好项目前期工作，2010 年我局分流域片召开了地下水监测工程项目专题讨论会，对各单位上报的站网布设等有关材料进行了认真分析，并指出了不足之处，各单位需要进一步做好有关工作。一是要加强水文地质、地下水开发利用等基础资料收集、整理与分析；二是要加强站点位置察勘、站点分布合理性分析、监测井成井设计、信息采集与传输技术等基础工作；三是要主动与当地国土资源部门沟通、协调，进一步优化站网与工程设计，避免重复建设；四是要充分做好可研报告编制基础资料收集工作，并组织人员编写本地区项目初步设计报告。

三、切实加强《国家地下水监测工程》项目占地（租地）、环评等方案研究。根据确定的站点位置，分类研究确定需要征地（占地）、租地等形式的数量与规模；认真了解与研究土地征用（租用）程序，落实建设用地预审工作；了解与研究项目环评有关程序并做好有关工作。

四、研究与落实项目管理和运行维护经费方案。根据本项目特点，初步考虑各个流域和省（自治区、直辖市）为独立项目法人，各单位要认真研究项目法人组建方案，并根据有关要求提出项目管理办法，保证项目进度与质量；同时，各单位要提前主动向水利厅有关部门汇报，争取落实项目建成后的运行维护经费。

五、切实加强省级地下水自动监测系统的规划建设。《国家地下水监测工程》主要从国家层面建立满足区域控制和特殊类型区的国家级地下水监测站网。各单位要抓住《国家地下水监测工程》建设的有利时机，积极争取地方投入，规划建设省级地下水自动监测系统，形成完整的地下水监测体系。对已经建设或规划省级地下水自动监测系统的省（自治区、直辖市），要认真协调好与《国家地下水监测工程》的关系，确保满足国家与地方站网布设要求。

请各单位按上述五个方面要求，将落实、调查、沟通以及站网布设调整具体情况，于 2010 年 12 月 24 日前报送我局水资源监测与评价处，报告电子版请发至联系人信箱。

联系人：章树安（010－63202305）、杨建青（010－63203632）、高志（010－63205134）；传真：010－63204522；邮箱：sazhang@mwr.gov.cn，jianqingyang@mwr.gov.cn。

国家发展改革委关于国家地下水
监测工程可行性研究报告的批复

（国家发展和改革委员会　发改投资〔2014〕1660号　2014年7月22日）

水利部、国土资源部：

你们《关于重新报送国家地下水监测工程可行性研究报告的函》（水规计〔2013〕329号）收悉。经审查，现批复如下：

一、原则同意所报国家地下水监测工程可行性研究报告。工程建成后，可扩大国家地下水监测站点的控制范围和站网密度，监测控制范围扩大到350万km²、站网密度提高到5.8站/km²，进一步提高地下水监测的自动化、信息化水平，基本实现对全国地下水动态的有效监控，对大型平原、盆地和岩溶山区地下水动态的区域性监控及地下水监测点的实时监控，基本满足当前水资源管理和地质环境保护的需要。

二、该工程按照"联合规划、统一布局、分工协作、避免重复、信息共享"的原则，由水利部和国土资源部联合实施。建设内容主要由地下水监测中心、监测站点、信息传输系统和应用服务系统等组成。具体建设内容为建设1个国家地下水监测中心、7个流域监测中心、63个省级监测中心（含新疆生产建设兵团）和信息节点、280个地市级节点，新建及改建地下水监测站点20401个（其中水利部门10298个、国土资源部门10103个）、相应配套地下水水位信息自动采集传输设备20401套，改建2个地下水监测试验场、1个地下水与海平面综合监测站，以及相应的能力建设与软件环境建设等。

三、按照2013年第四季度价格水平，该工程估算总投资为204043万元，所需资金全部由中央预算内投资负责安排，具体投资数额在初步设计阶段进一步核定。

四、该工程为中央直属项目。同意你们提出的由水利部水文局、中国地质环境监测院作为项目法人，各自负责本部门工程的前期工作、建设管理和建成后的运行维护；对合并建设的国家地下水监测中心，下一步要落实由水利部水文局和中国地质环境监测院联合成立国家地下水监测中心管理委员会的具体方案。工程建设要严格执行项目法人责任制、招标投标制、合同管理制、建设监理制和竣工验收等制度。项目法人要按照招标投标法和相关规定，对工程勘察设计、施工、监理、设施设备和材料采购等各环节全部委托招标代理机构公开招标。落实工程管护责任和运行维护经费，确保工程良性运行和长期发挥效益。

五、请据此编制工程初步设计，初步设计投资概算经我委核定后、由水利部和国土资源部联合审批。

国家发展改革委关于
国家地下水监测工程初步设计概算的批复

（国家发展和改革委员会　发改投资〔2015〕1282 号　2015 年 6 月 8 日）

水利部、国土资源部：

报来的《关于报送国家地下水监测工程初步设计核定概算的函》（水规计〔2015〕197 号）收悉。经审查，现批复如下：

一、核减报来的国家地下水监测工程初步设计概算总投资 1898 万元，据此核定该工程初步设计概算总投资 222218 万元（2014 年第四季度价格水平），由我委根据工程建设进度从中央预算内投资中分年安排。

二、请据此审批初步设计。下阶段结合评审意见，精心组织设计，严格执行《中共中央办公厅国务院办公厅关于党政机关停止新建楼堂馆所和清理办公用房的通知》（中办发〔2013〕17 号）的有关规定，禁止搭车建设楼堂馆所和办公用房，从严控制建设标准、建设规模和工程投资，加强项目建设和资金管理，确保工程及早建成发挥效益。

三、抓紧建立完善地下水监测设施设备运行管护体制机制。对负责建设的地下水监测设施设备，要把运行管护责任落实到责任单位及责任人，严格监测井等设施设备和信息系统的使用管理，确保相关设施设备及信息系统发挥应有的功能和作用。加强顶层设计和资源整合，对业务信息系统进行整体设计，自上而下建立健全地下水监测数据信息共享机制，切实提升地下水监测的科学管理水平和应用服务能力。

附件：1. 国家地下水监测工程初步设计概算核定总表
　　　2. 水利部门地下水监测工程初步设计概算核定表
　　　3. 国土资源部门地下水监测工程初步设计概算核定表

附件 1

国家地下水监测工程初步设计概算核定总表

单位：万元

序号	工程或费用名称	工 程 投 资		
		水利部门	国土资源部门	合计
Ⅰ	工程部分投资	109772	111466	221238
	第一部分 建筑工程	60488	76996	137484
	第二部分 仪器设备购置及安装工程	31596	22022	53618
	第三部分 施工临时工程	3509		3509
	第四部分 独立费用	13092	11344	24436
	一～四部分投资合计	108685	110362	219047
	基本预备费	1087	1104	2191
	静态投资	109772	111466	221238
Ⅱ	环境保护工程投资	490	490	980
Ⅲ	总投资	110262	111956	222218
	静态总投资	110262	111956	222218

附件2

水利部门地下水监测工程初步设计概算核定表

单位：万元

序号	单 位	建筑工程	仪器设备及安装	施工临时工程	独立费用	基本预备费	环境保护工程	合计
	合计	60488	31596	3509	13092	1087	490	110262
1	北京市	1970	967	130	410	35	19	3531
2	天津市	1889	846	109	363	32	14	3253
3	河北省	5263	2024	320	1013	86	44	8750
4	山西省	3362	1208	183	713	55	22	5543
5	内蒙古自治区	2237	1164	159	504	41	24	4129
6	辽宁省	1566	1489	151	474	37	28	3745
7	吉林省	2166	1209	175	474	40	28	4092
8	黑龙江省	3197	1687	246	896	60	39	6125
9	上海市	485	256	34	122	9	4	910
10	江苏省	2126	1274	168	479	40	27	4114
11	浙江省		27		2			29
12	安徽省	1467	995	128	385	30	21	3026
13	福建省	298	224	21	123	7	2	675
14	江西省	479	380	40	197	11	6	1113
15	山东省	3737	1726	275	984	67	41	6830
16	河南省	3745	1644	259	747	64	37	6496
17	湖北省	588	539	58	216	14	10	1425
18	湖南省	624	385	37	164	12	4	1226
19	广东省	595	399	37	189	12	4	1236
20	海南省	273	234	21	119	6	3	656
21	广西壮族自治区	867	401	56	349	17	6	1696
22	重庆市	675	243	37	240	12	4	1211
23	四川省	399	355	40	136	9	7	946
24	贵州省	395	285	26	209	9	3	927
25	云南省	1646	527	86	381	26	9	2675
26	西藏自治区	249	269	20	96	6	3	643
27	陕西省	3971	1814	268	856	69	27	7005
28	甘肃省	1597	874	109	385	30	16	3011
29	青海省	1067	511	62	229	19	7	1895
30	宁夏回族自治区	511	532	45	162	13	7	1270
31	新疆维吾尔自治区	2664	1081	160	558	46	21	4530
32	新疆生产建设兵团	520	353	29	144	10	3	1059
33	国家监测中心	9860	4346	20	691	149		15066
34	流域监测中心		1328		82	14		1424

附件 3

国土资源部门地下水监测工程初步设计概算核定表

单位：万元

序号	单 位	建筑工程	仪器设备及安装	独立费用	基本预备费	环境保护工程	合计
	合计	76996	22022	11344	1104	490	111956
1	北京市	1718	451	276	24	15	2484
2	天津市	1910	409	300	26	10	2655
3	河北省	4882	981	760	66	30	6719
4	山西省	2075	528	340	29	15	2987
5	内蒙古自治区	2751	771	463	40	25	4050
6	辽宁省	2453	703	421	36	15	3628
7	吉林省	3266	766	533	45	20	4630
8	黑龙江省	2827	764	479	41	20	4131
9	上海市	1083	394	199	17	10	1703
10	江苏省	2580	522	398	35	15	3550
11	浙江省	1560	456	263	23	10	2312
12	安徽省	2719	570	426	37	15	3767
13	福建省	1498	351	242	21	10	2122
14	江西省	1535	403	256	22	10	2226
15	山东省	3966	981	637	56	30	5670
16	河南省	3812	1059	603	55	20	5549
17	湖北省	1629	358	274	23	20	2304
18	湖南省	1489	360	244	21	20	2134
19	广东省	1138	339	194	17	20	1708
20	海南省	831	234	137	12	5	1219
21	广西壮族自治区	1511	406	253	22	10	2202
22	重庆市	802	156	124	11	5	1098
23	四川省	1356	436	241	20	10	2063
24	贵州省	1303	348	223	19	10	1903
25	云南省	1299	355	218	19	10	1901
26	西藏自治区	1032	186	165	14	5	1402
27	陕西省	1968	561	331	29	15	2904
28	甘肃省	2590	771	445	38	20	3864
29	青海省	1466	420	252	21	15	2174
30	宁夏回族自治区	2099	481	336	29	15	2960
31	新疆维吾尔自治区	2552	935	434	39	20	3980
32	国家监测中心	13296	5567	877	197	20	19957

水利部 国土资源部关于国家地下水监测工程初步设计报告的批复

（水利部 国土资源部 水总〔2015〕250 号 2015 年 6 月 10 日）

水利部水文局、中国地质环境监测院：

水利部水文局和中国地质环境监测院联合报送的《关于报批国家地下水监测工程初步设计报告的请示》（水文地〔2015〕2 号）收悉。水利部、国土资源部委托中国国际工程咨询公司对随文报送的《国家地下水监测工程初步设计报告》进行了审查，并提出了审查报告（见附件1）。经研究，并报请国家发展改革委批复项目初步设计概算，基本同意报送的项目初步设计，现批复如下：

一、项目建设要切实贯彻国家战略意图，充分做到工程建成后的地下水信息共享，为水资源管理、地质环境保护与地质灾害防治等工作提供优质服务。

二、同意工程总体建设任务为：建设国家地下水监测中心1个、流域中心7个、省级（含新疆生产建设兵团）监测中心和信息节点63个、地市分中心280个；新建及改建地下水监测站点20401个、相应配套地下水位信息自动采集传输设备20401套；改建地下水均衡试验场2个、地下水与海平面综合监测站1个；建设典型平原区地下水模拟与应用平台2套。

三、同意地下水监测站网建设范围、规模和设计方案。建设范围包括31个省（自治区、直辖市）及新疆生产建设兵团，涉及全国七大流域、16个水文地质单元的重点地下水监测区，监控面积约350万 km^2，监测站点共计20401个，其中水利部门10298个，国土资源部门10103个。

四、基本同意信息采集与传输系统建设内容和设计方案。监测站点水位、水温全部实现监测信息自动采集与传输，100个水质自动采集站实现水质监测信息自动采集与传输。水利部门信息传输方案由站点将自动采集信息传输至省级监测中心，省级中心通过国家防汛抗旱指挥系统传输至国家地下水监测中心、流域中心和地市级分中心。国土部门传输方案由站点传输至国家地下水监测中心，再由国家地下水监测中心同步至各省级中心。

五、基本同意信息应用服务系统设计方案。按照充分利用水利和国土资源部门已有网络和信息资源的要求，以国家地下水监测中心为信息服务系统主体，水利部门按照国家、流域、省级、地市级四级节点进行建设，国土资源部门按照国家、省级两级节点进行建设。信息系统体系结构包括数据存储管理、应用支持平台、业务应用系统和门户网站四个层次。水利与国土资源部门之间采用指定的统一数据交换界面，实现信息共享。

六、基本同意国家地下水监测中心设计方案。

七、根据《国家发展改革委关于国家地下水监测工程初步设计概算的批复》（发改投资〔2015〕1282 号，见附件2），核定该工程总投资222218万元，其中水利部门110262万元，国土资源部门111956万元，全部由中央预算内投资安排。

八、请水利部水文局和中国地质环境监测院按照国家基本建设程序和审查意见要求，严格执行项目法人责任制、招投标制、项目监理制和合同管理制及批复的设计文件，认真组织好项目的实施。在项目建设过程中，水利、国土部门的建设单位之间要加强相互协调和沟通，切实保障工程建设质量和安全，按期完成工程建设，尽早发挥工程效益。

附件：1.《中国国际工程咨询公司关于国家地下水监测工程项目初步设计的审查报告》（咨农发
〔2015〕294号）

2.《国家发展改革委关于国家地下水监测工程初步设计概算的批复》（发改投资〔2015〕
1282号）

附件1

中国国际工程咨询公司关于国家地下水监测
工程项目初步设计的审查报告

（中国国际工程咨询公司　咨农发〔2015〕294号　2015年3月27日）

水利部、国土资源部：

　　根据委托，中国国际工程咨询公司（简称中咨公司）组织专家组对《国家地下水监测工程初步设计报告》（简称《初设报告》）进行了审查。审查过程中，报告编制单位按照专家意见对《初设报告》进行了修改完善。专家组复审认为修改后的《初设报告》满足相关规范对本阶段的设计深度要求，可作为下阶段工作开展的依据。现将《初设报告》的主要审查意见报告如下：

一、建设目标及任务

　　《初设报告》提出本工程的建设目标为：结合现有监测站网，建立比较完整的国家级地下水监测站网，实现对全国地下水动态有效监测，以及对大型平原、盆地及岩溶山区地下水动态的区域性监控和地下水监测点的实时监控；为各级政府部门和社会提供及时、准确、全面的地下水动态信息，满足科学研究和社会公众对地下水信息的基本需求，为优化配置，科学管理地下水资源，防治地质灾害，保护生态环境提供优质服务，为水资源可持续利用和国家重大战略决策提供基础支撑，实现经济社会的可持续发展。

　　《初设报告》提出工程总体建设任务为：建设国家地下水监测中心1个、流域监测中心7个、省级（含新疆生产建设兵团）监测中心和信息节点63个、地市分中心280个；新建及改建地下水监测站点20401个；改建地下水监测试验场2个、地下水与海平面综合监测站1个；建设典型平原区地下水模拟与应用平台2套。

　　审查认为：工程初设报告提出的建设目标明确，建设任务与建设目标相匹配，工程建成后可基本满足一定时期内经济社会发展、水资源管理、地质环境保护等对地下水监测的需求。

二、站网布设

（一）布设范围及布设原则

　　《初设报告》中国家级地下水监测站网建设范围为31个省（自治区、直辖市）及新疆生产建设兵团，涉及全国七大流域、16个水文地质单元的重点地下水监测区，监控面积约350万 km^2。

　　《初设报告》提出6项布设原则：①满足需求；②继承发展；③全面布设；④突出重点；⑤方便管理；⑥避免重复。

（二）布设规模

　　《初设报告》拟建设监测站点共计20401个（详见表1），其中水利部门10298个，国土资源部门10103个。根据新建监测站点布设统计，总钻探进尺为1229383.18m。

　　站点布设实现后，全国监控区平均布站密度为5.8个/千 km^2。主要地下水开发利用区和水资源短缺的平原盆地布站密度均高于全国监控区平均密度，如黄淮海平原16.3个/千 km^2，山西主要盆地19.3～38.5个/千 km^2，关中平原28.3个/千 km^2，银川和卫宁平原41.6个/千 km^2。全国浅层超采区平均布站密度24个/千 km^2，高于全国监控区平均密度；在国家规划确定的各省超采区，布站密度均高于当地平均密度。国家公布的地下水水源地平均布站8个，在海咸水入侵区进行加密布站，在水质较差地区加密布设水质监测站。

表1   地下水监测站点布设总表

类型 \ 部门		水利	国土	合计	备注
建设类型	新建	7688	7235	14923	含80个流量监测站点
	改建	2610	2868	5478	含59个流量监测站点
	小计	10298	10103	20401	
含水介质类型	孔隙水	9317	8085	17402	
	裂隙水	527	984	1511	
	岩溶水	454	1034	1488	
	小计	10298	10103	20401	
埋藏类型	潜水	6783	5523	12306	
	承压水	3240	4227	7467	
	混合水	275	0	275	
	多层监测	0	353	353	
	小计	10298	10103	20401	
监测内容	水位水温	10256	10006	20262	全部站点实现水位水温的自动化监测
	流量	42	97	139	主要是泉流量及坎尔井的水量监测
	小计	10298	10103	20401	
	水质	4289（常规监测）	10103	14392	水质监测站点均在水位水温与流量监测站点中选取，含100个水质自动监测点。具体的样品采集数量及化验指标均在项目建成后的运行期内确定。
钻探进尺		545377.43		1229383.18	

与国家发展改革委批复的《国家地下水监测工程可行性研究报告》（简称《可研报告》）相比，《初设报告》在地下水监测站网布设方面有以下调整：

（1）新建地下水监测站点增加528个，改建监测站点减少528个。

调整的主要原因：部分改建井损毁严重，几近报废，无法维修，可直接利用的"关井压采"井数量较少；原设计的部分改建井为机民井与勘探孔，其开采层位和井孔结构等不能满足专业监测井的需要，需要重新进行建设。具体调整情况见表2。

表2   地下水布设站点调整情况一览表

省级行政区	建设类型		地下水类型			监测层位				合计
	新建	改建	孔隙水	裂隙水	岩溶水	潜水	承压水	混合水	多层	
北京	−53	53	3	0	−3	4	122	−126	0	0
天津	−2	2	−2	0	2	−3	11	−8	0	0
河北	131	−126	23	3	−21	−407	419	−7	0	5
山西	−31	31	27	1	−28	−16	−25	41	0	0
内蒙古	0	0	−3	3		8	−8	0	0	0
辽宁	−25	25	181	−181	0	9	−9	0	0	0
吉林	60	−60	22	−10	−12	18	−18	0	0	0

省级行政区	建设类型		地下水类型			监测层位				合计
	新建	改建	孔隙水	裂隙水	岩溶水	潜水	承压水	混合水	多层	
黑龙江	−15	15	−16	16	0	7	−7	0	0	0
上海	5	−5	2	−2	0	48	−48	0	0	0
江苏	122	−122	−1	−4	5	52	−52	0	0	0
浙江	29	−24	16	−13	2	67	−62	0	0	5
安徽	141	−140	−6	−3	10	1	0	0	0	1
福建	9	−13	5	25	−34	−24	20	0	0	−4
江西	1	−3	−79	77	0	−85	83	0	0	−2
山东	−37	80	−51	38	56	−2	67	0	−22	43
河南	1	0	3	0	−2	1	−8	8	0	1
湖北	6	−6	−57	50	7	−78	78	0	0	0
湖南	0	0	−18	2	16	−45	45	0	0	0
广东	0	0	55	−11	−44	34	−34	0	0	0
海南	0	0	26	−26	0	−2	2	0	0	0
广西	−3	3	−13	15	−2	−29	29	0	0	0
重庆	36	−36	4	−4	0	46	−9	−37	0	0
四川	0	0	−2	2	0	0	0	0	0	0
贵州	72	−72	2	6	−8	38	−38	0	0	0
云南	0	0	0	−8	8	−10	10	0	0	0
西藏	22	−22	2	−2	0	4	−4	0	0	0
陕西	79	−79	34	−32	−2	−42	37	5	0	0
甘肃	18	11	38	−9	0	33	−4	0	0	29
青海	2	−2	0	0	0	1	−1	0	0	0
宁夏	−15	−63	−78	0	0	−23	−55	0	0	−78
新疆（含建设兵团）	−25	25	0	0	0	−9	23	−14	0	0
总计	528	−528	117	−67	−50	−404	564	−138	−22	0

（2）水位监测站点减少 62 个，流量监测站点增加 62 个，水质监测站点增加 214 个，水质自动监测站点增加 50 个。

调整的主要原因：由于岩溶含水层和裂隙含水层具有明显的非均质性和各向异性，因此采用井孔方式监测的数据代表性较差，无法完整反应区域岩溶地下水的变化特征。为加强岩溶泉域以及地下暗河的流量监测，将部分水位改建监测站点调整为流量监测站点；为加强对重点区域地下水水质的监测，增加了水质常规采样站点和水质自动监测站点的布置数量。

审查认为，《初设报告》中提出的地下水监测站网建设总体布局合理，符合批复的《可研报告》及相关规范要求；对地下水监测站网调整的原因及内容符合客观实际，《初设报告》所作的调整是合理的。

三、站点工程设计

在对拟建站点基本情况逐站点复核的基础上，《初设报告》依据有关规范要求，对新建水位监测井的井深、管材、开孔井径、井管、封闭及止水、岩土样采集、洗井、抽水试验、物探测井进行设计；对改建监测井的洗井、清淤方案进行设计；对流量监测站设计了矩形堰、巴歇尔槽以及坎儿井测流堰槽 3 种堰槽；对站房、井口保护设施、井台、水准点等辅助设施进行设计。

（一）监测井土建工程设计

1. 水文地质钻探

《初设报告》对新建监测井进行逐站点设计。

钻探总进尺 1229383.18m，其中松散层 1022492.48m，基岩层 206890.7m。

井管管径主要为 146mm、168mm、219mm、273mm、200mm、300mm 等；管材主要为无缝钢管、PVC‑U、钢筋混凝土。

2. 物探

物探测井采用电阻率测深法，主要目的是定量估算地层的电阻率和孔隙度。测井工作量为 1229383.18m。

3. 洗井抽水试验

采用空压机和泵抽联合洗井方法，洗井方式有活塞与空气压缩机联合洗井、化学洗井、二氧化碳洗井等。改建井洗井采用机械清淤、机械洗井、压酸洗井、钢丝刷洗井等方式。每井洗井台班数不低于 6 个。水利部门洗井 61536 台班，国土资源部门洗井 61042 台班。

抽水试验分为两个落程，每井抽水试验台班数不低于 3 个。一孔多层监测井每个监测层位均进行抽水试验，共 45664 台班。

4. 综合钻孔试验

在骨干剖面上选取 83 个地下水新建监测孔，在钻探过程中加密取样，开展综合实验，分析含水层沉积环境，通过对岩土样进行粒度分析、孢粉分析、古地磁测试、古体微生物鉴定、同位素（^{14}C）测年、光释光测年、土壤矿物质分析、土壤微量元素分析和常规土试验，研究第四纪地层、磁性地层、生物地层、年代地层和化学地层，其主要目的是提高对水文地质条件的认识程度，掌握区域地下水补给运移规律。

与《可研报告》相比，《初设报告》在监测井土建工程设计方面有以下调整：

（1）监测井建设工程量。新建监测井总进尺较《可研报告》增加 44592.18m。

调整的主要原因是由于新建井的数量增加，主要在 $50<h\leqslant100m$ 的松散层和岩石层；通过现场踏勘及已有资料分析，部分监测井的成井深度增加，主要在 $150<h\leqslant200m$ 的松散层、$300<h\leqslant450m$ 的松散层增加进尺。

（2）新增综合测试孔 83 个。

主要原因：布设综合钻孔测试实验的主要目的是提高对水文地质条件的认知程度。

审查认为，《初设报告》提出的监测井土建工程设计科学合理，符合相关规程规范，逐站设计的新建与改建监测站点的建设内容及工程量符合实际。

（二）流量监测站点

根据查勘，依据不同流量，《初设报告》提出了 90 度三角形薄壁堰、矩形薄壁堰、巴歇尔槽以及坎儿井测流堰槽 4 种流量监测站点设计方案。

审查认为，设计方案符合相关规程规范，能够满足流量监测要求。

（三）监测站点辅助设施设计

《初设报告》监测站点辅助设施设计包括监测站站房、井口保护设施、井台、水准点、标识牌、防雷设施等，此外完成土样采集、水质分析、高程和坐标测量。

1. 监测站房

建筑面积 4m²，砖混结构，使用寿命不低于 20 年，具有防潮防雷保护设施，含有 UV 探头的自动水质监测站房顶放置杆式太阳能支架。

2. 井口保护设施

井口保护设施采用普通碳钢或板件折弯焊接而成，整体除锈后喷漆。要求简单、安全、实用，并与整体环境相协调。

3. 高程与坐标测量

高程与坐标测量 20112 个站点。高程测量水准基面采用 1985 年国家高程基准。高程和坐标测量采用 GPS 测量和水准测量方式，测量条件较好的地区、优先选用 GPS 测量。

4. 其他辅助设施

《初设报告》对井台、监测站点水准点、标识牌、防雷设施等建设进行了方案设计。

审查认为，《初设报告》提出的监测站点辅助设施内容能够满足工程施工和管理的需求，设计符合相关规范要求。

（四）均衡试验场和海平面综合监测站

《初设报告》通过修缮基础监测设施、配置专业仪器设备、搭建试验平台、开展综合试验研究等相关内容，提出新疆和河南两个均衡试验场、河北秦皇岛地下水与海平面综合监测站的改建设计方案。

审查认为，《初设报告》设计方案符合相关规程规范，符合实际需求。

四、信息采集与传输系统设计

《初设报告》提出，信息采集与传输系统建设内容包括信息采集设备及通信设备。该项目共建设 20401 个（含 139 个流量站点）站点应用的传感器及数据存储设备、数传仪（RTU）、电源、数据通信传输设备等；以及 1 个国家地下水监测中心水质化验仪器与巡测设备、32 个省级监测中心和 145 个地市级信息站的巡测设备。

（一）信息采集

《初设报告》提出，监测站点全部实现水位、水温监测信息的自动采集与自动传输，建设的 100 个水质自动监测站实现水质监测信息的自动采集与自动传输。

监测信息采集频次：水位水温每天采集 6 次，每间隔 4 小时采集一次；流量监测每 10 分钟采集一次；地下水水质自动监测为 5 天采集一次。

水质非自动监测站采用人工取样实验室分析的工作方式，根据业务需求和有关规定采集水样，分析结果及时存入相应的数据库。

审查认为，地下水位、水温、水量及水质监测频次符合相关规范要求。

（二）信息传输

《初设报告》对信息传输流程做了进一步技术经济方案比选：

方案一：将监测站水位、水温、水质等自动采集信息分别传输到国家地下水监测中心、水利部门省级监测中心、国土资源部门省级监测中心，即"一点三发"。流域监测中心、地市级分中心地下水信息分别由国家和省级监测中心通过国家防汛抗旱指挥系统计算机网络分发。

方案二：水利部门将监测站水位、水温、水质等自动采集信息通过 GPRS 信道发送到省级监测中心；省级监测中心将数据存入本级数据库，同时通过国家防汛抗旱指挥系统计算机网络分别传输到国家地下水监测中心、流域中心和地市级分中心。

国土资源部门将水位、水温、水量信息按要求定时或实时将测得信息自动传输到国家地下水监测中心，再由国家地下水监测中心同步至各省级中心。

比选结果表明，与方案一相比方案二具有：监测站只向省中心报送信息，节约通信运行费用；充分利用现有计算机网络资源，符合信息化发展趋势；各信息节点数据库共享信息，能够保持数据维护更新的一致等优点。

审查认为，《初设报告》经技术经济方案比选采用方案二是合理的。该方案信息传输流程科学合理，技术可行，不仅能够保证不同节点数据的一致性及便于数据维护更新，减少相应的通信费用，节约运维成本，能够更加明确责任主体，适应运行维护主要依托省级的管理模式。

（三）信息采集传输设备

《初设报告》提出，工程需配置 19183 台（套）一体化压力式水位计［其中水利部门 9080 台（套），国土资源部门 10103 台（套）］，配置 127 套流量监测仪器（其中水利部门 45 套，国土资源部门 82 套）；另外，水利部门配置 1021 台（套）浮子式水位计、83 台（套）5 参数水质自动监测仪、17 台（套）5 参数水质自动监测仪加 UV 探头。

为了校核自动测量仪器的测值准确性，水利部门省级监测中心、地市级信息站配备了水位、水温、水质巡测设备，在 32 个省级监测中心配置悬锤式水位计、地下水采样泵（气囊式）、图像采集设备等巡测设备各 1 台（套），在 145 个信息站配置水位水温校准、数据移动传输、洗井等巡测维护仪器设备各 13 台（套）及地下水专业取样瓶 50 个。新疆、河北 2 省（自治区）各配置流速仪流量计 1 台，贵州、山东、广西 3 省（自治区）各配置流速仪流量计 2 台。

《初设报告》提出，信息传输设备中的远程控制单元优先选用一体化结构的数传仪（RTU）、通信信道优先采用 GPRS、供电方式优先采用内置电池供电，功耗较大的监测站采用太阳能电池浮充蓄电池供电。

审查认为，《初设报告》选用的一体化压力式水位计性能稳定、数据存储周期长、体积小、功耗低、节约占地，满足地下水监测对设备的要求；水质自动监测设备选用合适；巡测、洗井设备的选型合理，能实现对自动监测数据的校核校正及对监测井进行定期维护。巡测洗井设备由原配备 145 个地市中心调整为配备 270 个地市中心是必要的。

五、信息应用服务系统设计

（一）设计原则

《初设报告》提出，信息应用服务系统采取统一规划、分级布设、分工协作、信息共享的原则，建设覆盖全国的分布式信息系统。该系统是在水利和国土资源部门已有信息化规划的框架下，充分考虑与水利和国土资源部门已建和在建信息系统，结合水利和国土资源部门管理体制进行设计。该系统主体部署在国家地下水监测中心（中央节点）：水利部门按照国家、流域、省级、地市级四级节点进行建设，国土资源部门按照国家、省级两级节点进行建设，软件统一开发，分别部署到各级节点，流域、省级节点根据自身特点进行特色定制及功能扩充的方式。

审查认为：《初设报告》提出的信息应用服务系统设计原则正确，建设与开发策略合理可行，适应现行水资源和地质环境管理体制；在主要软件统一开发的基础上，各流域和省根据地方特色二次开发定制软件，体现了统一标准、经济合理的原则。

（二）与已建工程的信息共享

《初设报告》信息应用服务系统设计，在水利和国土资源部门已有的信息化规划的框架下，充分考虑了与水利和国土资源部门已建和在建系统"防汛抗旱指挥系统工程""水资源监测能力建设"和"地质环境信息平台"等对地下水监测信息的共享，利用了水利和国土资源部门已有的网络和信息资源。

审查认为：《初设报告》设计方案合理可行，充分利用了已有信息化资源、避免了重复建设，满足了其他系统工程对地下水信息的共享需求。

（三）信息系统体系结构

《初设报告》信息应用服务系统采用面向服务的体系结构，划分为数据存储管理、应用支持平台、业务应用系统、门户网站四个层次，数据存储管理层，主要包括数据和水利和国土资源其他系统的数据资源；应用支持平台，主要为公共应用工具、公共服务、专业工具等软件和中间件；业务应用系统，地下水资源、地质环境专业业务和为管理部门服务的软件；门户网站，面向社会公众发布地下水信息。

审查认为，信息应用服务系统体系结构，设计理念先进，结构科学合理。

（四）数据库和信息共享

水资源管理需求的地下水信息主要包括：监测站点信息，监测信息，整编信息，试验信息，分区信息，区域地下水资源分析评价信息，地下资源业务水分析信息，地下水资源动态预测信息等。

地质环境保护需求的地下水信息主要包括：地下水监测基本情况，监测机构基本情况，地下水监测孔基本情况，钻孔基本情况、监测孔历史情况，钻孔地层基本情况，钻孔地层岩性描述，监测点位置情况，监测点大地测量情况，地下水监测孔井管基本情况，地下水水位监测记录，地下水水质分析基本情况，地下水水质分析记录，地下水水质分析数值范围参照表，地下水水质分析参数表地下水水质分析取样表，地下水水质分析项目单位量纲参照表和监测孔仪器情况记录等。

《初设报告》分别设计了为水资源管理和地质环境保护服务的数据库。

《初设报告》水利和国土资源两部各级信息（节点）中心，分别统一数据库表结构标准，在信息交换平台和数据库中间件的支持下，实现各级信息节点间数据同步交换；水利与国土资源部门间指定统一的数据交换界面，相互推送数据；实现信息共享。

审查认为，《初设报告》按照相应的标准和业务需求建立为水资源管理和地质环境保护的数据库是合理可行的，同时能够实现与已有的其他系统良好地兼容对接；信息共享方案合理可行、符合实际情况。38个流域和省级中心（水利）国家中心应用支撑平台中的通用软件中间件适当提高配置更有利于信息共享与安全防护。

（五）业务软件

《初设报告》分析了水资源管理和地质环境保护对地下水监测信息的分析侧重，水资源管理侧重地下水资源量的动态分析为地下水的合理开发利用提供支撑，地质环境保护侧重环境监控和灾害预警。根据水利和国土资源部门对地下水监测信息处理分析的需求，开发地下水监测信息接收处理、地下水查询维护、地下水监测资料整编、地下水信息交换共享、地下水资源业务应用、地下水资源信息发布、移动客户端、地下水监测信息平台、监控预警、地下水项目管理、地下水监测信息一张图、地下水模型开发软件。

《初设报告》对地下水资源补给开采等的数值模拟设计了"关中平原地下水资源模型典型区"和"海河流域典型平原区地下水模拟与应用平台"建设。

审查认为，《初设报告》提出的业务软件设计方案，功能划分合理，满足业务应用需求；建立统一的地下水信息发布门户方案合理可行，满足各行业专业人员和社会公众对地下水信息的需求。38个流域和省级中心（水利）国家中心应用支撑平台中的通用软件中间件适当提高配置更有利于功能健全与安全防护。

（六）网络环境

国家地下水监测中心的信息网络环境由两部联合建设，购置服务器和路由器等硬件设备，布设网络线路，同时建立国家地下水监测中心连接水利部和国土资源部的数据传输链路。国家地下水监测中心与水利部门7个流域节点、31个省级节点（含新疆生产建设兵团）、280个地市级节点的数据传输，利用已建的国家防汛抗旱指挥网络系统实现；陕西省节点需建设网络环境，购置服务器和路由器等硬件，布设网络线路，租用数据传输线路联通水利厅。国家地下水监测中心与国土资源部门31个省级节点采用租用数据传输线路的方式实现数据传输。

审查认为，《初设报告》提出的网络环境设计合理可行，充分利用已有网络资源，满足信息应用服务系统运行对网络环境的要求。建议下阶段根据国家网络安全有关标准，增强网络安全配置。

六、国家地下水监测中心设计

（一）国家地下水中心功能

《初设报告》提出，两部合建的国家地下水监测中心建成后将负责地下水监测信息系统建设与运行管理，监视全国地下水资源动态，负责全国地下水资源分析预测及评价，实观国家层面上的数据共享，为各级部门和社会提供及时、准确、全面的地下水动态信息，满足科学研究和社会公众对地下水信息的基本需求，为优化配置、科学管理地下水资源，防治地质环境灾害，保护生态环境提供优质服务，为水资源可持续利用和国家重大战略决策提供基础支撑，实现经济社会的可持续发展。

（二）生产业务用房购置方案

《初设报告》按照可研批复，提出水利部和国土部采用直接购置方式联合建设国家地下水监测中心，拟购置建筑总面积 $7985m^2$。

（三）楼层分区及面积分配

《初设报告》提出拟购置的楼盘包括网络中心，数据中心，档案室、信息接收与处理、会商室，公共服务与查询室，监测仪器测试实验室与站网运行监控室，水质实验室。

网络中心建筑面积约 $890m^2$，划分为网络接入区、环境基础设施区、软件调试测试区等；数据中心建筑面积约 $890m^2$，划分为主机服务器区、数据存储区、环境基础设施区等。档案室、信息接收与处理、会商室，公共服务与查询室建筑面积约 $1780m^2$。

监测仪器测试实验室与站网运行监控室建筑面积约 $890m^2$，设立监测仪器调试室、环境模拟测试室、电信号分析测试室等。

水质实验室建筑面积约 $3535m^2$，包括无机测试区、有机污染物检测、生物检测区等。

审查认为，《初设报告》提出的购置生产业务用房总面积与《可研报告》批复一致，拟购置楼层数量合适，各楼层分区布置方案合理，符合《可研报告》批复中各房间使用功能及面积控制要求。

根据国家发展改革委的要求，国家地下水监测中心采用社会招标方式采购，实际功能区配置应根据所购置的楼盘进行优化调整。

七、施工组织设计

《初设报告》依据本工程分布范围广，监测站点高度分散、施工条件差异较大、单项工程建设规模小，以及监测站点间相对独立、施工工艺专业性强等特点，合理组织平行、流水施工，以缩短施工工期；按照"节约用地、方便施工的原则"进行施工总平面布置，并根据建设条件和施工工艺要求合理划分施工区、设备材料区、弃石区、生活区等功能区，保证施工有序进行，并减少对环境的负面影响。

工程永久占地 132.37 亩，较可研阶段减少 34.88 亩；工程临时占地 6022.56 亩，较可研阶段减少 97.74 亩。本工程建设总工期为 3 年，第一年完成总体工程量的 18％、第二年完成总体工程量的 52％、第三年完成总体工程量的 30％。

审查认为，《初设报告》提出的施工组织设计方案基本合理。施工总平面布置能够满足工程施工的要求，施工组织分区、施工交通组织合理可行；通过工程设计的优化减少了工程占地；工程建设工期、投资计划可行。

八、建设与运行管理

（一）工程建设与运行管理

《初设报告》提出按照"统一部署，分步实施，信息共享"的原则，由水利部与国土资源部共同组建"国家地下水监测工程建设项目协调领导小组"，负责项目的总体部署和两部间重大问题的协调；由水利部水文局、国土资源部中国地质环境监测院联合成立"国家地下水监测中心管理委员会"，负责国家地下水监测中心的建设和管理。

国家地下水监测工程（水利部门）建设主管单位为水利部，水利部成立水利部国家地下水监测工程项目建设领导小组和水利部国家地下水监测工程项目建设办公室；部水文局为项目法人，并授权委托各流域水文局、各省级水文部门分别承担本级工程建设管理。

国家地下水监测工程（国土资源部门）建设主管为国土资源部，中国地质环境监测院为项目法人，中国地质环境监测院设立监测工程项目办公室，并授权委托各省级地质环境监测机构负责完成辖区内工程建设管理。

工程建设管理严格遵守国家有关基本建设的法律法规，严格按照基本建设程序组织实施，严格执行项目法人责任制、招标投标制、建设监理制、合同管理制。

国家地下水监测工程（水利部门）的运行管理，由部水文局负责国家地下水监测中心的日常运行和管理工作，组织指导全国水利部分的地下水监测工作；负责地下水信息分析评价和成果发布；组织制定地下水监测有关技术标准规范；组织开展全国水利部分地下水资料的整编和刊印工作；负责全国水利部分地下水监测人员技术培训和新技术推广应用；负责运行管理定额的编制和运行经费的筹措；各流域水文局负责本流域地下水监测中心的日常运行和管理工作，开展地下水信息分析评价工作，指导本辖区地下水监测及资料整编成果审查工作；各省级水文部门负责本级地下水监测中心的日常运行和管理工作，组织指导本辖区地下水监测及资料汇编与刊印工作，测站信息采集与传输设施设备的保养与维护，开展水质与流量巡测，负责本辖区地下水监测人员技术培训和新技术推广应用；各地市水文部门负责本级地下水监测分中心的日常运行和管理工作，测站信息采集与传输设施设备的保养与维护，开展水质与流量巡测，组织本辖区地下水资料整编工作，负责本辖区地下水监测人员技术培训和新技术推广应用。

国家地下水监测工程（国土资源部门）的运行管理，由国土资源部、中国地质调查局负责项目运行期间协调及重大事项的决策及程序管理；中国地质环境监测院负责组织、指导、监督各省（自治区、直辖市）地质环境监测总站（院、中心）开展地下水监测网络的运行与维护，负责制定相应的规程规范和技术要求，收集整理监测数据，开展综合研究，并负责国家地下水监测中心建成后的运行与管理；各省（自治区、直辖市）监测总站（院、中心）受中国地质环境监测院的委托组织各地市级地质环境监测站具体承担部门地下水监测站点的日常运行与维护工作。

经初步测算，工程年运行维护费用 37687.1 万元。其中，水利部门运行维护费用 19510.1 万元/年，国土资源部门运行维护费用 18177 万元/年。工程建设期运行维护费用 9188 万元。

审查认为，《初设报告》提出的工程建设与运行管理机制和管理组织方案基本合理，适应现行管理体制，具有可操作性，能够满足工程建设和运行管理的要求。为保证工程建成后正常运行，建议尽快落实项目运行维护费。

（二）招标设计

国家地下水监测中心建设由水利部水文局和国土资源部中国地质环境监测院组织招标。

水利部门的招标工作由水利部水文局组织实施，各省级水文部门协助。国土资源部门的招标工作由中国地质环境监测院组织实施，各省级地质环境监测机构协助。

《初设报告》提出国家地下水监测工程按区域或建设内容分为不同的单项工程，根据单项工程的特点划分不同的施工标段。

审查认为，《初设报告》提出的招标方案设计合理，建筑安装工程发包应严格按照现行招投标法及相关法律法规择优选定施工单位，仪器设备及服务类发包应严格按照现行政府采购法及相关法律法规进行，确保工程质量。

九、环保工程措施

《初设报告》提出在监测中心装修改造采取封闭式作业，通过在施工现场周边进行围挡，做好洒水遮盖工作，硬化行车路面，控制运输车辆速度，严禁临空抛洒渣土，及时清洗施工车辆等手段，有效控制粉尘飞扬和废气污染；垃圾统一运输，定时清理，危险物专门存放运输处理，临时贮存设施密封贮存并做防渗处理等手段，有效控制固体废弃物和废水污染；通过推行清洁生产，采用减震降噪工艺和设备，控制施工时间等手段，有效控制噪声污染。

《初设报告》提出监测站点施工过程中通过设置围栏，合理安排运输，及时清扫洒水；通过设置沉淀池，安装过滤管，填装黏土球等手段，钻井泥浆循环使用，成井后钻井泥浆回收利用等手段，有效控制废水污染和对含水层的破坏；通过科学布置施工地点，采用低噪声设备，控制作业时间，调整施工强度等手段有效控制噪声污染；通过垃圾分类集中处理、及时清运、循环利用等手段有效控制固体废弃物污染；通过钻井泥浆循环使用，成井后钻井泥浆回收利用，不同类型固体废物（清淤泥沙、钻井岩屑、生活垃圾等）分类堆存集中堆放并定期清运等方式将可能产生的固废对环境的影响降至最低；通过普及生态保护知识，设立警示牌，施工后土地平整和植被恢复等手段，有效保护生态环境。

审查认为，《初设报告》提出的环保工程措施依据充分，设计合理，操作性强，是切实可行的预防和解决方案，能有效地控制各种废弃物和噪音对周围环境的影响，不会造成环境污染。

十、投资概算及资金筹措

（一）概算投资

《初设报告》国家地下水监测工程投资 224231.37 万元。其中，建安工程费 143597.8 万元、仪器设备购置费 47513.28 万元、独立费用 27795.11 万元、基本预备费 4345.22 万元、环境保护工程费 979.97 万元。

水利部门工程投资 111531.85 万元。其中，建安工程费 67332.58 万元、仪器设备购置费 25613.79 万元、独立费用 14861.29 万元、基本预备费 3234.23 万元、环境保护工程费 489.97 万元。

国土资源部门工程投资 112699.52 万元。其中，建安工程费 76265.22 万元、仪器设备购置费 21899.49 万元、独立费用 12933.82 万元、基本预备费 1110.99 万元、环境保护工程费 490 万元。

审查认为，《初设报告》工程投资概算编制采用的依据和方法，基本符合行业现行规定；投资估算深度满足本阶段要求，调整的主要内容为：

（1）价格水平年，建议调整为 2014 年四季度。

（2）建议对部分建筑工程材料单价按市场价进行调整和复核。

1）建议将井壁管材按不同管径型号单价分别计算，146mm 型号无缝钢管单价为 120 元/m，168mm 型号无缝钢管单价为 144 元/m，219mm 型号无缝钢管单价为 184 元/m，273mm 型号无缝钢管单价为 231 元/m。

滤水管管材按实际使用管径型号单价分别计算，146mm 型号滤水管单价为 200 元/m，168mm 型号滤水管单价为 234 元/m，219mm 型号滤水管单价为 274 元/m。

2）依据《供水水文地质勘察规范》（GB 50027—2001）、《国家级地下水监测井建设标准》（DZ/T 0270—2014）、《水文水井地质钻探规程》（DZ/T 0148—2014）等规范规程，滤料必须根据含水层颗粒大小采用相应级配的石英砂、砾石、河沙等过滤材料，考虑全国价格差异比较大且单井用量不大，同意本阶段按《初设报告》提出的 260 元/m³ 计列。

止水与封闭材料包括普通黏土球、优质黏土球、水泥三种。依据上述规范规程，在监测层位上部存在大厚度含水层时或下部存在承压或微承压含水层时应使用优质黏土球围填，优质黏土球水化时间大于 40min，膨胀系数为 2～3 倍且密实度为 1.3～1.4t/m³；在止水层位的上部，充填普通黏土球至孔口；基岩监测井采用 P.O52.5 型以上硅酸盐水泥固井及止水。考虑全国价格差异比较大且单井用量不大，同意本阶段按《初设报告》提出的 350 元/m³ 计列。

（3）仪器设备须采用政府采购，建议对设备价格进行复核。

（4）水利部分井口保护设施单价由 3700 元调整为 3000 元。

（5）根据工作需要巡测洗井设备由原配备 145 个地市中心，增加为 270 个，增加投资 734.21 万元。

（6）在数据库建设中，北方 17 个省份历史监测数据人工入库单价 10 万元偏低，增加为 36 万元。共增加投资 442 万元。

（7）根据专家意见、工作需要和价格复核，信息服务系统，软件开发人员单价 6000 元/（人·月）偏低，调整为 13000 元/（人·月）；38 个流域和省级中心（水利）国家中心应用支撑平台中的通用软件中间件及网络安全提高配置；以上部分共增加投资 2675.34 万元。

（8）独立费。

1）建设管理费计取，建议参照水利部水总〔2014〕429 号新编规中建设管理费枢纽工程标准计取。

2）监理费按建安费与设备费合计的 2.5%。

3）建议按照费用性质将列在建筑工程内的技术工作费移至独立费项下，技术工作费按钻孔投资的 2% 计取。

（9）预备费按 1% 计取。

经调整，国家地下水监测工程按 2014 年四季度价格水平，地下水监测工程投资 224116.53 万元。其中，建筑工程费 137196.79 万元、仪器设备购置及安装费 55024.51 万元、临时工程费 3485.47 万元、独立费用 25220.52 万元、基本预备费 2209.27 万元，环境保护工程费 979.97 万元。

水利部门工程投资为 111419.28 万元。其中，建筑工程费 60179.83 万元、仪器设备购置及安装费 32943.52 万元、临时工程费 3485.47 万元、独立费用 13222.18 万元、基本预备费 1098.31 万元，环境保护工程费 489.97 万元。

国土部门工程投资为 112697.25 万元。其中，建安工程费 77172.16 万元、仪器设备购置费 21925.79 万元、独立费用 11998.34 万元、基本预备费 1110.99 万元、环境保护工程费 490 万元。

概算投资调整表见附件 1。

（二）资金筹措

《初设报告》提出地下水监测工作是公益性事业，是为我国水资源开发利用、水资源规划管理、城市发展规划、工农业生产、地质环境保护与地质灾害防治、生态环境建设提供信息支撑和决策依据，有助于经济社会又好又快发展，为全面建设小康社会目标提供保障。工程所布设的国家级地下水监测站点，是从国家层面掌握我国地下水资源信息，因此国家地下水监测工程所需的建设投资建议全部由中央投资。

审查认为，该工程属国家基础性公益性的建设项目，无财务收入，两部提出全部申请国家投资是合适的。

十一、效益评价

《初设报告》从经济、社会及环境三个方面进行了效益评价，工程建成后全国可基本形成现代化的地下水自动监测系统，提高全国水资源管理和配置的水平，为水资源安全提供依据，为水资源统一管理提供支撑、为抗旱减灾和农业经济发展提供服务、为重要城市和国家重点工程供水提供重要依据、为地质环境、生态环境保护提供重要技术基础资料、为水资源的高效利用与合理配置提供支撑；系统地建立和完善地下水监测网络，及时了解和掌握地下水动态变化情况，为生态建设和环境保护的投资决策提供技术支撑。

审查认为，监测工程可为水资源评价、综合规划提供监测数据，也可为国家及地方相关部门提供地下水动态信息和决策依据；该项工程建成后，对我国水资源优化配置、农业结构调整，工业发展布局，城市发展规划，生态环境建设等具有积极的指导意义，社会效益与间接经济效益显著。

十二、结论和建议

（一）结论

（1）《初设报告》提出的建设目标明确，建设任务与建设目标相匹配，工程建成后可基本满足一定时期内经济社会发展、水资源管理、地质环境保护等对地下水监测的需求。

（2）《初设报告》在监测站点布设、监测井建设土建工程、均衡试验场与海平面综合监测站、监测中心土建、信息采集与传输系统、信息应用服务系统、施工组织、环保工程等内容进行了设计，达到本阶段工程初步设计的深度要求，可作为工程下阶段实施的依据。

（二）建议

（1）下阶段对封井和滤水材料进一步开展调研，确定合理的市场价格。

（2）永久征地费本阶段按平均 150 元/m² 计列，鉴于本工程规模较大、项目分散，建议下阶段按各省确定的片区价格和补偿倍数计列，减少征用难度。

附件：1. 概算调整汇总表（水利部门＋国土部门）

　　　2. 水利部门概算调整表

　　　3. 国土部门概算调整表

　　　4. 评估人员名单

附件1

概算调整汇总表（水利部门＋国土部门）

单位：万元

序号	项目或费用	报送概算	调整概算	差值	备 注
Ⅰ	工程部分投资	218906.18	220927.29	2021.11	
一	建筑工程	136390.82	137196.79	805.97	按市场价调整井管和滤水管单价，鉴于相关规范要求及测井分布范围，考虑全国价格差异比较大且单井用量不大，同意本阶段暂按《初设报告》提出的滤水材料260元/m³和封井黏土球350元/m³计列
二	仪器设备购置及安装	51198.04	55024.51	3826.47	巡测设备由原配备145个地市中心，增加为270个；数据库历史监测数据人工入库单价10万元偏低，增加为36万元；信息服务系统，软件开发人员工作6000元/（人·月）偏低，调整为13000元/（人·月）
三	临时工程	3522.21	3485.47	−36.74	建安量变化减少。
四	独立费用	27795.11	25220.52	−2574.59	建设管理费参照新编规河道工程标准计取；监理费按建安费与设备费合计的2.5%；技术工作费按建筑工程投资的2%计取；设计费按建安设备费的3%计取
	一～四部分合计	218906.18	220927.29	2021.11	
五	预备费（一～四部分合计的1%）	4345.22	2209.27	−2135.95	国土部按1%计取，建议水利部由3%调整为1%
Ⅱ	环保部分投资	979.97	979.97	0	
Ⅲ	工程投资总计	224231.37	224116.53	−114.84	

附件 2

水利部门概算调整表

单位：万元

序号	项目或费用名称	报送概算	调整概算	差值	备注
Ⅰ	工程部分投资	107807.64	109831.00	2023.36	
一	建筑工程	60274.91	60179.83	−95.08	
二	仪器设备购置及安装	29149.24	32943.52	3794.28	
三	临时工程	3522.21	3485.47	−36.74	
四	独立费用	14861.29	13222.18	−1639.11	
	一～四部分合计	107807.64	109831.00	2023.36	
五	预备费（一～四部分合计的1%）	3234.23	1098.31	−2135.92	
Ⅱ	环保部分投资	489.97	489.97	0	
Ⅲ	工程投资总计	111531.84	111419.28	−112.56	

附件 3

国土部门概算调整表

单位：万元

序号	项目或费用名称	报送概算	调整概算	差值	备注
Ⅰ	工程部分投资	112209.52	112207.25	−2.27	
1	第一部分建筑工程	76115.91	77016.96	901.05	
2	第二部分设备安装工程	22048.80	22080.99	32.19	
3	第三部分独立费用	12933.82	11998.34	−935.48	
	一～三部分合计	111098.53	111096.29	−2.24	
4	预备费（一～三部分合计的1%）	1110.99	1110.96	−0.03	
Ⅱ	环保部分投资	490.00	490.00	0.00	
Ⅲ	工程总投资合计	112699.52	112697.25	−2.27	

附件 4

审 查 人 员 名 单

农村经济与地区发展部负责人：
何　平　教授
项目经理：
李志超　教授级高工

审查专家名单

张建云　院长/院士　　　南京水利科学研究院
李文鹏　教授级高工　　　中国地质调查局水文地质环境地质调查中心
焦得生　原司长/教高　　水利部水文司
文冬光　研究员　　　　　中国地质调查局
王秉忱　勘察大师　　　　住建部建设环境工程技术中心
陈　辉　教授级高工　　　中国地质调查局
石建省　研究员　　　　　中国地质科学院水文地质环境地质研究所
姚永熙　原所长/教高　　南京水利水文自动化研究所
辛立勤　教高　　　　　　水利部水文局
王雨春　副主任/教高　　中国水利水电科学研究院水环境监测中心
邹远勤　教高　　　　　　黄河小浪底建管局

附件 2

国家发展改革委关于
国家地下水监测工程初步设计概算的批复

（国家发展和改革委员会　发改投资〔2015〕1282 号　2015 年 6 月 8 日）

水利部、国土资源部：

　　报来的《关于报送国家地下水监测工程初步设计核定概算的函》（水规计〔2015〕197 号）收悉。经审查，现批复如下：

　　一、核减报来的国家地下水监测工程初步设计概算总投资 1898 万元，据此核定该工程初步设计概算总投资 222218 万元（2014 年第四季度价格水平），由我委根据工程建设进度从中央预算内投资中分年安排。

　　二、请据此审批初步设计。下阶段结合评审意见，精心组织设计，严格执行《中共中央办公厅国务院办公厅关于党政机关停止新建楼堂馆所和清理办公用房的通知》（中办发〔2013〕17 号）的有关规定，禁止搭车建设楼堂馆所和办公用房，从严控制建设标准、建设规模和工程投资，加强项目建设和资金管理，确保工程及早建成发挥效益。

　　三、抓紧建立完善地下水监测设施设备运行管护体制机制。对负责建设的地下水监测设施设备，要把运行管护责任落实到责任单位及责任人，严格监测井等设施设备和信息系统的使用管理，确保相关设施设备及信息系统发挥应有的功能和作用。加强顶层设计和资源整合，对业务信息系统进行整体设计，自上而下建立健全地下水监测数据信息共享机制，切实提升地下水监测的科学管理水平和应用服务能力。

　　　　附件：1. 国家地下水监测工程初步设计概算核定总表
　　　　　　　2. 水利部门地下水监测工程初步设计概算核定表
　　　　　　　3. 国土资源部门地下水监测工程初步设计概算核定表

附件 1

国家地下水监测工程初步设计概算核定总表 单位：万元

序号	工程或费用名称	工 程 投 资		
		水利部门	国土资源部门	合计
Ⅰ	工程部分投资	109772	111466	221238
	第一部分 建筑工程	60488	76996	137484
	第二部分 仪器设备购置及安装工程	31596	22022	53618
	第三部分 施工临时工程	3509		3509
	第四部分 独立费用	13092	11344	24436
	一～四部分投资合计	108685	110362	219047
	基本预备费	1087	1104	2191
	静态投资	109772	111466	221238
Ⅱ	环境保护工程投资	490	490	980
Ⅲ	总投资	110262	111956	222218
	静态总投资	110262	111956	222218

附件2

水利部门地下水监测工程初步设计概算核定表　　　　　　单位：万元

序号	单　位	建筑工程	仪器设备及安装	施工临时工程	独立费用	基本预备费	环境保护工程	合计
	合计	60488	31596	3509	13092	1087	490	110262
1	北京市	1970	967	130	410	35	19	3531
2	天津市	1889	846	109	363	32	14	3253
3	河北省	5263	2024	320	1013	86	44	8750
4	山西省	3362	1208	183	713	55	22	5543
5	内蒙古自治区	2237	1164	159	504	41	24	4129
6	辽宁省	1566	1489	151	474	37	28	3745
7	吉林省	2166	1209	175	474	40	28	4092
8	黑龙江省	3197	1687	246	896	60	39	6125
9	上海市	485	256	34	122	9	4	910
10	江苏省	2126	1274	168	479	40	27	4114
11	浙江省		27		2			29
12	安徽省	1467	995	128	385	30	21	3026
13	福建省	298	224	21	123	7	2	675
14	江西省	479	380	40	197	11	6	1113
15	山东省	3737	1726	275	984	67	41	6830
16	河南省	3745	1644	259	747	64	37	6496
17	湖北省	588	539	58	216	14	10	1425
18	湖南省	624	385	37	164	12	4	1226
19	广东省	595	399	37	189	12	4	1236
20	海南省	273	234	21	119	6	3	656
21	广西壮族自治区	867	401	56	349	17	6	1696
22	重庆市	675	243	37	240	12	4	1211
23	四川省	399	355	40	136	9	7	946
24	贵州省	395	285	26	209	9	3	927
25	云南省	1646	527	86	381	26	9	2675
26	西藏自治区	249	269	20	96	6	3	643
27	陕西省	3971	1814	268	856	69	27	7005
28	甘肃省	1597	874	109	385	30	16	3011
29	青海省	1067	511	62	229	19	7	1895
30	宁夏回族自治区	511	532	45	162	13	7	1270
31	新疆维吾尔自治区	2664	1081	160	558	46	21	4530
32	新疆生产建设兵团	520	353	29	144	10	3	1059
33	国家监测中心	9860	4346	20	691	149		15066
34	流域监测中心		1328		82	14		1424

附件 3

国土资源部门地下水监测工程初步设计概算核定表

单位：万元

序号	单　位	建筑工程	仪器设备及安装	独立费用	基本预备费	环境保护工程	合计
	合计	76996	22022	11344	1104	490	111956
1	北京市	1718	451	276	24	15	2484
2	天津市	1910	409	300	26	10	2655
3	河北省	4882	981	760	66	30	6719
4	山西省	2075	528	340	29	15	2987
5	内蒙古自治区	2751	771	463	40	25	4050
6	辽宁省	2453	703	421	36	15	3628
7	吉林省	3266	766	533	45	20	4630
8	黑龙江省	2827	764	479	41	20	4131
9	上海市	1083	394	199	17	10	1703
10	江苏省	2580	522	398	35	15	3550
11	浙江省	1560	456	263	23	10	2312
12	安徽省	2719	570	426	37	15	3767
13	福建省	1498	351	242	21	10	2122
14	江西省	1535	403	256	22	10	2226
15	山东省	3966	981	637	56	30	5670
16	河南省	3812	1059	603	55	20	5549
17	湖北省	1629	358	274	23	20	2304
18	湖南省	1489	360	244	21	20	2134
19	广东省	1138	339	194	17	20	1708
20	海南省	831	234	137	12	5	1219
21	广西壮族自治区	1511	406	253	22	10	2202
22	重庆市	802	156	124	11	5	1098
23	四川省	1356	436	241	20	10	2063
24	贵州省	1303	348	223	19	10	1903
25	云南省	1299	355	218	19	10	1901
26	西藏自治区	1032	186	165	14	5	1402
27	陕西省	1968	561	331	29	15	2904
28	甘肃省	2590	771	445	38	20	3864
29	青海省	1466	420	252	21	15	2174
30	宁夏回族自治区	2099	481	336	29	15	2960
31	新疆维吾尔自治区	2552	935	434	39	20	3980
32	国家监测中心	13296	5567	877	197	20	19957

关于国家地下水监测工程（水利部分）开工的批复

（水文综〔2015〕153 号　2015 年 9 月 24 日）

水利部国家地下水监测工程项目建设办公室：

你办《关于报送国家地下水监测工程（水利部分）开工的请示》（地下水〔2015〕49 号）收悉。经研究，同意国家地下水监测工程（水利部分）项目开工。

请你办严格按照国家基本建设程序和国家地下水监测工程（水利部分）项目建设管理办法的要求，根据批复的初设报告、建设计划抓紧时间开展工程建设。在工程实施过程中，要严格执行招标投标、工程监理、合同管理和竣工验收等各项工程管理制度，加强资金管理，严格按照批复概算控制投资。在保证如期完成工程建设的同时，切实保障工程质量和安全，尽早发挥工程效益。